国家级精品课程教材

普通高等教育“十一五”国家级规划教材

Fundamentals of Digital Electronics

数字电子技术基本教程

阎 石 主编

清華大學出版社
北 京

内容简介

本书是按照教育部高等学校电子信息与电气学科基础课程教学指导分委员会修订的《数字电子技术基础课程教学基本要求》编写的数字电子技术基础简明教程。本书内容简明扼要，重点讲授了数字电子技术的基本知识、基本理论以及分析和设计数字电路的一般方法。

全书共分为10章，内容包括数制和码制、逻辑代数及其应用、逻辑门、组合逻辑电路、触发器、时序逻辑电路、半导体存储器、可编程逻辑器件、脉冲波形的产生和变换、数模和模数转换。

本书可作为高等院校电气信息类各专业、仪器仪表类各专业和部分非电类专业本科生的教科书，尤其适合于学时较少的情况，也可供工程技术人员学习数字电子技术时参考。

图书在版编目(CIP)数据

数字电子技术基本教程/阎石主编. —北京：清华大学出版社，2007.8(2024.2重印)
ISBN 978-7-302-15201-9

Ⅰ. 数…　Ⅱ. 阎…　Ⅲ. 数字电路—电子技术—高等学校—教材　Ⅳ. TN79

中国版本图书馆CIP数据核字(2007)第069520号

责任编辑：王一玲
责任校对：李建庄
责任印制：沈　露

出版发行：清华大学出版社
网　　址：https://www.tup.com.cn，https://www.wqxuetang.com
地　　址：北京清华大学学研大厦A座　　**邮　　编**：100084
社 总 机：010-83470000　　**邮　　购**：010-62786544
投稿与读者服务：010-62776969，c-service@tup. tsinghua. edu. cn
质 量 反 馈：010-62772015，zhiliang@tup. tsinghua. edu. cn
印 装 者：北京鑫海金澳胶印有限公司
经　　销：全国新华书店
开　　本：185mm×230mm　　**印　张**：18.5　　**字　　数**：385千字
版　　次：2007年8月第1版　　**印　　次**：2024年2月第34次印刷
定　　价：56.00元

产品编号：007429-05

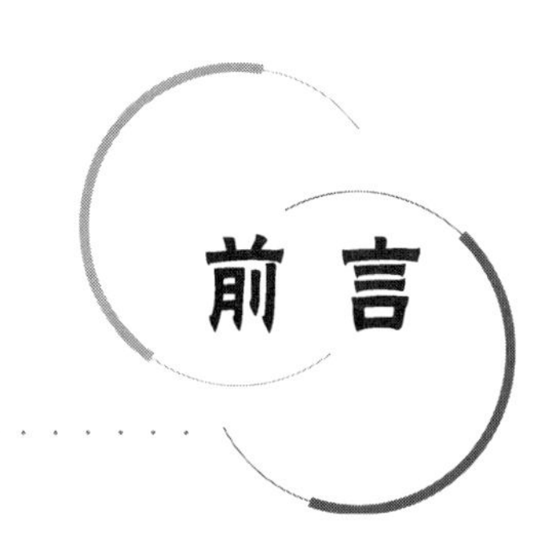

前言

PREFACE

本书是为高等学校数字电子技术基础课程编写的一本简明教程。作者力图用较少的篇幅把数字电子技术最主要的基础知识介绍给读者，既能满足课程的教学基本要求，又能满足减少授课学时的需要。

多年来数字电子技术基础课程的改革一直面临着来自两方面的压力，一方面是数字电子技术的不断发展和进步，另一方面是减少授课学时的要求。自20世纪60年代数字集成电路问世以来，数字电子技术快速发展的脚步始终没有停息。时至今日，数字电子技术的应用领域仍在继续扩展，半导体集成电路的集成度和复杂程度仍在不断提高，现场可编程技术的应用更加广泛，EDA技术日益成熟和完善。数字电子技术及其应用已经成为一个十分浩瀚的领域。因此，明确本门课程的性质和任务，以及哪些是通过这门课程的学习必须掌握的最基本的内容，就显得十分重要了。

教育部电子信息与电气信息学科基础课程教学指导分委员会于2004年重新修订了数字电子技术基础课程的教学基本要求。其中再次强调了本课程是“入门性质的技术基础课”，它的任务在于“使学生获得数字电子技术方面的基本知识、基本理论和基本技能，为深入学习数字电子技术及其在专业中的应用打下基础”。这就是说，开设这门课程的目的在于把学生“领进门”，教给他们在今后继续深入学习和应用数字电子技术时所必备的基本知识和技能。不要求，也不可能通过这门课程的学习就能使学生具备解决后续课程甚至以后工作中可能遇到的所有数字电子技术问题的能力。

对于任何一种需要实现的逻辑功能都可以设计出一种相应的逻辑电路。从这个意义上讲，数字电路的种类是不可胜数的。我们不可能，也不必要对所有的应用电路逐一介绍。只要学会分析、设计数字逻辑电路的一般方法，就可以根据提出的任何一种需要实现的逻辑功能设计出满足要求的逻辑电路，也能分析出任何一种给定逻辑电路所具有的逻辑功能。因此，组合逻辑电路和时序逻辑电路的分析方法和设计方法乃是数字电子技术基础课程的核心内容。为了学习逻辑电路的分析方法和设计方法，还必须掌握逻辑代数的基础知识和所用半导体器件的电气特性。因此，在“基本要求”的理论教学部分当中，仍然将半导体数字集成电路（包括门电路、触发器、半导体存储器和可编程逻辑器件）的工作原理和特性、数制和码制、逻辑代数基础、组合逻辑电路和时序逻辑电路的分析方法和设计方法列为最基本的教学内容。这些内容也就是本书的重点章节。此外，考虑到在数字电路的许多应用场合都会遇到模拟电路和数字电路的接口，而且工作时离不开脉冲源等定时电路，所以在本课程的理论教学内容中还包括了A/D与D/A转换和脉冲波形的产生与整形这两部分内容。

对于使用者而言，硬件描述语言和EDA软件如同所有的计算机编程语言和应用软件一样，只有通过后续课程的学习或者自学，并在实际使用中反复练习，才能熟悉这两种工具的用法。而且，必须以掌握上面所说的基本内容为前提。因此，在"基本要求"的理论教学内容中，只要求对这两部分内容有所"了解"，不作为理论教学的重要内容。本书在讲述逻辑函数的化简和变换过程中，引入了使用仿真软件Multisim 7化简复杂逻辑函数的内容，意在使读者体会到合理地使用EDA工具可以大大减轻化简的工作量，到达引导入门的目的。在可编程逻辑器件一章中，结合可编程逻辑器件的编程对硬件描述语言作了非常简单的介绍。如果需要进一步学习和应用这两部分内容，可参考专门介绍这些内容的书籍和资料。

教材不同于技术文件，它必须符合教学适用性的要求。由于"国标"规定的图形逻辑符号过于复杂，不便于在教学过程中使用，所以书中采用了目前国际上流行的图形逻辑符号，即基本逻辑运算(与、或、非、异或)采用特定外形的图形逻辑符号，中、大规模集成电路采用逻辑框图。这种图形符号简单而直观，易学、易记，无须专门花费时间讲解，比较适合在教学过程中使用。正是由于这个原因，多数国外的教材、期刊、技术资料和EDA软件一直沿用着这种图形符号。了解这种图形符号也便于读者阅读和使用国外教材和技术资料。可以相信，在学习了本书的基本内容以后，读者完全有能力通过阅读有关的"国标"文件，了解"国标"图形符号的各种规定和使用方法。

本书的第1～6、8、9章及附录由阎石执笔编写，第7、10章由王红执笔编写。阎石任主编，负责全书的定稿。编写过程中得到了清华大学出版社王一玲的多方协助，谨向她致以诚挚的谢意。

借本书出版的机会，向一贯关心和支持我们教材编写工作的老师和同学们表示衷心的感谢，并恳请对这本教程给予批评和指正。

作　者

2007年6月

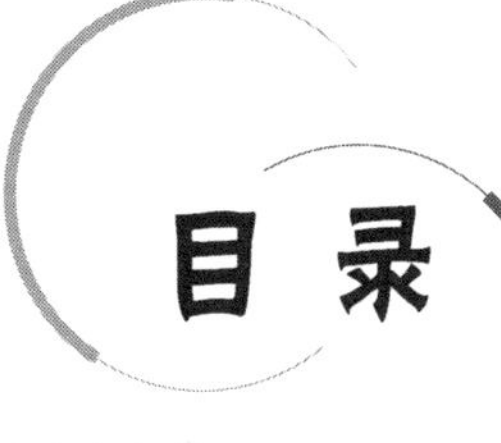

目录

CONTENTS

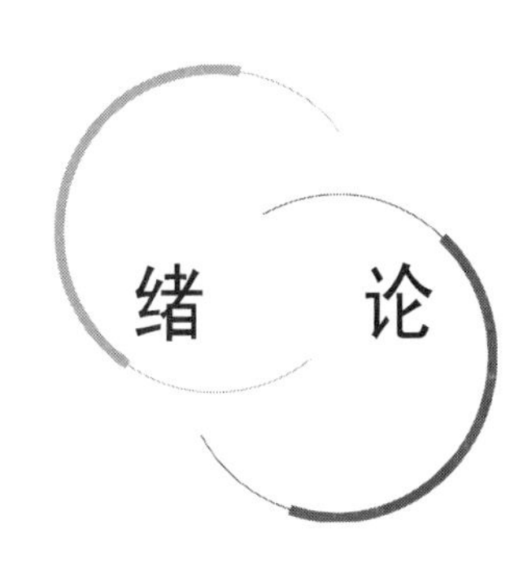

绪论

数字电子技术的发展与展望

在当今的世界上，很少有一种技术能像电子技术那样渗透到人类社会生活的一切领域，并且在许多方面改变着我们的生活。无论是当前信息技术的蓬勃发展及计算机技术的广泛应用，还是工农业生产过程和生产设备的自动监测和控制，都离不开电子技术。我们日常生活中使用的各种电器——电视机、收音机、摄像机、DVD播放机、移动电话、数码照相机、计算器、电子表等，也无一不是利用电子技术生产出来的产品。

电子技术日益广泛的应用是和电子器件的不断发展紧密相连的。20世纪初首先得到推广应用的电子器件是真空电子管。它是在抽成真空的玻璃或金属外壳内安置特制的阳极、阴极、栅极和加热用的灯丝而构成的。电子管的发明引发了通信技术的革命，产生了无线电通信和早期的无线电广播和电视。这就是电子技术的“电子管时代”。

由于电子管在工作时必须用灯丝将阴极加热到数千度的高温以后，阴极才能发射出电子流，所以这种电子器件不仅体积大、笨重，而且耗电量大，寿命短，可靠性差。因此，各国的科学家开始致力于寻找性能更为优越的电子器件。1947年美国贝尔实验室的科学家巴丁(Bardeen)、布莱顿(Brattain)和肖克利(Schockley)发明了晶体管(即半导体三极管)。由于它是一种固体器件，而且不需要用灯丝加热，所以不仅体积小、重量轻、耗电省，而且寿命长，可靠性也大为提高。从20世纪50年代初开始，晶体管在几乎所有的应用领域中逐渐取代了电子管，导致了电子设备的大规模更新换代。同时，也为电子技术更广泛的应用提供了有利条件，用晶体管制造的计算机开始在各种民用领域得到了推广应用。1960年又诞生了新型的金属-氧化物-半导体场效应三极管(MOSFET)，为后来大规模集成电路的研制奠定了基础。我们把这一时期叫做电子技术的“晶体管时代”。

为了满足许多应用领域对电子电路微型化的需要，美国德克萨斯仪器公司(Texas Instruments)的科学家吉尔伯(Kilby)于1959年研制成功了半导体集成电路(integrated circuit,IC)。由于这种集成电路将为数众多的晶体管、电阻和连线组成的电子电路制作在同一块硅半导体芯片上,所以不仅减小了电子电路的体积,实现了电子电路的微型化,而且还使电路的可靠性大为提高。从20世纪60年代开始,集成电路大规模投放市场,并再一次引发了电子设备的全面更新换代,开创了电子技术的"集成电路时代"。随着集成电路制造技术的不断进步,集成电路的集成度(每个芯片包含的三极管数目或者门电路的数目)不断提高。在不足10年的时间里,集成电路制造技术便走完了从小规模集成(small scale integration,SSI,每个芯片包含10个以内逻辑门电路)到中规模集成(medium scale integration,MSI,每个芯片包含10～1000个逻辑门电路),再到大规模集成(large scale integration,LSI,每个芯片包含1000～10 000个逻辑门电路)和超大规模集成(very large scale integration,VLSI,每个芯片含10 000个以上逻辑门电路)的发展过程。

自20世纪70年代以来,集成电路基本上遵循着摩尔定律(Moore's Law)在发展进步,即每一年半左右集成电路的综合性能提高一倍,每三年左右集成电路的集成度提高一倍。目前集成电路制造工艺可以加工的最小尺寸已经缩小到了65nm,能将1亿以上的晶体管制作在一片硅片上。现在已经可以把一个复杂的电子系统(例如数字计算机)制作在一个硅片上,形成所谓"片上系统"。

高集成度、高性能、低价格的大规模集成电路批量生产并投放市场,极大地拓展了电子技术的应用空间。它不仅促成了信息产业的大发展,而且成为改造所有传统产业的强有力的手段。集成电路的普遍应用对工业生产和国民经济的影响,不亚于当年蒸汽机、电动机的普遍应用对工业生产和国民经济的深远影响。因此,也有人把20世纪中期以来的这一段历史时期叫做"硅片时代"。

然而集成度的提高不可能是无限的。在半导体管的尺寸缩小到一定程度以后,再想缩小尺寸不仅加工精度难以达到,生产成本大大提高,而且器件的工作机理也将发生变化而无法正常工作。基于这种推测,从20世纪70年代起,许多科学工作者就已经开始潜心研究和寻找比硅片集成度更高、性能更好的新型器件了。

数字量和模拟量

当我们分析和研究自然界存在的大量的物理量时发现,按照变化规律的不同可以将它们分为两大类。其中一类物理量的变化在时间上和数量上都是不连续的。也就是说,首先它们随时间的变化不是连续发生的,总是发生在一些离散的瞬间;其次,每次变化时数量大小的改变都是某个最小数量单位的整倍数,而小于这个最小数量单位的数值没有任何物理意义。我们把这一类物理量叫做数字量,同时把表示数字量的信号叫做数字信号。例如我们用自动监测仪统计进入教室的人数,得到的结果就是一个数字量。这个数字量的最小数量单位就是1(1个人),小于1的数值没有物理意义。

另外一类物理量随时间的变化在数量上则是连续的，而且连续变化过程中的每一个数值都有具体的物理意义。我们把这一类物理量叫做模拟量，把表示模拟量的信号叫做模拟信号。例如物体的温度，流体的流量、流速，电容器两端的电压等，都是模拟量。

当我们用传感器将这两类信号转换为电压/电流信号以后，得到的电压/电流信号也相应地有数字信号和模拟信号两大类。工作在数字信号下的电子电路称为数字电子电路（简称为数字电路），工作在模拟信号下的电子电路称为模拟电子电路（简称为模拟电路）。因为在数字电路和模拟电路中所研究的问题和使用的分析方法和设计方法都不相同，所以将电子技术基础的内容分为数字电路和模拟电路两部分讲授。

由于长时间以来人们已经习惯于用数字表示所有物理量（包括模拟量）的大小，而且现在广泛使用的计算机也是数字式的，所以为了充分发挥计算机在信号处理方面的强大功能，常常把模拟信号也转换为与之成比例的数字信号，送往数字计算机进行处理，然后再根据需要将处理结果的数字信号转换为与之成比例的模拟信号。

数字电路中 0 和 1 的表示方法

目前在数字电子电路中普遍采用二进制数表示数量的大小。在二进制数中每一位只有 1 和 0 两种状态。在电路中是用高、低电平分别表示 1 和 0 的。以高电平表示 1，低电平表示 0，称为正逻辑；以高电平表示 0，低电平表示 1，称为负逻辑，如图 0.1 所示。由图可见，只要能正确无误地区分出高、低电平，则允许高、低电平有一定的变化范围，这就大大降低了对电路参数精度的要求。在本书下面的章节中，除非特别说明，采用的都是正逻辑。

产生高、低电平的基本方法是通过控制半导体开关电路的开关状态实现的。在图 0.2(a)中，当开关 SW 接通时输出为低电平，$V_O=V_{OL}=0$；而当 SW 断开时，输出为高电平，$V_O=V_{OH}=V_{DD}$。这种电路的优点是只需一个开关，缺点是功率损耗较大。当 SW 接通时，V_{DD}全部加在电阻 R_D 上，R_D 上损耗的功率为 $V_{DD}{}^2/R_D$。

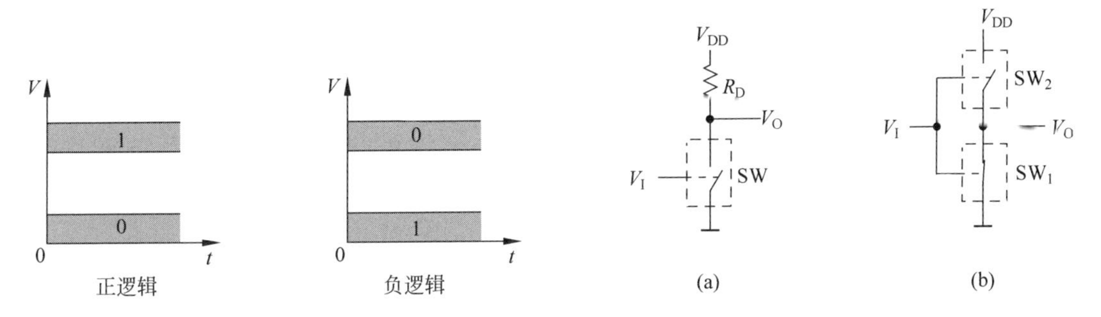

图 0.1　正逻辑与负逻辑的表示法

图 0.2　开关电路的基本形式

在数字集成电路中普遍采用图 0.2(b)所示的改进电路。在这个电路中，当开关 SW_1 接通时，令开关 SW_2 断开，输出为低电平，$V_O=V_{OL}=0$；而当 SW_1 断开时，令 SW_2 导通，输出为高电平，$V_O=V_{OH}=V_{DD}$。如果 SW_1、SW_2 为理想开关，那么无论输出是高电平还是低电平，V_{DD}都不需要提供电流，电路的功耗始终为 0。可见，图 0.2(b)是比较理想的开关电路。电路中的开关 SW_1、SW_2 由半导体三极管构成，用输入信号的高、低电平控制它们的开关状态。在第 3 章里我们还会具体介绍这些半导体开关电路。

数字集成电路

在一个实际的数字系统中，往往包含大量的基本开关单元电路。为了减小电路的体积、降低成本、提高电路的可靠性，自 20 世纪 60 年代以来，在电子电路中普遍使用了集成电路。目前市场上销售的数字集成电路产品可谓种类繁多、琳琅满目。从用途上可以把它们分为专用型和通用型两大类。

专用型数字集成电路是为某种特定用途而专门设计、制造的，一般很难用在其他的场合。因为一种新型集成电路的研制费用很高，研制周期也比较长，所以通常只有在用量较大的情况下，才采用这种专用集成电路。

通用型的数字集成电路产品中又有两种类型。一种是逻辑功能固定的标准化、系列化产品，另一种是可编程逻辑器件(programmable logic device，PLD)。前一种类型的集成电路中，每一种器件的内部结构和功能在制造时已经固化，不能改变。目前常见的中、小规模数字集成电路多半属于这一种。利用这些产品可以组成更为复杂的数字系统。但是当系统复杂以后，电路的体积将很庞大，而且由于器件间的连线很多，降低了电路的可靠性。因此，希望能找到一种既具有像专用集成电路那样体积小、可靠性高、能满足各种专门用途，同时又可以作为电子产品生产的集成电路。于是可编程逻辑器件便应运而生。

PLD 的内部包含了大量的基本逻辑单元电路，通过写入编程数据，可以将这些单元连接成所需要的逻辑电路。因此，它的产品是通用型的，而它所实现的逻辑功能则由用户根据自己的需要通过编程来设定。20 世纪 90 年代 PLD 得到了迅速的发展和普及，目前在一片高密度 PLD 中可以集成数十万个基本逻辑单元，足够连接成一个相当复杂的数字电路，形成所谓“片上系统”。

EDA 技术的发展和应用

电子设计自动化(electronic design automation，EDA)是将计算机技术应用于电子电路设计过程而产生的一门新技术。它广泛地应用于电路结构设计和运行状态的仿真、集成电路版图的设计、印刷电路板的设计以及可编程逻辑器件的编程设计等所有设计环节当中。

20世纪70年代以来,大规模集成电路的研制成功有力地推动了计算机技术的发展,也为EDA技术的发展创造了有利条件。早期的EDA技术很大一部分是用于集成电路的版图设计,因而当时的EDA技术还不是所有从事电子技术应用的人员都必须掌握的一门技术。

由于电子电路的复杂程度日益增加,产品更新的周期日益缩短,所以对设计工作的质量、速度和成本的要求也越来越高。因此,必须在所有的设计环节中使用计算机辅助设计(CAD)的手段,全面实现设计自动化。经过三十多年的不懈能力,各国的技术人员先后成功地研制出了一批高性能的EDA软件和专门用于描述电子电路的计算机编程语言——硬件描述语言(hardware description language,HDL)。利用这些软件可以在计算机上进行电子电路的结构设计、电路参数的选择和优化、电路布局和布线的设计、电路性能的分析和测试以及运行状态的模拟等。将这些软件集成起来,在计算机上运行,就形成了能在电子电路设计的各个环节中使用的"电子工作台"。

例如由Interactive Image Technologies Ltd推出的Multisim不仅具有丰富的元器件库和对电路进行仿真、分析的软件,而且还提供了全套的虚拟电子仪器、仪表。设计者可以方便地从元器件库中挑选合适的元器件组成所需要的电路,并且能形象地对电路运行状态仿真和测试。许多著名的软件公司也都推出了自己的EDA软件产品,而且仍在致力于不断增强和完善这些EDA软件的功能。目前得到广泛应用的硬件描述语言主要为VHDL和VerilogHDL两种,它们都已经被IEEE认定为标准的硬件描述语言。

进入20世纪90年代以后,PLD的应用迅速扩展。PLD生产厂商在开发PLD的同时,也与软件公司联手研制了相应的编程软件。为了使用这些器件,必须掌握它们的编程技术。因此,PLD的广泛应用也促进了EDA技术的普及。今天,EDA技术已经成为所有从事和电子技术有关工作的工程技术人员必须掌握的一门技术。

复习思考题

R0.1　IC、SSI、MSI、LSI、VLSI的含义是什么?

R0.2　在数字电路中是用什么方法来表示0和1的?

R0.3　什么叫正逻辑,什么叫负逻辑?

R0.4　数字量和模拟量的区别何在?

R0.5　某条河流中水的流速为0.35m/s,这是否说明水的流速是个数字量?

R0.6　你能再列举出3种模拟量和3种数字量的实例吗?

数制和码制

本章基本内容

- 常用的计数进制和不同进制的互相转换
- 编码的概念和几种常用的代码
- 原码、反码、补码的概念和二进制算术运算

1.1 数制

在实际应用中，既可以用不同的数码表示不同数量的大小，又可以用不同的数码表示不同的事物或同一事物的不同状态。

用数码表示数量大小时，仅仅用一位数往往不够用，因而常常采用多位数。多位数码中每一位的构成和从低位向高位的进位规则称为数制或进位计数制。在数字电路中应用最多的是十进制、二进制和十六进制几种，有时也用到八进制。

1.1.1 几种常用的数制

1. 十进制

在十进制数中，每一位数有0～9十个状态，计数的基数是10。大于9的数就需要用两位以上的多位数表示。在多位数中，低位和相邻高位之间的进位关系是“逢十进一”，所以称为十进制。

多位数中不同位置上的1代表的数量大小称为这一位的“权”。整数部分从低位到高位每位的权依次为10^0，10^1，10^2，…。小数部分从高位到低位每位的权依次为10^{-1}，10^{-2}，10^{-3}，…。因此，一个多位数表示的数值等于每一位数乘以它的权重，然后相加。例如

$$203.16=2\times10^2+0\times10^1+3\times10^0+1\times10^{-1}+6\times10^{-2}$$

将上述关系式写成一般形式，则任意一个十进制数$(D)_{10}$均可表示为

$$(D)_{10}=\sum k_i\times10^i \qquad (1.1.1)$$

其中 k_i 称为第 i 位的系数，它是0～9当中的某一个数。如果整数部分有 n 位，小数部分有 m 位，则 i 的取值应包括 $0\sim n-1$ 所有的正整数和 $-1\sim -m$ 所有的负整数。下脚注10表示括号内的数是十进制数，有时也用下脚注D(decimal)表示。

同理，任意一个 r 进制数，都可以按式(1.1.1)的形式展开，并求出等值的十进制数

$$(D)_r = \sum k_i r^i \tag{1.1.2}$$

其中 r 称为计数的基数(或底数)，它可以是以十进制表示的大于、等于2的任何整数。k_i 称为第 i 位的系数，是以十进制表示的 $0\sim r-1$ 当中的一个正整数。r^i 称为第 i 位的权。i 的取值范围与式(1.1.1)相同。

2. 二进制

在二进制数中，每一位数只有0和1两个状态，所以计数的基数是2。凡是大于1的数都需要用多位数表示。多位数中从低位向高位的进位规则是“逢二进一”。整数部分从低位到高位每位的权依次为 $2^0, 2^1, 2^2, \cdots$，小数部分从高位到低位的权依次为 $2^{-1}, 2^{-2}, 2^{-3}, \cdots$。根据式(1.1.2)可以将任意一个二进制数按每位的权展开，并按十进制数相加，即得到它所表示的十进制数的大小。例如

$$\begin{aligned}(110.11)_2 &= 1\times 2^2 + 1\times 2^1 + 0\times 2^0 + 1\times 2^{-1} + 1\times 2^{-2} \\ &= 4+2+0+0.5+0.25 \\ &= (6.75)_{10}\end{aligned}$$

式中的下脚注2表示括号里的数是二进制数。有时也用B(binary)作为下脚注，表示二进制数。

将上式表示的关系写成一般形式，就得到将任意一个二进制数 $(D)_2$ 转换为对应的十进制数的计算公式

$$(D)_2 = \sum k_i 2^i \tag{1.1.3}$$

式中的 k_i 的取值只有0或1两种可能，i 的取值范围与式(1.1.1)相同。

3. 十六进制

在十六进制数中，每一位有16个不同的数码：0～9、A(10)、B(11)、C(12)、D(13)、E(14)和F(15)。低位向高位进位的规则是“逢十六进一”。

任意一个十六进制数都可以展开为

$$(D)_{16} = \sum k_i 16^i \tag{1.1.4}$$

并可将展开式中的各项按十进制数相加，得到对应的十进制数。例如

$$\begin{aligned}(3B.6E)_{16} &= 3\times 16^1 + 11\times 16^0 + 6\times 16^{-1} + 14\times 16^{-2} \\ &= (59.43)_{10}\end{aligned}$$

式中用下脚注 16 表示括号内的数是十六进制数，也可以用下脚注 H(hexadecimal)表示十六进制。

1.1.2 不同数制间的转换

1. 二—十转换

二—十转换就是把一个二进制数转换为等值的十进制数。前面已经讲过，只要将二进制数按式(1.1.3)展开，然后将各项的数值按十进制数相加，就得到了对应的十进制数。

2. 十—二转换

将一个十进制转换为等值的二进制数称为十—二转换。

整数的转换方法和小数的转换方法不同。首先讨论整数的转换。

假定十进制整数是$(S)_{10}$，与之等值的二进制数为$(k_n k_{n-1} \cdots k_1 k_0)_2$，则根据式(1.1.2)将二进制数展开后可以写成

$$\begin{aligned}(S)_{10} &= k_n 2^n + k_{n-1} 2^{n-1} + \cdots + k_1 2^1 + k_0 2^0 \\ &= 2(k_n 2^{n-1} + k_{n-1} 2^{n-2} + \cdots + k_1) + k_0 \end{aligned} \tag{1.1.5}$$

从上式中可以看出，若将$(S)_{10}$除以 2，则得到的商为 $k_n 2^{n-1} + k_{n-1} 2^{n-2} + \cdots + k_2 2^1 + k_1$，而得到的余数就是 k_0。

同理，将上面得到的商又可写成

$$k_n 2^{n-1} + k_{n-1} 2^{n-2} + \cdots + k_2 2^1 + k_1 = 2(k_n 2^{n-2} + k_{n-1} 2^{n-3} + \cdots + k_2) + k_1 \tag{1.1.6}$$

不难看出，再将上式除以 2，所得余数就是 k_1。

依此类推，反复地将得到的商再除以 2，求得余数，直到商等于 0 为止，就能得到二进制数每一位的系数了。

例如，若将$(123)_{10}$化为二进制数，可按如下步骤进行

2 | 123…………余数=1=k_0
2 | 61…………余数=1=k_1
2 | 30…………余数=0=k_2
2 | 15…………余数=1=k_3
2 | 7…………余数=1=k_4
2 | 3…………余数=1=k_5
2 | 1…………余数=1=k_6
0

转换结果为$(123)_{10}=(1111011)_2$。

下面再来讨论小数的转换方法。若$(S)_{10}$是十进制的小数，与之等值的二进制小数为$(0.k_{-1}k_{-2}\cdots k_{-m})_2$，则将二进制小数展开后得到

$$(S)_{10}=k_{-1}2^{-1}+k_{-2}2^{-2}+\cdots+k_{-m}2^{-m}$$

如将上式两边同乘以2，则得到

$$2(S)_{10}=k_{-1}+(k_{-2}2^{-1}+k_{-3}2^{-2}+\cdots+k_{-m}2^{-m+1})\qquad(1.1.7)$$

上式说明，若将$(S)_{10}$乘以2，则乘积的整数部分即k_{-1}。

同理，若将上面乘积的小数部分再乘以2，则得到

$$2(k_{-2}2^{-1}+k_{-3}2^{-2}+\cdots+k_{-m}2^{-m+1})=k_{-2}+(k_{-3}2^{-1}+k_{-4}2^{-2}+\cdots+k_{-m}2^{-m+2})\qquad(1.1.8)$$

可见，乘积的整数部分即k_{-2}。

依此类推，每次将乘积的小数部分乘以2，得到新乘积的整数部分，一直做到小数部分等于零，就可以求出二进制小数每一位的系数了。

例如，若将十进制小数$(0.6875)_{10}$转换为二进制数，可按如下步骤进行

$$\begin{array}{rl}
 0.6875 & \\
\times\quad 2 & \\
\hline
 1.3750 & \cdots\cdots\text{整数部分}=1=k_{-1} \\
 0.3750 & \\
\times\quad 2 & \\
\hline
 0.7500 & \cdots\cdots\text{整数部分}=0=k_{-2} \\
 0.7500 & \\
\times\quad 2 & \\
\hline
 1.5000 & \cdots\cdots\text{整数部分}=1=k_{-3} \\
 0.5000 & \\
\times\quad 2 & \\
\hline
 1.0000 & \cdots\cdots\text{整数部分}=1=k_{-4}
\end{array}$$

转换结果为$(0.6875)_{10}=(0.1011)_2$。

3. 二—十六转换

将二进制数转换成与之等值的十六进制数，称为二—十六转换。

在一个多位的二进制数中，若从最低位开始将每4位划为一组，则两组之间的进位关系恰好是十六进制。若将每一组4位二进制数用十六进制数的0～9、A、B、C、D、E、F表示，就将得到对应的十六进制数。

例如，若按上述方法将二进制数$(1001010.11)_2$转换为十六进制数，立即就可以得到

$$
\begin{array}{cccc}
(0100 & 1010 & . & 1100)_2 \\
\downarrow & \downarrow & & \downarrow \\
=(\ 4 & A & . & C\ )_{16}
\end{array}
$$

从上面的例子中还可以看到，当整数部分的最高一组少于4位时，应在前面加0补足4位；当小数部分的最低一组少于4位时，需要在后面加0补足4位。

4. 十六—二转换

把十六进制数转换为等值的二进制数，称为十六—二转换。

转换方法极其简便，只要将十六进制数中的每一位换成等值的四位二进制数，并且按原来的顺序排列起来就行了。

例如，若将十六进制数$(B5.C7)_{16}$转换为二进制数，可直接写出结果

$$
\begin{array}{ccccc}
(B & 5 & . & C & 7)_{16} \\
\downarrow & \downarrow & & \downarrow & \downarrow \\
=(1011 & 0101 & . & 1100 & 0111)_2
\end{array}
$$

5. 十—十六及十六—十转换

将十进制数转换为十六进制制，通常采用的方法是首先将十进制数转换为二进制数，然后再将得到的二进制数转换为十六进制数。所用到的两种转换方法上面都已经讲过了。

将十六进制数转换为十进制数，可以直接利用式(1.1.2)计算。

例 1.1.1　试将十进制数$(215)_{10}$转换为等值的十六进制数。

解　首先需要把$(215)_{10}$转换成等值的二进制数

$$
\begin{array}{ll}
2\,|\,\underline{215} \cdots\cdots & \text{余数}=1=k_0 \\
2\,|\,\underline{107} \cdots\cdots & \text{余数}=1=k_1 \\
2\,|\,\underline{53} \cdots\cdots & \text{余数}=1=k_2 \\
2\,|\,\underline{26} \cdots\cdots & \text{余数}=0=k_3 \\
2\,|\,\underline{13} \cdots\cdots & \text{余数}=1=k_4 \\
2\,|\,\underline{6} \cdots\cdots & \text{余数}=0=k_5 \\
2\,|\,\underline{3} \cdots\cdots & \text{余数}=1=k_6 \\
2\,|\,\underline{1} \cdots\cdots & \text{余数}=1=k_7 \\
\quad\ 0 &
\end{array}
$$

即$(215)_{10}=(11010111)_2$。

然后，将$(11010111)_2$转换为对应的十六进制数

$$
\begin{array}{cc}
(1101 & 0111)_2 \\
\downarrow & \downarrow \\
=(D & 7)_{16}
\end{array}
$$

故得到$(215)_{10}=(D7)_{16}$。

例 1.1.2　试将十六进制数$(3E.4)_{16}$转换为等值的十进制数。

解　根据式(1.1.2)得到

$$(3E.4)_{16}=3\times16^1+14\times16^0+4\times16^{-1}=(62.25)_{10}$$

复习思考题

R1.1.1　n位二进制数的最大值相当于十进制数的多少？

R1.1.2　n位十六进制数的最大值相当于十进制数的多少？

R1.1.3　你能说出二—十转换和十—二转换的方法吗？

R1.1.4　你能说出二—十六转换和十六—二转换的方法吗？

1.2　编码

在用不同的数码表示不同的事物或事物的不同状态时，这些数码已不再具有数量大小的含意了。习惯上把这些数码叫做代码(code)。所谓编码，就是给每个数码规定它的含意。

例如在体育竞赛中，通常都给每个运动员编一个号码。这些号码只表示不同的人，并没有数量大小的含意。

在进行编码时，我们可以根据具体情况编制所需的代码。为了便于识别，编制的代码通常都有一定的规则，这些规则也叫码制。下面介绍几种常见的通用代码。

1.2.1　十进制代码

在用二进制数字电路处理用十进制给出的数据时，就必须用10个二进制数表示0～9这10个状态，即进行编码。用二进制数码表示10个状态时，二进制数至少需要有4位。由于四位二进制数有十六个状态，从中选10个状态有不同的选择方法，而且选用的10个状态如何与0～9一一对应，又有不同的排列方式，所以编码的方案有许多种。这些代码统称为十进制代码(decimal code)。表1.2.1中给出了常见的几种十进制代码。

表 1.2.1　几种常见的十进制代码

十进制数	8421码(BCD码)	余3码	2421码
0	0000	0011	0000
1	0001	0100	0001
2	0010	0101	0010

续表

十进制数	8421码(BCD码)	余3码	2421码
3	0011	0110	0011
4	0100	0111	0100
5	0101	1000	1011
6	0110	1001	1100
7	0111	1010	1101
8	1000	1011	1110
9	1001	1100	1111
不用的代码(又称伪码)			
	1010	0000	0101
	1011	0001	0110
	1100	0010	0111
	1101	1101	1000
	1110	1110	1001
	1111	1111	1010

从表1.2.1可以看出,每一种代码都有一定的编码规则和特点。

8421码又叫BCD代码。BCD是binary coded decimal的缩写。在8421代码中,若把每个代码看作是一个四位二进制数,自左而右每位的1分别代表8、4、2和1,则与它们等值的十进制数就是它们所表示的十进制数的状态。

在余3码中,如果仍将每个代码视为四位二进制数,且自左而右每位的1分别为8、4、2和1,则等值的十进制数比它所表示的十进制数多3。

对于2421码而言,若将每个代码也看作是四位二进制数,不过自左而右每位的1分别代表2、4、2和1,则与每个代码等值的十进制数恰好就是它表示的十进制数。而且,在2421码中,0和9的代码、1和8的代码、3和7的代码、4和5的代码均互为反码(即代码每一位0和1的状态正好相反)。

1.2.2 格雷码

格雷码(Gray code)又称循环码,这是在检测和控制系统中常用的一种代码。表1.2.2是四位格雷码的编码表。格雷码最重要的特点是表中任何两个相邻的代码只有一位状态不同。如果用这种代码表示一个连续变化的物理量,而且当这个物理量变化时,代码也按表中的排列顺序变化,那么在代码发生变化时,只有一位改变状态。这个性质是很有用处的。

表 1.2.2 四位格雷码

十进制数	格雷码	十进制数	格雷码
0	0000	8	1100
1	0001	9	1101
2	0011	10	1111
3	0010	11	1110
4	0110	12	1010
5	0111	13	1011
6	0101	14	1001
7	0100	15	1000

1.2.3 美国信息交换标准代码

美国信息交换标准代码(American Standard Code for Information Interchange,ASCII)是由美国国家标准化协会制定的一种代码,目前已被国际标准化组织(ISO)选定作为一种国际通用的代码,广泛地用于通信和计算机中。

ASCII 码是七位二进制代码,一共有 128 个,分别用于表示 0～9,大、小写英文字母,若干常用的符号和控制命令代码,如表 1.2.3 所示。各种控制命令码的含义列在表 1.2.4 中。

此外,还可以根据不同的要求编制出具有不同特点的代码。

表 1.2.3 美国信息交换标准代码(ASCII 码)

$b_4b_3b_2b_1$	$b_7b_6b_5$							
	000	**001**	**010**	**011**	**100**	**101**	**110**	**111**
0000	NUL	DLE	SP	0	@	P	、	p
0001	SOH	DC1	!	1	A	Q	a	q
0010	STX	DC2	“	2	B	R	b	r
0011	ETX	DC3	#	3	C	S	c	s
0100	EOT	DC4	$	4	D	T	d	t
0101	ENQ	NAK	%	5	E	U	e	u
0110	ACK	SYN	&	6	F	V	f	v
0111	BEL	ETB	‘	7	G	W	g	w
1000	BS	CAN	(	8	H	X	h	x
1001	HT	EM	)	9	I	Y	i	y
1010	LF	SUB	*	:	J	Z	j	z

续表

$b_4 b_3 b_2 b_1$	$b_7 b_6 b_5$							
	000	**001**	**010**	**011**	**100**	**101**	**110**	**111**
1011	VT	ESC	+	;	K	[	k	{
1100	FF	FS	,	<	L	\	l	|
1101	CR	GS	—	=	M	]	m	}
1110	SO	RS	·	>	N	∧	n	~
1111	SI	US	/	?	O	—	o	DEL

表 1.2.4　ASCII 码中控制码的含义

代　　码	含　　义	
NUL	Null	空白,无效
SOH	Start of heading	标题开始
STX	Start of text	正文开始
ETX	End of text	文本结束
EOT	End of transmission	传输结束
ENQ	Enquiry	询问
ACK	Acknowledge	承认
BEL	Bell	报警
BS	Backspace	退格
HT	Horizontal tab	横向制表
LF	Line feed	换行
VT	Vertical tab	垂直制表
FF	Form feed	换页
CR	Carriage return	回车
SO	Shift out	移出
SI	Shift in	移入
DLE	Date link escape	数据通信换码
DC 1	Device control 1	设备控制 1
DC 2	Device control 2	设备控制 2
DC 3	Device control 3	设备控制 3
DC4	Device control 4	设备控制 4
NAK	Negative acknowledge	否定
SYN	Synchronous idle	空转同步
ETB	End of transmission block	信息块传输结束
CAN	Cancel	作废
EM	End of medium	媒体用毕
SUB	Substitute	代替,置换

续表

代　码	含　义	
ESC	Escape	扩展
FS	File separator	文件分隔
GS	Group separator	组分隔
RS	Record separator	记录分隔
US	Unit separator	单元分隔
SP	Space	空格
DEL	Delete	删除

复习思考题

R1.2.1　某项赛事有250名选手参赛，如果分别用二进制数码、十进制数码和十六进制数码给参赛选手编码，则各需要用几位的数码？

R1.2.2　8421码、余3码、2421码、格雷码各有何特点？

R1.2.3　你能用ASCII码写出“good!”来吗？

1.3　二进制算术运算

当两个数码表示数量大小时，它们之间可以进行数量上的加、减、乘、除等算术运算。而当两个数表示不同事物或事物的不同状态时，它们之间还可以进行逻辑推理，即所谓逻辑运算。下一章我们会专门讨论逻辑运算。

1.3.1　两数绝对值之间的运算

由于数字电路中普遍使用二进制运算，所以在这一节里只讨论二进制数的运算。为简化书写，在每个二进制数的后面就不再加注表示二进制数的下脚注了。

因为二进制数的每一位只有0和1两个数，低位向高位的进位关系是“逢二进一”，所以加法运算中每一位的运算规则为

$$0+0=0$$

$$0+1=1$$

$$1+0=1$$

$$1+1=0\text{(同时给出进位，在高位加 1)}$$

例如计算1001+0101得到

$$\begin{array}{r} 1001 \\ +\ 0101 \\ \hline 1110 \end{array} \qquad \begin{array}{r} 9 \\ +\ 5 \\ \hline 14 \end{array}$$

减法运算中每一位的运算规则为

$$1-0=1$$
$$1-1=0$$
$$0-0=0$$
$$0-1=1\text{(同时给出借位，在高位减 1)}$$

例如计算 1001－0101 得到

$$\begin{array}{r} 1001 \\ -\ 0101 \\ \hline 100 \end{array} \qquad \begin{array}{r} 9 \\ -\ 5 \\ \hline 4 \end{array}$$

乘法运算中每一位的运算规则为

$$0\times 0=0$$
$$0\times 1=0$$
$$1\times 0=0$$
$$1\times 1=1$$

当乘数为多位数时，将从低位起每一位乘数与被乘数相乘得到的部分积依次左移一位相加，即得到最后的结果。例如计算 1001×0101 得到

$$\begin{array}{r} 1001 \\ \times\ 0101 \\ \hline 1001 \\ 0000 \\ 1001 \\ 0000 \\ \hline 0101101 \end{array} \qquad \begin{array}{r} 9 \\ \times\ 5 \\ \hline 45 \end{array}$$

在二进制除法运算中，商的每一位也只有 0 和 1 两个可能的数值，所以除法运算的规则是：从被除数的高位开始减去除数，够减时商为 1，不够减时商为 0。从高位向低位继续做下去，就可以得到所求的商。例如计算 1110÷0010 得到

$$\begin{array}{r} 111 \\ 10\overline{)1110} \\ \underline{10} \\ 11 \\ \underline{10} \\ 10 \\ \underline{10} \\ 0 \end{array} \qquad \begin{array}{r} 7 \\ 2\overline{)14} \\ \underline{14} \\ 0 \end{array}$$

1.3.2 数字电路中正负数的表示法及补码运算

1. 正负数的表示方法

在数字电路中，用附加的符号位表示数的正和负。符号位加在绝对值的最高有效位前面，习惯上用符号位的0表示正数，用符号位的1表示负数。这种表示方法称为二进制数的原码表示法。例如，十进制数的＋53和－53的原码分别写作

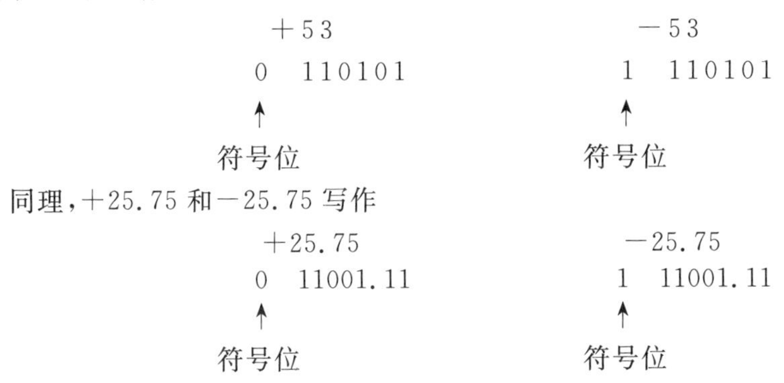

2. 二进制补码运算

在将两个带符号的数相加时，有时需要将两数的绝对值相加(当两数符号相同时)，有时需要将两数的绝对值相减(当两数符号不同时)。而且，在两数符号不同时，首先要判断两数绝对值的大小，然后才能确定哪一个是被减数，哪一个是减数。这一系列的操作显然比较繁琐。为简化运算，目前在数字系统中普遍采用补码相加的方法来实现带符号数的加法运算。

为了帮助读者理解补码运算的原理，让我们先来看一个日常生活中经常会碰到的事例。例如，你在早晨6点钟醒来时发现自己的手表停在了11点上，于是需要把表针拨到6点钟。这时可以有两种不同的拨法，一种是往回拨5格，即11－5＝6；另一种是往前拨7格。虽然11＋7＝18，但由于表盘的刻度是十二进制，超过12以后的进位自动消失了，只剩下了余数，即18－12＝6。可见，后一种拨法也把表针拨到了6点钟，如图1.3.1所示。

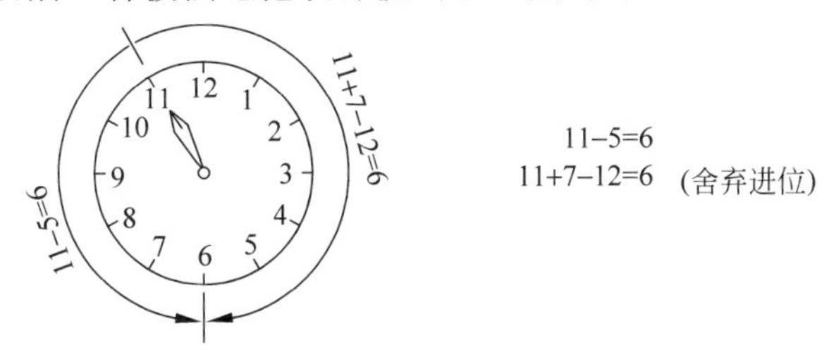

图1.3.1 说明补码运算原理的实例

这个例子告诉我们：在舍掉进位的情况下，11－5 的运算可以用 11＋7 的运算代替。这样就把减法运算转化成了加法运算。对－5 而言，由于 5 和 7 的和正好等于产生进位的模数 12，所以把 7 称为－5 对模数 12 的补码。如果同时规定正数的补码就是它的原码，我们就得到了一个重要的结论：在舍掉进位的情况下，两数相减(符号不同的两数相加)可以用它们的补码相加来实现。

例如两个四位二进制数相减：1110－0110＝1000(14－6＝8)，在舍弃进位的条件下，可以用 1110＋1010＝1000(14＋10－16＝8)来代替，如图 1.3.2 所示。由于 0110＋1010＝10000＝2^4，所以称 1010 是－0110 对模 2^4(16)的补码。

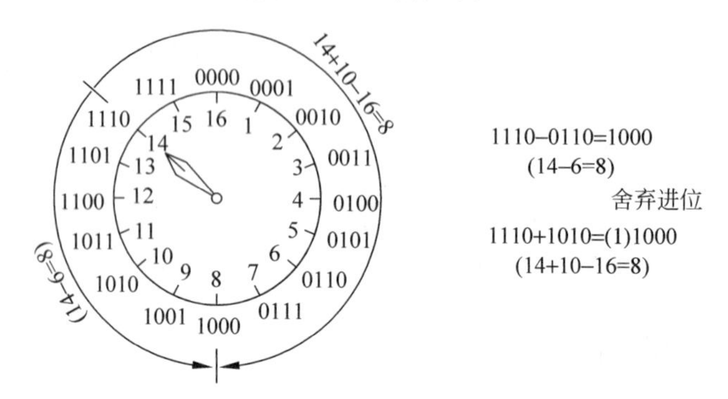

图 1.3.2　用补码实现四位二进制减法运算的图解

根据上述原理可以推论出 n 位二进制数 N 的补码$(N)_{\text{comp}}$表示方法

$$(N)_{\text{comp}} = \begin{cases} N & (\text{当 } N \text{ 为正数}) \\ 2^n - N & (\text{当 } N \text{ 为负数}) \end{cases} \tag{1.3.1}$$

即正数(当符号位为 0 时)的补码与原码相同，负数(当符号位为 1 时)的补码等于 2^n-N。

为了避免在求补码的过程中作减法运算，通常是先求出 N 的反码$(N)_{\text{inv}}$，然后在反码上加 1 而得到补码。二进制 N 的反码$(N)_{\text{inv}}$是这样定义的

$$(N)_{\text{inv}} = \begin{cases} N & (\text{当 } N \text{ 为正数}) \\ (2^n - 1) - N & (\text{当 } N \text{ 为负数}) \end{cases} \tag{1.3.2}$$

由上式可知，当 N 为负数时，$N+(N)_{\text{inv}}=2^n-1$，而 2^n-1 是 n 位全为 1 的二进制数，所以只要将 N 中每一位的 1 改为 0、0 改为 1，就得到了$(N)_{\text{inv}}$。以后将会看到，将二进制数的每一位求反，在电路上是很容易实现的。

由式(1.3.2)可知，当 N 为负数时$(N)_{\text{inv}}+1=2^n-N$，而由式(1.3.1)又知，当 N 为负数时$(N)_{\text{comp}}=2^n-N$，即－N 的补码$(N)_{\text{comp}}$，由此得到

$$(N)_{\text{comp}} = (N)_{\text{inv}} + 1 \tag{1.3.3}$$

即二进制负数的补码等于它的反码加 1。

例 1.3.1 试写出带符号位数 010011(+19)和 110011(−19)的反码和补码。

解 010011 的反码和补码都是 010011(与原码相同)。110011 的反码是 101100(符号位保持不变),在反码上加 1 得到补码为 101100+1=101101(符号位保持不变)。

在一些国外的电子技术教材中,也把二进制数的补码叫做“2 的补码”,而把二进制数的反码叫做“1 的补码”。表 1.3.1 中列出了三位二进制数原码、反码和补码的对照表。表中规定用 1000 作为−8 的补码,而不用来表示−0。

表 1.3.1 原码、反码和补码对照表

十进制数	二进制数		
	原码(带符号数)	反码	补码
+7	0111	0111	0111
+6	0110	0110	0110
+5	0101	0101	0101
+4	0100	0100	0100
+3	0011	0011	0011
+2	0010	0010	0010
+1	0001	0001	0001
+0	0000	0000	0000
−1	1001	1110	1111
−2	1010	1101	1110
−3	1011	1100	1101
−4	1100	1011	1100
−5	1101	1010	1011
−6	1110	1001	1010
−7	1111	1000	1001
−8	1000	1111	1000

例 1.3.2 试用二进制补码计算 14+9,14−9,−14+9,−14−9。

解

$$
\begin{array}{rr}
+14 & 0\quad 01110 \\
+\ \ 9 & 0\quad 01001 \\
\hline
+23 & 0\quad 10111
\end{array}
\qquad
\begin{array}{rr}
+14 & 0\quad 01110 \\
-\ \ 9 & 1\quad 10111 \\
\hline
+\ \ 5 & 0\quad 00101
\end{array}
$$

$$
\begin{array}{rr}
-14 & 1\quad 10010 \\
+\ \ 9 & 0\quad 01001 \\
\hline
-\ \ 5 & 1\quad 11011
\end{array}
\qquad
\begin{array}{rr}
-14 & 1\quad 10010 \\
-\ \ 9 & 1\quad 10111 \\
\hline
-23 & 1\quad 01001
\end{array}
$$

请注意,用补码相加得到的和仍为补码。因此,当和为负数时有效数字位表示的不是负数的绝对值。如果想求负数的绝对值,应对它再求一次补码。

从例 1.3.2 中还可以看到，将两个加数的符号位和数值部分产生的进位相加，得到的恰好就是两个加数代数和的符号位。

此外还需要注意，在用补码计算两个二进制数的代数和时，所用补码的位数必须足够表示每个加数及代数和的绝对值，否则会产生错误的计算结果。

复习思考题

R1.3.1　在数字电路中二进制数的正、负数是如何表示的？

R1.3.2　你能说出二进制数的反码和原码、补码和原码的关系吗？反码和补码之间又是什么关系？

R1.3.3　用两个数的补码相加得到的和是原码形式还是补码形式？

本章小结

本章介绍了数制和码制的基本概念，常用的计数进位制及其互相转换，几种常见的标准代码以及二进制算术运算。这些内容包括：

(1) 用数码表示数量大小时，用得最多的数制是十进制、二进制、十六进制。同一个数值可以用不同进制的数表示，因而它们之间可以互相转换。

(2) 用数码表示不同事物时，它们已经不再表示数量的大小，称这些数码为代码。所谓编码，就是规定每一个代码的含义。为了便于信息交换，还制定了一些通用的标准代码。

(3) 算术运算和逻辑运算是数字电路中两种不同的运算。算术运算是指表示数量大小的两个数码之间的数值运算。本章重点讲了二进制算术运算。逻辑运算的规则与算术运算不同，它是指事物因果关系之间的推理运算。这是下一章要深入讨论的内容。

(4) 二进制数的正、负是用附加在有效数字前面的符号位表示的。通常用 0 表示正数，用 1 表示负数。这种数码称为原码。

在数字电路中，两数的减法运算是采用两数的补码相加来完成的。正数的补码与原码相同，负数的补码等于它的反码加 1。而负数的反码是将原码的每一位求反得到的(符号位保持不变)。

两数的补码相加得到的代数和也是补码形式。和的符号位由两数的符号位及来自数值部分的进位相加得到。为了得到正确的计算结果，补码所取的位数必须足够表示每个加数以及和的绝对值。

习　　题

（1.1　数制）

题 1.1　将下列二进制整数转换为十进制数。

(1) 10　(2) 101　(3) 111　(4) 0111

(5) 1010　(6) 1111　(7) 10101　(8) 11010

题 1.2　将下列二进制小数转换为十进制数。

(1) 0.01　(2) 0.11　(3) 0.101　(4) 0.011

(5) 0.0101　(6) 0.1001　(7) 0.0001　(8) 0.1111

题 1.3　将下列二进制数转换为十六进制数。

(1) 111.01　(2) 011.11　(3) 1001.10　(4) 1111.11

(5) 11011.101　(6) 10011.011　(7) 10110.001　(8) 10001.111

题 1.4　说明下列二进制数和十六进制数能表示的十进制数最大值。

(1) 两位二进制数　(2) 四位二进制数

(3) 八位二进制数　(4) 十六位二进制数

(5) 两位十六进制数　(6) 四位十六进制数

题 1.5　将下列十进制整数转换为二进制数。

(1) 5　(2) 6　(3) 11　(4) 14

(5) 17　(6) 21　(7) 30　(8) 47

题 1.6　将下列十进制整数转换为二进制数。

(1) 15　(2) 40　(3) 53　(4) 69

(5) 105　(6) 123　(7) 200　(8) 254

题 1.7　将下列十进制小数转换为二进制数(小数部分取四位有效数字)。

(1) 0.933　(2) 0.75　(3) 0.69　(4) 0.38

(5) 0.25　(6) 0.115　(7) 0.075　(8) 0.064

题 1.8　将下列十进制数转换为二进制数(小数部分取四位有效数字)。

(1) 1.75　(2) 3.25　(3) 5.62　(4) 9.97

(5) 13.82　(6) 15.06　(7) 19.65　(8) 33.33

题 1.9　将下列二进制整数转换为十六进制数。

(1) 0011　(2) 0110　(3) 1010　(4) 1110

(5) 01011011　(6) 11000001　(7) 10101111　(8) 110001111101

题 1.10　将下列二进制数转换为十六进制数。

(1) 1101.0010　(2) 1000.1100　(3) 1010.1110　(4) 11110.1100　(5) 11011.00001

(6) 10001111.10111101　(7) 11000000.00001111　(8) 101001001110.01011011

题 1.11　将下列十六进制数转换为二进制数。

(1) 7A　(2) B5　(3) CD　(4) EF

(5) 8B3　(6) 3FF　(7) BBC1　(8) 6AA6

题 1.12　将下列十进制数转换为十六进制数。

(1) 7　(2) 9　(3) 11　(4) 14

(5) 17　(6) 24　(7) 188　(8) 204

题 1.13　将下列十进制数转换为十六进制数(小数部分取一位有效数字)。

(1) 3.75　(2) 13.125　(3) 15.95　(4) 21.07

(5) 28.38　(6) 45.65　(7) 189.82　(8) 255.94

题 1.14　将下列十六进制数转换为十进制数。

(1) 2A　(2) 3C　(3) B6　(4) E5

(5) 123　(6) 3AE　(7) ADC　(8) FFF

题 1.15　将下列十六进制数转换为十进制数。

(1) 2B.C1　(2) 7F.12　(3) 25.75　(4) A2.0D

(5) 4F.C2　(6) B2.DE　(7) AB.CD　(8) 7F.FF

(1.3　二进制算术运算)

题 1.16　完成下列二进制加法运算(给出的二进制数均为绝对值)。

(1) 101+001　(2) 011+010　(3) 1101+0101

(4) 1010+0110　(5) 11001+00111　(6) 10110+00110

题 1.17　完成下列二进制减法运算(给出的二进制数均为绝对值)。

(1) 101−011　(2) 100−010　(3) 1011−0110　(4) 1101−1001

(5) 100−111　(6) 1010−1101　(7) −101−010　(8) −1011−0101

题 1.18　计算下列二进制数的乘积(给出的二进制数均为绝对值)。

(1) 101×10　(2) 110×11　(3) 111×101

(4) 1101×100　(5) 1011×1011　(6) 1110×1111

题 1.19　完成下列二进制除法运算(给出的二进制数均为绝对值,所得商保留四位有效数字)。

(1) 110÷10　(2) 110÷11　(3) 1001÷0101

(4) 1011÷100　(5) 1110÷100　(6) 101÷111

题 1.20　写出下列带符号位二进制数(最高位为符号位,后面为绝对值)所表示的十进制数。

(1) 0101　(2) 0111　(3) 1011

(4) 1110　(5) 10101　(6) 11100

题 1.21 写出下列带符号位二进制数的补码(最高位为符号位,后面为绝对值)。

(1) 0101　(2) 0110　(3) 10110　(4) 11001

(5) 11110　(6) 10011　(7) 10001110　(8) 11110011

题 1.22 试用八位的二进制补码(最高一位为符号位)表示下列十进制数。

(1) －5　(2) －7　(3) ＋11　(4) ＋15

(5) －35　(6) －80　(7) －100　(8) －123

题 1.23 计算下列用补码表示的二进制数的代数和。如果和为负数,请求出负数的绝对值。

(1) 01001011＋11001011　(2) 00111110＋11011111

(3) 00011110＋11001110　(4) 00110111＋10110101

(5) 11000010＋00100001　(6) 00110010＋11100010

(7) 11011111＋11000010　(8) 11100010＋11001110

题 1.24 试用二进制补码运算计算下列各式(给出的四位二进制数为不带符号的绝对值)。

(1) 1001＋0101　(2) 1011＋1010　(3) 1001－0101　(4) 1011－1010

(5) 1001－1101　(6) 1011－1110　(7) －1001－0101　(8) －1011－1010

提示:所用补码的位数应足够表示所得代数和的最大绝对值。

题 1.25 试用二进制补码运算方法计算下列各式。

(1) 5＋7　(2) 9＋4　(3) 13－5　(4) 15－11

(5) 20－30　(6) 17－19　(7) －11－13　(8) －4－18

提示:所用补码的位数应足够表示所得代数和的最大绝对值。

CHAPTER

第 2 章 逻辑代数及其应用

本章基本内容

- 逻辑代数的基本公式和定理
- 逻辑函数的各种描述方法及互相转换
- 逻辑函数的化简和变换
- 逻辑函数式的无关项及其在化简中的应用
- 使用 Multisim 软件进行逻辑函数的化简和变换

2.1 逻辑代数的基本公式和导出公式

前面已经讲过，我们不仅可以用不同的数字表示不同数量的大小，还可以用不同的数字表示不同的事物或者事物的不同状态，我们称之为逻辑状态。例如用一位二进制数的 1 和 0 可以表示"对"和"错"、"有"和"无"、"接通"和"断开"等。

这里所说的"逻辑"是指事物的因果关系。当两个数字代表两个不同的逻辑状态时，可以按照它们之间存在的因果关系进行推理运算。我们把这种运算称为逻辑运算。

英国的数学家乔治·布尔(George Boole)于 1849 年首先提出了进行逻辑运算的数学方法——逻辑代数，也叫做布尔代数。现在逻辑代数已经成为分析和设计数字逻辑电路的主要数学工具。

2.1.1 逻辑代数的三种基本运算

在逻辑代数中也是用字母表示逻辑变量的。但是它有许多不同于普通代数的运算规则，而且在本书所讨论的二值逻辑电路中，逻辑变量的取值只有 0 和 1 两种可能。

逻辑代数的基本运算有**与**、**或**、**非**三种。为了更好地理解**与**、**或**、**非**运算的含意，让我们来讨论一下图 2.1.1 中的三个开关电路。如果把开关接通作为条件，把灯点亮作为结果，则三个电路代表了三种不同的因果关系，或者叫逻辑关系。

在图 2.1.1(a)电路中，只有在两个开关同时接通时，灯才点亮。也就是说，导致结果的

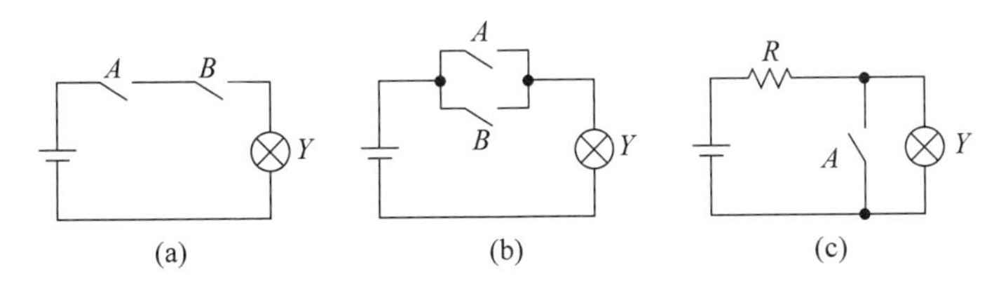

图 2.1.1 说明与、或、非定义的实例

所有条件同时具备时，结果才会发生。我们把这种因果关系叫做逻辑**与**(**AND**)，也叫逻辑乘法运算。

在图 2.1.1(b)电路中，只要有任何一个开关接通，灯就会点亮。也就是说，只要导致结果的条件当中有任何一个具备，结果就会发生。我们把这种因果关系叫做逻辑**或**(**OR**)，也叫逻辑加法运算。

在图 2.1.1(c)电路中，开关接通时灯不亮，而开关断开时反而会将灯点亮。也就是说，条件具备时结果不会发生，条件不具备时结果一定发生，我们把这种因果关系叫做逻辑**非**(**NOT**)，也叫逻辑求反运算。

若用 A、B 两个逻辑变量表示开关的状态，并规定 1 表示开关接通，0 表示开关断开；用 Y 表示灯的状态，并规定 1 表示灯亮，0 表示灯不亮，就可以列出用 0、1 表示**与**、**或**、**非**逻辑运算的图表，如表 2.1.1、表 2.1.2 和表 2.1.3 所示。这种用 0、1 表示逻辑关系的图表叫做逻辑真值表，或简称为真值表(truth table)。我们可以把这三个真值表视为**与**、**或**、**非**的一般性定义。

表 2.1.1 与逻辑运算的真值表

A	B	Y
0	0	0
0	1	0
1	0	0
1	1	1

表 2.1.2 或逻辑运算的真值表

A	B	Y
0	0	0
0	1	1
1	0	1
1	1	1

表 2.1.3 非逻辑运算的真值表

A	Y
0	1
1	0

在逻辑代数式中，**与**的运算符号用“·”表示，**或**的运算符号用“+”表示，**非**的运算符号用“′”表示。有些教科书中也用加在逻辑变量上面的“－”(例如 $\overline{A}$)或加在逻辑变量前面的“～”(例如～A)作为**非**运算符号。当 A 和 B 作**与**运算得到 Y 时，可以写作

$$Y = A \cdot B \tag{2.1.1}$$

为了简化书写，允许省略“·”号，写成 $Y=AB$。

当 A 和 B 作**或**运算得到 Y 时，可以写作

$$Y = A + B \tag{2.1.2}$$

当 A 作**非**运算得到 Y 时，可以写作

$$Y = A' \tag{2.1.3}$$

利用这些运算符号又可以将表 2.1.1、表 2.1.2 和表 2.1.3 规定的**与**、**或**、**非**运算规则写为

与运算	**或运算**	**非运算**
$0 \cdot 0 = 0$	$0 + 0 = 0$	$0' = 1$
$0 \cdot 1 = 0$	$0 + 1 = 1$	$1' = 0$
$1 \cdot 0 = 0$	$1 + 0 = 1$	
$1 \cdot 1 = 1$	$1 + 1 = 1$	

除了用上述运算符号表示逻辑运算以外，也经常使用一种图形符号表示逻辑运算。美国国家标准学会(ANSI)和电气与电子工程师协会(IEEE)于1984年制定了一个关于二进制逻辑运算图形符号的标准——“ANSI/IEEE 91—84”，并于1991年后制定了补充规定“IEEE Std 91a—1991”。补充、修订后的标准既允许使用矩形轮廓的图形符号，也允许使用具有特定外形的图形符号，并与国际电工协会制定的标准IEC617—12相兼容。图2.1.2给出了**与**、**或**、**非**图形符号的这两种画法。

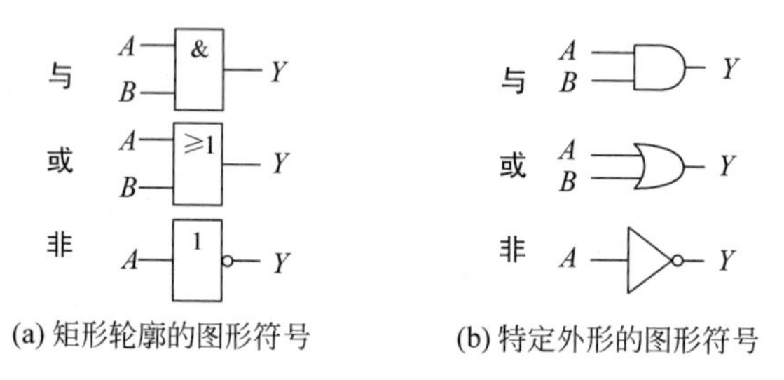

(a) 矩形轮廓的图形符号　　(b) 特定外形的图形符号

图2.1.2　与、或、非的图形符号

这种特定外形逻辑运算的图形符号已在国际上被广泛使用。我国现行的二进制逻辑单元图形符号的标准与IEC617—12的标准一致。鉴于大多数国际上流行的教材、技术资料和EDA软件中一直在使用特定外形的图形逻辑符号，本书中也采用特定外形的图形符号。

虽然实际的逻辑问题往往要比**与**、**或**、**非**运算复杂得多，但它们都可以用**与**、**或**、**非**运算组合而成。有些复合逻辑运算在实际应用中经常、大量地出现，我们也把它们视为一些基本的运算单元，其中主要的有**与非**(**NAND**)、**或非**(**NOR**)、**与或非**(**AND-NOR**)、**异或**(**Exclusive-OR** 或 **XOR**)、**异或非**(**Exclusive-NOR** 或 **XNOR**)等几种。图2.1.3中分别给出了它们的真值表、逻辑式和图形符号。其中**异或**的运算符号为“⊕”，**异或非**的运算符号有时也用“⊙”，并称之为**同或**。

由图2.1.3(a)、(b)、(c)可见，**与非**可以看作是**与**和**非**的组合，**或非**可以看成是**或**和**非**的组合，**与或非**则是**与**和**或非**的组合。由图2.1.3(d)中**异或**运算的真值表还可以看到，当A、B取值不同时($A=0$、$B=1$或者$A=1$、$B=0$)$Y=1$；而A、B取值相同时($A=B=1$或者$A=B=0$)$Y=0$，因此又可以把**异或**运算写成

$$A \oplus B = A'B + AB' \tag{2.1.4}$$

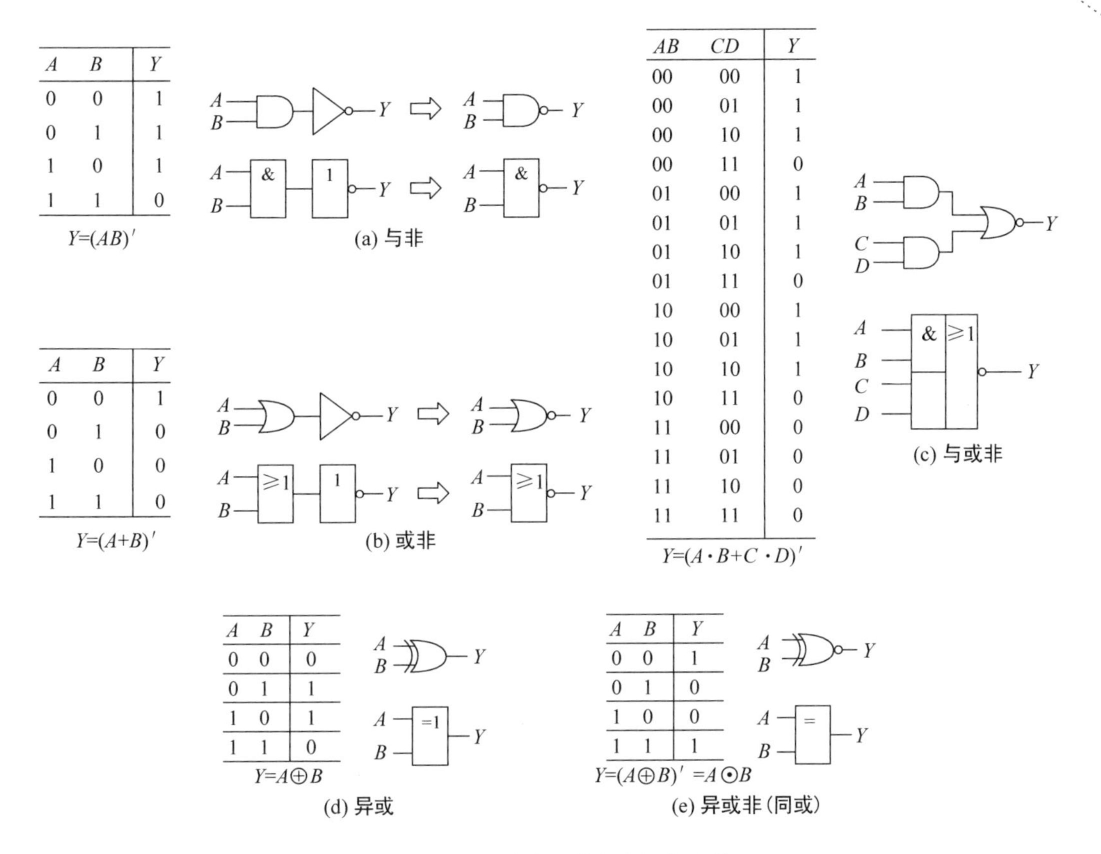

图 2.1.3 几种常见的复合逻辑运算

由图 2.1.3(e)中**异或非**的真值表可知,当 A、B 取值相同时 $Y=1$;而当 A、B 取值不同时 $Y=0$,因此**异或非**也可写成

$$(A \oplus B)' = A \odot B = A'B' + AB \tag{2.1.5}$$

2.1.2 基本公式和若干导出公式

从**与**、**或**、**非**运算的定义出发,可以得到表 2.1.4 中所列出的逻辑代数的基本公式。这些公式给出了二进制逻辑运算的基本规则。

通过列真值表的方法,很容易证明这些公式的正确性。这种证明方法就是将变量的所有取值的组合逐个代入等式的两边进行计算,并列成真值表。如果在输入变量取值相同时得到的运算结果相同,则等式一定成立。其实根据**与**、**或**、**非**的定义我们就可以很直观地判断表 2.1.4 中大部分公式的正确性。

表 2.1.4　逻辑代数的基本公式

(1a)	$0 \cdot A=0$	(1b)	$1+A=1$
(2a)	$1 \cdot A=A$	(2b)	$0+A=A$
(3a)	$A \cdot A=A$	(3b)	$A+A=A$
(4a)	$A \cdot A'=0$	(4b)	$A+A'=1$
(5a)	$A \cdot B=B \cdot A$	(5b)	$A+B=B+A$
(6a)	$A \cdot (B \cdot C)=(A \cdot B) \cdot C$	(6b)	$A+(B+C)=(A+B)+C$
(7a)	$A \cdot (B+C)=A \cdot B+A \cdot C$	(7b)	$A+B \cdot C=(A+B) \cdot (A+C)$
(8a)	$(A \cdot B)'=A'+B'$	(8b)	$(A+B)'=A' \cdot B'$
(9)	$(A')'=A$		

式(8a)和式(8b)是两个非常重要的公式，又称为德·摩根定理(De Morgan's Theorem)。在逻辑函数的化简和变换中经常会用到这两个公式。

例 2.1.1　用列真值表的方法证明式(8a)

$$(AB)' = A' + B'$$

解　将 A、B 取值的所有组合分别代入等式两边计算，将得到的结果与 A 和 B 的取值对应列表，就得到了表 2.1.5 的真值表。从表中可以看到，等式两边的真值表相同，说明等式成立。

表 2.1.5　证明 $(AB)'=A'+B'$ 的真值表

A	B	A'	B'	$(AB)'$	$A'+B'$
0	0	1	1	1	1
0	1	1	0	1	1
1	0	0	1	1	1
1	1	0	0	0	0

在基本公式的基础上，还可以推导出一些常用公式。运用这些导出公式有利于简化运算过程。表 2.1.6 中给出了几个常见的导出公式。我们既可以用基本公式推导，也可以列真值表来证明这些公式的正确性。

表 2.1.6　几个常用的导出公式

(11a) $A+AB=A$	(11b) $A(A+B)=A$
(12a) $A+A'B=A+B$	(12b) $A(A'+B)=AB$
(13a) $AB+AB'=A$	(13b) $(A+B)(A+B')=A$
(14a) $AB+A'C+BC=AB+A'C$ $AB+A'C+BCD=AB+A'C$	(14b) $(A+B)(A'+C)(B+C)=(A+B)(A'+C)$ $(A+B)(A'+C)(B+C+D)=(A+B)(A'+C)$

例 2.1.2 试用公式推导证明式(12a)

$$A+A'B=A+B$$

解 $A+A'B=(A+A')(A+B)$……………根据基本公式(7b)

$=1(A+B)$……………………根据基本公式(4b)

$=A+B$………………………根据基本公式(2a)

于是式(12a)得到证明。

例 2.1.3 试用公式推导证明式(14a)

$$AB+A'C+BC=AB+A'C$$

解 $AB+A'C+BC=AB+A'C+BC(A+A')$………根据式(2a)和式(4b)

$=AB+A'C+ABC+A'BC$……………… 根据式(7a)

$=AB(1+C)+A'C(1+B)$…………………根据式(2a)和式(7a)

$=AB+A'C$………………………………根据式(1b)和式(2a)

故式(14a)得到证明。

复杂逻辑运算式中，运算的优先顺序与普通代数相同，即首先计算括号内的运算，然后计算式中的乘法运算，最后计算式中的加法运算。

复习思考题

R2.1.1 你能各举出一个符合**与**、**或**、**非**逻辑关系的事例吗?

R2.1.2 逻辑代数的基本公式中，哪些运算规则与普通代数的运算规则是相同的，哪些是不同的?

2.2 代入定理及其应用

代入定理的内容是：在任意一个包含变量 A 的等式中，若用任何一个逻辑式代替等式中的 A，则等式仍然成立。

因为在二值逻辑电路中任何变量的取值只有 0 和 1 两种状态，所以对于任何包含 A 的等式，无论 $A=1$ 还是 $A=0$，等式都成立。而任何一个逻辑式的取值也只能有 0 和 1 两种，所以用它代替 A 以后，等式自然也成立。因此可以把代入定理看作是一个无须证明的公理。

根据代入定理，我们可以将表 2.1.4 中的基本公式和表 2.1.6 中的导出公式推广为多变量之间关系的公式。

例 2.2.1 利用代入定理将德·摩根定理推广为多变量形式。

解 式(8a)和式(8b)给出两变量形式的德·摩根定理为

$$(AB)'=A'+B'$$

$$(A+B)'=A'B'$$

若以 BC 代入式(8a)中 B 的位置,则得到

$$(A(BC))' = A' + (BC)' = A' + B' + C'$$

即

$$(ABC)' = A' + B' + C'$$

若以$(B+C)$取代式(8b)中的 B,则得到

$$(A + (B + C))' = A'(B + C)' = A'B'C'$$

即

$$(A + B + C)' = A'B'C'$$

同理,式(8a)和式(8b)同样可以推广为更多变量的关系式。

例 2.2.2 试利用代入定理证明下列等式的正确性

$$A + A(B + C + DE) = A \tag{2.2.1}$$

$$A(A + B + C + DE) = A \tag{2.2.2}$$

解 由表 2.1.6 中的导出公式(11a)知,$A+AB=A$。

若以$(B+C+DE)$代替式(11a)中的 B,则得到的就是式(2.2.1)。根据代入定理,式(2.2.1)仍然成立。

同理,若以$(B+C+DE)$代替表 2.1.6 中的导出公式(11b)中的 B,则得到的就是式(2.2.2)。根据代入定理,式(2.2.2)仍然成立。

复习思考题

R2.2.1 代入定理的内容是什么?它有什么用途?

2.3 逻辑函数及其描述方法

在引入逻辑运算的概念时我们曾经讲过,任何一种逻辑运算都代表了一种因果关系。当表示"原因"的变量(也称为输入逻辑变量)取值确定以后,表示"结果"的变量(也称为输出逻辑变量)取值便随之确定,因而输出逻辑变量与输入逻辑变量之间是一种函数关系。我们也把这种函数叫做逻辑函数(或叫做逻辑功能)。描述逻辑函数的方法有真值表、逻辑函数式、逻辑图、波形图(也称为时序图)、卡诺图、硬件描述语言等几种。

2.3.1 用真值表描述逻辑函数

我们在 2.1 节中定义基本逻辑运算时已经使用过真值表。函数的真值表就是将输入变量所有可能的取值与对应的函数输出取值对应列成的表格。真值表的最大特点是能直观地表示出输出与输入之间的逻辑关系。

例 2.3.1 试说明表 2.3.1 中的真值表所表示的逻辑功能。

表 2.3.1 例 2.3.1 的真值表

输入				输出	输入				输出
A	***B***	***C***	***D***	***Y***	***A***	***B***	***C***	***D***	***Y***
0	0	0	0	0	1	0	0	0	1
0	0	0	1	1	1	0	0	1	0
0	0	1	0	1	1	0	1	0	0
0	0	1	1	0	1	0	1	1	1
0	1	0	0	1	1	1	0	0	0
0	1	0	1	0	1	1	0	1	1
0	1	1	0	0	1	1	1	0	1
0	1	1	1	1	1	1	1	1	0

解 从真值表可以看出，当 A、B、C、D 中有奇数个取值为 1 时，$Y=1$；否则 $Y=0$。所以这是一个奇偶判别函数。

2.3.2 用逻辑函数式描述逻辑函数

将逻辑函数的输出写成输入逻辑变量的代数运算式，就得到了逻辑函数式。在各种描述方法中，使用最多的就是逻辑函数式了。例如

$$Y(A,B,C,D) = AB'C' + A'BC + AB'D'$$

上式表明输出逻辑变量 Y 是输入逻辑变量 A、B、C 和 D 的逻辑函数，它们之间的函数关系由等式右边的逻辑运算式给出。

在逻辑函数的化简和变换过程中，经常需要将逻辑函数式化为“最小项之和”的标准形式。为此，首先需要介绍一下关于最小项的概念。

1. 最小项及其性质

在有 n 个输入变量的逻辑函数中，若 m 为含有 n 个变量的乘积项，而且这 n 个输入变量都以原变量或反变量的形式在 m 中出现，则称 m 是这一组输入变量的一个最小项。

根据上述的定义，两变量 A 和 B 的最小项应该有 $A'B'$、$A'B$、AB' 和 AB 四个（即 $2^2=4$ 个）；三变量 A、B、C 的最小项有 $A'B'C'$、$A'B'C$、$A'BC'$、$A'BC$、$AB'C'$、$AB'C$、ABC' 和 ABC 共八个（即 $2^3=8$ 个）。依此类推，n 变量的最小项应有 2^n 个。

为了今后书写的方便，我们还规定了最小项的编号。以三变量 A、B、C 的最小项为例，

可以看到：A、B、C 的任何一组取值都将使一个对应的最小项的值为 1，而且只有这一个最小项的值为 1。例如当 $A=0$、$B=1$、$C=1$ 时，$A'BC$ 这个最小项的取值为 1。如果把 A、B、C 的取值 011 看作是一个二进制数，那么与它等值的十进制数等于 3，我们就以 3 作为 $A'BC$ 这个最小项的编号，并将 $A'BC$ 记做 m_3。按照这一约定，就得到了表 2.3.2 所示的三变量最小项的编号表。

表 2.3.2　三变量最小项的编号表

最　小　项	使最小项为 1 的变量取值 A　B　C	输入变量取值对应的十进制数	最小项编号
$A'B'C'$	0　0　0	0	m_0
$A'B'C$	0　0　1	1	m_1
$A'BC'$	0　1　0	2	m_2
$A'BC$	0　1　1	3	m_3
$AB'C'$	1　0　0	4	m_4
$AB'C$	1　0　1	5	m_5
ABC'	1　1　0	6	m_6
ABC	1　1　1	7	m_7

同理，我们将 A、B、C、D 四变量的 2^4 个最小项 $A'B'C'D'\sim ABCD$ 编为 $m_0\sim m_{15}$。

根据最小项的定义，可以证明它具有下列几个重要性质：

(1) 在输入变量的任何取值下，必有一个、而且仅有一个最小项取值为 1。

(2) 全部最小项之和为 1。

(3) 任意两个最小项之积为 0。

(4) 具有相邻性的两个最小项之和可以合并为一项，合并后的结果中只保留这两项的公共因子。

所谓"相邻性"是指两个最小项之间仅有一个变量不同。例如三变量最小项 ABC 和 $AB'C$ 只有 B 和 B' 不同，所以具有相邻性。将它们相加后得到

$$ABC + AB'C = AC$$

2. 逻辑函数式的最小项之和形式

任何一个逻辑函数式都可以展开为若干个最小项相加的形式，我们将这种形式叫做最小项之和形式。

首先，利用逻辑代数的基本公式和代入定理一定能将任何形式的逻辑函数式化为若干个乘积项相加的形式，即所谓"积之和"形式。然后，将每个乘积项的因子补足。例如某一项缺少 A 或 A' 因子，则可以在这一项上乘以 $(A+A')$，然后展开为两项。因为 $A+A'=1$，所

以函数不变。

例 2.3.2 将下面的逻辑函数化为最小项之和的形式。

$$Y(A,B,C) = A'BC + AC' + B'C$$

解 在 AC' 上乘以 $(B+B')$，同时在 $B'C$ 上乘以 $(A+A')$，于是得到

$$\begin{aligned} Y(A,B,C) &= A'BC + AC'(B+B') + B'C(A+A') \\ &= A'BC + ABC' + AB'C' + AB'C + A'B'C \\ &= m_3 + m_6 + m_4 + m_5 + m_1 \end{aligned}$$

为了简化书写，也写成

$$Y(A,B,C) = \sum m(1,3,4,5,6)$$

例 2.3.3 将下面的逻辑函数化为最小项之和的形式

$$Y(A,B,C,D) = (AD + A'D' + B'D + C'D')'$$

解 首先利用基本公式将上式化为"积之和"的形式

$$\begin{aligned} Y(A,B,C,D) &= (AD)'(A'D')'(B'D)'(C'D')' \\ &= (A'+D')(A+D)(B+D')(C+D) \\ &= A'BD + ACD' \end{aligned}$$

在前一项上乘以 $(C+C')$，后一项上乘以 $(B+B')$，展开后得到

$$\begin{aligned} Y(A,B,C,D) &= A'BD(C+C') + ACD'(B+B') \\ &= A'BCD + A'BC'D + ABCD' + AB'CD' \\ &= m_7 + m_5 + m_{14} + m_{10} \\ &= \sum m(5,7,10,14) \end{aligned}$$

复习思考题

R2.3.1 什么是最小项？两变量、三变量、四变量和五变量的最小项各有多少个？

R2.3.2 说出将逻辑函数式展开为最小项之和形式的方法。

R2.3.3 最小项有哪些重要的性质？

2.3.3 用逻辑图描述逻辑函数

在前面介绍基本逻辑运算的表示方法时曾经讲过，逻辑变量之间的运算关系除了能用数学运算符号表示以外，还可以用图形符号表示。用逻辑图形符号连接起来表示逻辑函数，得到的连接图称为逻辑图。

由于和这些图形符号的功能相对应的电子电路都已经做成了现成的集成电路产品，所

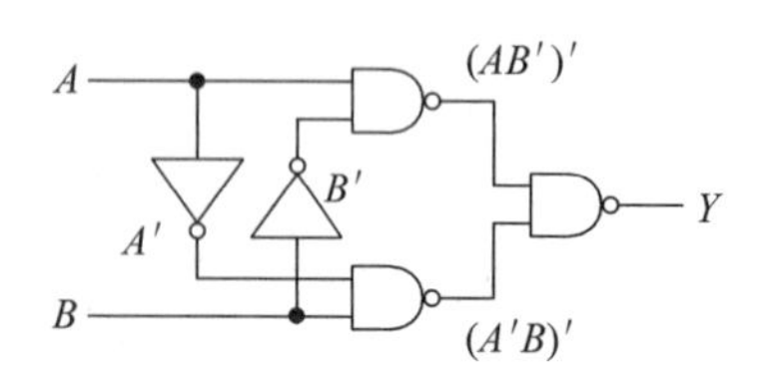

图 2.3.1　例 2.3.4 的逻辑图

以能很方便地将逻辑图实现为具体的硬件电路。

例 2.3.4　试分析图 2.3.1 逻辑图的逻辑功能。

解　由图可知

$$Y(A,B)=((AB')'(A'B)')'$$
$$=AB'+A'B=A\oplus B$$

因此，图 2.3.1 所表示的是**异或**逻辑函数。

2.3.4　用波形图描述逻辑函数

将输入变量所有可能的取值与对应的输出按时间顺序依次排列起来画成的时间波形，称为函数的波形图(也称为时基图 timing diagram)。波形图的特点是可以用实验仪器直接显示，便于用实验方法分析实际电路的逻辑功能。在逻辑分析仪中通常就是以波形的方式给出分析结果的。

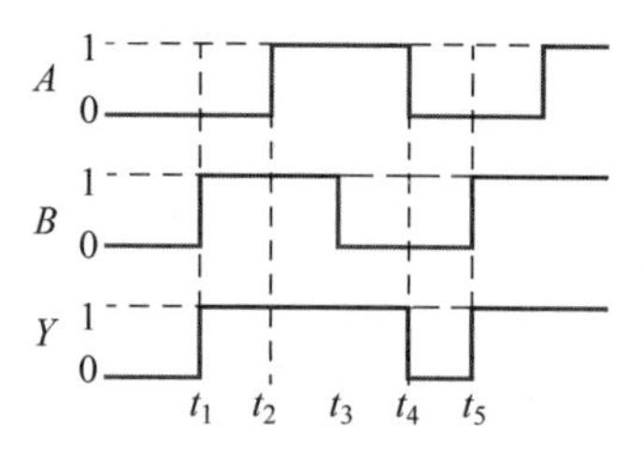

图 2.3.2　例 2.3.5 的波形图

例 2.3.5　试分析图 2.3.2 的波形图中 Y 与 A、B 间的逻辑关系。

解　由波形图可见，t_1-t_2 期间 $A=0$、$B=1$，$Y=1$；t_2-t_3 期间 $A=1$、$B=1$，$Y=1$；t_3-t_4 期间 $A=1$、$B=0$，$Y=1$；t_4-t_5 期间 $A=0$、$B=0$，$Y=0$。至此已给出了 A、B 所有取值组合下 Y 的取值。可见，只要 A、B 有一个是 1，Y 就为 1；只有 A、B 同时为 0，Y 才为 0。因此，Y 和 A、B 间是**或**的关系，即 $Y(A,B)=A+B$。

2.3.5　用卡诺图描述逻辑函数

1. 最小项的卡诺图表示法

1953 年美国工程师卡诺(M. Karnough)提出了一种用图形描述和分析逻辑电路的方法，后来就把这种图形叫做卡诺图(简称 K-map)。

在介绍逻辑函数的标准形式时我们已经讲过，任何形式的逻辑函数式都能化成最小项之和的形式。卡诺图的实质不过是将逻辑函数式的最小项之和形式以图形的方式表示出来而已。

若以 2^n 个小方块分别代表 n 变量的所有最小项，并将它们排列成矩阵，而且使几何位置相邻的两个最小项在逻辑上也是相邻的(即只有一个变量不同)，就得到了表示 n 变量全部最小项的卡诺图。

图 2.3.3 中给出了二到五变量最小项卡诺图的画法。图形两侧标注的 0 和 1 表示使对

应小方格内的最小项取值为1的变量取值。与这些0和1组成的二进制数等值的十进制数恰好就是所对应的最小项的编号。为了保证几何位置相邻的两个最小项只有一个变量不同，这些数码的排列不能按自然二进制数顺序，而必须按照如下所示的顺序：

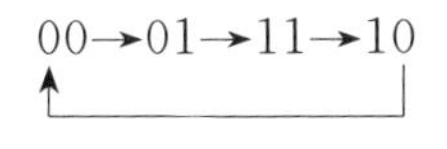

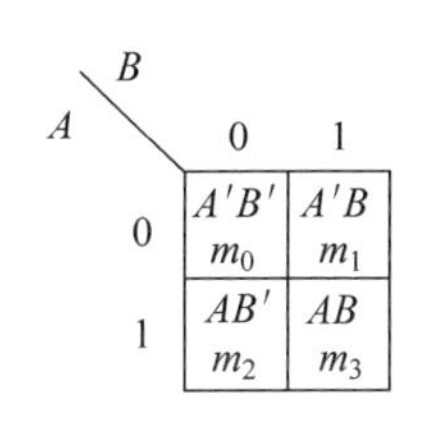

(a) 两变量最小项的卡诺图

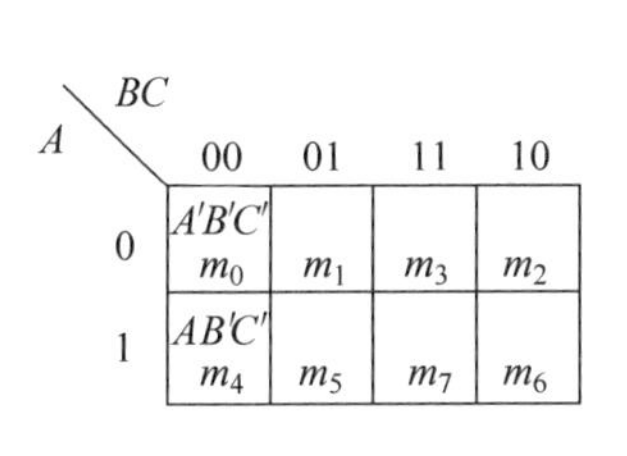

(b) 三变量最小项的卡诺图

AB \ CD	00	01	11	10
00	m_0	m_1	m_3	m_2
01	m_4	m_5	m_7	m_6
11	m_{12}	m_{13}	m_{15}	m_{14}
10	m_8	m_9	m_{11}	m_{10}

(c) 四变量最小项的卡诺图

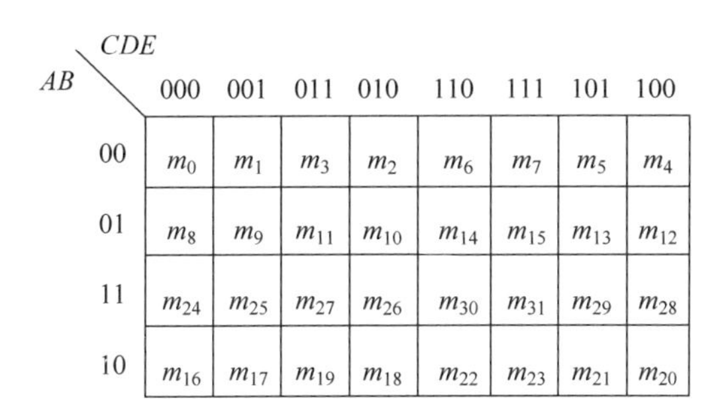

(d) 五变量最小项的卡诺图

图 2.3.3 二到五变量最小项的卡诺图

由图2.3.3(b)、(c)中还可以发现，图中任何一行或一列两端的最小项也是相邻的。因此，应将卡诺图看成上下、左右闭合的图形。

当变量数超过四个以后，就无法在二维平面上用几何位置的相邻表示所有逻辑上相邻的情况了。从图2.3.3(d)五变量最小项的卡诺图上可以看到，除了平面位置上相邻的最小项具有逻辑相邻性以外，以中间双线为轴左右对称位置上的两个最小项也具有逻辑相邻性。

2. 用卡诺图表示逻辑函数

若将逻辑函数化成最小项之和的形式，然后在最小项的卡诺图上与函数式中包含的最小项所对应位置上填入1，在其余的位置上填入0，得到的就是表示该逻辑函数的卡诺图。因此，又可以说任何一个逻辑函数都等于它的卡诺图上填有1的位置上那些最小项之和。

例 2.3.6 用卡诺图表示下面的逻辑函数

$$Y(A,B,C,D) = A'B'C' + AB'CD' + ABCD + C'D' \quad (2.3.1)$$

解 首先将式(2.3.1)化为最小项之和形式

$$\begin{aligned} Y(A,B,C,D) &= A'B'C'D' + A'B'C'D + AB'CD' + ABCD \\ &\quad + A'BC'D' + AB'C'D' + ABC'D' \\ &= \sum m(0,1,4,8,10,12,15) \end{aligned}$$

AB \ CD	00	01	11	10
00	1	1	0	0
01	1	0	0	0
11	1	0	1	0
10	1	0	0	1

图 2.3.4 例 2.3.6 的卡诺图

画出四变量(A,B,C,D)最小项的卡诺图，在m_0、m_1、m_4、m_8、m_{10}、m_{12}、m_{15}的方格内填入1，其余方格内填入0，就得到了表示式(2.3.1)逻辑函数的卡诺图，如图2.3.4所示。

用卡诺图表示逻辑函数时，能直观地显示出最小项之间的相邻关系，这一点在化简逻辑函数时非常有用。不过在输入逻辑变量超过五个以后，就不再具有这种直观性的特点了，因而很少用卡诺图来描述多变量的逻辑函数。

复习思考题

R2.3.4 在画最小项的卡诺图时，怎样才能保证几何位置上相邻的最小项也具有逻辑相邻性？

2.3.6 用硬件描述语言描述逻辑函数

由于数字电路的规模日益扩大和复杂程度日益提高，用上面介绍的几种方法描述复杂电路的逻辑功能就越来越困难了。而且，在设计这些复杂电路时必须使用计算机辅助的手段才能完成。因此，需要有一种能够描述数字电路逻辑功能的计算机编程语言，即所谓硬件描述语言(hardware description language，HDL)。

目前在工业生产和教学领域中广泛采用的硬件描述语言主要是VHDL和VerilogHDL两种。VHDL是由美国国防部的一项研究计划开发出来的一种硬件描述语言。1987年IEEE将VHDL正式定为工业标准，并于1993年又发布了修订版本。Verilog HDL(简称Verilog)是由Gateway Design Automation公司在几乎同一时期开发出的硬件描述语言，后来也被IEEE确认为工业标准。Verilog具有比较容易学、容易用的优点，而VHDL在支持大规模数字系统设计方面更有优势。在逻辑设计领域中，据称这两种硬件描述语言在北美市场的占有率大约各占一半。

有关HDL及其应用的内容我们将在第8章中还会谈到。

复习思考题

R2.3.5 描述逻辑函数的方法有哪几种？它们各有何特点？

2.3.7 逻辑函数描述方法间的转换

既然同一逻辑函数有不同的描述方法，那么这些描述方法之间就一定能互相转换。

1. 逻辑函数式与真值表之间的转换

如果给出了逻辑函数式，则可以很容易列出与之对应的真值表。方法很简单，只要把输入变量的所有各种取值的组合逐一代入逻辑式运算，求出函数的取值，然后列表，就得到了所求的真值表。在2.1.2节用列真值表证明逻辑代数的基本公式时，我们已经用过这种方法。反之，如果给出了真值表，则可以从真值表写出相应的逻辑函数式。具体方法是：

(1) 从真值表找出所有使函数值等于1的输入变量取值。

(2) 上述的每一组变量取值下，都会使一个乘积项的值为1。在这个乘积项中，取值为1的变量写入原变量，取值为0的变量写入反变量。

(3) 将这些乘积项相加，就得到了所求的逻辑函数式。

例2.3.7 给出逻辑函数的真值表如表2.3.3，试写出它的逻辑函数式。

表2.3.3 例2.3.7的真值表

A	B	C	Y	备 注
0	0	0	0	
0	0	1	1	$A'B'C=1$
0	1	0	1	$A'BC'=1$
0	1	1	0	
1	0	0	1	$AB'C'=1$
1	0	1	0	
1	1	0	0	
1	1	1	0	

解 由真值表可见，当ABC取值为001、010和100时，$Y=1$。当ABC取值为001时，$A'B'C=1$；当ABC取值为010时，$A'BC'=1$；当ABC取值为100时，$AB'C'=1$。这三个乘积项任何一个的取值等于1时Y都为1，所有Y应为这三项的和，即

$$Y(A,B,C) = A'B'C + A'BC' + AB'C'$$

2. 逻辑函数式与逻辑图之间的转换

如果给出了逻辑函数式，则只要以图形符号代替逻辑式中的代数运算符号，并依照逻辑式中的运算优先顺序（即首先算括号，然后算乘，最后算加）将这些图形符号连接起来，就可以得到所要的逻辑图了。反之，如果给出的是逻辑图，则只要从输入端到输出端写出每个图形符号所表示的逻辑运算式，就得到对应的逻辑式了。

例 2.3.8 用逻辑图表示下面的逻辑函数

$$Y(A,B,C)=((AB)'+B'C)'$$

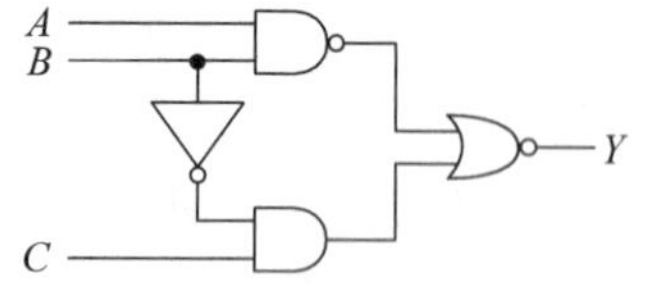

图 2.3.5 例 2.3.8 的逻辑图

解 用图形符号代替上式中的代数运算符号，并按运算优先顺序连接，即得到图 2.3.5 的逻辑图。

例 2.3.9 写出图 2.3.6 中逻辑图的逻辑函数式。

解 从输入端向输出端逐级写出图形符号表示的代数运算式（如图 2.3.6 所示），便得到

$$Y(A,B,C,D)=(A'B+A'CD+BD')'$$

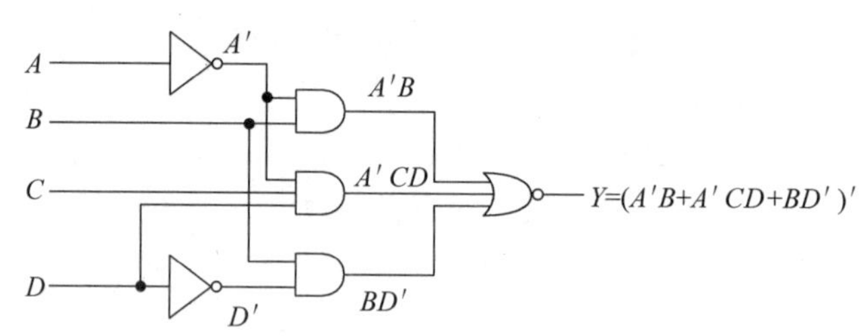

图 2.3.6 例 2.3.9 的逻辑图

3. 逻辑函数式与卡诺图之间的转换

我们在上一节介绍逻辑函数的卡诺图表示法时，已经讲到了将给定的逻辑函数式表示为卡诺图的方法，即首先将逻辑式化为最小项之和的形式，然后在卡诺图上与这些最小项对应的位置上填入 1，同时在其余的位置上填入 0，这样就得到了表示该逻辑函数的卡诺图，如我们在前面例 2.3.6 中所做的那样。如果给出了逻辑函数的卡诺图，则只要将卡诺图中填入 1 的位置上的那些最小项相加，就可得到相应的逻辑函数式了。

例 2.3.10 写出图 2.3.7 卡诺图所表示的逻辑函数式。

解 因为任何逻辑函数都是它的卡诺图中填入 1 的那些最小项之和，故由图 2.3.7 的卡诺图得到

$$Y(A,B,C,D)=A'B'C'D'+A'BC'D+AB'CD'+ABCD$$
$$=\sum m(0,5,10,15)$$

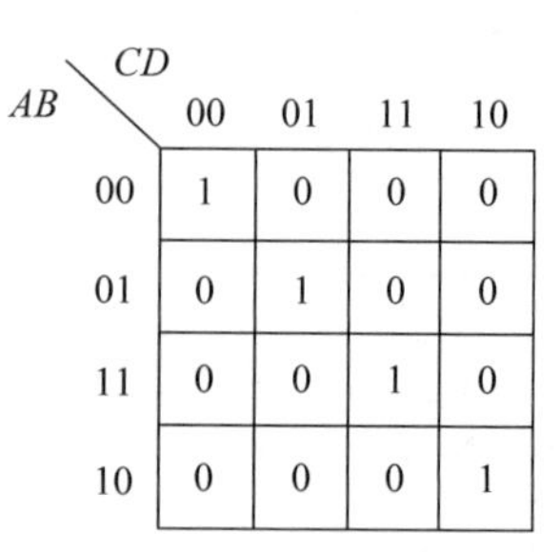

AB \ CD	00	01	11	10
00	1	0	0	0
01	0	1	0	0
11	0	0	1	0
10	0	0	0	1

图 2.3.7 例 2.3.10 的卡诺图

4. 波形图与真值表之间的转换

在 2.3.4 节中我们已经讲过，将输入变量的所有取值与对应的输出值按时间顺序排列起来，画成时间波形，就得到了描述这个逻辑函数的波形图。因此，只要给出了函数的真值表，就可以按上述方法画出波形图了。输入变量取值的排列顺序对逻辑函数没有影响。

相反，如果给出了函数的波形图，则只要将每个时间段的输入与输出的取值列表，就能得到所求的真值表。

例 2.3.11 已知逻辑函数的真值表如表 2.3.4 所示，试用波形图表示该逻辑函数。

表 2.3.4 例 2.3.11 的真值表

A	*B*	*C*	*Y*	*A*	*B*	*C*	*Y*
0	0	0	0	1	0	0	0
0	0	1	0	1	0	1	1
0	1	0	0	1	1	0	1
0	1	1	1	1	1	1	0

解 若将 *ABC* 的取值顺序按表 2.3.4 中自上而下的顺序排列，即得到如图 2.3.8 所示的波形图。

例 2.3.12 已知逻辑函数的波形图如图 2.3.9 所示，试求与之对应的真值表。

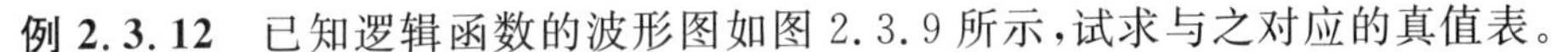

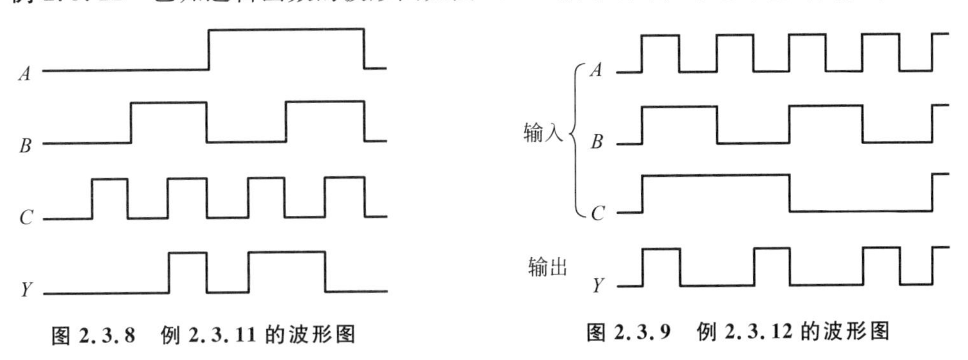

图 2.3.8 例 2.3.11 的波形图　　**图 2.3.9 例 2.3.12 的波形图**

解 将图 2.3.9 的波形图上不同时间段中 *A*、*B*、*C* 与 *Y* 的取值对应列表，即得到如表 2.3.5 所示的真值表。

表 2.3.5 例 2.3.12 的真值表

A	*B*	*C*	*Y*	*A*	*B*	*C*	*Y*
1	1	1	1	1	1	0	0
0	1	1	0	0	1	0	0
1	0	1	0	1	0	0	1
0	0	1	1	0	0	0	0

复习思考题

R2.3.6　你能说出从逻辑函数式列出真值表和从真值表写出逻辑函数式的方法吗？

R2.3.7　你能说出从逻辑函数式画出卡诺图和从卡诺图写出逻辑函数式的方法吗？

R2.3.8　你能说出从波形图列出真值表和从真值表画出波形图的方法吗？

2.4　逻辑函数的化简方法

当我们用逻辑函数式描述逻辑函数时，同一个逻辑函数往往可以有不同的形式。例如式(2.4.1)和式(2.4.2)所表达的就是同一个逻辑函数：

$$Y(A,B,C,D) = A'B + (A + B')C + ACD \tag{2.4.1}$$

$$Y(A,B,C,D) = A'B + C \tag{2.4.2}$$

逻辑函数式越简单，实现这个逻辑函数需要用的器件越少，电路结构也越简单。因此，在许多情况下，需要把函数式化简为最简单的形式。这项工作也叫做逻辑函数式的最简化。

对于**与或**形式(也称为“积之和”形式)的逻辑函数式最简化的目标，就是使函数式中所包含的乘积项最少，同时每个乘积项所包含的因子最少。

常用的化简方法有公式化简法、卡诺图化简法和 Q-M 法等几种。

2.4.1　公式化简法

公式化简法的基本原理就是利用逻辑代数的基本公式和常用公式对逻辑代数式进行运算，消去式中多余的乘积项和每个乘积项中多余的因子，求出逻辑函数的最简形式。

例 2.4.1　用公式化简法化简下面的逻辑函数

$$Y(A,B,C,D) = A + A'B(A' + C'D) + A'B'CD'$$

解　$Y(A,B,C,D) = A + B(A' + C'D) + B'CD'$

(根据式(12a)：$A + A'B = A + B$ 消去后两项中的 A')

$= A + A'B + BC'D + B'CD'$

(根据式(7a)：$A(B+C) = AB + AC$ 将第 2 项展开)

$= A + B + BC'D + B'CD'$

(根据式(12a)：$A + A'B = A + B$ 消去第二项中的 A')

$= A + B + B'CD'$

(根据式(11a)：$A + AB = A$ 消去第 3 项)

$= A + B + CD'$

（根据式(12a)：$A+A'B=A+B$ 消去最后一项中的 B'）

例 2.4.2 用公式化简法化简下面的逻辑函数

$$Y(A,B,C,D)=((AB)'D)'+A'B'C'+BC'D+A'BC'D+D'$$

解 $Y(A,B,C,D)=AB+D'+A'B'C'+BC'D+A'BC'D+D'$

（根据式(8a)：$(AB)'=A'+B'$ 将第一项展开）

$=AB+D'+A'B'C'+BC'D+A'BC'D$

（根据式(3b)：$A+A=A$ 消去最后一项 D'）

$=AB+D'+A'B'C'+BC'+A'BC'$

（根据式(12a)：$A+A'B=A+B$ 消去后两项中的 D）

$=AB+D'+A'C'+BC'$

（根据式(14a)：$AB+AB'=A$ 将第三项与第五项合并）

$=AB+D'+A'C'$

（根据式(15a)：$AB+A'C+BC=AB+A'C$ 消去 BC' 一项）

通过上面两个例子可以看到，用公式化简法化简逻辑函数时，化简的步骤和所用到的基本公式和常用公式都可能不同。因此，这种方法有很大的灵活性和技巧性，而且不受输入变量数目的限制。由于化简过程没有固定的规则可循，所以很难用这种方法编写出能在计算机上运行的自动化简程序。

2.4.2 卡诺图化简法

卡诺图化简法的基本原理是通过在卡诺图上将具有相邻性的最小项合并的方法，求得逻辑函数的最简形式。

由于在画逻辑函数的卡诺图时保证了几何位置相邻的最小项在逻辑上也一定是相邻的（即两个最小项只有一个变量不同），所以从卡诺图上能直观地判断出哪些最小项能够合并。图 2.4.1 中给出了两个、四个和八个最小项相邻的情况。图中用线框把可以合并的最小项圈成一个“相邻组”。

由图 2.4.1(a)、(b)可见，两个相邻的最小项之和一定可合并为一项，并消去不同的一对因子，只保留公共因子。例如图 2.4.1(a)中的 $A'B'C(m_1)$ 和 $A'BC(m_3)$ 两个最小项相邻，这两项之和为

$$A'B'C+A'BC=A'(B'+B)C=A'C$$

由图 2.4.1(c)、(d)可见，按矩形排列的四个相邻最小项之和定可合并为一项并消去两对不同的因子，只保留公共因子。例如图 2.4.1(d)中的 $A'BC'D'(m_4)$、$A'BC'D(m_5)$、$ABC'D'(m_{12})$ 和 $ABC'D(m_{13})$ 四个最小项相邻，它们的和为

$$
\begin{aligned}
& A'BC'D' + A'BC'D + ABC'D' + ABC'D \\
= & A'BC'(D + D') + ABC'(D + D') \\
= & A'BC' + ABC' \\
= & (A' + A)BC' \\
= & BC'
\end{aligned}
$$

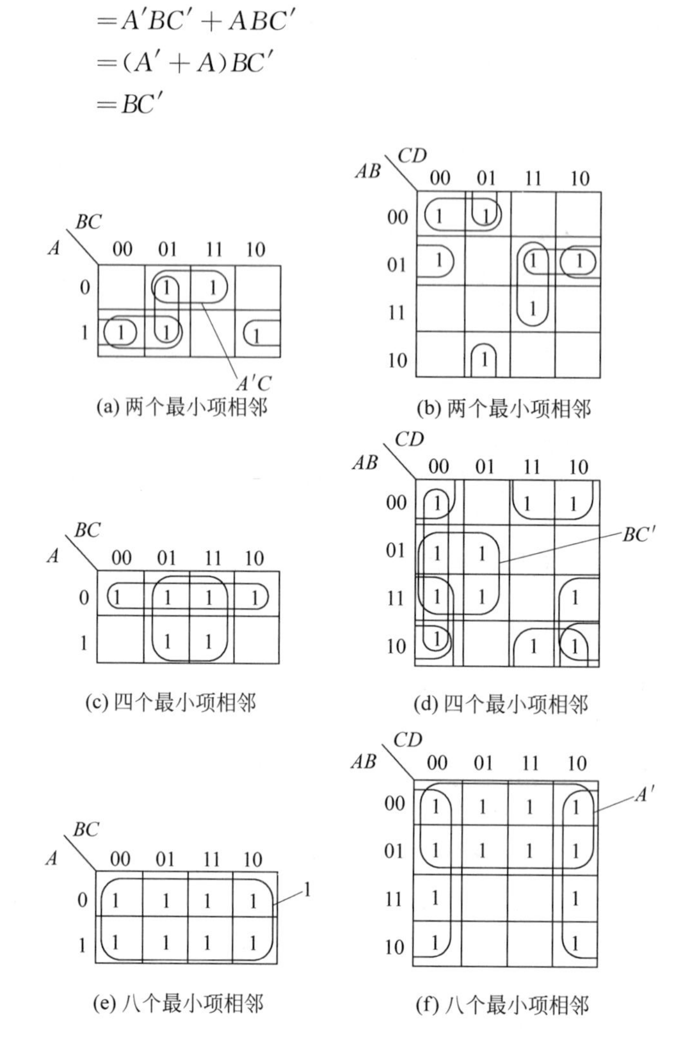

(a) 两个最小项相邻

(b) 两个最小项相邻

(c) 四个最小项相邻

(d) 四个最小项相邻

(e) 八个最小项相邻

(f) 八个最小项相邻

图 2.4.1 最小项相邻情况举例

由图 2.4.1(e)、(f)可见，按矩形排列的八个相邻最小项之和一定可合并为一项，并消去三对不同的因子，只保留公共因子。例如在图 2.4.1(f)中，上面八个最小项组成一个相邻组，它们的和等于它们的公共因子 A'。

从以上的例子中可以看到，必须是 $2^n(n\geqslant 1)$ 个最小项在卡诺图上按矩形排列时，才可以圈成一个相邻组。

下面通过一个例子来讨论如何用卡诺图化简逻辑函数。

例 2.4.3 用卡诺图化简法化简下面的逻辑函数

$$Y(A,B,C) = AC' + A'C + BC' + B'C$$

解 首先需要画出表示函数 Y 的卡诺图。为此，将 Y 化为最小项之和的形式

$$\begin{aligned} Y(A,B,C) &= A'B'C + A'BC' + A'BC + AB'C' + AB'C + ABC' \\ &= \sum m(1,2,3,4,5,6) \end{aligned} \tag{2.4.3}$$

然后在三变量卡诺图中与式(2.4.3)所含最小项对应的位置上填入 1，就得到了图 2.4.2 中表示函数 Y 的卡诺图。

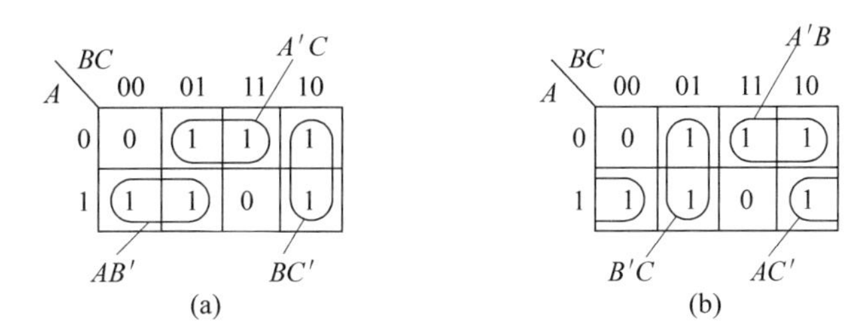

图 2.4.2 例 2.4.3 的卡诺图

为了将 Y 化为最简的“积之和”形式，首先应使函数式中包含的项数最少。为此，应将卡诺图中的 1 圈成数目最少的几个相邻组，因为每个相邻组可以合并为一项。其次，为了使每一项的因子最少，每个相邻组应圈得尽可能大，因为包含的最小项越多，合并后消去的因子也越多。

由图 2.4.2(a)、(b)可见，本题有两种合并最小项的方案。如果按图 2.4.2(a)合并最小项，就得到

$$Y(A,B,C) = A'C + AB' + BC'$$

而如果按图 2.4.2(b)合并最小项，则得到

$$Y(A,B,C) = A'B + AC' + B'C$$

化简后的结果都包含三项，每项都包含两个因子。因此，两个结果都符合最简化的要求。

从这个例子中我们得到一个启示，就是在有些情况下一个逻辑函数的化简结果不是唯一的。

通过上面的例子我们可以归纳出用卡诺图化简逻辑函数的步骤：

(1) 画出表示逻辑函数的卡诺图。

(2) 将卡诺图中按矩形排列的相邻的 1 圈成若干个相邻组，其原则是

- 这些相邻组必须覆盖卡诺图上所有的 1；
- 每个相邻组中应至少有一个 1 不包含在其他相邻组内(否则这个相邻组是多余的)；
- 相邻组的数目应最少；
- 每个相邻组应包含尽可能多的 1。

(3) 将每个相邻组中的最小项合并为一项，这些项之和就是化简的结果。

例 2.4.4 用卡诺图化简法化简如下的逻辑函数

$$Y(A,B,C,D) = A'B'D + A'BC + AB'D' + ABC + ABC'D'$$

解 首先将上式化为最小项之和形式

$$\begin{aligned}Y(A,B,C,D) &= A'B'C'D + A'B'CD + A'BCD' + A'BCD + AB'C'D' + AB'CD' \\ &\quad + ABC'D' + ABCD' + ABCD \\ &= \sum m(1,3,6,7,8,10,12,14,15)\end{aligned}$$

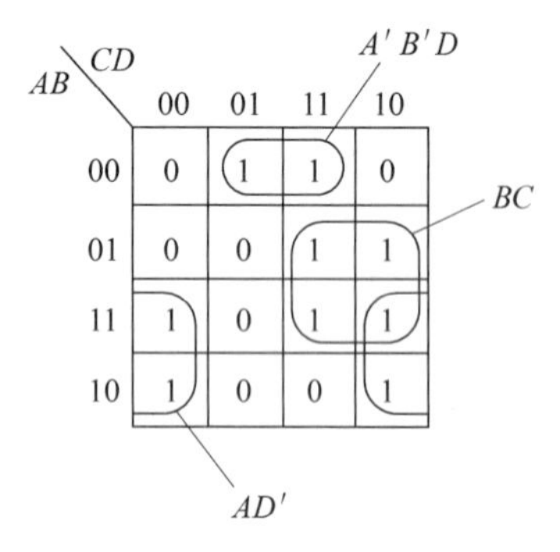

图 2.4.3 例 2.4.4 的卡诺图

然后画出函数的卡诺图，如图 2.4.3 所示。

按照前面所讲的原则将卡诺图上的 1 圈成可以合并的相邻组，如图 2.4.3 所示。将每个相邻组合并后得到

$$Y(A,B,C,D) = A'B'D + AD' + BC \tag{2.4.4}$$

从图 2.4.3 中可以看到，最小项 $ABCD'$（m_{14}）被重复地圈入了两个相邻组中。如果将式(2.4.4)中的 AD' 和 BC 两项展开为最小项之和，则都含有 m_{14}，不过根据表 2.1.4 中的式(3b)：$A+A=A$ 可知，在函数式中重复写入任何一项都不会改变原来的函数。因此，为了使每个相邻组尽量大，可以在不同相邻组中重复圈入某些最小项。

*2.4.3 奎恩-麦克拉斯基化简法（Q-M 法）

对于多变量（例如六个以上的输入变量）、复杂的逻辑函数，已经难以使用公式化简法或卡诺图化简法进行化简了，这时可以利用计算机辅助设计的手段去完成。为此，就需要找到一种适合于编制计算机程序的化简方法。奎恩-麦克拉斯基化简法（Quine-McCluskey algorithm，Q-M 法）就是用得较多的一种程序算法。这种化简方法也称为列表法。

Q-M 法的基本原理仍然是通过合并相邻最小项的方法求得函数的最简**与或**形式的。这里我们只简要地介绍一下它的基本原理和大概的化简过程。

在合并最小项之前，首先需要将函数化简为最小项之和的形式。然后，开始合并最小项。

第一步，将每两个最小项进行比较，找出可以合并的最小项并将其合并，同时筛选出不能合并的最小项。

第二步，将第一步合并结果得到的那些乘积项作进一步的合并。将每两个乘积项进行比较，找出可以合并的乘积项并将其合并，同时筛选出不能合并的乘积项。

第三步，将上一步合并结果得到的乘积项再进行合并，做法与上一步相同。

如此继续做下去，直到再不能合并为止。将所有不能合并的最小项和乘积项相加，就得到了化简的**与或**表达式。

不难看出，用Q-M法化简逻辑函数的过程是比较繁琐的。但由于它的方法和步骤对任何形式、任何复杂逻辑函数的化简都是适用的，这就为编制计算机程序提供了方便。因此，几乎很少有人用手工的方法使用Q-M法去化简逻辑函数，而是使用基于Q-M法的基本原理编制的各种计算机软件，在计算机上完成逻辑函数的化简工作。

复习思考题

R2.4.1 逻辑函数的最简**与或**形式是怎样定义的?

R2.4.2 你能说出用卡诺图化简法化简逻辑函数的步骤吗?

R2.4.3 公式化简法、卡诺图化简法和Q-M法各有何优缺点? 它们各适用于什么场合?

2.5 具有无关项的逻辑函数及其化简

2.5.1 任意项、约束项和逻辑函数式中的无关项

在设计逻辑电路时，有时会遇到这样一种情况：就是在输入变量的某些取值下，输出是1、是0均可，是任意的。在这些输入变量下取值为1的最小项叫做这个函数的任意项。

例如在设计一个控制电动机运行状态的逻辑电路时，用A、B、C三个变量的1状态分别表示电动机正转、反转和停止的控制信号。因为正常工作时A、B、C中只有一个取值为1，即正转时$ABC=100$，反转时$ABC=010$，停止时$ABC=001$，所以表示正转、反转和停止的逻辑函数可以写成

正转 $$Y_1(A,B,C)=AB'C' \qquad (2.5.1)$$

反转 $$Y_2(A,B,C)=A'BC' \qquad (2.5.2)$$

停止 $$Y_3(A,B,C)=A'B'C \qquad (2.5.3)$$

如果A、B、C出现两个以上同时为1或A、B、C全部为0时电路能自动将电源切断，那么在这些输入变量取值下Y_1是1还是0已无关紧要。也就是说，当ABC取值为110、101、011、111和000时，Y_1等于1还是等于0都可以。因此，在这些输入变量取值下等于1的最小项ABC'、$AB'C$、$A'BC$、ABC和$A'B'C'$是Y_1的任意项。如果将某个任意项例如ABC'加到函数式Y_1中，则当输入变量取值为$ABC=110$时，Y_1等于1；而如果没有将ABC'加到函数式中，则$ABC=110$时Y_1等于0。这两种情况都是允许的。

同理，Y_1的任意项也是Y_2和Y_3的任意项。

有时我们还会遇到另外一种情况，就是输入变量的某些取值在工作过程中始终不会出现，我们把这些输入变量取值下等于1的最小项称作约束项。

例如在表 2.5.1 的真值表给出的逻辑函数中，输入是 BCD 代码，当 BCD 代码等值的十进制数大于、等于 5 时 $Y=1$，否则 $Y=0$。由真值表可以写出函数式

$$\begin{aligned} Y(A,B,C,D) &= A'BC'D + A'BCD' + A'BCD + AB'C'D' + AB'C'D \\ &= \sum m(5,6,7,8,9) \end{aligned} \tag{2.5.4}$$

表 2.5.1　式(2.5.4)的真值表

BCD 代码				等效的十进制数	Y
A	B	C	D		
0	0	0	0	0	0
0	0	0	1	1	0
0	0	1	0	2	0
0	0	1	1	3	0
0	1	0	0	4	0
0	1	0	1	5	1
0	1	1	0	6	1
0	1	1	1	7	1
1	0	0	0	8	1
1	0	0	1	9	1
1	0	1	0	不会出现的输入代码	×
1	0	1	1		×
1	1	0	0		×
1	1	0	1		×
1	1	1	0		×
1	1	1	1		×

由于 BCD 代码中只用了 $ABCD$ 的 0000～1001 这十个状态，不会出现 1010～1111 这六种状态，所以 $AB'CD'$、$AB'CD$、$ABC'D'$、$ABC'D$、$ABCD'$ 和 $ABCD$ 这六个最小项始终等于 0，它们是式(2.5.4)给出的函数 Y 的约束项，并可写作

$$AB'CD' + AB'CD + ABC'D' + ABC'D + ABCD' + ABCD = 0 \tag{2.5.5}$$

或

$$m_{10} + m_{11} + m_{12} + m_{13} + m_{14} + m_{15} = 0 \tag{2.5.6}$$

我们把式(2.5.5)或式(2.5.6)叫做函数 Y 的约束条件。

既然约束项恒等于 0，那么将约束项加到函数式中或者从函数式中去掉，对函数没有影响。

我们把任意项和约束项统称为逻辑函数式中的无关最小项(don't care minterm)，简称无关项。这里“无关”的意思是说明是否将它们加到函数式中无关紧要。将来在化简逻辑函数时，可视需要决定取舍。

为了在逻辑函数式中表示式(2.5.4)中的 Y 是一个具有无关项的函数，有时也写成

$$Y(A,B,C,D)=\sum m(5,6,7,8,9)+d(10,11,12,13,14,15) \quad (2.5.7)$$

式中后一项 d 括号内编号的最小项是无关项。

2.5.2 具有无关项的逻辑函数的化简

在化简具有无关项的逻辑函数时，如果合理地利用无关项，多数情况下能得到更简单的化简结果。是否将无关项写入函数式，要看写入以后是否能使更多的最小项具有相邻性，并使化简结果变得更加简单。这一点在用卡诺图化简逻辑函数时能够很直观地作出判断。

例 2.5.1 化简式(2.5.7)给出的具有无关项的逻辑函数

$$Y(A,B,C,D)=\sum m(5,6,7,8,9)+d(10,11,12,13,14,15)$$

解 首先画出 Y 的卡诺图，如图 2.5.1 所示。因为无关项可以写入逻辑函数式中，也可以不写入，所以在卡诺图对应的位置上既可以填入 1，也可以填入 0，我们就用×表示 1 和 0 皆可。

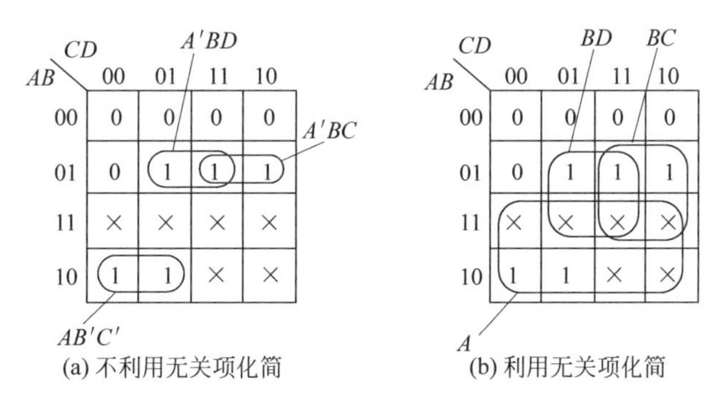

(a) 不利用无关项化简　　(b) 利用无关项化简

图 2.5.1 例 2.5.1 的卡诺图

从图 2.5.1(a)上可以看出，化简时如果不利用无关项，即认为这些无关项都不包含在函数 Y 当中，认为图中的×等于 0，则得到的化简结果为

$$Y(A,B,C,D)=A'BC+A'BD+AB'C' \quad (2.5.8)$$

如果认为这些无关项包含于函数式中，即认为图 2.5.1(b)中的×为 1，则得到的化简结果为

$$Y(A,B,C,D)=A+BC+BD \quad (2.5.9)$$

显然，式(2.5.9)比式(2.5.8)更简单。

例 2.5.2 化简具有约束条件的逻辑函数

$$\begin{aligned}Y(A,B,C,D)&=A'B'C'D'+A'BC'D+AB'CD'\\&=m_0+m_5+m_{10}\end{aligned}$$

约束条件为

$$AB+CD=0$$

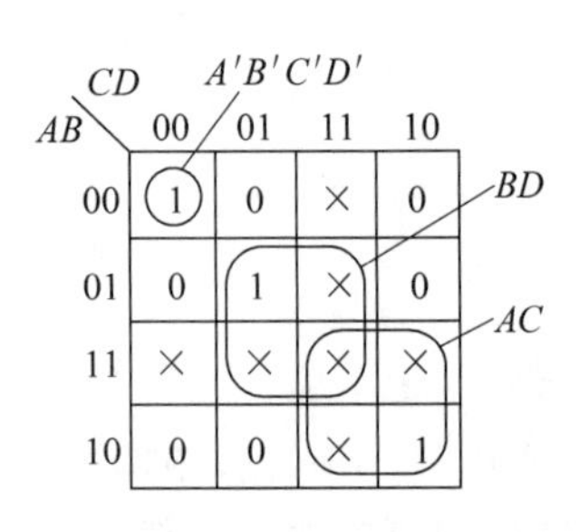

图 2.5.2 例 2.5.2 的卡诺图

解 将约束条件化为约束项之和形式得到

$$m_3+m_7+m_{11}+m_{12}+m_{13}+m_{14}+m_{15}=0$$

因此，m_3、m_7、m_{11}、m_{12}、m_{13}、m_{14}、m_{15}都是无关项。画出函数的卡诺图，如图 2.5.2 所示。如果将图中 m_7、m_{11}、m_{13}、m_{14}、m_{15}对应位置上的×视为 1，认为这五个无关项包含在函数式中；而视 m_3、m_{12}位置上的×为 0，认为这两个无关项不包含在函数式中，就可以得到图中所示的合并最小项结果

$$Y(A,B,C,D)=A'B'C'D'+BD+AC$$

复习思考题

R2.5.1 什么叫任意项，什么叫约束项，什么叫无关项？

R2.5.2 在逻辑函数的真值表和卡诺图中是如何表示无关项的？

R2.5.3 如果将卡诺图中的×圈入了化简结果所用的某一最小项相邻组中，那么化简结果中是否包含这个无关项？化简结果中是否包含那些没有被圈入的无关项？

2.6 逻辑函数式形式的变换

在用电子电路实现给定的逻辑函数时，由于使用的电子器件类型不同，经常需要通过变换，将逻辑函数式化成与所用器件逻辑功能相适应的形式。

例如有一个以**与或**形式给出的逻辑函数

$$Y(A,B,C)=AB'+A'C+A'B \tag{2.6.1}$$

则可以用三个具有**与**逻辑功能的单元电路分别产生 AB'、$A'C$ 和 $A'B$ 三个乘积项，再用一个具有**或**逻辑功能的单元电路将三个乘积项相加，得到 Y。

但如果由于器件的限制，只能使用具有**与非**逻辑功能的器件，这时就必须把函数式化为全部由**与非**运算组合成的所谓**与非-与非**形式。为此，可以通过将**与或**函数式两次求反，并利用摩根定理进行变换，得到**与非-与非**形式。

例 2.6.1 将式(2.6.1)**与或**形式的逻辑函数化成**与非-与非**形式。

解

$$\begin{aligned}Y(A,B,C)&=((AB'+A'C+A'B)')'\\&=((AB')'(A'C)'(A'B)')'\end{aligned} \tag{2.6.2}$$

根据式(2.6.2)，用四个具有**与非**逻辑功能的单元电路就可以组成 Y 的逻辑电路了。

如果规定只能用具有**与或非**逻辑功能的器件，则需要将**与或**形式的逻辑函数式化为

与或非形式。

我们已经知道全部最小项之和等于1，而且由逻辑代数的基本公式又知 $A+A'=1$。若将函数的全部最小项划分为两部分，一部分最小项之和等于 Y，则另外一部分最小项之和必等于 Y'。如果从函数的卡诺图上看，将图中的1合并得到 Y，那么将图中的0合并就得到 Y'，将 Y' 求反同样也能得到 Y。由此可知，将不包含在函数式中的所有最小项(亦即卡诺图中填入0的那些最小项)相加后求反，就可得到逻辑函数的**与或非**形式。

例 2.6.2 将式(2.6.1)**与或**形式的逻辑函数化成**与或非**形式。

解 将式(2.6.1)化为最小项之和的形式得到

$$\begin{aligned}Y(A,B,C) &= AB' + A'C + A'B \\ &= AB'(C+C') + A'C(B+B') + A'B(C+C') \\ &= \sum m(1,2,3,4,5)\end{aligned}$$

画出函数 Y 的卡诺图，如图2.6.1所示。

将卡诺图中的0合并，得到 Y' 为

$$\begin{aligned}Y'(A,B,C) &= \sum m(0,6,7) \\ &= AB + A'B'C'\end{aligned}$$

将上式求反，得到

$$Y(A,B,C) = (AB + A'B'C')' \qquad (2.6.3)$$

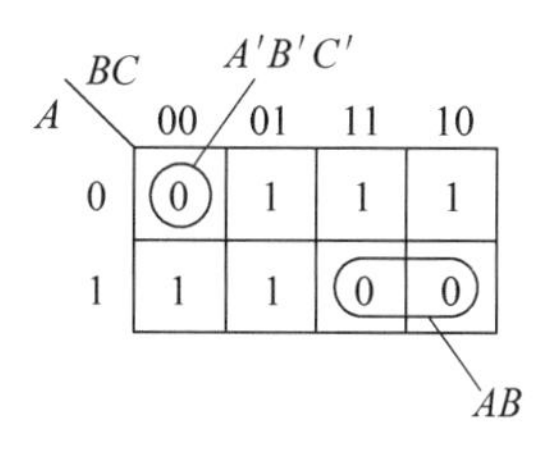

图 2.6.1 例 2.6.2 的卡诺图

根据式(2.6.3)，只需用一个具有**与或非**逻辑功能的单元电路就能实现这个逻辑函数了。

如果要求全部用具有**或非**逻辑功能的器件实现式(2.6.1)给出的逻辑函数，就必须将式(2.6.1)的**与或**形式化成全部由**或非**运算组成的**或非-或非**形式。我们可以按照上面所讲的方法先求出它的**与或非**形式，再利用摩根定理将其中的每个乘积项化成一个和，就可以得到**或非-或非**形式了。

例 2.6.3 将式(2.6.1)**与或**形式的逻辑函数化成**或非-或非**形式。

解 首先按照例2.6.2中的做法将式(2.6.1)化成式(2.6.3)的**与或非**形式，然后再利用摩根定理将两个乘积项各化为变量之和，即得到**或非-或非**形式

$$\begin{aligned}Y(A,B,C) &= (AB + A'B'C')' \\ &= ((A'+B')' + (A+B+C)')' \qquad (2.6.4)\end{aligned}$$

此外，在式(2.6.3)**与或非**形式的基础上，利用摩根定理还能很容易地将函数式转化为**或与**形式

$$\begin{aligned}Y(A,B,C) &= (AB + A'B'C')' \\ &= (AB)'(A'B'C')' \\ &= (A'+B')(A+B+C) \qquad (2.6.5)\end{aligned}$$

从以上的几个例子可以看出，同一个逻辑函数可以根据不同的需要变换为**与或**形式、**与非-与非**形式、**与或非**形式、**或非-或非**形式、**或与**形式中的任何一种。

此外，对于**与或**形式的逻辑函数式，还经常需要将它化为最小项之和的形式，这也是一种表达形式的变换，如我们在2.3.1节中所讲过的那样。

复习思考题

R2.6.1 试说明将逻辑函数式的**与或**形式变换为**与非-与非**形式的方法。

R2.6.2 试说明将逻辑函数式的**与或**形式变换为**与或非**形式的方法。

R2.6.3 试说明将逻辑函数式的**与或**形式变换为**或非-或非**形式的方法。

R2.6.4 试说明将逻辑函数式的**与或**形式变换为**或与**形式的方法。

---

*2.7 用 Multisim 7 进行逻辑函数的化简和变换

Multisim 是由加拿大 Interactive Image Technologies(Electronics Workbench)公司推出的基于 Windows 操作系统的大型仿真、设计工具软件。它不仅提供了电路原理图输入和硬件描述语言模型输入的接口和完善的仿真分析功能，同时还提供了一个庞大的元器件模型数据库和全套的虚拟仪表，可以满足对数字、模拟以及数字-模拟混合电路的仿真分析和设计的需要。

Multisim 7 不仅具备强有力的功能，而且使用方便。目前公开出版的有关 Multisim 7 应用的书籍已经有多种。对于熟悉 Windows 用法的读者，只要阅读了这些资料，就能很容易地掌握 Multisim 7 的使用方法。在这一节里我们只想通过逻辑转换器的使用，引导读者进入 Multisim 7，而不打算对它作全面、系统的介绍。

在 Multisim 7 提供的虚拟仪表中，有一个逻辑转换器(Logic Converter)。用逻辑转换器不仅能进行逻辑函数表示方法之间的转换，而且还能完成逻辑函数的化简。

进入 Multisim 7 主界面以后，在顶层的工具栏里会找到一个“仪器”(Instruments)图标，单击这个图标以后弹出一组表示不同仪器的按钮，如图2.7.1所示。

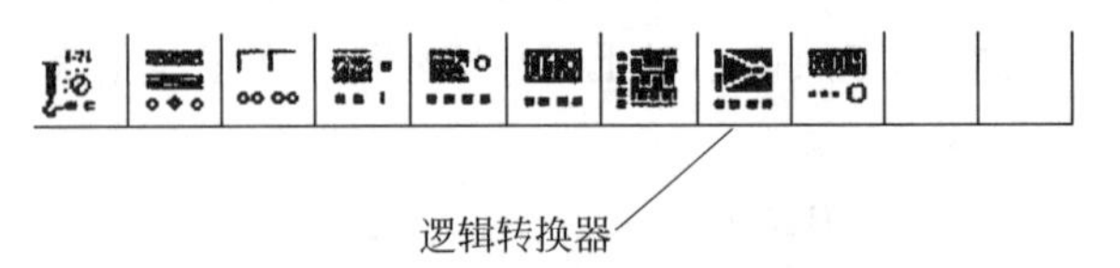

图 2.7.1 Multisim 7 中虚拟仪器的图标按钮

单击其中的“逻辑转换器”(Logic Converter)按钮,在窗口就会显示如图 2.7.2(a)所示的逻辑转换器的图标。双击这个图标,就会弹出图 2.7.2(b)所示的操作面板。

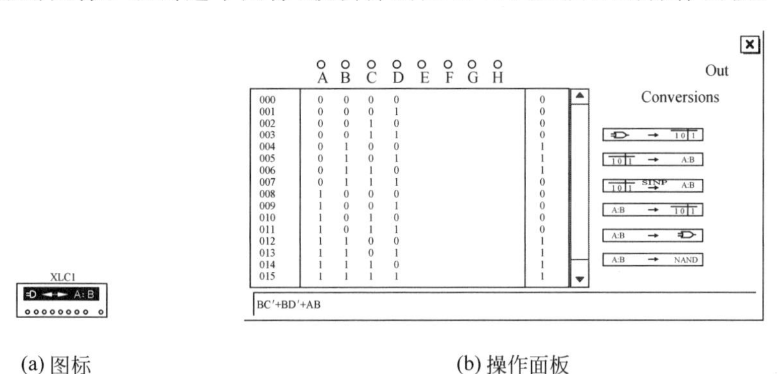

(a) 图标　　(b) 操作面板

图 2.7.2　逻辑转换器的图标和操作面板

操作面板的右边设有 6 个功能选择按键,单击这些按键就可以完成从逻辑图到真值表、从真值表到逻辑式、从逻辑式到真值表、从逻辑式到逻辑图以及从逻辑式到逻辑图之间的转换。单击其中的 SIMP 按键还能从真值表直接得到化简后的**与或**函数式。

操作面板左边的窗口用于输入给定的真值表或显示转换结果的真值表,它的输入变量数最多允许有 8 个。操作面板下边的窗口用于输入给定的逻辑函数式或显示转换结果的逻辑函数式。输入的逻辑图或转换结果的逻辑图直接显示于主界面窗口中。

例 2.7.1　已知逻辑函数的真值表如表 2.7.1 所示,用 Multisim 7 的逻辑转换器将它转换为对应的最简**与或**逻辑函数式和逻辑图。

表 2.7.1　例 2.7.1 逻辑函数的真值表

A B C D	Y	A B C D	Y
0 0 0 0	0	1 0 0 0	0
0 0 0 1	0	1 0 0 1	0
0 0 1 0	0	1 0 1 0	0
0 0 1 1	0	1 0 1 1	0
0 1 0 0	1	1 1 0 0	1
0 1 0 1	1	1 1 0 1	1
0 1 1 0	1	1 1 1 0	1
0 1 1 1	0	1 1 1 1	1

解　首先需要把表 2.7.1 给出的真值表输入到逻辑转换器操作面板的窗口中,如图 2.7.2(b)所示。

单击操作面板右边的 SIMP 键,在操作面板下面窗口便显示出化简后的逻辑函数式

$$BC' + BD' + AB \tag{2.7.1}$$

单击操作面板右边第5个转换功能选择键,在主界面窗口中将给出与式(2.7.1)相对应的逻辑图,如图2.7.3所示。

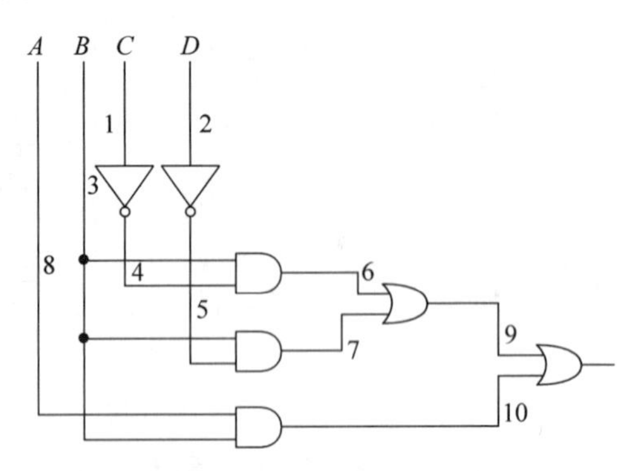

图2.7.3　例2.7.1的逻辑图

复习思考题

R2.7.1　Multisim 7的逻辑转换器有哪些功能?

R2.7.2　Multisim 7的逻辑转换器能处理有多少个输入变量的逻辑函数?

本章小结

在这一章里我们介绍了逻辑代数的基本公式和定理,以及运用这些公式和定理对逻辑函数进行化简和变换的方法。重点内容包括:

(1) 逻辑代数的基本公式和定理。要特别注意它和普通代数不同的一些运算规则。

(2) 同一逻辑函数可以根据需要采用不同的描述方式:逻辑函数式、真值表、逻辑图、波形图、卡诺图和硬件描述语言。这些描述方式之间可以互相转换。

(3) 在逻辑函数的化简方法中,常用的有公式化简法、卡诺图化简法和适于计算机编程的Q-M化简法。Multisim 7是目前得到广泛应用的一种EDA软件,利用它不仅能进行逻辑函数的化简和变换,还可以对各种数字逻辑电路进行仿真分析。

(4) 无关项是逻辑函数中的一个重要概念。约束项和任意项统称为逻辑函数式的无关项。在化简具有无关项的逻辑函数时,既可以把无关项写进逻辑函数式中,也可以不写入。合理地利用这些无关项,通常可以得到更简单的化简结果。

(5) 在用电子器件组成逻辑电路时,为了适应不同类型器件逻辑功能的特点,有时还需要将逻辑函数式的形式变换为合适的形式，例如变换为**与或**形式、**与非-与非**形式、**与或非**形式、**或非-或非**形式等。在**与或**形式中，还经常要求化成最小项之和的标准形式。

习　　题

（2.1　逻辑代数的基本公式和导出公式，2.2　代入定理及其应用）

题 2.1　用列真值表的方法证明表 2.1.4 中的式(8b)。

题 2.2　用列真值表的方法证明表 2.1.4 中的式(7b)。

题 2.3　用列真值表的方法证明下列各式。

(1) $A \oplus 0 = A$

(2) $A \oplus 1 = A'$

(3) $A \oplus A = 0$

(4) $A \oplus A' = 1$

题 2.4　用列真值表的方法证明下列各式。

(1) $A \oplus B' = (A \oplus B)'$

(2) $A' \oplus B' = A \oplus B$

(3) $A \oplus B' = A' \oplus B$

题 2.5　用基本公式推演证明表 2.1.6 中的式(11a)。

题 2.6　用基本公式推演证明表 2.1.6 中的式(13a)。

（2.3　逻辑函数的描述方法和互相转换）

题 2.7　将下列逻辑函数化为最小项之和的形式。

(1) $Y(A,B,C) = AB' + AC' + B$

(2) $Y(A,B,C) = ((A+B)(B'+C'))'$

(3) $Y(A,B,C,D) = AB'D + A'CD + BCD$

(4) $Y(M,N,P,Q) = ((M+N+P)Q)'$

题 2.8　将下列逻辑函数化为最小项之和的形式。

(1) $Y(A,B,C) = A'B + B'C$

(2) $Y(A,B,C) = ((AB'C)' + C)'$

(3) $Y(P,Q,R,S) = P'R'S + P'QR + Q'R'S$

(4) $Y(A,B,C,D) = A'BCD + ABC' + B'D$

题 2.9　已知逻辑函数 Y_1 和 Y_2 的真值表如表 P2.9(a)和(b)所示，请写出 Y_1 和 Y_2 的逻辑函数式。

表 P2.9(a)

A B C	Y_1	A B C	Y_1
0 0 0	1	1 0 0	1
0 0 1	0	1 0 1	0
0 1 0	0	1 1 0	0
0 1 1	1	1 1 1	1

表 P2.9(b)

A B C D	Y_2	A B C D	Y_2
0 0 0 0	0	1 0 0 0	1
0 0 0 1	0	1 0 0 1	0
0 0 1 0	1	1 0 1 0	0
0 0 1 1	0	1 0 1 1	1
0 1 0 0	1	1 1 0 0	0
0 1 0 1	0	1 1 0 1	1
0 1 1 0	0	1 1 1 0	1
0 1 1 1	1	1 1 1 1	0

题 2.10 给定逻辑函数 Z_1 和 Z_2 的真值表如表 P2.10(a)和(b)，试写出 Z_1 和 Z_2 的逻辑函数式。

表 P2.10(a)

A B C	Z_1	A B C	Z_1
0 0 0	0	1 0 0	0
0 0 1	1	1 0 1	1
0 1 0	0	1 1 0	0
0 1 1	1	1 1 1	1

表 P2.10(b)

A B C D	Z_2	A B C D	Z_2
0 0 0 0	0	1 0 0 0	1
0 0 0 1	0	1 0 0 1	1
0 0 1 0	0	1 0 1 0	0
0 0 1 1	1	1 0 1 1	0
0 1 0 0	1	1 1 0 0	1
0 1 0 1	0	1 1 0 1	0
0 1 1 0	1	1 1 1 0	0
0 1 1 1	0	1 1 1 1	1

题 2.11 试求出下列逻辑函数的真值表。

(1) $Y_1(A,B,C)=AB+BC+AC$

(2) $Y_2(A,B,C,D)=A'B'+BCD+C'D'$

题 2.12 试求出下列逻辑函数的真值表。

(1) $Z_1(A,B,C)=A'B'+B'C'+A'C'$

(2) $Z_2(A,B,C,D)=AB+CD+B'C'D'$

题 2.13 画出表示下列逻辑函数的逻辑图。

(1) $Y_1(A,B,C)=A'B+B'C+AC'$

(2) $Y_2(A,B,C,D)=((A+C)'+(B'+D'))'(B+D)$

题 2.14 画出表示下列逻辑函数的逻辑图。

(1) $Y_1(A,B,C)=(A+B')(B+C')(A'+C)$

(2) $Y_2(A,B,C,D)=(A'B'C+AB'D'+AC'D')'+BCD$

题 2.15 写出图 P2.15 中各逻辑图的逻辑函数式。

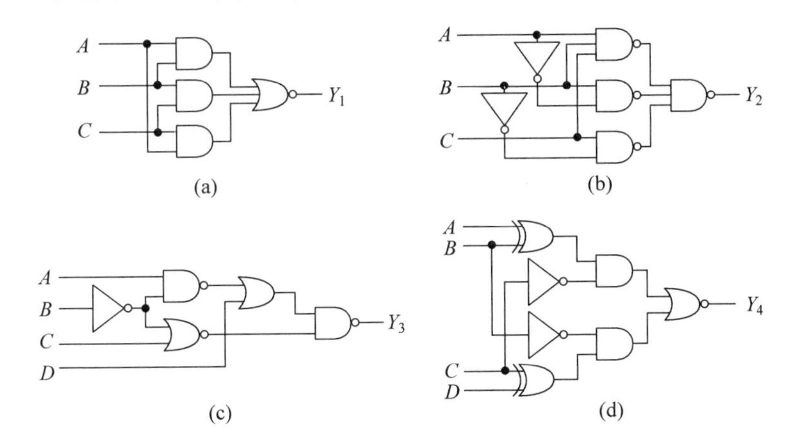

图 P2.15

题 2.16 写出图 P2.16 中各逻辑图的逻辑函数式。

题 2.17 画出下列逻辑函数的卡诺图。

(1) $Y_1(A,B,C) = A'B'C + ABC + A'C'$

(2) $Y_2(A,B,C) = \sum m(0,3,5,6)$

(3) $Y_3(A,B,C,D) = A'B'C' + AB'C' + BCD + CD'$

(4) $Y_4(A,B,C,D) = \sum m(3,6,9,12,15)$

题 2.18 画出下列逻辑函数的卡诺图。

(1) $Y_1(A,B,C) = AB' + AC' + B'C$

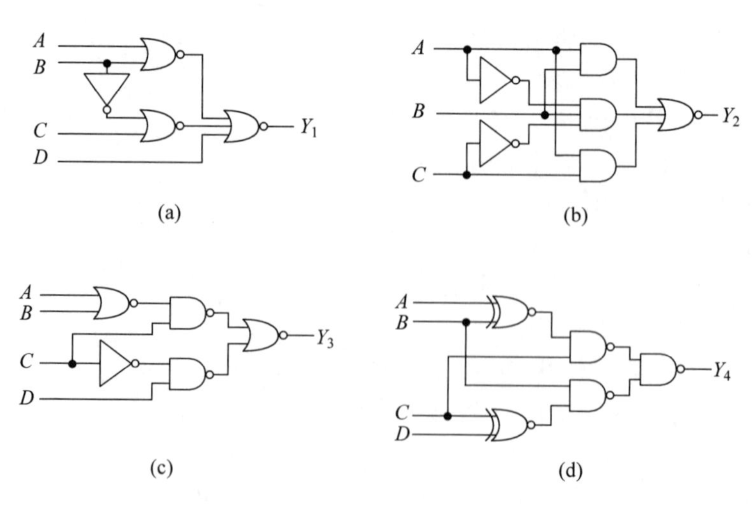

图 P2.16

(2) $Y_2(A,B,C) = \sum m(1,2,4,7)$

(3) $Y_3(A,B,C,D) = A'B'D + AB'D + C'D + C'D'$

(4) $Y_4(A,B,C,D) = \sum m(1,4,7,10,13)$

题 2.19 写出图 P2.19 中两个卡诺图所示逻辑函数的最小项之和形式的函数式。

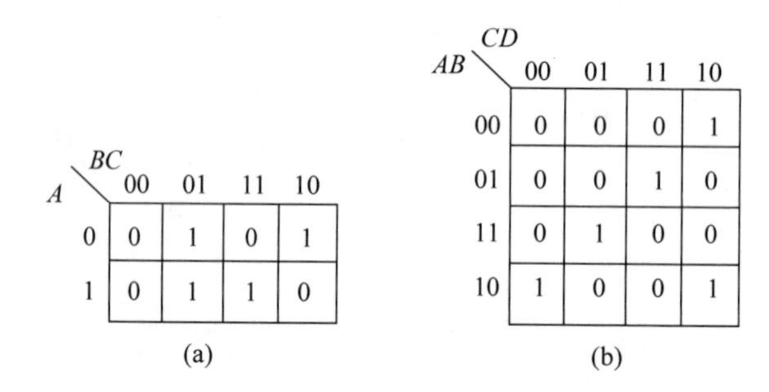

A \ BC	00	01	11	10
0	0	1	0	1
1	0	1	1	0

(a)

AB \ CD	00	01	11	10
00	0	0	0	1
01	0	0	1	0
11	0	1	0	0
10	1	0	0	1

(b)

图 P2.19

题 2.20 写出图 P2.20 中两个卡诺图所示逻辑函数的最小项之和形式的函数式。

题 2.21 给定逻辑函数 $Y(A,B,C)$ 的波形图如图 P2.21 所示，试写出 Y 的最小项之和形式的逻辑函数式。

题 2.22 已知逻辑函数 $Y(A,B,C,D)$ 的波形图如图 P2.22 所示，试写出 Y 的最小项之和形式的逻辑函数式。

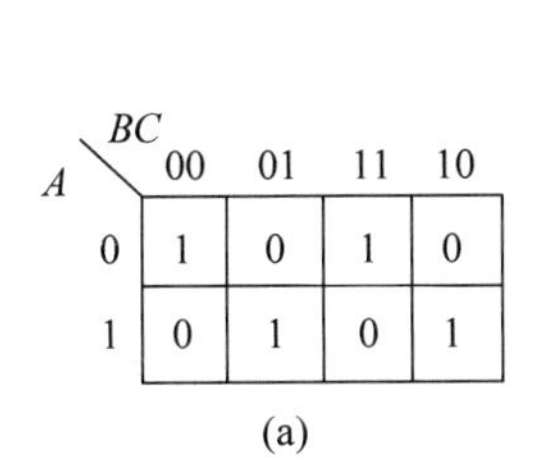

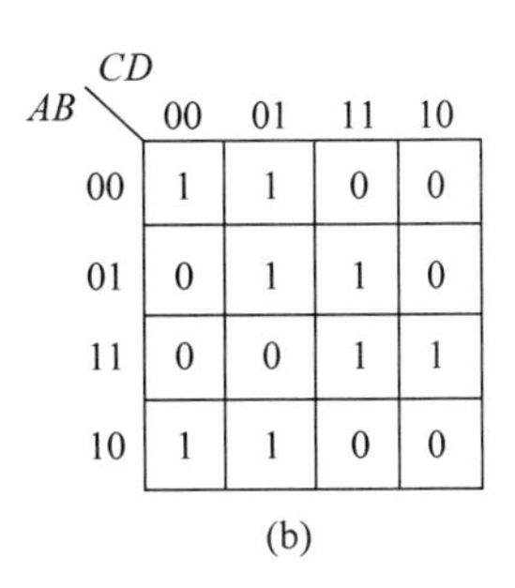

图 P2.20

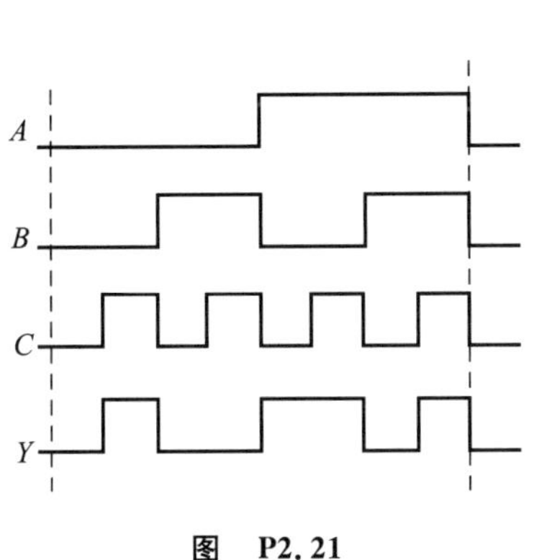

图 P2.21

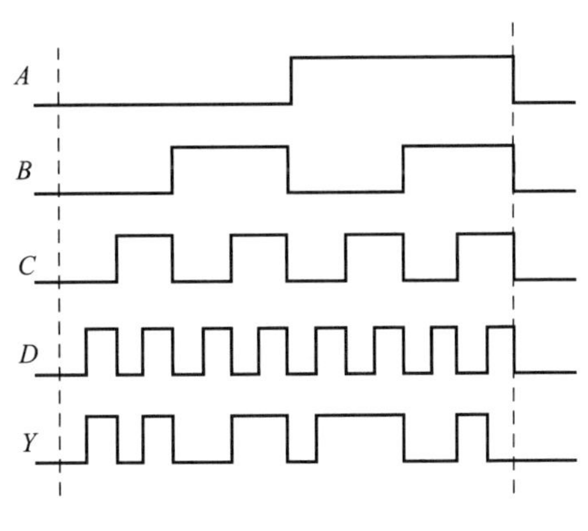

图 P2.22

题 2.23 画出下列逻辑函数的波形图。

(1) $Y_1(A,B,C)=A'B'C'+ABC'+BC$

(2) $Y_2(A,B,C,D)=A'BCD'+B'C+C'D$

题 2.24 画出下列逻辑函数的波形图。

(1) $Y_1(A,B,C)=AB'C+A'BC+B'C'$

(2) $Y_2(A,B,C,D)=A'C'D+BCD+ACD'$

(2.4 逻辑函数的化简方法)

题 2.25 用公式化简法将下列逻辑函数化为最简**与或**形式。

(1) $Y_1(A,B,C)=AB'+A'B+AB$

(2) $Y_2(A,B,C)=AB'+B+(A+C')'$

(3) $Y_3(A,B,C,D)=A+B'CD+A'BD$

(4) $Y_4(M,N,P,Q)=MN'Q'+P'Q'+M'N'PQ'$

题 2.26 用公式化简法将下列逻辑函数化为最简**与或**形式。

(1) $Y_1(A,B,C)=A'BC+AC'+B'C$

(2) $Y_2(A,B,C)=A'B'+BC'+A(B+C)'$

(3) $Y_3(A,B,C,D)=AB'CD+ABD+AC'D$

(4) $Y_4(M,N,P,Q)=M'N'P'Q+M'P'Q'+MN'P'+M'PQ'$

题 2.27 用卡诺图将下列逻辑函数化为最简**与或**形式。

(1) $Y_1(A,B,C)=\sum m(0,1,2,6)$

(2) $Y_2(A,B,C,D)=AB'+A'C+BC+C'D$

(3) $Y_3(A,B,C,D)=\sum m(1,2,6,7,9,13,14)$

(4) $Y_4(P,Q,R,S)=P'Q'S+P'QRS+PQ'R'+PRS$

题 2.28 用卡诺图将下列逻辑函数化为最简**与或**形式。

(1) $Y_1(A,B,C)=AB'C'+A'C'+B'C$

(2) $Y_2(A,B,C,D)=\sum m(1,2,3,9,10,11,15)$

(3) $Y_3(A,B,C,D)=A'B'C'+A'CD'+AB'C'+A'BC'D'+AB'CD'$

(4) $Y_4(M,N,P,Q)=\sum m(0,1,2,4,6,10,11,12,14,15)$

(2.5 具有无关项的逻辑函数的化简)

题 2.29 将下列逻辑函数化为最简**与或**形式。

(1) $Y_1(A,B,C)=\sum m(0,1,2,4)+d(5,6)$

(2) $Y_2(A,B,C,D)=\sum m(0,6,8,13,14)+d(2,4,10)$

(3) $Y_3(A,B,C,D)=\sum m(1,3,5,7,9)+d(10,11,12,13,14,15)$

(4) $Y_4(A,B,C,D)=A'C'D+A'BC+B'C'D$

给出约束条件 $AB+AC=0$。

题 2.30 将下列逻辑函数化为最简**与或**形式。

(1) $Y_1(A,B,C)=\sum m(1,2,4,7)+d(3,5)$

(2) $Y_2(A,B,C,D)=\sum m(1,2,3,8,9,10)+d(12,13,14,15)$

(3) $Y_3(A,B,C,D)=\sum m(1,2,6,9,10,15)+d(0,4,8,12)$

(4) $Y_4(A,B,C,D)=A'BC'D'+AB'C'D'+A'CD'$

给定约束条件 $AB+AC=0$。

(2.6 逻辑函数式形式的变换)

题 2.31 将下列逻辑函数式化为**与非-与非**形式。

(1) $Y_1(A,B,C)=A'BC'+B'C+AC$

(2) $Y_2(A,B,C)=(A'B'+B'C'+ABC')'$

(3) $Y_3(A,B,C,D)=\sum m(0,2,4,6,8,10)$

(4) $Y_4(A,B,C,D)=((AB)'C)'D+CD'$

题 2.32 将下列逻辑函数式化为**与或非**形式。

(1) $Y_1(A,B,C)=AB'+A'B$

(2) $Y_2(A,B,C,D)=A'B'D'+AB'D'+BD$

(3) $Y_3(A,B,C,D)=\sum m(1,2,4,6,9,11,12,14)$

(4) $Y_4(M,N,P,Q)=\sum m(2,3,4,6,8,9,13,15)$

题 2.33 将下列逻辑函数式化为**或非-或非**形式。

(1) $Y_1(A,B,C)=A'B'C+A'BC'+AB'C'+ABC$

(2) $Y_2(T,U,V)=TUV'+UV+U'V'$

(3) $Y_3(A,B,C,D)=\sum m(2,3,4,5,10,11,12,13)$

(4) $Y_4(M,N,P,Q)=\sum m(0,1,4,6,8,9,12,14)$

(*2.7 用 Multisim 7 进行逻辑函数的化简和变换)

题 2.34 用 Multisim 7 中的逻辑转换器将下列逻辑函数式转换为真值表,并求出函数式的最简**与或**形式和对应的逻辑图。

(1) $Y_1(A,B,C,D)=(AB+C+D)(C'+D)(B'+C')$

(2) $Y_2(A,B,C,D)=(AB'C+AB+(ABC)'+AC'+ABC')'$

(3) $Y_3(A,B,C,D,E)=AC+B'C+BD'+CD'+(B+C')A+A'BE'+AB'DE$

(4) $Y_4(A,B,C,D,E,F)=A'B'CE'+A'B'C'D'+B'D'EF'+CDE'F'+CEF$

(5) $Y_5(M,N,P,Q)=((MN')'P+P'Q)'(MP+NQ)$

(6) $Y_6(P,Q,R,S)=(PQ+P'S'+QS'+P'Q+PRS'+P'S+RS+P'Q'S')'$

题 2.35 给出逻辑函数的真值表如表 P2.35 所示,用 Multisim 7 中的逻辑转换器求出它的最简**与或**函数式及相应的逻辑图。

表 P2.35

十进制数	*A B C D*	*Y*
0	0 0 0 0	1
1	0 0 0 1	0
2	0 0 1 0	1
3	0 0 1 1	1
4	0 1 0 0	0
5	0 1 0 1	0
6	0 1 1 0	0
7	0 1 1 1	0
8	1 0 0 0	1
9	1 0 0 1	0

续表

十进制数	A B C D	Y
10	1 0 1 0	1
11	1 0 1 1	1
12	1 1 0 0	1
13	1 1 0 1	0
14	1 1 1 0	1
15	1 1 1 1	0

题 2.36 已知逻辑函数的真值表如表 P2.36 所示，试使用 Multisim 7 中的逻辑转换器求出它的最简**与或**函数式和对应的逻辑图。

表 P2.36

十进制数	M N P Q	Y
0	0 0 0 0	×
1	0 0 0 1	×
2	0 0 1 0	×
3	0 0 1 1	0
4	0 1 0 0	×
5	0 1 0 1	1
6	0 1 1 0	0
7	0 1 1 1	1
8	1 0 0 0	×
9	1 0 0 1	0
10	1 0 1 0	1
11	1 0 1 1	1
12	1 1 0 0	1
13	1 1 0 1	1
14	1 1 1 0	1
15	1 1 1 1	0

题 2.37 用 Multisim 7 中的逻辑转换器将下列逻辑函数化为最简**与或**形式

(1) $Y_1(A,B,C,D)=\sum m(0,6,8,12,13,14)+d(2,4,7,10)$

(2) $Y_2(A,B,C,D)=\sum m(1,3,5,7,9)+d(12,13,14,15)$

(3) $Y_3(A,B,C,D)=\sum m(1,2,3,4,5)+d(10,11,12,13,14,15)$

(4) $Y_4(A,B,C,D)=\sum m(3,5,6,9,10,12)+d(7,11,13,14,15)$

题 2.38 用矩形轮廓的图形逻辑符号改画图 P2.15 中的四个电路。

题 2.39 用矩形轮廓的图形逻辑符号改画图 P2.16 中的四个电路。

逻辑门

本章基本内容

- MOS管的基本工作原理和开关特性
- CMOS门电路的电路结构、工作原理和电气特性
- 双极型三极管的基本工作原理和开关特性
- TTL门电路的电路结构、工作原理和电气特性

3.1 MOS管的开关特性

逻辑门(logic gate)是构成所有数字电路的基本单元电路。目前在数字集成电路中用得最多的是CMOS电路和TTL电路两种类型。

在CMOS门电路中，采用金属-氧化物-半导体场效应三极管(metal-oxide-semiconductor field-effect transistor，简称MOSFET或MOS管)作为开关器件。因此，在讨论各种CMOS门电路之前，首先要了解MOS管的基本工作原理和它的开关特性。图3.1.1是n沟道增强型MOS管的结构示意图和电路符号。

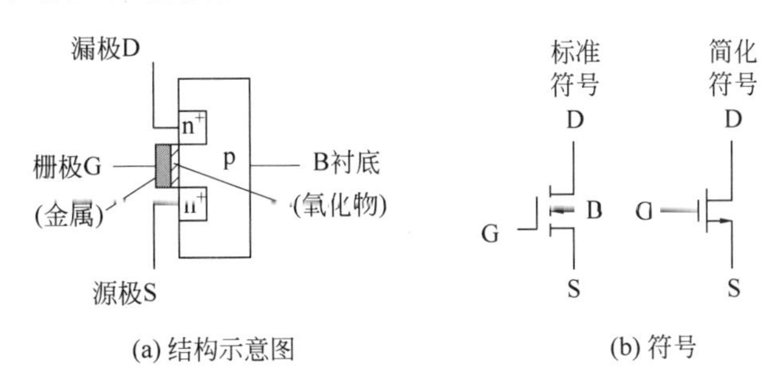

图3.1.1 n沟道增强型MOS管的结构和符号

由图可见，n沟道增强型MOS管的衬底是p型半导体。在衬底上通过扩散的方法形成两个高掺杂浓度的n型区，分别作为漏极(drain)和源极(source)，同时在两个n型区之间的

上方制作一个金属的栅极(gate),就构成了一个 MOS 管。金属栅极和衬底之间被一层极薄的二氧化硅(SiO_2)绝缘层隔开。

从半导体物理理论得知,在 n 型半导体中有大量带负电荷的电子和极少量带正电荷的空穴可以流动。而在 p 型半导体中,有大量带正电荷的空穴和极少量带负电荷的电子可以流动。当 p 型半导体和 n 型半导体结合在一起形成所谓"pn 结"以后,外加正向电压(p 端接电源的正端,n 端接电源的负端)时,将有电流将从 p 型区流向 n 型区;而外加反相电压(p 端接电源的负端,n 端接电源的正端)时,电流几乎为零,所以 pn 结具有单向导电性。

将 MOS 管的源极和衬底相连,并在漏极-源极间加上正的电源电压 V_{DD},则漏极 D 与源极 S 之间就可以视为一个受栅极电位控制的开关了(如图 3.1.2 所示)。当栅极处于低电平 $V_{IL}=0$ 时,D—S 间不导通,MOS 管处于截止状态。这时只有极小的漏电流流过(通常远小于 1μA),D—S 间的截止内阻 R_{OFF} 非常大,一般都在 $10^6\Omega$ 以上。因此,可以把D—S 间看作是断开的开关,如图 3.1.2(a)所示。如果在栅极上加以足够高的正电压 V_{IH},则栅极与衬底间的电场到达一定强度以后,将排斥 p 型衬底中的空穴远离衬底表面并吸引电子聚集到栅极下面的衬底表层,形成一个 n 型的导电沟道,将漏极与源极两个 n 型区接通,MOS 管变为导通状态。这时,D—S 间的导通电阻 R_{ON} 很小,通常在几十～几百欧以内。因此,可以把 D—S 间看作是接通的开关,如图 3.1.2(b)所示。产生导电沟道所必需的栅极-源极间电压 V_{GS} 值称为开启电压 V_T。为了使 MOS 管工作在导通状态,就必须令 $V_{GS}>V_T$。大多数 MOS 管的 V_T 值在 1～4V 范围内。

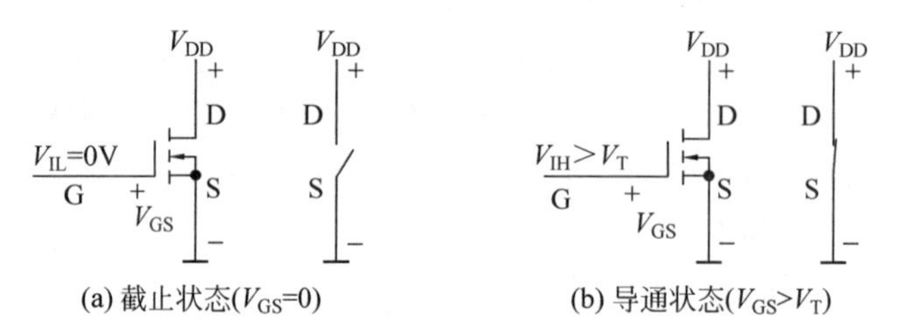

图 3.1.2　n 沟道增强型 MOS 管的开关状态

从以上的分析可以看到 n 沟道增强型 MOS 管的两个特点:第一,它的衬底为 p 型,导通时的导电沟道是 n 型,所以称它为 n 沟道 MOS 管。第二,在 $V_{GS}=0$ 时不存在导电沟道,必须在栅极与衬底间施加大于 V_T 的正向电压以后,才有导电沟道形成,所以开启电压 V_T 为正值。

除了 n 沟道增强型 MOS 管以外,在 CMOS 电路中还需要用到 p 沟道增强型 MOS 管。图 3.1.3 中给出了它的结构示意图和符号。和 n 沟道 MOS 管相反,p 沟道增强型 MOS 管的衬底是 n 型,而源极区和漏极区是 p 型,所以导通时的导电沟道也必须是 p 型。

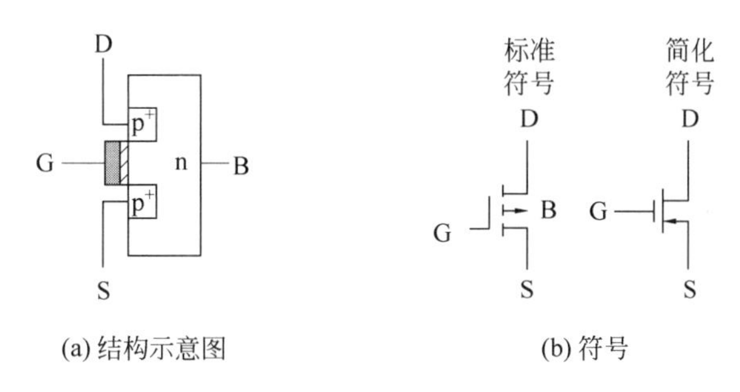

(a) 结构示意图　　(b) 符号

图 3.1.3　p 沟道增强型 MOS 管的结构和符号

在标准画法的电路符号上，用衬底引线上箭头的方向区分导电沟道的类型：箭头向内表示 n 型沟道，箭头向外表示 p 型沟道。在简化画法的电路符号上，用源极上箭头的方向区分导电沟道的类型：箭头向外表示 n 型沟道，箭头向内表示 p 型沟道。

将源极与衬底相连，在源极-漏极间加以正电源电压，则 S—D 之间同样也构成一个受栅极电位控制的开关，如图 3.1.4 所示。当栅极接高电位 V_{DD} 时，$V_{GS}=0$，所以没有形成导电沟道，S—D 之间不导通，MOS 管处于截止状态，如图 3.1.4(a)所示。

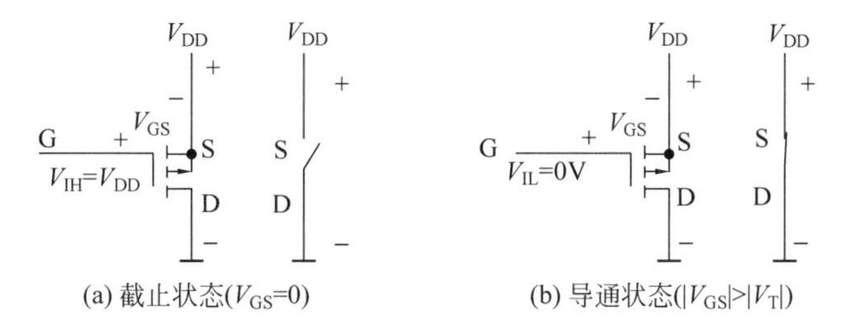

(a) 截止状态($V_{GS}=0$)　　(b) 导通状态($|V_{GS}|>|V_T|$)

图 3.1.4　p 沟道增强型 MOS 管的开关状态

为了使 p 沟道增强型 MOS 管导通，必须在源极和漏极两个 p 型区之间形成 p 型的导电沟道。由于空穴是带正电荷的，因此必须在栅极-衬底之间加足够大的负电压，才能吸引空穴向栅极下面的衬底表层聚集，形成 p 型导电沟道，所以开启电压 V_T 为负值。在图 3.1.4(b)电路中，因为栅极接至 0 电位，所以 $V_{GS}=-V_{DD}$，而且 $V_{DD}>|V_T|$，所以 MOS 管一定是导通的。

从上面的分析中我们同样可以总结出 p 沟道增强型 MOS 管区别于 n 沟道增强型 MOS 管的两个特点：第一，它的衬底为 n 型，导电沟道为 p 型；第二，在 $V_{GS}=0$ 同样也不存在导电沟道，必须在栅极与衬底间施加负电压，而且 V_{GS} 的绝对值必须大于 V_T 的绝对值，才能导通，所以它的开启电压 V_T 为负值。

在 MOS 管的类型中除了 n 沟道增强型和 p 沟道增强型以外，还有 n 沟道耗尽型和 p 沟道耗尽型两种。耗尽型 MOS 管在 $V_{GS}=0$ 时就已经有导电沟道存在，这是它们与增强型 MOS 管的根本区别。为了使 n 沟道耗尽型 MOS 截止，必须在栅极与衬底间加足够大的负电压，在栅极电场作用下，排斥沟道中的电子远离衬底表面，同时吸引空穴到衬底表层来，使

n型沟道消失。导电沟道开始消失所需施加的栅极电压称为夹断电压V_P。对n沟道耗尽型MOS而言,V_P是负电压。同理可知,p沟道耗尽型MOS的夹断电压一定是正电压。图3.1.5是耗尽型MOS管的电路符号。在标准画法的符号中,将表示栅极、衬底和源极的三个线段相连以表示耗尽型;在简化画法的符号中,用漏极与源极间加粗的黑线(也有画成双线的)表示耗尽型。

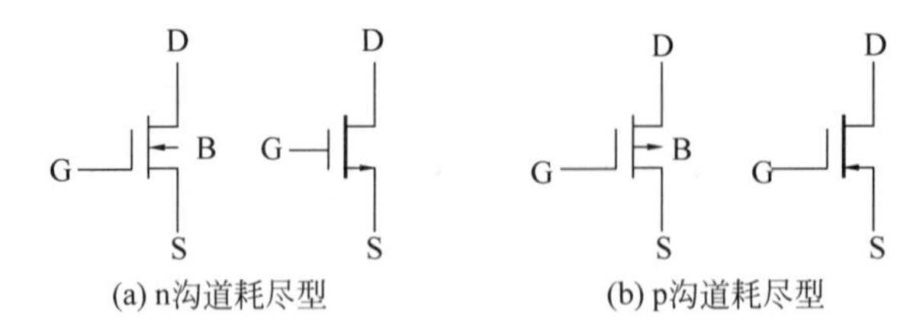

图3.1.5　耗尽型MOS管的符号

复习思考题

R3.1.1　n沟道增强型MOS管截止和导通的条件是什么?

R3.1.2　p沟道增强型MOS管截止和导通的条件是什么?

R3.1.3　耗尽型MOS管和增强型MOS管有什么区别?

3.2　CMOS门电路

我们把实现基本逻辑运算和复合逻辑运算的电子电路统称为逻辑门电路,简称为门电路。在2.1.1节中我们曾经讲过,作为基本逻辑运算和复合逻辑运算的有**与**、**或**、**非**、**与非**、**或非**、**与或非**、**异或**、**异或非**等几种。因此,从逻辑功能上区分,门电路也有**与**门、**或**门、**非**门(习惯上经常称之为反相器)、**与非**门、**或非**门、**与或非**门、**异或**门、**异或非**门(也称为**同或**门)等几种。

3.2.1　CMOS反相器和传输门

CMOS是"互补金属-氧化物-半导体"(complementary metal oxide semiconductor)的英文缩写。由于CMOS电路中巧妙地利用了n沟道增强型MOS管和p沟道增强型MOS管特性的互补性,因而不仅电路结构简单,而且在电气特性上也有突出的优点。正因为如此,CMOS电路的制作工艺在数字集成电路中得到了广泛的应用。

在CMOS逻辑电路中,反相器(**非**门)和传输门是最基本的两种电路单元。各种逻辑功能的门电路和很多更加复杂的逻辑电路都是在这两种单元的基础上组合而成的。

1. CMOS 反相器

图 3.2.1(a)是 CMOS 反相器的电路结构图。由图可见,它由一个 n 沟道增强型 MOS 管 T_1 和一个 p 沟道增强型 MOS 管 T_2 组成,两管的栅极相连作为输入端,p 沟道管的源极接至电源的正端,n 沟道管的源极接电源的公共端(电源的负端),两管的漏极相连作为输出端。图 3.2.1(b)是反相器的逻辑符号。在以低电平作为有效信号时,有时也把表示反向的标记(小圆圈)改画在输入端,以强调"低电平有效"。

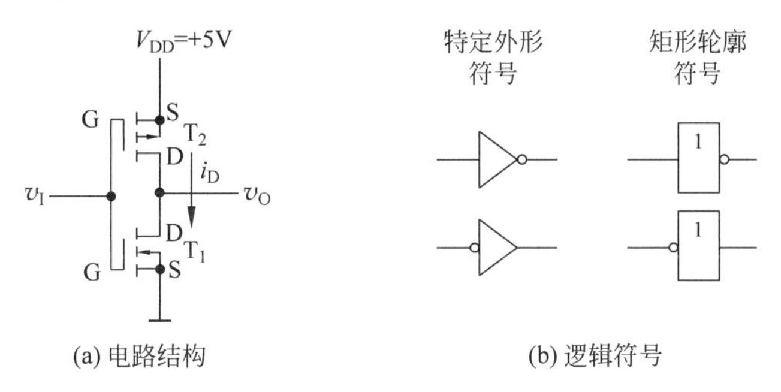

(a) 电路结构　　(b) 逻辑符号

图 3.2.1　CMOS 反相器

假定电源电压 V_{DD} 为+5V,输入信号的高电平 V_{IH} 等于 5V,低电平 $V_{IL}=0V$,并且 V_{DD} 大于 T_1 的开启电压 V_{TN} 和 T_2 开启电压 V_{TP} 的绝对值之和。当输入为低电平 $V_{IL}=0$ 时,T_1 的 $V_{GS}=0$,所以 T_1 截止;而 T_2 的 $V_{GS}=-V_{DD}$,所以 T_2 导通。由于 T_1 的截止电阻远大于 T_2 的导通电阻,所以反相器的等效电路可以用图 3.2.2(a)表示,故输出为高电平 $V_{OH}=V_{DD}$。

当输入为高电平 $V_{IH}=V_{DD}$ 时,T_2 的 $V_{GS}=0$,T_2 截止;而 T_1 的 $V_{GS}=V_{DD}$,T_1 导通。这时反相器的等效电路可以画成图 3.2.2(b)形式,故输出为低电平 $V_{OL}=0$。

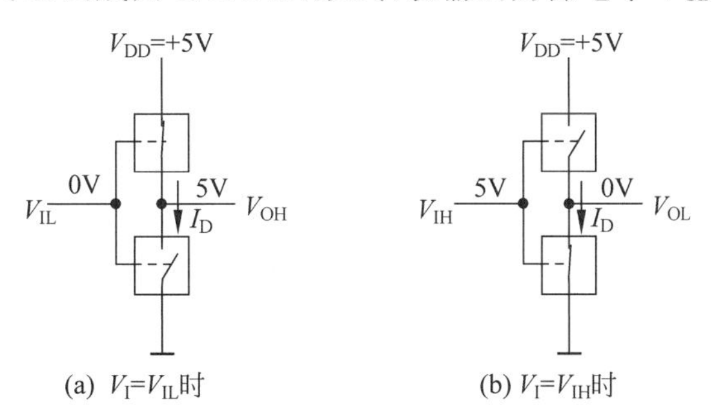

(a) $V_I=V_{IL}$时　　(b) $V_I=V_{IH}$时

图 3.2.2　反相器的开关等效电路

从图 3.2.2 的等效电路可以看到,无论输入是高电平还是低电平,T_1 和 T_2 当中总有一个处于导通状态而另一个处于截止状态,因此称这种电路结构为互补输出结构。而且不管输入是高电平还是低电平,同时流过 T_1 和 T_2 的电流 I_D 始终近似等于零。这是 CMOS 电路最大的一个优点。当然,实际的 MOS 管截止内阻不会是无穷大,I_D 也不绝对等于 0,但它的数值极小,所以在分析输出的高、低电平时可以忽略不计。

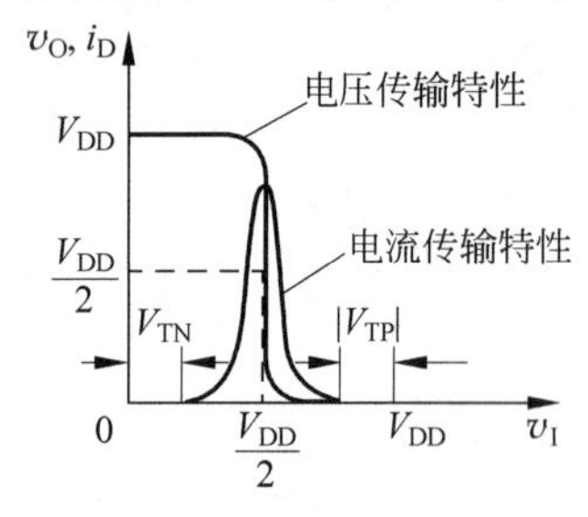

图 3.2.3 CMOS 反相器的电压传输特性和电流传输特性

图 3.2.3 中给出了输出电压 V_O 随输入电压 V_I 变化的曲线。通常把这种特性曲线称为电压传输特性曲线。从曲线上可以看到,当 $V_I<V_{TN}$ 时,$V_O=V_{DD}=V_{OH}$;当 $V_I>V_{DD}-|V_{Tp}|$ 时,$V_O=V_{OL}=0$。而在 $V_{TN}<V_I<V_{DD}-|V_{TP}|$ 区间里,由于 T_1 和 T_2 同时导通,所以 V_O 介于高、低电平之间。特性曲线转折区中点对应的输入电压称为门电路的阈值电压 V_{TH}。在 T_1 和 T_2 特性完全对称的理想情况下,$V_{TH}=1/2\ V_{DD}$,此时对应的输出也是 $1/2\ V_{DD}$。

在 $V_{TN}<V_I<V_{DD}-|V_{TP}|$ 的范围内,因为 T_1 和 T_2 同时导通,所以 I_D 不等于零。I_D 随 V_I 变化的曲线称为电流传输特性曲线。图 3.2.3 中同时也给出了电流传输特性曲线。为了降低反相器的功率损耗,应避免输入信号长时间停留在高、低电平之间。

2. CMOS 传输门

CMOS 传输门是由一个 n 沟道增强型 MOS 管和一个 p 沟道增强型 MOS 管接成的双向开关,如图 3.2.4(a)所示。它的开关状态由加在 P 和 N 的控制信号决定。图 3.2.4(b)是它的电路符号。当 $P=0\text{V}$、$N=V_{DD}$ 时,两个 MOS 管均为导通状态,A—B 间呈低导通电阻(可以达到 10Ω 以内),A—B 间相当于开关接通。反之,若 $P=V_{DD}$、$N=0\text{V}$,则两只 MOS 管同时截止,A—B 间相当于开关断开。

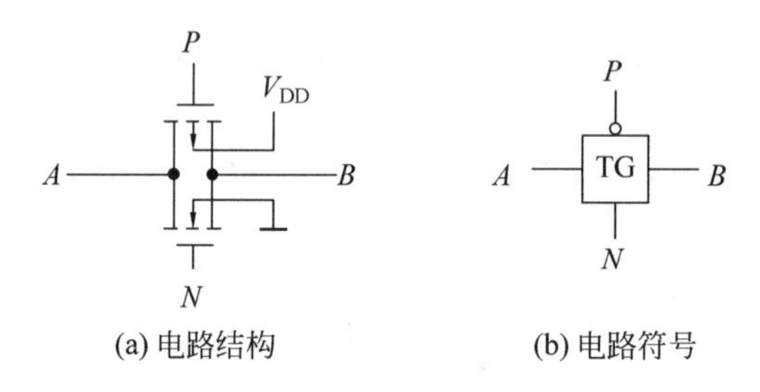

(a) 电路结构　　(b) 电路符号

图 3.2.4 CMOS 传输门

复习思考题

R3.2.1　为什么 CMOS 反相器的输入电平不应长时间停留在高、低电平之间?

R3.2.2　CMOS 反相器的阈值电压 V_{TH} 是怎样定义的?

3.2.2 CMOS 与非门、或非门和异或门

在反相器的基础上，通过在 T_1 和 T_2 上并联或串联地附加一些 MOS 管，就很容易构成**与非门**和**或非门**了。图 3.2.5 是**与非门**的电路结构和逻辑符号。

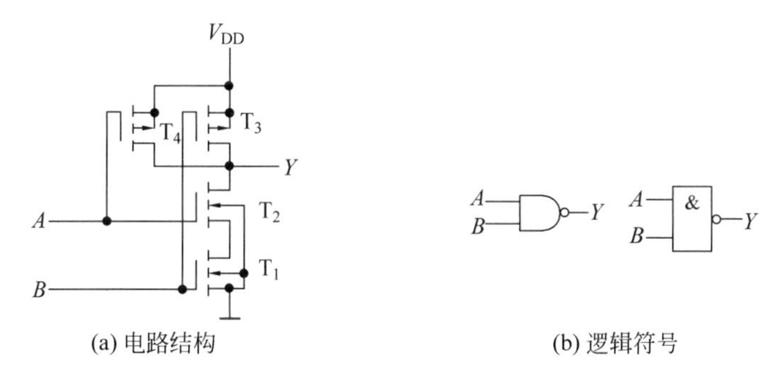

(a) 电路结构 (b) 逻辑符号

图 3.2.5 CMOS 与非门

由图 3.2.5(a)可见：

当 $A=B=0$ 时，T_1 和 T_2 截止、T_3 和 T_4 导通，$Y=1$；

当 $A=0$、$B=1$ 时，T_2 截止、T_4 导通，$Y=1$；

当 $A=1$，$B=0$ 时，T_1 截止、T_3 导通，$Y=1$；

当 $A=B=1$ 时，T_1 和 T_2 导通、T_3 和 T_4 截止，$Y=0$。

因此，Y 和 A、B 之间为**与非**关系，即 $Y=(AB)'$。

图 3.2.6 是**或非门**的电路结构和逻辑符号。由图可见，只要 A、B 当中有一个是 1，Y 就等于 0，只有 A、B 同时为 0，Y 才等于 1。因此，Y 和 A、B 间为**或非**关系，即 $Y=(A+B)'$。

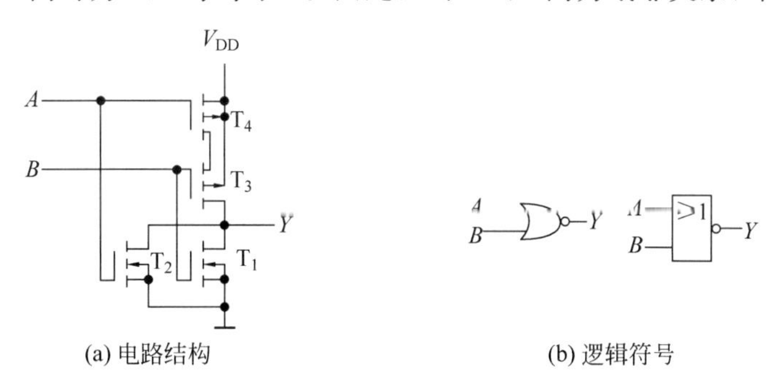

(a) 电路结构 (b) 逻辑符号

图 3.2.6 CMOS 或非门

图 3.2.7(a)是**异或门**的一种最简单的结构形式，它由两个反相器和两个传输门组成。由图可见：

当 $A=1$、$B=0$ 时，TG_1 截止、TG_2 导通，$Y=B'=1$；

当 $A=0$、$B=1$ 时，TG_1 导通、TG_2 截止，$Y=B=1$；

当 $A=B=0$ 时，TG_1 导通、TG_2 截止，$Y=B=0$；

当 $A=B=1$ 时，TG_1 截止、TG_2 导通，$Y=B'=0$。

因此，Y 与 A、B 间为**异或**关系，即 $Y=A\oplus B$。

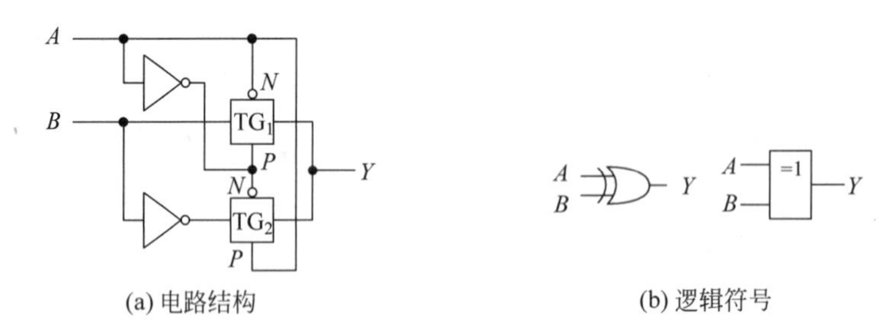

图 3.2.7　CMOS 异或门

将图 3.2.7(a)中两个传输门 TG_1 和 TG_2 的控制端 P 和 N 对调，接成图 3.2.8(a)的形式，就得到了**异或非**门。它的工作原理与**异或**门类似，读者可自行分析。

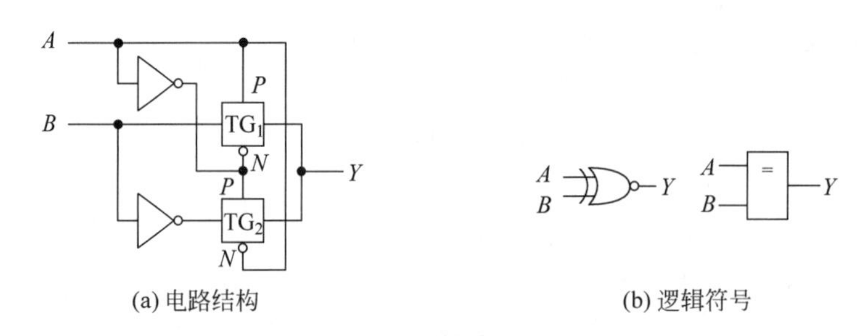

图 3.2.8　CMOS 异或非(同或)门

在反相器、传输门、**与非**门和**或非**门这四种基本电路结构的基础上，可以组成其他一些逻辑功能的门电路和更复杂的逻辑电路。例如，在**与非**门的输出端再接入一级反相器就得到了**与**门，在**或非**门的输出端接入一级反相器就得到了**或**门，如图 3.2.9(a)、(b)所示。有时还在反相器的输出端再接入一级反相器构成不反相的缓冲器(也叫同相缓冲器)。同相缓冲器不执行任何逻辑运算，用于集成电路芯片内部电路与引出端之间的隔离，如图 3.2.9(c)所示。

此外，为了使不同逻辑功能器件的所有输入端和输出端具有统一的输入特性和输出特性，通常在集成电路芯片的每个输入和输出端内部都接有标准参数的反相器。如果在**与非**门的输入端和输出端各接入反相器，则输出和输入之间逻辑关系将变为**或非**关系，如图 3.2.10(a)所示。同理，在**或非**门的输入、输出端增加反相器以后，输出和输入之间的逻辑关系将变为**与非**关系，如图 3.2.10(b)所示。

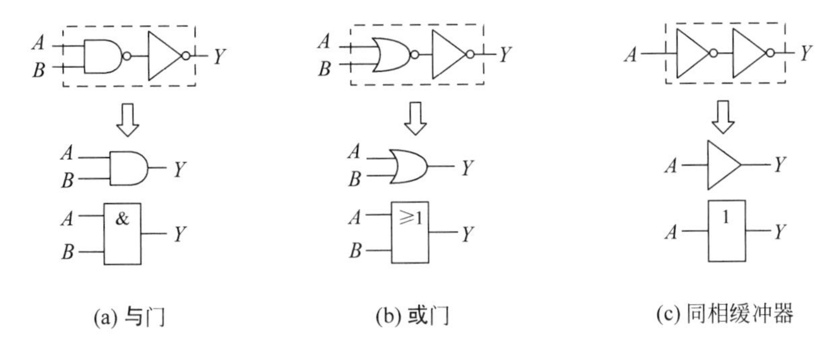

图 3.2.9 CMOS 与门、或门和同相缓冲器

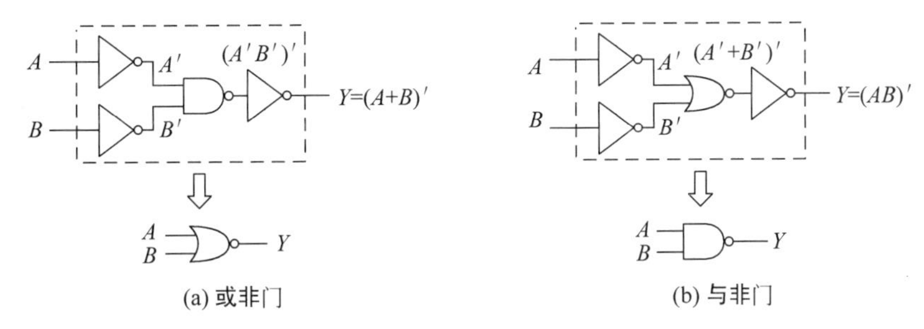

图 3.2.10 输入、输出端有反相器的或非门和与非门

3.2.3 三态输出和漏极开路输出的 CMOS 门电路

1. 三态输出的门电路

在三态输出的门电路中，输出端除了有高电平和低电平两种可能的状态以外，还有第三种可能的状态——高阻态(Z)。图 3.2.11 是三态输出反相器的典型电路结构和逻辑符号。

由图可见，当控制端(也称“使能”端)$EN'=1$ 时，**与非**门 G_1 输出高电平，**或非**门 G_2 输出低电平，因而 T_1 和 T_2 同时截止，输出呈现高阻态(Z)。当 $EN'=0$ 时，电路处于反相工作状态，$Y=A'$。在逻辑符号上，用 EN'端的小圆圈表示“低电平有效”，即 EN'为低电平时电路才能工作在反相器状态(如果电路用 EN 输入端的高电平作为有效控制信号，则 EN 输入端不画这个小圆圈)。

其他逻辑功能的门电路(如**与非**门、**或非**门等)也可以在输出端接入三态输出反相器(有时也称为缓冲器)，组成三态输出结构的门电路。

三态输出的门电路广泛地用于采用总线连接的数字系统中。例如在图 3.2.12 的总线结构电路中，只要轮流地令 EN_1、EN_2 和 EN_3 为 1，就可以用同一根总线(bus)轮流传送 A'、B'、C'三个数字信号。

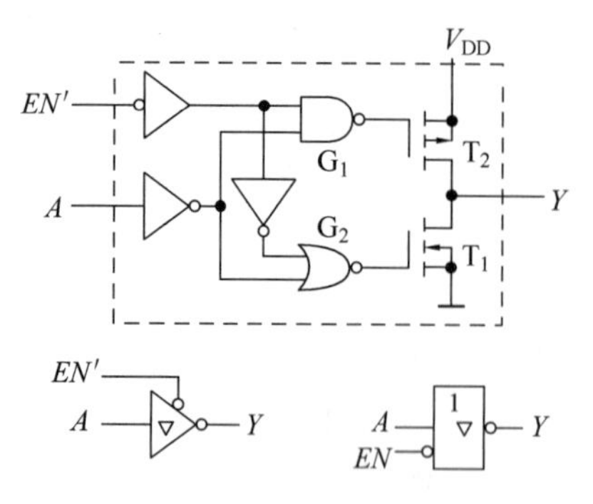

图 3.2.11　三态输出反相器

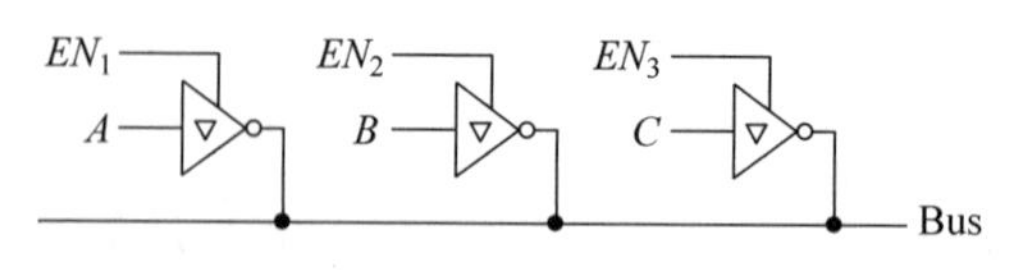

图 3.2.12　用三态输出门实现总线连接

2. 漏极开路输出的门电路

在 CMOS 门电路的输出结构中，除了已经讲过的互补输出和三态输出结构以外，还有一种漏极开路输出结构(open drain)。这种输出结构的门电路称为 OD 门。图 3.2.13 是漏极开路输出**与非**门的电路结构和逻辑符号。从它的输出端看进去是一只漏极开路的 MOS 管。我们用**与非**门逻辑符号里面的菱形标记表示它是漏极开路输出结构，同时用菱形下面的短横线表示当输出为低电平时输出端的 MOS 管是导通的，门电路的输出电阻为低内阻。

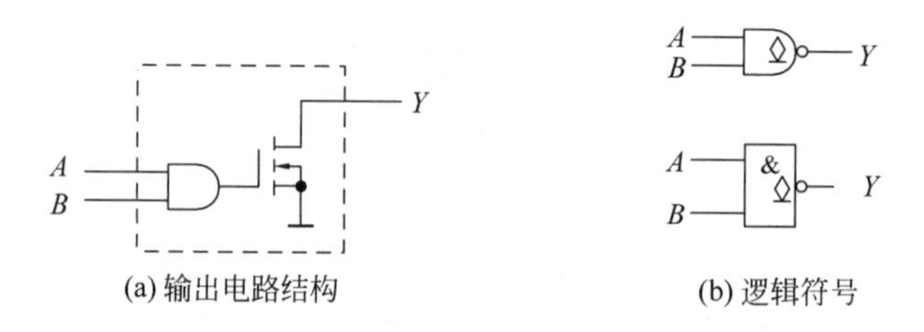

图 3.2.13　漏极开路输出的与非门

漏极开路输出门电路的一个特有功能是可以将它们的输出端直接相连，实现输出信号之间的逻辑**与**运算，如图 3.2.14 所示。我们把这种连接方式称作"**线与**"。由图中可以看出，只有在 Y_1 和 Y_2 同时为高电平时 Y 才等于 1，因此 Y 和 Y_1、Y_2 之间是**与**逻辑关系，即

$$Y = Y_1Y_2 = (AB)'(CD)' = (AB + CD)'$$

在使用这一类门电路时，需要在输出端与电源之间外接一个上拉电阻 R_p，如图 3.2.14 所示。只要 R_p 的阻值远远小于 T_1 或 T_2 的截止电阻 R_{OFF}，而又远远大于 T_1 和 T_2 的导通电阻 R_{ON}，则输出的高、低电平将近似为 $V_{OH}=V_{DD}$、$V_{OL}=0$。

下面我们来讨论一下 R_p 阻值的计算方法。若将 n 个 OD 门接成"**线与**"结构，并考虑存在负载电流 I_L 的情况下，电路将如图 3.2.15 所示。

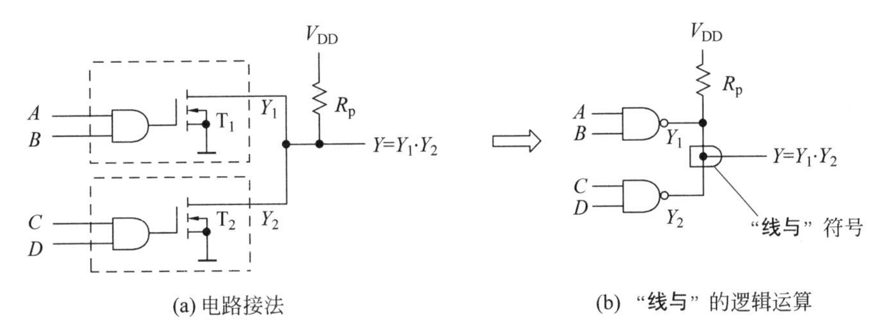

(a) 电路接法 (b) "线与" 的逻辑运算

图 3.2.14 漏极开路输出门的"线与"连接

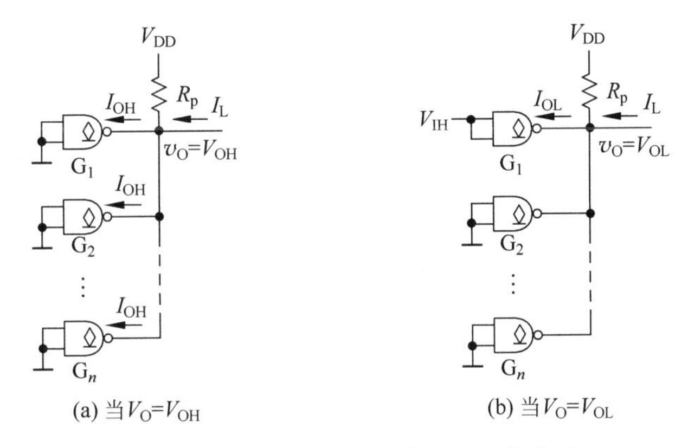

(a) 当$V_O=V_{OH}$ (b) 当$V_O=V_{OL}$

图 3.2.15 计算 R_p 取值范围所用的电路

由图 3.2.15(a)可见，当输出为高电平 V_{OH} 时，所有 OD 门输出端的 MOS 管全都处于截止状态。这些 OD 门输出管的漏电流 I_{OH} 和负载电流 I_L 同时流过 R_p，并在 R_p 上产生压降。为保证输出电压高于要求的 V_{OH} 值，R_p 的阻值不能太大，必须满足

$$V_{DD}-(nI_{OH}+|I_L|)R_p \geqslant V_{OH}$$

由此即可求得 R_p 的最大允许值

$$R_p \leqslant (V_{DD}-V_{OH})/(nI_{OH}+|I_L|)=R_{p(max)} \tag{3.2.1}$$

因为输出为高电平时负载电流 I_L 是 OD 门流出的，和图中箭头所标示的规定正方向相反，所以应取其绝对值代入式(3.2.1)计算。

在输出为低电平 V_{OL} 的情况下，当只有一个 OD 门的输出管导通时，负载电流 I_L 和流过 R_p 的电流将全部流入这个 MOS 管，如图 3.2.15(b)所示。为了保证流入这个导通 OD 门的电流不超过允许的低电平输出电流最大值 $I_{OL(max)}$，R_p 的阻值不能太小，必须满足

$$I_L+(V_{DD}-V_{OL})/R_p \leqslant I_{OL(max)}$$

由此得到 R_p 的最小允许值

$$R_{\mathrm{p}} \geqslant (V_{\mathrm{DD}} - V_{\mathrm{OL}})/(I_{\mathrm{OL(max)}} - I_{\mathrm{L}}) = R_{\mathrm{p(min)}} \tag{3.2.2}$$

例 3.2.1 计算图 3.2.16 电路中 OD 门外接上拉电阻 R_{p} 取值的允许范围。已知 $V_{\mathrm{DD}}=5\mathrm{V}$，OD 门 $G_1 \sim G_3$ 输出端 MOS 管截止时的漏电流 $I_{\mathrm{OH}}=5\mu\mathrm{A}$，导通时允许流入的最大负载电流为 $I_{\mathrm{OL(max)}}=4\mathrm{mA}$。负载 $G_4 \sim G_7$ 是四个反相器，它们的高电平输入电流为 $I_{\mathrm{IH}}=1\mu\mathrm{A}$，低电平输入电流为 $I_{\mathrm{IL}}=-1\mu\mathrm{A}$（从输入端流出）。要求输出的高、低电平满足 $V_{\mathrm{OH}}\geqslant 4.4\mathrm{V}$，$V_{\mathrm{OL}}\leqslant 0.2\mathrm{V}$。

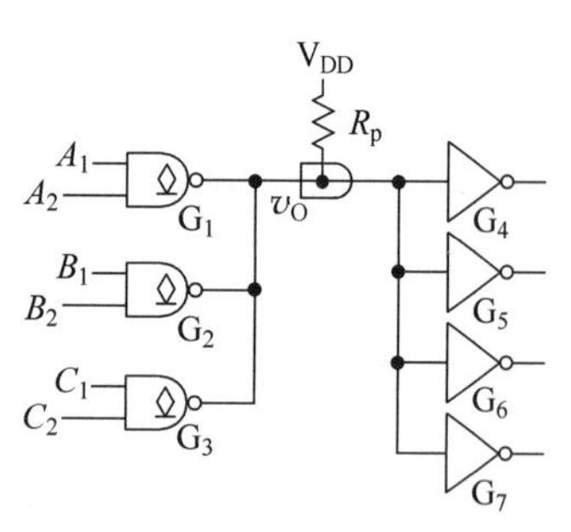

图 3.2.16 例 3.2.1 的电路

解 根据式(3.2.1)得到

$$\begin{aligned} R_{\mathrm{p(max)}} &= (V_{\mathrm{DD}} - V_{\mathrm{OH}})/(nI_{\mathrm{OH}} + |I_{\mathrm{L}}|) \\ &= (5-4.4)/(3\times 5\times 10^{-6} + 4\times 10^{-6})\Omega \\ &= 31.6\mathrm{k}\Omega \end{aligned}$$

根据式(3.2.2)又可得到

$$\begin{aligned} R_{\mathrm{p(min)}} &= (V_{\mathrm{DD}} - V_{\mathrm{OL}})/(I_{\mathrm{OL(max)}} - I_{\mathrm{L}}) \\ &= (5-0.2)/(4\times 10^{-3} - 4\times 10^{-6})\Omega \\ &= 1.2\mathrm{k}\Omega \end{aligned}$$

故得到 R_{p} 允许的取值范围为 $1.2\mathrm{k}\Omega \leqslant R_{\mathrm{p}} \leqslant 31.6\mathrm{k}\Omega$。

漏极开路输出的门电路还可以用于接成总线结构的系统。例如在图 3.2.17 中，三个漏极开路输出的**与非**门输出接到了同一条总线上。只要任何时候 C_1、C_2 和 C_3 当中只有一个为 1，就可以在同一条总线上分时传送 A'_1、A'_2 和 A'_3 信号。

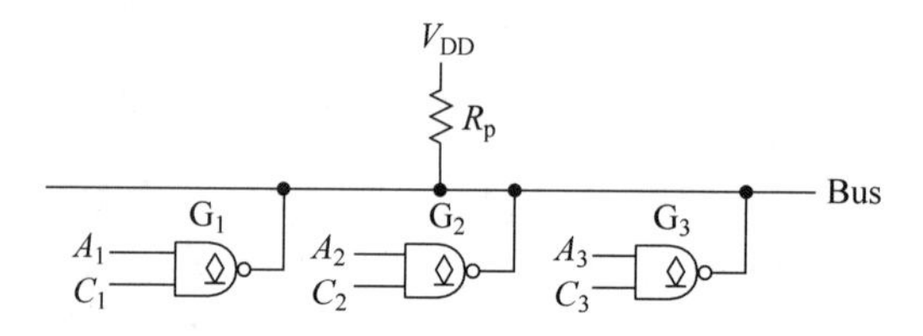

图 3.2.17 利用漏极开路输出门接成总线结构

此外，利用漏极开路输出的门电路还能很方便地实现输入信号逻辑电平与输出信号逻辑电平的变换。由图 3.2.14 可知，输出的高电平 $V_{\mathrm{OH}}=V_{\mathrm{DD}}$。这个 V_{DD} 值可以不等于输入信号的高电平 V_{IH}。我们完全可以根据对输出高电平的要求选定这个 V_{DD} 值。

最后还要提醒一点，就是这种**“线与”**连接方法不能用于普通的互补输出门电路。以图 3.2.18 中的两个互补输出的**与非**门为例，假定**与非**门 G_1 的两个输入为低电平而**与非**门 G_2 的两个输入为高电平，则 G_1 的 T_3 和 T_4 导通、T_1 和 T_2 截止，而 G_2 的 T_7 和 T_8 截止、T_5 和 T_6 导通。如果将 G_1 和 G_2 的输出端相连，则由于 T_3、T_4、T_5 和 T_6 都处于低内阻的导通状态，流过它们的电流 I_{L} 将远远超过正常工作状态下的允许值。因此，不能将它们的输出端并联使用。

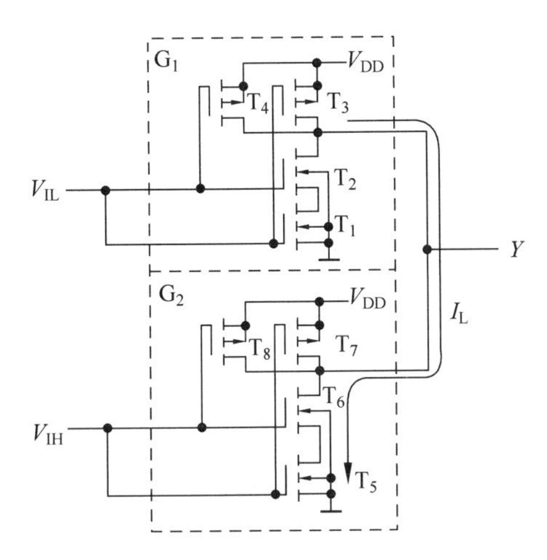

图 3.2.18 两个互补输出与非门输出端并联的情况

复习思考题

R3.2.3 CMOS 门电路的输出结构有哪些类型?

R3.2.4 什么样输出电路结构的门电路可以将输出端并联接成“线与”结构?什么样输出电路结构的门电路不行?

R3.2.5 三态输出门和漏极开路输出门都有哪些特殊的应用?

3.2.4 CMOS 电路的静电防护和锁定效应

静电防护和锁定效应(latch-up)是 CMOS 电路中两个特有的问题。

由于 MOS 管栅极下面的二氧化硅氧化层极薄(约在 40～100nm 范围内),所以当栅极上积累了一定数量的静电电荷以后,将形成很强的电场,将氧化层击穿,使器件损坏。为了防止静电击穿,在 CMOS 集成电路的每个输入端都设置了输入保护电路。

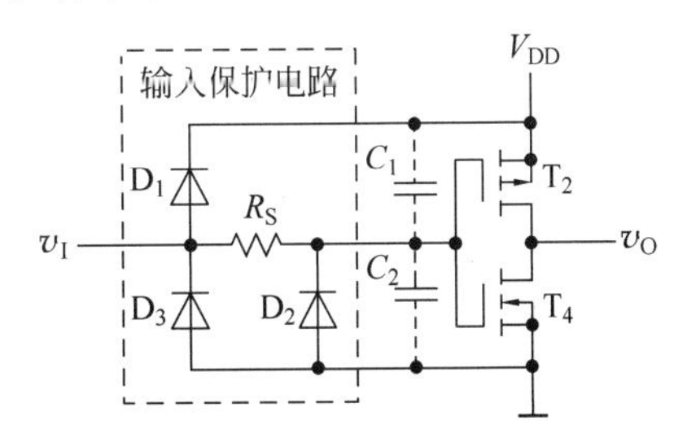

图 3.2.19 SN54/74HC 系列 CMOS 集成电路的输入保护电路

图 3.2.19 是 SN54/74HC 系列 CMOS 集成电路中采用的输入保护电路。从图中可以看到,由于二极管 D_1 的存在,当输入信号电平比 V_{DD} 高 0.7V 时,D_1 将导通,并将栅极电位限制在 $V_{DD}+0.7V$。而当输入信号电平低于－0.7V 时,二极管 D_3 将导通,并将栅极电位限制在－0.7V。因此,加到 T_1 和 T_2 的栅极与

衬底间的电压始终不会超过 $V_{DD}+0.7V$。通常 V_{DD} 的数值远低于 MOS 管栅极下面氧化层的耐压(约 100V),因而接入保护电路以后,除非由于电流过大将保护二极管损坏,一般不会发生栅极静电击穿现象。在输入信号的正常工作电压范围内($0\sim V_{DD}$),输入保护电路里的二极管都不会导通,对电路的工作没有影响。

锁定效应是导致 CMOS 集成电路损坏的另一个主要原因。当 CMOS 电路的输入端或输出端出现瞬时高压(高于电源电压 V_{DD})时,有可能使电路进入这样一种状态,即电源至电路公共端之间有很大的电流流过,输入端也失去了控制作用。我们把这种现象称作"锁定效应"①。由于锁定状态下的电流很大,往往会造成器件的损坏,所以在电路工作过程中,尤其是接通和切断电源时,应避免出现输入端或输出端的电压高于电源电压的情况。在目前生产的高速 CMOS 集成电路中,通过改进制造工艺,已经能够做到在一般情况下不会发生锁定效应了,但还不能做到绝对避免。

复习思考题

R3.2.6　为什么要在 CMOS 电路的输入端增加输入保护电路?

R3.2.7　什么是锁定效应?如何预防发生锁定效应?

3.2.5　CMOS 门电路的电气特性和参数

当我们选用各种数字集成电路器件组成所需要的数字电路时,不仅需要知道这些器件的逻辑功能,还需要了解它们的电气特性。只有这样,才能正确地处理这些集成电路之间以及它们和外围的其他电路之间的连接问题。

1. 直流电气特性和参数

所谓直流电气特性(也称静态特性),是指电路处于稳定工作状态下的电压、电流特性,通常用一系列电气参数来描述。不同系列产品在这些电气参数的具体数值上也不相同。下面以 TI 公司生产的 74HC 系列 CMOS 集成电路为例,说明这些参数的物理意义。

(1) 输入高电平 V_{IH} 和输入低电平 V_{IL}

由图 3.2.3 中的 CMOS 反相器的电压传输特性上可以看到,在保证输出电平基本不变的情况下,允许输入高、低电平有一定范围的变化。因此,在指定的电源电压下,都给出输入高电平的最小值 $V_{IL(min)}$ 和输入低电平的最大值 $V_{IL(max)}$。在电源电压 V_{DD} 为 $+5V$ 时,74HC 系列集成电路的 $V_{IH(min)}$ 约为 3.5V,$V_{IL(max)}$ 约为 1.5V。

---

① 可参阅参考文献[1]3.3.6 节。

(2) 输出高电平 V_{OH} 和输出低电平 V_{OL}

V_{OH} 和 V_{OL} 同样也各有一个允许的数值范围，所以同样也给出输出高电平的最小值 $V_{OH(min)}$ 和输出低电平的最大值 $V_{OL(max)}$。在+5V 电源电压下，74HC 系列 CMOS 集成电路的 $V_{OH(min)}$ 约为 4.4V(当输出端流出的负载电流为−4mA 时)，$V_{OL(max)}$ 约为 0.33V(当流入输出端的负载电流为 4mA 时)。

(3) 噪音容限 V_{NH} 和 V_{NL}

在将两个门电路互相连接使用时，前边一个门电路的输出也就是后面一个门电路的输入信号，如图 3.2.20 所示。由于 G_1 输出高电平的下限值 $V_{OH(min)}$ 高于 G_2 输入电压高电平下限 $V_{IH(min)}$，所以容许在高电平输入信号上叠加一定限度内的噪音电压，并称这个容许的限度为高电平噪音容限 V_{NH}。由图可知

$$V_{NH} = V_{OH(min)} - V_{IH(min)} \tag{3.2.3}$$

同理，我们定义低电平噪音容限为

$$V_{NL} = V_{IL(max)} - V_{OL(max)} \tag{3.2.4}$$

在图 3.2.20 给定的高、低电平情况下，可以算出 74HC 系列门电路的噪音容限为

$$V_{NH} = 4.3 - 3.5 = 0.8\text{V}$$

$$V_{NL} = 1.5 - 0.33 = 1.17\text{V}$$

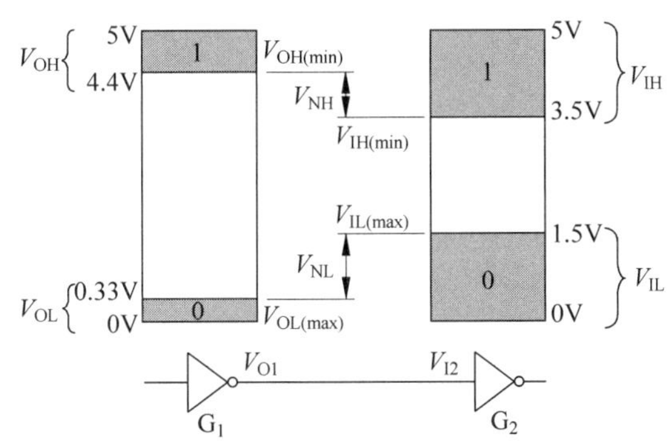

图 3.2.20 CMOS 电路的输入、输出电平和噪音容限

(4) 高电平输入电流 I_{IH} 和低电平输入电流 I_{IL}

从图 3.2.19 反相器输入端的电路结构可以看到，无论输入电压 V_I 是高电平(V_{DD})还是低电平(0V)，输入保护的二极管都不导通，因此输入电阻极大，输入电流极小。高电平输入电流的最大值 $I_{IH(max)}$ 和低电平输入电流的最大值 $I_{IL(max)}$ 通常都在 1μA 以下。

需要提醒注意的是，当 V_I 高于 V_{DD}+0.7V 或低于−0.7V 时(即超出了正常的高、低电平范围)，随着输入保护电路里二极管的导通，输入电流将迅速增加。因为这些二极管允许通过的电流有限，所以有时还在输入端与信号源之间串接保护电阻，以限制输入电流的大小，防止损坏输入保护电路。

另外，在输入端悬空的状态下，输入级 MOS 管的栅极上可能会有感应电荷积累，即使没有发生栅极击穿，也会使栅极电位处于高、低电平之间，电路工作在非正常逻辑状态。因此，在门电路有不用的多余输入端时，应当将它们与有用的输入端并联使用，或者将它们接至 V_{DD}（对于**与**输入端）或接地（对于**或**输入端），而不应令其悬空。

(5) 高电平输出电流 I_{OH} 和低电平输出电流 I_{OL}

在空载（输出端没有外接电路）情况下，CMOS 门电路的输出高电平很接近电源电压 V_{DD}，输出低电平很接近于零（电源电压的参考点，俗称"地"），满足

$$V_{OH} \geqslant 0.95V_{DD}$$

$$V_{OL} \leqslant 0.05V_{DD}$$

因此，空载情况下，可以近似地认为 $V_{OH}=V_{DD}$、$V_{OL}=0$。

然而，在输出端接入负载电阻以后，情况就不同了。例如在图 3.2.21(a)的情况下，由于负载电流流经 T_2 的导通内阻 $R_{ON(P)}$，所以 V_{OH} 将随 I_L 绝对值的增加而下降。因为分析电路时习惯上规定电流从输出端流入为正，所以这时的 I_L 应当记作负值。

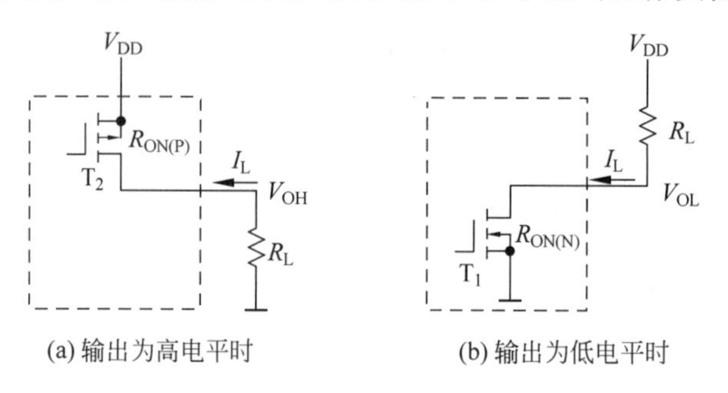

图 3.2.21　CMOS 门电路接有负载电阻的情况

同理，在图 3.2.21(b)输出为低电平的情况下，由于负载电流流过 T_1 的导通电阻 $R_{ON(N)}$，所以输出低电平将随 I_L 的增加而升高。为了保证 $V_{OH} \geqslant V_{OH(min)}$、$V_{OL} \leqslant V_{OL(max)}$，分别规定了高电平输出电流的最大值 $I_{OH(max)}$ 和低电平输出电流的最大值 $I_{OL(max)}$。在 74HC 系列电路中，当 $V_{DD}=5V$ 时，$R_{ON(N)}$ 一般不大于 50Ω，而 $R_{ON(P)}$ 在 100Ω 以内。

2. 开关电气特性和参数

开关电气特性也称作动态特性，是指电路在状态转换过程中的电压、电流特性。用于描述开关特性的重要参数如下。

(1) 传输延迟时间 t_{pd}(propagation delay)

由于 MOS 管开关状态的转换不是瞬间完成的，而且输出端又存在着负载电容 C_L（如图 3.2.22(a)所示），所以当输入电压突变时，输出电压的变化要比输入电压的变化延迟一段时间，如图 3.2.22(b)所示。考虑到输入电压和输出电压的变化都不可能是理想的突变，

需要经历一段上升时间或下降时间，所以为便于计算起见，取输入电压上升沿或下降的中点到对应的输出下降沿或上升沿的中点之间的时间间隔作为传输延迟时间 t_{pd}。

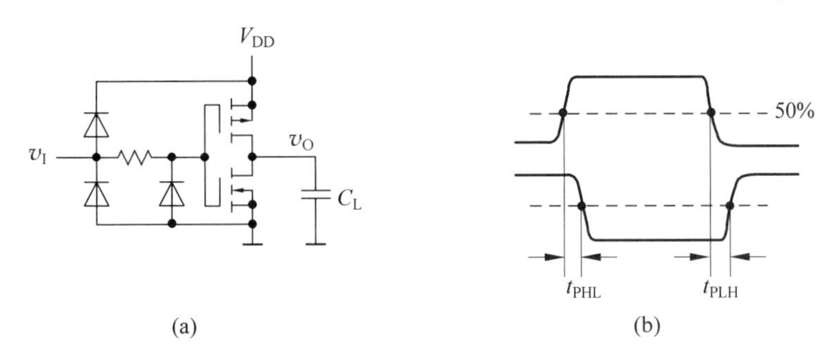

图 3.2.22 门电路传输延迟时间的定义

在 CMOS 门电路中，输出电压由高电平变为低电平时的传输延迟时间 t_{PHL} 和由低电平变为高电平时的传输延迟时间 t_{PLH} 相近，所以通常只给出一个 t_{pd} 参数。在 t_{PHL} 与 t_{PLH} 不相等时，t_{pd} 通常表示二者的平均值。此外，不仅仅是反相器，在所有各种门电路中都存在着传输延迟时间的问题。从图 3.2.22(a)的电路中不难看出，负载电容 C_L 越大，传输延迟时间将越长，而且输出电压波形的上升和下降时间也越长。因此，C_L 越小越有利于减小 t_{pd} 和改善输出电压波形。然而，在任何实际电路中，C_L 总是不可避免地存在着。C_L 不仅包括输出端外接负载电路的电容，还包括门电路内部输出端 MOS 的电容以及接线和封装的杂散电容。集成电路器件手册上给出的传输延迟时间都是在规定的 C_L 条件下测得的数据。在 $C_L=50\text{pF}$ 的条件下，反相器 74HC04 的传输延迟时间 t_{pd} 约为 9ns。

(2) 动态功耗

CMOS 电路处于稳定状态下的静态功耗 P_Q 是非常小的。这是因为无论输出保持在高电平还是低电平，电源电流都极小。例如 74HC04 集成电路中有 6 个反相器，静态下的电源电流在 1μA 以下，所以这时的功耗几乎可以忽略不计。

与此相反，CMOS 电路在状态转换过程中产生的动态功耗要比静态功耗大得多。由图 3.2.22(a)可以看到，在输出电压 v_O 由低电平跳变为高电平的过程中，电源电压 V_{DD} 经过 T_2 的导通内阻 $R_{ON(P)}$ 向 C_L 充电，充电电流流经 $R_{ON(P)}$ 产生功率损耗。在 v_O 由高电平跳变为低电平的过程中，电容上的电荷将通过 T_1 的导通内阻 $R_{ON(N)}$ 放电，放电电流流经 $R_{ON(N)}$ 也产生功率损耗。可以证明①，由于 C_L 充、放电产生的功耗 P_L 可用下式计算

$$P_L = C_L V_{DD}^2 f \tag{3.2.5}$$

式中，f 为输出电压变化的频率。

此外，在电路的输出电平从高到低或从低到高的转换过程中，输出端的一对 MOS 管会

---

① 可参阅参考文献[1]3.3.4 节。

出现短暂时间内同时导通的状态，因而有一个尖峰电流流过两个 MOS 管，产生瞬变功耗 P_T。P_T 的大小和输入保护电路的电路参数、MOS 管的特性、输入信号频率 f 有关。在输入信号的变化速度很快(低于规定的上升、下降时间)的情况下，瞬变功耗可近似用下式计算

$$P_T = C_{pd}V_{DD}^2 f \tag{3.2.6}$$

C_{pd}称为功耗电容，它的数值由器件手册给出。需要说明的是 C_{pd} 并不是一个接在输出端的实际电容，它只是用于计算瞬变功耗的一个等效的参数。

综合以上两部分，就得到了总的动态功耗 P_D 为

$$\begin{aligned} P_D &= P_L + P_T \\ &= (C_L + C_{pd})V_{DD}^2 f \end{aligned} \tag{3.2.7}$$

例 3.2.2 已知 CMOS 反相器的电源电压 $V_{DD}=5\text{V}$，静态电源电流 $I_{DD}=0.2\mu\text{A}$，负载电容 $C_L=100\text{pF}$，功耗电容 $C_{pd}=20\text{pF}$，输入信号频率 $f=500\text{kHz}$，试求反相器的动态功耗和静态功耗。

解 根据式(3.2.7)得到动态功耗为

$$\begin{aligned} P_D &= (C_L + C_{pd})V_{DD}^2 f \\ &= (100 + 20) \times 10^{-12} \times 5^2 \times 5 \times 10^5\,\text{W} \\ &= 1.5\text{mW} \end{aligned}$$

静态功耗为

$$\begin{aligned} P_Q &= V_{DD} I_{DD} \\ &= 5 \times 0.2 \times 10^{-6}\,\text{W} \\ &= 1\mu\text{W} \end{aligned}$$

可见，与动态功耗 P_D 相比，静态功耗 P_Q 可忽略不计。

(3) 输入电容 C_I

CMOS 集成电路的输入电容 C_I 包含了输入级一对 MOS 管的栅极电容以及输入保护电路的接线杂散电容。74HC 系列门电路 C_I 的典型数值为 3pF。当输入信号来自前一级门电路时，它将成为前级门电路输出端的一个负载电容。

3. 各种系列 CMOS 数字集成电路的性能比较

到目前为止，各国生产的 CMOS 数字集成电路已有 4000 系列、HC/HCT 系列、AHC/AHCT 系列、LVC 系列、ALVC 系列等定型产品。其中 4000 系列是最早投放市场的 CMOS 数字集成电路定型产品。由于当时生产工艺水平的限制，虽然它的工作电压范围比较宽(3～18V)，但存在着传输延迟时间长(60～100ns)、负载能力弱的缺点。例如工作在 5V 电源电压时，允许的高电平输出电流和低电平输出电流最大值只有 0.5mA。因此，现在已经很少使用 4000 系列产品了。

HC/HCT 系列是高速 CMOS 逻辑(high-speed CMOS logic)系列的简称。经过改进制造工艺生产的 HC/HCT 系列产品大大缩短了传输延迟时间，同时也提高了负载能力。当

电源电压为5V时，HC/HCT系列的传输延迟时间约为10ns，几乎是4000系列的十分之一；输出高、低电平时的最大负载电流达4mA。

HC系列和HCT系列的区别在于，HC系列的工作电压范围较宽（2～6V），但它的输入、输出电平和负载能力不能和下面将要介绍的TTL电路完全兼容，所以适于用在单纯由CMOS器件组成的系统中。而HCT系列一般仅工作在5V电源电压下，在输入、输出电平以及负载能力上均可与TTL电路兼容，所以适于用在CMOS与TTL混合的系统中。

AHC/AHCT系列是改进的高速CMOS逻辑（advanced HC/HCT logic）系列的简称。通过进一步改进生产工艺，AHC/AHCT系列在电气性能上又有了进一步提高。它的传输延迟时间约为HC/HCT系列的三分之一，而负载能力提高了一倍。此外，当它工作在3.3V电压下时，允许输入电压的范围可达5V，这就为将5V逻辑电平信号转换为3.3V逻辑电平信号提供了十分方便的途径。

LVC系列是低压CMOS逻辑（low-voltage CMOS logic）系列的简称。LVC系列不仅能在很低的电源电压（1.65～3.6V）下工作，而且传输延迟时间非常短（在5V的极限电源电压下仅3.8ns），还可提供高达24mA的输出驱动电流。此外，LVC系列还提供了多种用于5～3.3V逻辑电平转换的器件。

ALVC系列是改进的LVC逻辑（advanced low-voltage CMOS logic）系列的简称。它在电气性能上比LVC系列更加优越。LVC和ALVC系列是目前CMOS电路中最新、也是性能最好的产品，可以满足当今一些最先进的、高性能的数字系统设计的需要。

在诸多系列的CMOS电路产品中，只要产品型号最后的数字相同，它们的逻辑功能就是一样的。例如74/54HC00、74/54HCT00、74/54AHC00、74/54AHCT00、74/54LVC00和74/54ALVC00的逻辑功能是一样的，它们都是四2输入**与非**门（即内部有四个两输入端的**与非**门）。但是，它们的电气性能和参数就大不相同了。型号开头的“74”或“54”是TI（Texas Instruments）公司产品的标志。54HC00和74HC00仅在允许的工作环境温度范围而上有所区别，其他方面（逻辑功能、主要的电气参数、外形封装、引脚排列等）完全相同。54HC系列的工作环境温度范围为−55～125℃，而74HC系列的工作环境温度为−40～85℃。表3.2.1列出了各种系列高速CMOS电路（74××00）的特性参数。

表3.2.1 各种系列高速CMOS电路（74××00）特性参数比较

参数名称与符号	单位	系列			
		74HC	74HCT	74AC	74ACT
输入低电平最大值 $V_{IL(max)}$	V	1.35	0.8	1.35	0.8
输出低电平最大值 $V_{OL(max)}$	V	0.1	0.1	0.1	0.1
输入高电平最小值 $V_{IH(min)}$	V	3.15	2.0	3.15	2.0
输出高电平最小值 $V_{OH(min)}$	V	4.4	4.4	4.4	4.4
低电平输入电流最大值 $I_{IL(max)}$	μA	−0.1	−0.1	−0.1	−0.1

续表

参数名称与符号	单　位	系　列			
		74HC	**74HCT**	**74AC**	**74ACT**
低电平输出电流最大值 $I_{OL(max)}$	mA	4	4	24	24
高电平输入电流最大值 $I_{IH(max)}$	μA	0.1	0.1	0.1	0.1
高电平输出电流最大值 $I_{OH(max)}$	mA	−4	−4	−24	−24
传输延迟时间 t_{pd}	ns	9	11	5.2	4.8
输入电容 C_I	pF	10	10	2.6	2.6
电容功耗 C_{pd}	pF	20	20	40	40

注：表中给出的是当 V_{DD}=4.5V 时的参数。

复习思考题

R3.2.8　CMOS 门电路有哪些重要的电气特性参数？它们的物理意义是什么？

R3.2.9　CMOS 电路的动态功耗和哪些因素有关？

R3.2.10　HC/HCT、AHC/AHCT、LVC、ALVC 系列 CMOS 电路在电气性能上各有何特点？

3.3　双极型半导体二极管和三极管的开关特性

由于在下面将要介绍的 TTL、ECL 等数字集成电路中，使用双极型的二极管和三极管作开关元件，所以称这些集成电路为双极型集成电路。

3.3.1　双极型二极管的开关特性和二极管门电路

我们在 3.1 节中曾经讲过，pn 结具有单向导电性。把 pn 结两边加上引线封装起来就得到了图 3.3.1(a)所示的二极管。图 3.3.1(b)中给出了二极管的伏安特性。这个特性曲线表明，当外加正向电压时(正极接电源的正端，负极接电源的负端，也称为正向偏置)，有很大的正向电流从二极管的正极流向负极；而当外加反向电压时(正极接电源的负端，负极接电源的正端，也称为反向偏置)，反向电流极小(通常都在 1μA 以下)。与正向电流相比，反向电流可以忽略不计。因此，可以把二极管看作一个受外加电压极性控制的开关。

由图 3.3.1(b)的特性曲线可见，二极管的伏安特性具有明显的非线性。在分析含有二极管的电路时，为了简化计算，经常用近似的开关等效电路代替二极管。

在应用电路中，根据戴维南定理总可以把二极管以外的电路等效为一个有内阻的电压

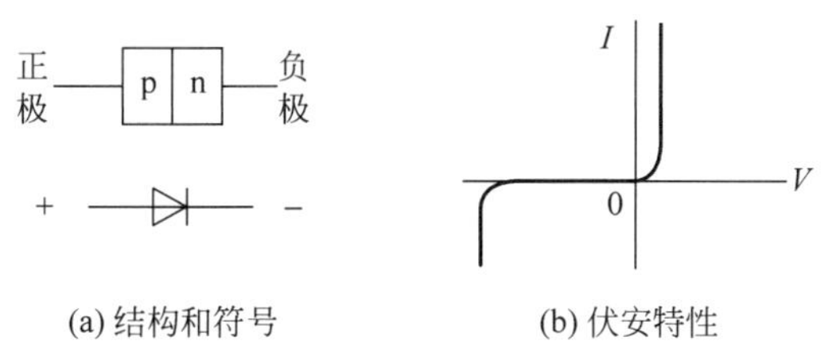

(a) 结构和符号　　(b) 伏安特性

图 3.3.1　二极管的结构、符号和伏安特性

源，画成图 3.3.2(a)中的串联电路形式。当 R_L 远大于二极管的正向导通电阻 R_{DF}，而二极管的正向导通压降 V_{DF} 与 V_{CC} 相比不可忽略时(在下面将要讨论的一些二极管应用电路中，都属于这种情况)，可以用图 3.3.2(b)中虚线画出的折线代替二极管的伏安特性。与这个折线特性对应的等效电路由一个理想开关和一个电压源 V_{ON} 组成。只有在外加的正向电压大于 V_{ON} 以后，二极管才导通，因而把 V_{ON} 叫做二极管的开启电压。硅二极管的开启电压约 0.6～0.7V，锗二极管的开启电压约 0.2～0.3V。二极管导通后的电流由外电路决定。

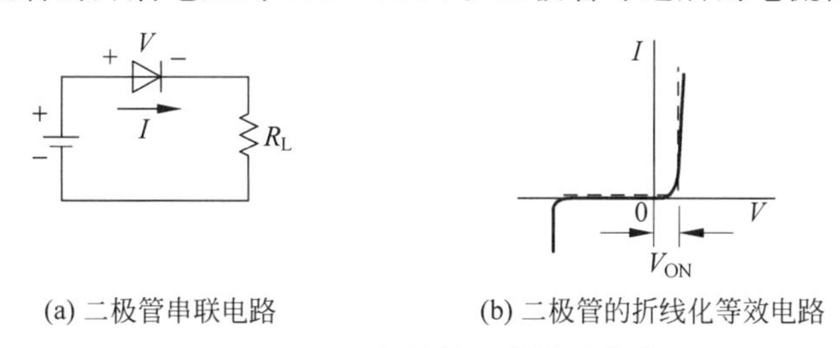

(a) 二极管串联电路　　(b) 二极管的折线化等效电路

图 3.3.2　二极管的开关等效电路

利用二极管的开关特性可以构成简单的**与**门和**或**门。图 3.3.3 是二极管**与**门电路。设 $V_{CC}=5V$，输入的高、低电平分别为 $V_{IH}=4V$、$V_{IL}=0.3V$，二极管导通压降 $V_{DF}=0.7V$。由图可见：

当 A 接 0.3V，B 接 4V 时，D_1 导通、D_2 截止，输出为低电平，$V_{OL}=0.3+0.7=1V$。

当 A 接 4V、B 接 0.3V 时，D_1 截止、D_2 导通，输出也是低电平 $V_{OL}=1V$。

当 A、B 同时接 0.3V 时，D_1、D_2 同时导通，输出仍为低电平 $V_{OL}=1V$。

只有当 A、B 同时接 4V 时，D_1、D_2 同时导通，输出才是高电平，即

$$V_{OH}=4V+0.7V=4.7V$$

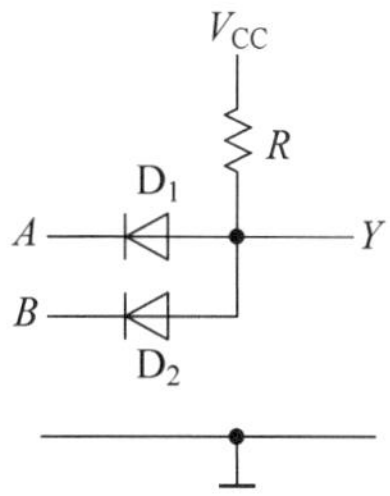

图 3.3.3　二极管与门

表 3.3.1 中列出了输入、输出电平的对应关系。如果规定高于 4V 的电平为逻辑 1，低于 1V 的逻辑电平为逻辑 0，则可将表 3.3.1 改写为表 3.3.2 的真值表。显然，Y 和 A、B 之间是逻辑**与**的关系。

表 3.3.1　图 3.3.3 电路的输入、输出电平

V_A/V	V_B/V	V_O/V
0.3	0.3	1.0
0.3	4.0	1.0
4.0	0.3	1.0
4.0	4.0	4.7

表 3.3.2　图 3.3.3 电路的真值表

A	*B*	*Y*
0	0	0
0	1	0
1	0	0
1	1	1

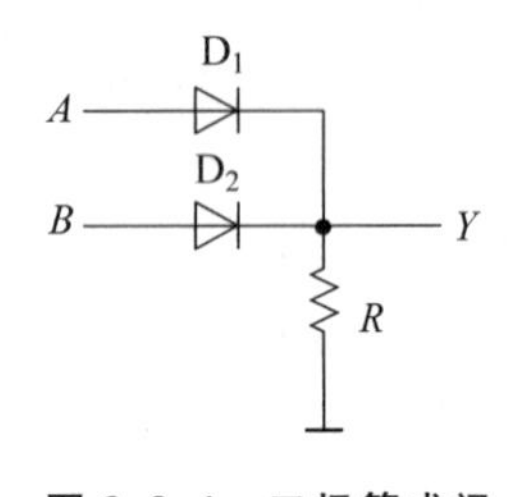

图 3.3.4　二极管或门

图 3.3.4 是二极管或门电路。由图可见：

当 A 接 4V、B 接 0.3V 时，D_1 导通、D_2 截止，输出为高电平 $V_{OH}=4-0.7=3.3V$。

当 A 接 0.3V、B 接 4V 时，D_2 导通、D_1 截止，输出也是高电平 $V_{OH}=3.3V$。

当 A、B 同时接 4V 时，D_1 和 D_2 同时导通，输出仍为高电平 $V_{OH}=3.3V$。

只有当 A、B 同时接 0.3V 时，D_1 和 D_2 同时截止，输出才是低电平 $V_{OL}=0V$。

若规定高于 3.3V 的电平为逻辑 1，低于 0.3V 的电平为逻辑 0，则 Y 和 A、B 之间为**或**的逻辑关系。表 3.3.3 和表 3.3.4 是图 3.3.4 电路输入电平和输出电平的关系和逻辑真值表。

表 3.3.3　图 3.3.4 电路的输入、输出电平

V_A/V	V_B/V	V_Y/V
0.3	0.3	0
0.3	4.0	3.3
4.0	0.3	3.3
4.0	4.0	3.3

表 3.3.4　图 3.3.4 电路的真值表

A	*B*	*Y*
0	0	0
0	1	1
1	0	1
1	1	1

从表 3.3.1 中还能发现，二极管**与**门输出的高、低电平和输入的高、低电平是不相等的，我们把这个现象叫做电平偏移。在二极管**或**门电路中同样也存在电平偏移现象。如果将几个二极管门电路串联起来，则电平偏移将逐级积累，因此二极管门电路不宜串联使用。

复习思考题

R3.3.1　图 3.3.2 中的二极管等效电路适用于什么情况？

R3.3.2　为什么二极管门电路不宜串联使用？

3.3.2 双极型三极管的开关特性

图 3.3.5 是双极型三极管的结构示意图和符号。它由 n 型—p 型—n 型三个区结合而成，所以称为 npn 型三极管。两个 n 型区分别叫做发射极 e(emitter)和集电极c(collector)，中间的 p 型区叫做基极 b(base)。发射极和基极间的 pn 结称为发射结，集电极和基极间的 pn 结称为集电结。

如果在 c—e 间加上正电压而基极上不加电压，则由于集电结处于反向偏置，所以 c—e 间不会导通。如果同时在 b—e 间也加上正向电压，当 v_{BE} 达到开启电压 V_{ON} 以后，发射结将导通，有电流流过发射结。但由于基极区域的厚度极小(小于几十微米)，结果发现发射结电流仅有很小一部分流经基极形成基极电流 i_B，而大部分都被集电极“收集”，形成了集电极电流 i_C。而且，在一定范围内 i_C 随 i_B 的增加而按比例地增加。我们定义 i_C 与 i_B 的比例系数为电流放大系数 β，即 $\beta = i_C / i_B$。这个范围叫做三极管的放大区(或称为线性区)。在放大区内，基本保持 $i_B : i_C : i_E = 1 : \beta : (1+\beta)$ 的比例关系。

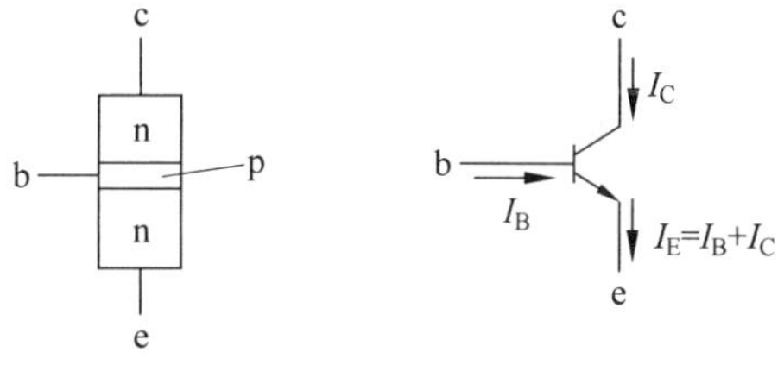

(a) 结构示意图　　(b) 符号

图 3.3.5　npn 型三极管

由于工作过程中既有 n 型半导体中的电子参与导电，又有 p 型半导体中的空穴参与导电，所以把这种三极管称为双极型三极管，以示与单极型的 MOS 管的区别。

如果集电极和发射极用 p 型半导体而基极用 n 型半导体，如图 3.3.6 所示，又可以做成另外一种类型的三极管，即 pnp 型三极管。因为在目前数字集成电路中很少用 pnp 型三极管，所以下面以 npn 型三极管为例讨论如何用双极型三极管组成开关电路。

图 3.3.7 是用npn 型三极管和电阻接成的最简单的三极管开关电路。由于输入回路和输出回路是以发射极为公共参考点的，所以也把这种接法叫做共发射极结构。

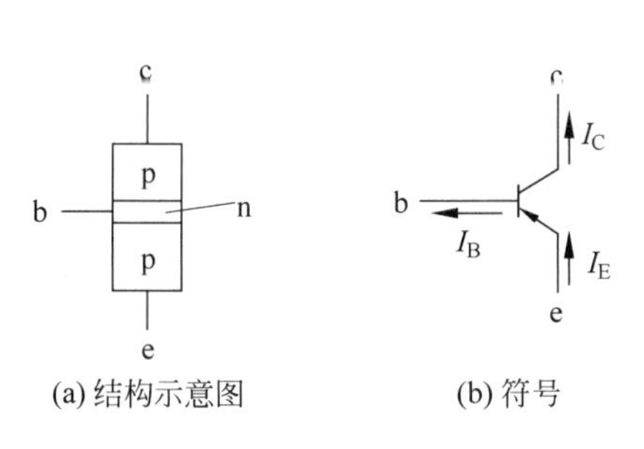

(a) 结构示意图　　(b) 符号

图 3.3.6　pnp 型三极管

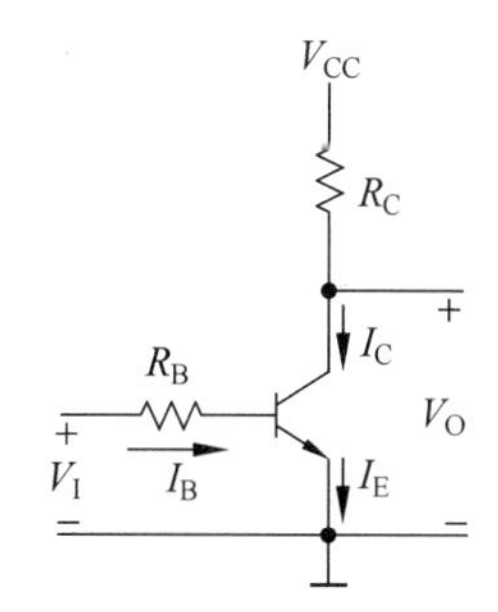

图 3.3.7　npn 型三极管开关电路

设 R_B 远大于发射结的导通内阻，同时 v_I 的高电平和发射结的导通压降处于同一数量级，这时可以采用图 3.3.2 的折线化等效电路代替发射结。

当 v_I 小于发射结的开启电压 V_{ON}（约 0.7V）时，$i_B=0$、$i_E=0$，三极管工作在截止状态。截止状态下的等效电路如图 3.3.8(a)所示，集成极与发射极之间就像开关断开一样。

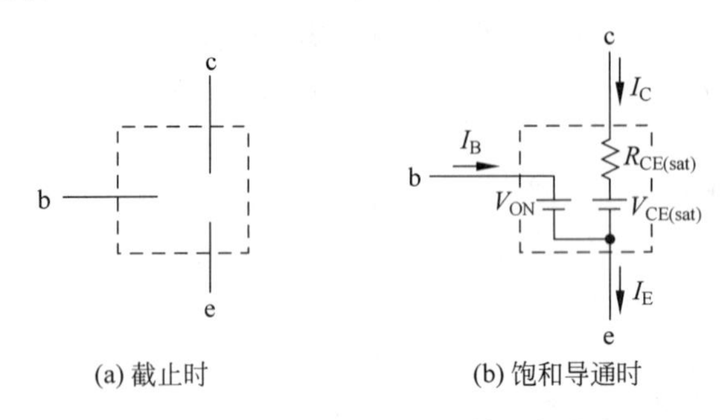

图 3.3.8　三极管的开关等效电路

当 v_I 大于 V_{ON} 以后，发射结导通，发射结电流 i_E 的一部分流经基极形成 i_B，另一部分流经集电极形成 i_C。i_B 的数值可近似用下式求得

$$i_B = (v_I - V_{ON})/R_B = (v_I - 0.7)/R_B \tag{3.3.1}$$

若三极管的电流放大系数为 β，则可得

$$i_C = \beta i_B = \beta(v_I - 0.7)/R_B \tag{3.3.2}$$

由图 3.3.7 中可知，集电极与发射极间的电压为

$$\begin{aligned} v_{CE} &= V_{CC} - i_C R_C \\ &= V_{CC} - \beta(v_I - 0.7)R_C/R_B \end{aligned} \tag{3.3.3}$$

因此，当 v_I 变化时三极管输出端电压 v_{CE} 也随之改变。随着 v_I 的升高，i_C 增加而 v_{CE} 下降。然而 v_{CE} 的降低是有限度的，当 v_{CE} 接近于零时已不能再减小，i_C 也不能再随 i_B 增加而增加，三极管进入饱和导通状态，这时式(3.3.3)已不再适用。饱和状态下三极管的 c－e 间只剩下一个很小的饱和压降 $V_{CE(sat)}$（一般在 0.2V 以内）和很低的导电电阻 $R_{CE(sat)}$（一般小于 50Ω）。饱和状态下，三极管的等效电路可画成图 3.3.8(b)的形式，集电极和发射极之间近似于一个导通的开关。

我们把三极管开始进入饱和导通状态所需要的基极电流叫做临界饱和基极电流 $I_{B(sat)}$。由图 3.3.7 可知，饱和导通时的集电极电流为

$$i_C = (V_{CC} - V_{CE(sat)})/(R_C + R_{CE(sat)})$$

故可得到

$$I_{B(sat)} = i_C/\beta = (V_{CC} - V_{CE(sat)})/\beta(R_C + R_{CE(sat)}) \tag{3.3.4}$$

为了使三极管工作在饱和导通状态，输入信号提供的基极电流 i_B 必须大于 $I_{B(sat)}$。

在图3.3.7的三极管开关电路中，如果电路参数选择得合理，一定可以做到 v_I 为低电平时三极管截止，输出为高电平 $v_O=V_{OH}=V_{CC}$；而 v_I 为高电平三极管饱和导通，输出为低电平 $v_O=V_{OL}=V_{CE(sat)}$。因此，图3.3.7的三极管开关电路也就是一个反相器电路。

例3.3.1 在图3.3.9(a)的三极管开关电路中，已知 $V_{CC}=5V$，$R_B=22k\Omega$，$R_C=1k\Omega$。又知三极管的电流放大系数 $\beta=50$，饱和导通压降 $V_{CE(sat)}=0.1V$，饱和导通内阻 $R_{CE(sat)}=20\Omega$。试计算当输入电压 $V_{IL}=0.2V$ 和 $V_{IH}=4V$ 时输出电压 v_O 的数值，并指出三极管所处的工作状态。

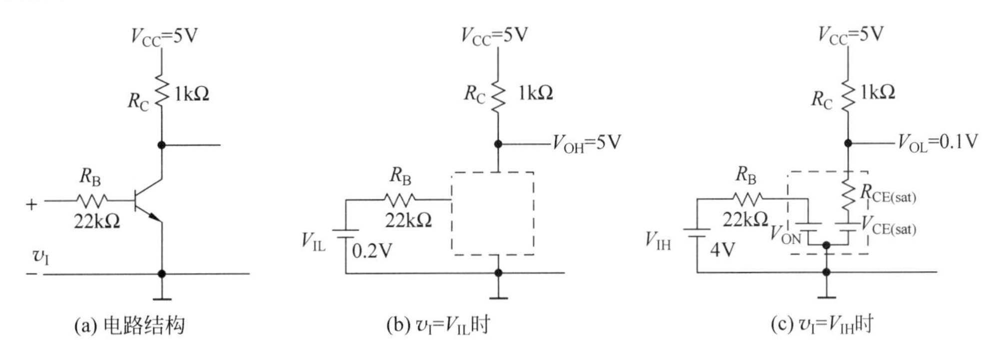

图3.3.9 例3.3.1的三极管开关电路

解 当输入为低电平 $V_{IL}=0.2V$ 时，因为 $v_I<V_{ON}$，故三极管工作在截止状态。由图3.3.9(b)的等效电路可知，$v_O=V_{OH}=V_{CC}=5V$。

当输入为高电平 $V_{IH}=4V$ 时，等效电路如图3.3.9(c)。由式(3.3.1)求得

$$\begin{aligned} i_B &= (v_I-0.7)/R_B \\ &= (4-0.7)/22 = 0.15mA \end{aligned}$$

利用式(3.3.4)可求出三极管的临界饱和基极电流为

$$\begin{aligned} I_{B(satt)} &= (V_{CC}-V_{CE(sat)})/\beta(R_C+R_{CE(sat)}) \\ &= (5-0.1)/50\times(1+0.02) \\ &= 0.096mA \end{aligned}$$

可见 $i_B>I_{B(sat)}$，三极管工作在饱和导通状态，输出电压 $v_O=V_{OL}=V_{CE(sat)}=0.1V$。

复习思考题

R3.3.3 三极管截止和饱和导通的条件是什么？

R3.3.4 三极管截止状态和饱和导通状态各有何特点？可以用什么形式的等效电路代替三极管的截止状态和饱和导通状态？

3.4 TTL 门电路

TTL 是三极管-三极管逻辑(transistor-transistor logic)的缩写。因为 TTL 电路的输入端和输出端均采用了三极管结构,由此而得名。TTL 电路中采用双极型三极管作开关元件,所以属于双极型数字集成电路。

3.4.1 TTL 反相器

1. 电路结构和工作原理

TTL 门电路的基本结构形式也是反相器。图 3.4.1 中给出了 74 系列(也称标准系列)TTL 反相器 SN7404 的电路结构。这个电路可以划分为输入级、倒相级和输出级三个组成部分。

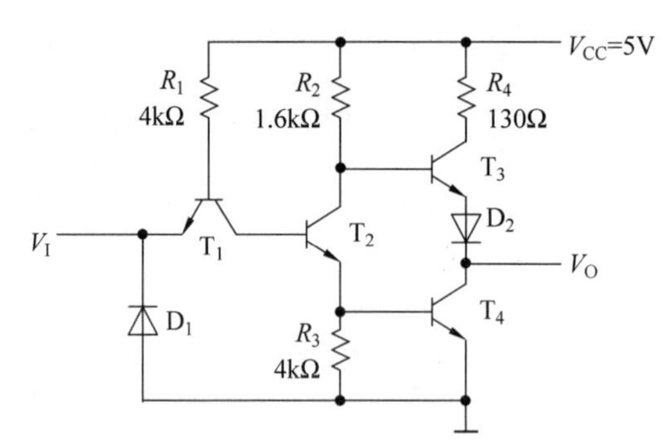

图 3.4.1 TTL 反相器 SN7404 的电路

输入级由 T_1 和 R_1 组成,它为后面的倒相级提供驱动信号。D_1 是钳位二极管,可以防止输入端出现过大的负电压。当输入端出现绝对值大于 D_1 开启电压的负电压时,D_1 将导通,并将输入端负电压的绝对值限制在 D_1 的导通压降值。

倒相级由 T_2 和 R_2、R_3 组成。当 T_2 的基极电流增加时,集电极电流和发射极电流也随之增加,T_2 的发射极电位升高而集电极的电位下降。可见,由 T_2 的发射极和集电极输出的信号具有相反的变化方向,因此把这个电路称为倒相级。

由 T_3、T_4 和 D_2、R_4 组成的输出级通常称为推拉式(push-pull)电路,也称为图腾柱(totem-pole)电路。如果能够保证输出高电平时 T_3 导通 T_4 截止,而输出低电平时 T_4 导通 T_3 截止,就可以保证无论输出为高电平还是低电平时,电路都具有很低的输出电阻,而且流过 T_3 和 T_4 支路的电流基本为零。

TTL电路正常的工作电压规定为5V。若输入为低电平$V_{IL}=0.2V$,则电路的工作状态如图3.4.2(a)所示。这时T_1的发射结(be结)导通,使T_1的基极电位为$v_{B1}=0.2+0.7=0.9V$。因为只有在v_{B1}高于T_1的集电结(bc结)开启电压与T_2的发射结开启电压之和(1.4V)以后T_2才能导通,所以这时T_2截止。而要想使T_4导通,v_{B1}需要大于T_1的bc结开启电压、T_2的be结开启电压和T_4的be结开启电压之和(2.1V),因此T_4也处于截止状态。与此同时,T_3工作在导通状态,故输出为高电平V_{OH}。图中的虚线箭头表示实际的电流方向。在输出电流$I_{OH}=-0.4mA$(因为实际电流的方向与规定的I_{OH}正方向相反,所以写作$-0.4mA$)时,T_3的be结和D_2均处于导通状态。设T_3的be结和D_2的导通压降均为0.7V,则得到

$$V_{OH}=V_{CC}-v_{R2}-v_{BE3}-V_{D2}$$

如果忽略v_{R2},则得到

$$\begin{aligned}V_{OH}&=V_{CC}-v_{BE3}-V_{D2}\\&=5-0.7-0.7=3.6V\end{aligned}$$

需要说明的是,即使是同一型号的器件,在电路参数上也存在一定的分散性,而且输出端所接的负载情况也不一定相同,因此V_{OH}值也会有差异。例如在输出端空载的情况下,流过T_3的be结和D_2的电流接近于零(T_4截止时有极小的漏电流),它们均未充分导通,压降远小于0.7V,因此V_{OH}要比3.6V高得多。

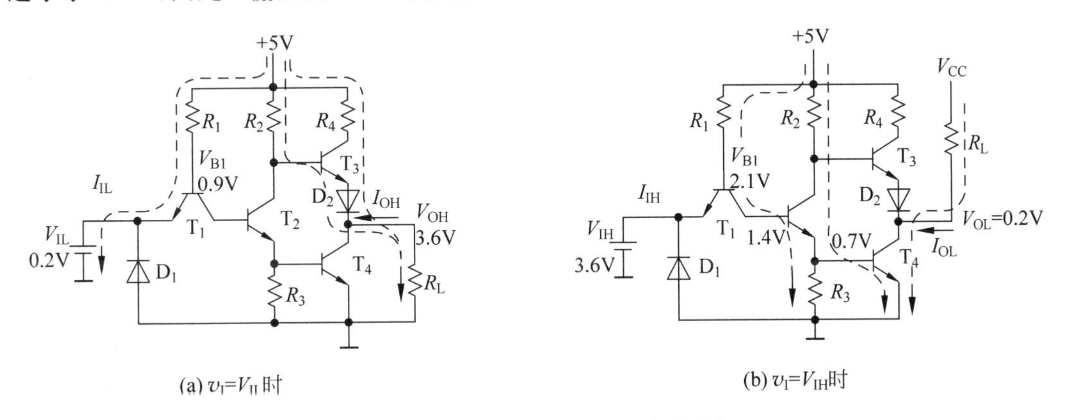

图3.4.2 TTL反相器工作状态的分析

当输入为高电平$V_{IH}=3.6V$时,电路的工作状态如图3.4.2(b)所示。在v_I从V_{IL}开始上升的过程中,T_1的基极电位v_{B1}也随之升高,在升至$v_{B1}=2.1V$以后,T_4的be结和T_2的be结经R_1和T_1的bc结导通,T_2和T_4进入饱和导通状态,输出为低电平V_{OL}。此后v_I继续升高时v_{B1}基本维持不变。T_2导通后为饱和导通状态,集电极电位v_{C2}等于T_4的be结压降(0.7V)与T_2饱和导通压降(0.1V)之和,约0.8V。因为只有在v_{C2}高于1.4V时T_3的be

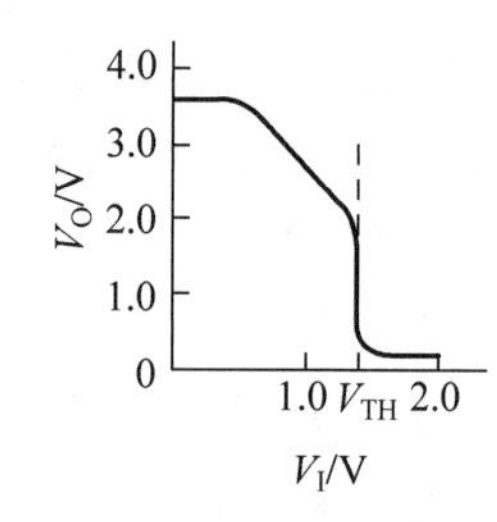

图 3.4.3 TTL 反相器的电压传输特性

结和 D_2 才可能导通，所以这时 T_3 必然截止。图中用虚线箭头标明了电流的实际方向。在 SN7404 的标准电路参数下，当 $I_{OL}=16\text{mA}$ 时，$V_{OL}=0.2\text{V}$。

以上分析表明，图 3.4.1 电路实现了反相器的逻辑功能。

将输出电压随输入电压的变化用曲线表示出来，就得到了图 3.4.3 所示的电压传输特性。我们仍然把电压传输特性转折区中点对应的输入电压称为阈值电压。由图可见，它的阈值电压 V_{TH} 约为 1.4V。

2. 输入特性

从图 3.4.2 上还可以看到，无论输入为高电平还是低电平，输入电流都不等于零。而且空载下的电源电流也比较大。这两点与 CMOS 电路形成了鲜明的对照。由于 TTL 电路的功耗比较大，所以难以做成大规模集成电路。

以反相器 SN7404 为例，由图 3.4.2(a)可见，当 $v_I=V_{IL}=0.2\text{V}$ 时，低电平输入电流 I_{IL} 的实际流向是从输入端流出的，与规定的正方向相反，因而记作负值。由图得到

$$\begin{aligned} I_{IL} &= -(V_{CC}-v_{BE1}-V_{IL})/R_1 \\ &= -(5-0.7-0.2)/4\times10^3 \\ &= -1\text{mA} \end{aligned} \tag{3.4.1}$$

当 $v_I=V_{IH}=3.6\text{V}$ 时，由图 3.4.2(b)可知，v_{B1} 被钳位在 2.1V，T_1 的 bc 结处于正向偏置而 be 结处于方向偏置，相当于将原来的发射极和集电极互换使用了。在这种“倒置”状态下，三极管的电流放大系数 β 被设计得非常小(小于 0.01)，所以这时的输入电流 I_{IH} 非常小，而且在输入高电平范围内几乎不随输入电平的不同而改变。通常在产品手册上都给出每种门电路产品 I_{IH} 的最大值。例如 74 系列 TTL 电路的最大值 $I_{IH(max)}$ 值约 $40\mu\text{A}$。

另外，如果将 TTL 电路的输入端经过一个电阻 R_p 接地(见图 3.4.4)，则输入端的电位 v_I 将不等于零，而且 v_I 随 R_p 的增加而升高。由图可得

$$v_I=(V_{CC}-v_{BE1})R_p/(R_1+R_p) \tag{3.4.2}$$

但是在 v_I 升至 1.4V 以后，由于 T_1 的 bc 结和 T_2、T_4 的 be 结同时导通，将 v_{B1} 钳在了 2.1V，所以即使 R_p 再增大，v_I 也不会再升高了，基本上维持在 1.4V 左右。

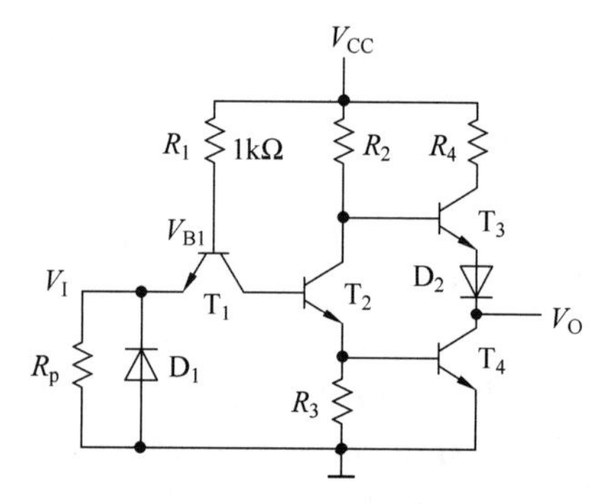

图 3.4.4 TTL 反相器输入端经电阻接地时的工作状态

由此可知，当 TTL 反相器的输入端悬空时(R_p 为无穷大)，输出必为低电平。如果从输出端看，就如同输入端接高电平信号一样。所以，对于输出端的状态而言，TTL 输入的悬空状态和接逻辑 1 电平是等效的。

需要提醒注意的是，在 CMOS 电路中如果将输入端经过一个电阻接地，由于电阻上没有电流流过，所以输入端的电位始终为零。

3. 输出特性

由图 3.4.5 可知，当反相器的输出端接有负载电路时，因为反相器的输出电阻不等于零，所以输出的高、低电平将随负载电流的变化而改变。不过 TTL 电路高电平时的输出电阻和低电平时的输出电阻都很小，所以负载电路在允许的工作范围内变化时，输出的高、低电平变化不大。反相器 7404 的高电平输出电阻 R_{OH} 在 100Ω 以内，低电平输出电阻 R_{OL} 小于 8Ω。由于高电平输出电阻比较大，而且允许的负载电流又比较小，所以在需要驱动较大的负载电流时，总是用输出低电平去驱动。

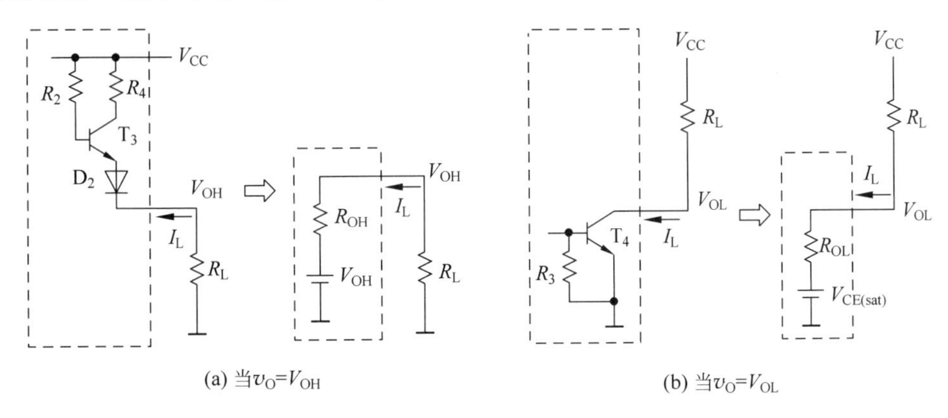

图 3.4.5 TTL 反相器(7404)的输出等效电路

复习思考题

R3.4.1 TTL 反相器的输入端经大电阻(例如 51kΩ)接地时，输出端是高电平还是低电平？如果输入端经过小电阻(例如 51Ω)接地，输出是高电平还是低电平？

R3.4.2 TTL 反相器的输入端悬空时，输出端是高电平还是低电平？

R3.4.3 TTL 反相器的高电平输入电流和低电平输入电流在电流方向和数量大小上有何不同？

3.4.2 TTL 与非门、或非门、与或非门和异或门

1. 与非门

图 3.4.6 是 TTL **与非**门 SN7400 的电路结构图。将这个电路与图 3.4.1 的反相器电路比较一下即可发现，唯一不同的是 T_1 做成了多发射极三极管。

当输入端 A、B 任何一个接低电平或同时接低电平 $V_{IL}=0.2V$ 时，都将使 v_{B1} 被钳制在 0.9V，并使 T_2 和 T_4 截止、T_3 导通，输出为高电平。只有 A 和 B 同时为高电平 $V_{IH}=3.6V$ 时，才使 T_2 和 T_4 饱和导通、T_3 截止，输出为低电平。因此 Y 和 A、B 之间是**与非**逻辑关系，即 $Y=(AB)'$。由此可见，**与**的功能是用多发射三极管实现的，增加多发射三极管发射极的数目，即可扩大输入端的数目，做成多输入端的**与非**门。

由图 3.4.6 和图 3.4.1 可见，7400 和 7404 输出电路的结构是一样的，所以输出特性也相同。

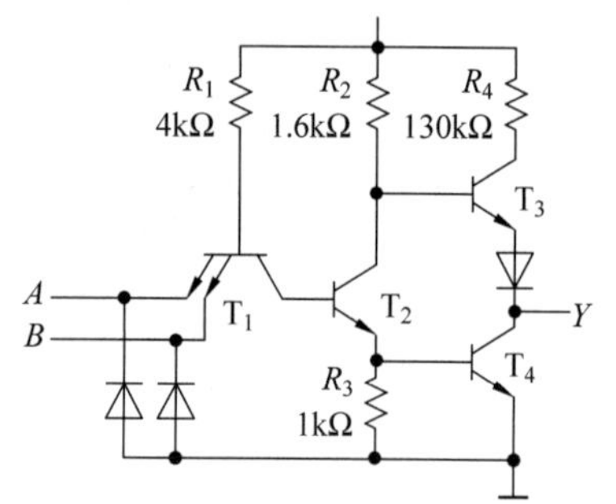

图 3.4.6 TTL 与非门 SN7400 的电路结构

在输入特性方面，每个输入端的输入特性（其他的输入端悬空）也与反相器相同。如果将图 3.4.6 **与非**门的两个输入端并联使用，这时总的低电平输入电流和只有一个输入端接低电平时相同，仍然可以用式(3.4.1)计算。而总的高电平输入电流则为两个输入端的高电平输入电流之和。若每个输入端的高电平输入电流为 I_{IH}，则 n 个与输入端并联后总的高电平输入电流等于 nI_{IH}。

2. 或非门

图 3.4.7 是 TTL **或非**门 SN7402 的电路结构图。不难看出，这个电路是在图 3.4.1 反相器电路的基础上附加了由 T_1'、T_2'、D_1'和 R_1'而得到的。因为 T_2 和 T_2'的输出端是并联在一起的，所以 A、B 当中任何一个为高电平都将使 T_2 或 T_2'导通，并使 T_4 导通、T_3 截止，输出为低电平。只有在 A、B 同时为低电平时，T_2 和 T_2'同时截止，并使 T_3 导通、T_4 截止，输出为高电平。因此，Y 和 A、B 之间是**或非**逻辑关系，即 $Y=(A+B)'$。

由于每个**或**输入端都分别接到各自的输入三极管上的，所以将 n 个**或**输入端并联使用时，无论总的高电平输入电流还是总的低电平输入电流都等于单个输入端输入电流的 n 倍。

3. 与或非门

如果把图 3.4.7 **或非**门输入端的三极管 T_1 和 T_1'改成多发射极三极管，就得到了图 3.4.8

的**与或非**门电路。由图可见，只要 A、B 或者 C、D 当中任何一组输入同时为高电平，输出就是低电平。只有两组输入都不同时为高电平时，输出才是高电平，故 $Y=(AB+CD)'$。

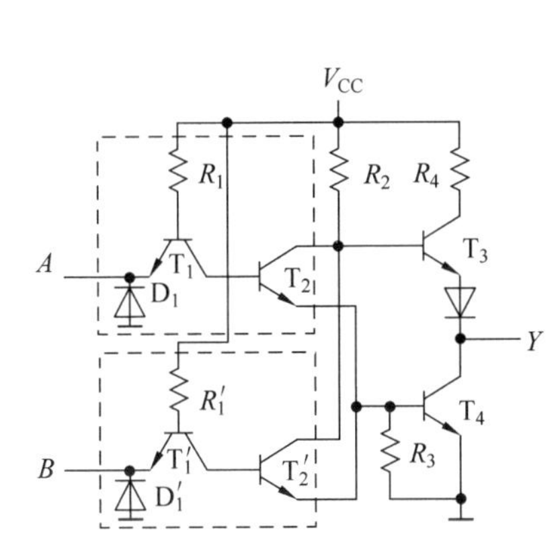

图 3.4.7 TTL 或非门 SN7402 的电路结构

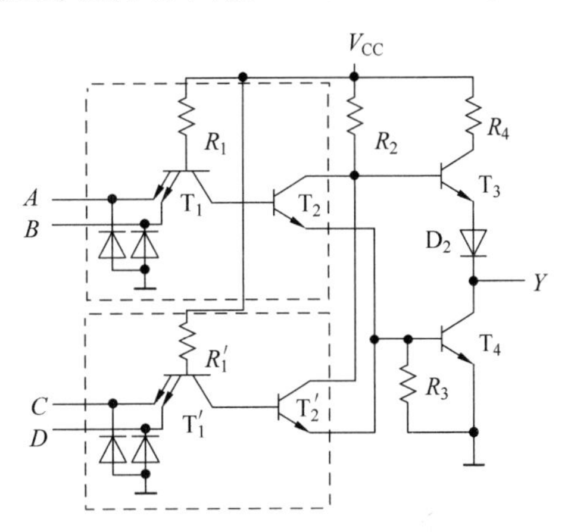

图 3.4.8 TTL 与或非门 SN7454 的电路结构

4. 异或门

图 3.4.9 是 TTL **异或**门电路。当 A、B 同时为低电平时，T_4 和 T_5 同时截止，并使 T_7 和 T_9 导通而 T_8 截止，输出为低电平。而 A、B 同时为高电平时，T_6 和 T_9 导通、T_8 截止，输出也是低电平。

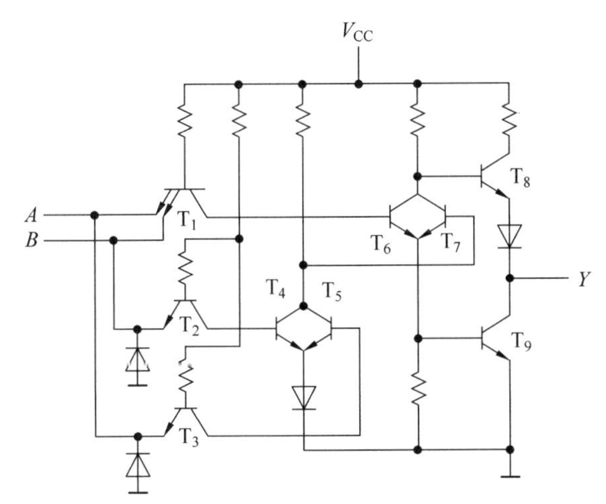

图 3.4.9 TTL 异或门的电路结构

当 A、B 状态不同时(一个为高电平，另一个为低电平)，T_6 截止。同时，A、B 当中的一个高电平输入使 T_4、T_5 中的一个导通，并使 T_7 截止。由于 T_6 和 T_7 同时截止，因而使 T_9

截止而 T_8 导通，输出为高电平。因此，A、B 和 Y 之间的关系符合**异或**逻辑，即 $Y=A\oplus B$。

复习思考题

R3.4.4　TTL **与非**门和**或非**门输入端的电路结构有何不同？

R3.4.5　在图 3.4.6 的 TTL **与非**门电路中，如果将两个输入端并联使用，试问这时总的高电平输入电流、低电平输入电流和只使用一个输入端（另一个悬空）时是否相同？

R3.4.6　在图 3.4.7 的 TTL **或非**门电路中，如果将两个输入端并联使用，试问这时总的高电平输入电流、低电平输入电流和只使用一个输入端（另一个接地）时是否相同？

3.4.3　三态输出和集电极开路输出的 TTL 门电路

1. 三态输出的门电路

和 CMOS 门电路类似，在 TTL 门电路中同样也有三态输出的门电路。图 3.4.10 是三态输出反相器的电路结构图和逻辑符号。不难看出，它是在图 3.4.1 反相器电路的基础上附加了虚线框内的控制电路构成的。

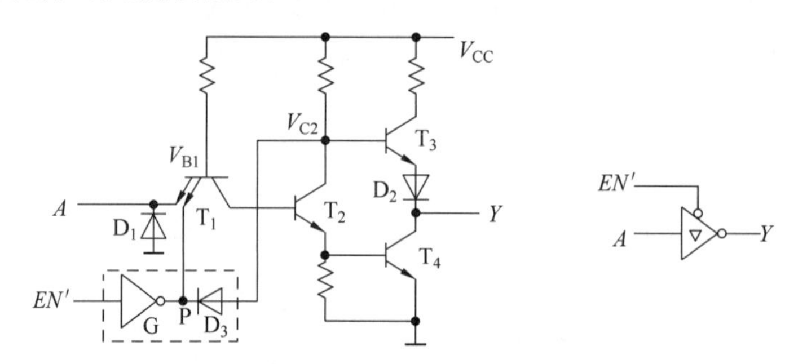

图 3.4.10　三态输出的 TTL 反相器

附加的控制电路由反相器 G 和三极管 D_3 组成。当 $EN'=0$ 时，P 点为高电平，反相器处于正常的工作状态，$Y=A'$。当 $EN'=1$ 时，P 点为低电平，二极管 D_3 导通，v_{C2} 等于 P 点的低电平加上 D_3 的导通压降（约 0.8V），故 T_3 和 T_4 同时截止，输出端呈高阻态。

根据同样的原理，其他逻辑功能的门电路也可以做成三态输出结构。三态输出门电路的应用已在三态输出的 CMOS 门电路中讲过，这里不再重复。

2. 集电极开路输出的门电路

和 CMOS 门电路的漏极开路输出结构类似，在 TTL 电路中也有一种集电极开路（open

collector)输出结构。这种输出电路结构的门电路简称 OC 门。图 3.4.11 是集电极开路输出**与非**门 SN7403 的电路结构图和逻辑符号。

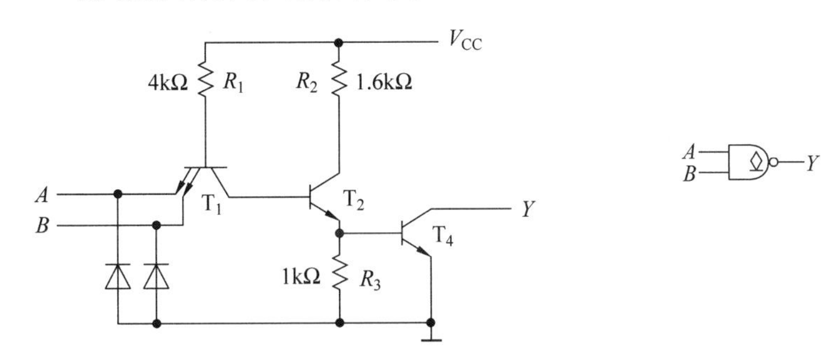

图 3.4.11 集电极开路输出与非门 SN7403

OC 门的使用方法和用途与 OD 门相似。将两个 OC 门的输出端并联可以实现"线与",并可将 OC 门用于信号到总线的连接。为了获得输出的高低电平,同样需要将 OC 门的输出端经过一个上拉电阻接至电源。上拉电阻阻值的计算方法在前面 3.2.3 节 OD 门的应用中已经讲过,计算上拉电阻取值范围的式(3.2.1)和式(3.2.2)在这里同样适用。但由于 TTL 门电路的高电平输入电流和低电平输入电流不相等,所以当 OC 门的输出端接有另外的 TTL 门电路作为负载时,上拉电阻的计算要稍微复杂一些。

例 3.4.1 图 3.4.12 是用 3 个接成"**线与**"的 OC 门驱动另外 3 个 TTL 与非门的电路。已知 OC 门输出端三极管截止时的漏电流 $I_{OH}=0.1\text{mA}$,导通时允许流过的最大电流 $I_{OL(max)}=16\text{mA}$,负载**与非**门的低电平输入电流 $I_{IL}=-1\text{mA}$,高电平输入电流 $I_{IH}=0.04\text{mA}$。若电源电压为 5V,要求 OC 门输出的高、低电平满足 $V_{OH}\geqslant 3.4\text{V}$,$V_{OL}\leqslant 0.2\text{V}$,试求上拉电阻 R_p 阻值的允许范围。

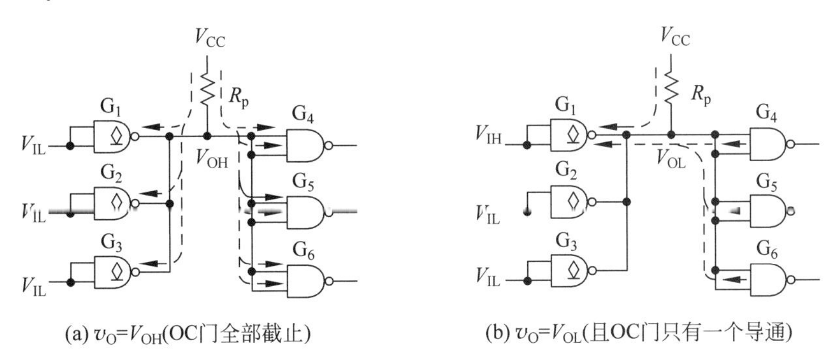

图 3.4.12 例 3.4.1 的电路

解 首先在 $v_O=V_{OH}$ 状态下计算 R_p 的最大允许值。由式(3.2.1)知

$$R_{p(max)} = (V_{DD} - V_{OH})/(nI_{OH} + |I_L|)$$

这时所有的 OC 门同时截止，输出为高电平 V_{OH}，电路的工作状态如图 3.4.12(a)所示。将 $|I_L| = 6I_{IH}$，$n=3$ 代入上式后得到

$$\begin{aligned} R_{p(max)} &= (5 - 3.4)/(3 \times 0.1 \times 10^{-3} + 6 \times 0.04 \times 10^{-3}) \\ &= 2.96\text{k}\Omega \end{aligned}$$

其次再从 OC 门中仅有一个导通、输出低电平的状态计算 R_p 允许的最小值。由式(3.2.2)知

$$R_{p(min)} = (V_{DD} - V_{OL})/(I_{OL(max)} - I_L)$$

由图 3.4.12(b)可知，这时 I_L 等于 $3|I_{IL}|$，于是得到

$$\begin{aligned} R_{p(min)} &= (5 - 0.2)/(16 \times 10^{-3} - 3 \times 10^{-3}) \\ &= 0.37\text{k}\Omega \end{aligned}$$

故 R_p 取值的允许范围为 $0.37\text{k}\Omega \leqslant R_p \leqslant 2.96\text{k}\Omega$。

复习思考题

R3.4.7　试比较 TTL 电路中的 OC 门和 CMOS 电路中的 OD 门在逻辑功能和上拉电阻的计算方法上有何异同。

3.4.4　TTL 门电路的电气特性和参数

1. 直流电气特性和参数

我们仍以 TI 公司生产的 74 系列 TTL 电路为例，说明 TTL 电路一些重要的电气特性参数的含意。主要的直流参数如下。

(1) 输入高电平 V_{IH} 和输入低电平 V_{IL}

和 CMOS 门电路一样，通常也是给出输入高电平的最小值 $V_{IH(min)}$ 和输入低电平的最大值 $V_{IL(max)}$。在 74 系列的 TTL 门电路中，规定电源电压用 +5V，$V_{IH(min)}$ 为 2V，$V_{IL(max)}$ 为 0.8V。

(2) 输出高电平 V_{OH} 和输出低电平 V_{OL}

V_{OH} 和 V_{OL} 一般也是以极限值的形式给出。在 74 系列 TTL 电路中，规定 $V_{OH(min)}$ 为 2.4V(当负载电流为 −0.4mA)，$V_{OL(max)}$ 为 0.4V(当负载电流为 16mA)。

(3) 噪声容限 V_{NH} 和 V_{NL}

根据给定的输入、输出电压的极限参数，可以很容易地计算出 74 系列 TTL 电路的高电

平噪声容限 V_{NH} 和低电平噪声容限 V_{NL}。由图 3.4.13 可以得出

$$V_{NH} = V_{OH(min)} - V_{IH(min)} = 0.4V$$

$$V_{NL} = V_{IL(max)} - V_{OL(max)} = 0.4V$$

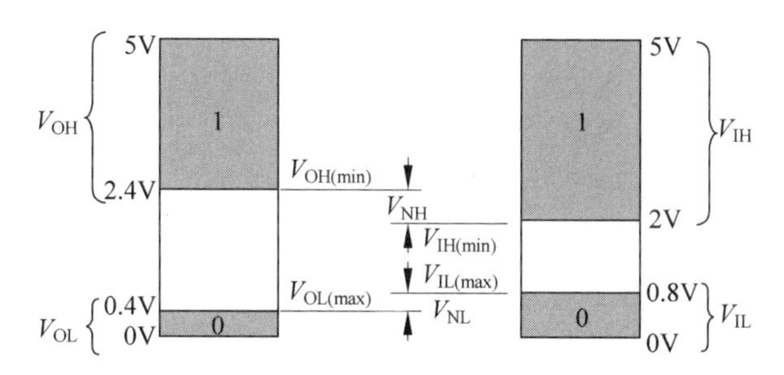

图 3.4.13　74 系列 TTL 电路的输入、输出电平和噪声容限

(4) 高电平输出电流 I_{OH} 和低电平输出电流 I_{OL}

TTL 电路的高电平输出电流最大值 $I_{OH(max)}$ 远小于低电平输出电流最大值 $I_{OL(max)}$，这是由电路的工艺设计所决定的。例如在 74 系列的门电路中，$I_{OL(max)}$ 为 16mA，而 $I_{OH(max)}$ 仅为 −0.4mA。因此，当外接负载电阻要求提供较大电流时，应当用 TTL 电路的低电平去驱动。而在 CMOS 电路中，$I_{OH(max)}$ 和 $I_{OL(max)}$ 通常是相等的。

(5) 高电平输入电流 I_{IH} 和低电平输入电流 I_{IL}

在前面的 3.4.1 节中已经讲过，无论输入为高电平还是低电平，TTL 电路的输入电流都不等于零。而且，低电平输入电流比高电平输入电流大得多。低电平输入电流是从输入端流出的(用负值表示)，高电平输入电流是从输入端流入的。在 74 系列 TTL 电路中，$I_{IH(max)}$ 为 0.04mA，$I_{IL(max)}$ 为 −1.6mA。

(6) 输出高电平时的电源电流 I_{CCH} 和输出低电平时的电源电流 I_{CCL}

利用图 3.4.2 可以计算出 TTL 反相器空载时的电源电流。当输出为高电平 V_{OH} 时($v_I = V_{IL}$)，由图 3.4.2(a)得到输出高电平时的电源电流为

$$\begin{aligned} I_{CCH} &= (V_{CC} - v_{B1})/R_1 \\ &= (5 - 0.9)/4 \times 10^3 \\ &= 1\text{mA} \end{aligned} \tag{3.4.3}$$

当输出为低电平 V_{OL} 时($v_I = V_{IH}$)，由图 3.4.2(b)得到输出低电平时的电源电流为

$$\begin{aligned} I_{CCL} &= (V_{CC} - v_{B1})/R_1 + (V_{CC} - v_{C2})/R_2 \\ &= (5 - 2.1)/4 \times 10^3 + (5 - 0.8)/1.6 \times 10^3 \\ &= 3.4\text{mA} \end{aligned} \tag{3.4.4}$$

由此可见，TTL 反相器输出高、低电平时的空载电源电流是不相等的，两者相差 3 倍以上。在设计由大量门电路组成的系统时，一般取 I_{CCH} 和 I_{CCL} 的平均值为每个门电路的电源

电流大小，来计算系统供电电源的容量。

2. 开关电气特性和参数

（1）传输延迟时间 t_{pd}

由于 TTL 电路输出从低电平跳变为高电平的传输延迟时间 t_{PLH} 与输出从高电平跳变为低电平的传输延迟时间 t_{PHL} 不同，所以产品说明中都分别给出 t_{PLH} 和 t_{PHL} 的最大值。因为输出级的三极管 T_4 由饱和导通变为截止的速度远低于由截止变为饱和导通的速度，所以 TTL 电路的 t_{PLH} 大于 t_{PHL}。74 系列中推拉式输出结构门电路的 t_{PHL} 典型数值约为 8ns，t_{PLH} 典型数值约为 12ns，平均传输延迟时间 t_{pd} 在 10ns 左右，与 74HC 系列 CMOS 门电路相近。因为这些参数都是在规定的负载电容、电阻和输入、输出波形的条件下测出的，所以当这些条件改变以后，这些参数也将随着改变。

（2）电源动态尖峰电流

在图 3.4.14(a)所示的推拉式输出电路结构中，稳定状态下不论输入是高电平还是低电平，T_3 和 T_4 当中总有一个处于截止状态，所以贯穿 T_3 和 T_4 的电流 i_P 都是零。

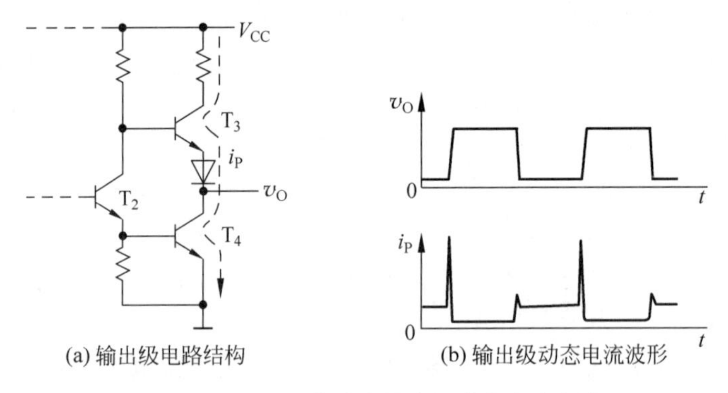

图 3.4.14　TTL 电路中的电源动态尖峰电流

然而在输出电平转换过程中，因为 T_3 和 T_4 从截止变为导通和从导通变为截止的开关时间都不是零，所以在一个短暂的瞬间里 T_3 和 T_4 将同时导通，于是有一个很大的脉冲电流 i_P 通过。由于双极型三极管从饱和导通变为截止要比从截止变为导通慢得多，因而 v_O 由低电平变为高电平的过程中 T_3、T_4 同时导通的时间相对要长一些，i_P 的幅度较大(可达几十毫安)，如图 3.4.14(b)所示。当系统中有大量的门电路同时发生状态转换时，将有很大的尖峰电流流过公共电源线，并形成系统内部的干扰源。不过，这个脉冲电流的作用时间非常短(与门电路的传输延迟时间处于同一数量级)，可以用滤波电容有效地抑制它的影响。

根据上述的电气参数，我们就可以解决 TTL 电路之间以及 TTL 电路和其他电路之间的连接问题了。下面是用一个 TTL 电路驱动其他 TTL 电路的例子。

例 3.4.2 在图 3.4.15 电路中，为了保证 TTL 反相器 G_1 输出的高电平 $V_{OH} \geqslant 3.6V$，输出的低电平 $V_{OL} \leqslant 0.2V$，试计算 G_1 的输出端最多可以驱动多少个同样的反相器。已知图中 TTL 反相器的高电平输入电流 $I_{IH}=40\mu A$，低电平输入电流 $I_{IL}=-1mA$，$V_{OH}=3.6V$ 时允许的最大输出电流 $I_{OH(max)}=-0.4mA$，$V_{OL}=0.2V$ 时允许的最大输出电流 $I_{OL(max)}=16mA$。

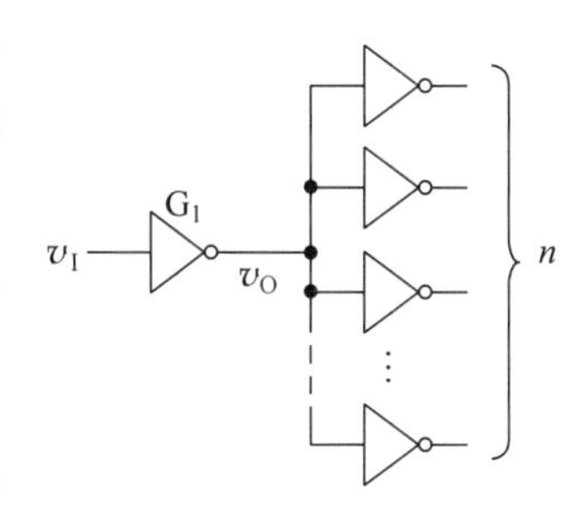

图 3.4.15 例 3.4.2 的电路

解 设负载为 N 个反相器，则为了保证 $V_{OH}=3.6V$ 时 G_1 的输出电流不超过 $-0.4mA$，必须满足

$$NI_{IH} \leqslant |I_{OH}|$$

$$N \leqslant |I_{OH}|/I_{IH} = 0.4/0.04 = 10$$

而为了保证 $V_{OL}=0.2V$ 时 G_1 的输出电流不超过 16mA，又必须满足

$$N|I_{IL}| \leqslant I_{OL}$$

$$N \leqslant I_{OL}/|I_{IL}| = 16/1 = 16$$

因为必须同时满足上述两种情况，所以应取 $N=10$。通常又把 N 称为扇出系数，它表示一个门电路的输出可以驱动负载门电路的最大数目。

3. 各种系列 TTL 门电路的性能比较

自 20 世纪 60 年代 TTL 电路推广应用以来，为了提高电路的性能，不断地对 TTL 电路进行改进，以求降低功耗和缩短传输延迟时间，于是产生了多种改进系列产品。

不同系列 TTL 器件的型号以 54/74"系列"××的形式给出。54/74 是 TI 公司产品的标志，54 和 74 的区别仅在于 54 系列比 74 系列具有更宽的工作环境温度范围和工作电压范围。"系列"是用字母表示的不同系列的标识符（例如 S，LS 等），后边的××是表示器件逻辑功能的数字代码。当最初的 TTL 电路产品刚问世时，还没有后来相继出现的其他系列，所以最初 TTL 电路的"系列 "标识符是空的，称之为 74 系列 TTL 电路。

早期曾经用改变电路内部电阻阻值的方法生产过 74H(high-speed TTL) 和 74L(low-power TTL) 两种改进系列。由于 74H 系列电路中减小了各个电阻的阻值，所以缩短了传输延迟时间，但同时也增加了电路的功耗。与此相反，74L 系列电路中加大了电阻阻值，降低了电路的功耗，但是却增加了传输延迟时间。可见，这两种系列都不能满足既降低功耗又缩短传输延迟时间的要求。如果我们用传输延迟时间与每个门功耗的乘积 (delay-power product，dp 积) 来描述 TTL 电路的综合品质，则不难想象，74H 和 74L 系列与 74 系列相比，dp 积并未得到改善。因此，这两种系列不久就被随后出现的 74S、74LS 系列所取代。

经过对 TTL 电路开关过程的分析得知，三极管从深度饱和状态转变到截止状态的过程要比从截止状态转变到导通状态慢很多，因而防止三极管导通时进入深度饱和状态是缩短传输延迟时间的有效途径。在 74S(Schottky TTL)系列电路中采用了抗饱和的肖特基三极管[①]，获得了比 74 系列更短的传输延迟时间，不过功耗仍高于 74 系列。随后出现的 74LS(low-power Schottky TTL)系列同时采用了肖特基三极管和较大的电阻阻值，并改进了电路结构，所以它的 dp 积优于以上几个系列。74LS 系列的速度与 74 系列相当，但功耗仅为 74 系列的 1/5。因此，74LS 系列便成了设计 TTL 电路应用系统时的首选系列。

随着集成电路工艺水平的不断提高和对电路结构的改进，后来又生产了新一代的改进系列 74AS(advanced Schottky TTL)、74ALS(advanced low-power Schottky TTL)和 74F(fast TTL)系列。74AS 系列在不增加功耗的情况下，工作速度比 74S 系列提高了一倍。74ALS 提供了比 74LS 更低的功耗和更高的开关速度。74F 系列是在功耗和速度上介于 74AS 和 74ALS 之间的一种系列。目前 74ALS 正在逐步将取代 74LS 系列而成为 TTL 系统中的主流产品，而 74F 也许会成为高速系统设计中使用的主要系列。

表 3.4.1 中给出了各种 TTL 系列的四 2 输入**与非**门电路(74××00)的特性参数，以资比较。

表 3.4.1　各种系列 TTL 电路(74××00)特性参数比较

参数名称与符号	单位	系列					
		74	74S	74LS	74AS	74ALS	74F
输入低电平最大值 $V_{IL(max)}$	V	0.8	0.8	0.8	0.8	0.8	0.8
输出低电平最大值 $V_{OL(max)}$	V	0.4	0.5	0.5	0.5	0.5	0.5
输入高电平最小值 $V_{IH(min)}$	V	2.0	2.0	2.0	2.0	2.0	2.0
输出高电平最小值 $V_{OH(min)}$	V	2.4	2.7	2.7	2.7	2.7	2.7
低电平输入电流最大值 $I_{IL(max)}$	mA	−1.0	−2.0	−0.4	−0.5	−0.2	−0.6
低电平输出电流最大值 $I_{OL(max)}$	mA	16	20	8	20	8	20
高电平输入电流最大值 $I_{IH(max)}$	μA	40	50	20	20	20	20
高电平输出电流最大值 $I_{OH(max)}$	mA	−0.4	−1.0	−0.4	−2.0	−0.4	−1.0
传输延迟时间 t_{pd}	ns	9	3	9.5	1.7	4	3
每个门的功耗	mW	10	19	2	8	1.2	4
延迟-功耗积 dp	pJ	90	57	19	13.6	4.8	12

① 有关肖特基三极管的内容可参阅参考资料[1]第 3.5.6 节。

复习思考题

R3.4.8　什么是门电路的扇出系数？它和门电路的哪些参数有关？

R3.4.9　TTL 电路有哪些系列？它们在性能上各有何特点？

*3.5　ECL 电路

ECL 是发射极耦合逻辑(emitter coupled logic)的缩写。ECL 电路是一种非饱和型的高速逻辑电路。图 3.5.1 是 ECL **或/或非**门的典型电路结构，它由多输入端发射极耦合差动放大器、基准电压源和射极输出级三部分组成。

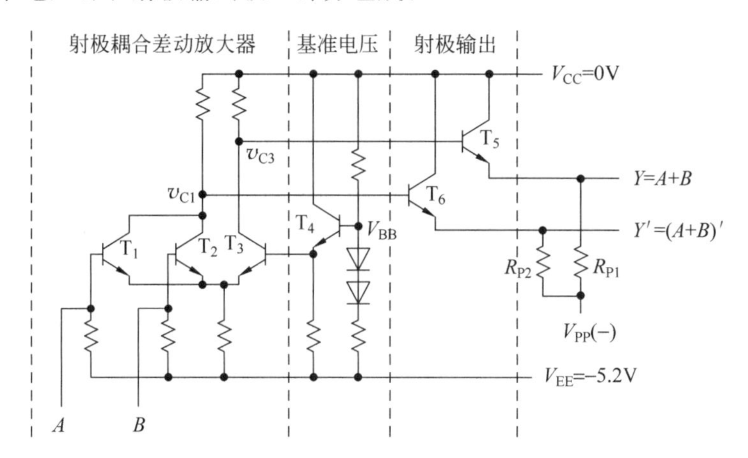

图 3.5.1　ECL 或/或非门电路

在图中标注的电路参数下，基准电压源给出的基准电压为 $V_{BB}=-1.3V$。若输入信号的高、低电平分别为 $V_{IH}=-0.9V$、$V_{IL}=-1.75V$，则 A、B 同时为低电平时 T_1 和 T_2 同时截止而 T_3 导通，v_{C1} 为高电平(0V)而 v_{C3} 为低电平(−1.0V)。A、B 当中只要有一个为高电平时，T_1 或 T_2 导通而 T_3 截止，v_{C1} 为低电平(−1.0V)而 v_{C3} 为高电平(0V)。因此，v_{C1} 与 A、B 间的逻辑状态之间是**或非**关系，而 v_{C3} 的逻辑状态与 A、B 的逻辑状态之间是**或**的关系。

为了将 v_{C1} 和 v_{C3} 的高、低电平变换到与输入信号高、低电平一致的数值，在电路的输出端接入了 T_5 和 T_6 两个发射极开路输出的三极管。通过外接的下拉电阻将 Y 和 Y' 接至负电源 V_{pp} 上，即可得到 $V_{OH}\approx-0.9V$、$V_{OL}\approx-1.75V$ 了。于是得到 $Y=A+B$、$Y'=(A+B)'$。

由于 ECL 电路中的三极管始终工作在非饱和状态，而且输出级的 T_5 和 T_6 又工作在射极输出状态，输出电阻非常低，所以能以极快的速度完成电路状态的转换。目前，ECL 电路是各种数字集成电路当中工作速度最快的一种。例如 Motorola 公司生产的 MECL100K 系列集成电路中，门电路的传输延迟时间仅为 0.75ns。

ECL 电路在提高工作速度的同时，也带来了两个突出的缺点。由于三极管工作在非饱和状态，这就使电路的功耗大大增加了。此外，由于输出电平受 T_1、T_3 集电极电位和 T_5、T_6 发射结导通压降的影响，所以稳定性较差。因此，一般只是在某些超高速的数字系统中才考虑选用 ECL 电路。

复习思考题

R3.5.1　ECL 电路在电气性能上有哪些突出的优点和缺点？

R3.5.2　ECL 电路是通过什么途径提高工作速度的？

* 3.6　BiCMOS 门电路

从上面的讨论中我们已经看到，CMOS 电路的主要优点是功耗非常低，而 TTL 电路的主要优点在于输出阻抗很低。在负载电容相同的情况下，门电路的输出电阻越低，负载电容的充、放电时间越短，因而可以获得更短的传输延迟时间。为了使电路同时具备低功耗和低输出电阻的优点，于是产生了 BiCMOS(bipolar-CMOS)数字集成电路。

图 3.6.1(a)是 BiCMOS 反相器的基本结构形式。在稳态情况下，无论输入信号 v_I 是高电平还是低电平，T_1 和 T_3、T_2 和 T_4 当中总有一组是截止的，所以电源的静态电流 I_{DD} 始终为零，电路保留了 CMOS 反相器低功耗的特点。

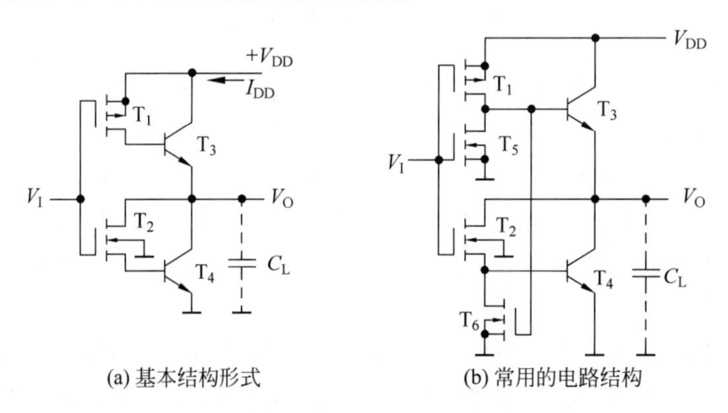

(a) 基本结构形式　　(b) 常用的电路结构

图 3.6.1　BiCMQS 反相器

当输入由高电平跳变到低电平时，T_2 和 T_4 截止，T_3 的 be 结经过 T_1 的导通内阻 $R_{ON(P)}$ 导通。由于 T_3 的电流放大系数又较大，所以电路的输出电阻远小于 CMOS 反相器的输出电阻 $R_{ON(P)}$，能使 C_L 更快地充电，从而有效地缩短了传输延迟时间 t_{PLH}。

同理，当输入由高电平跳变到低电平时，T_1 和 T_3 截止、T_2 和 T_4 导通，T_4 导通后为 C_L 提供了低内阻的放电回路，使 C_L 迅速放电，有效地缩短了传输延迟时间 t_{PHL}。

然而图 3.6.1(a)电路存在一个严重的缺陷，这就是当 T_1 突然截止以后，T_3 的基极将失去低电阻的泄放回路，致使 T_3 不能快速截止。同样，在 T_2 突然截止以后，T_4 的基极没有低电阻泄放回路。为此，在实用的 BiCMOS 反相器电路电路中又分别在 T_3 和 T_4 的基极与地之间增设了 MOS 管 T_5 和 T_6，组成了如图 3.6.1(b)所示的常见结构形式。这样在 T_1 和 T_2 突然截止后，T_5 和 T_6 将为 T_3 和 T_4 的基极提供一个低阻泄放回路。

由于 BiCMOS 电路同时吸收了 CMOS 电路和 TTL 电路的优点，所以其综合性能优于 CMOS 电路和 TTL 电路。例如美国 TI 公司生产的 ABT 系列 BiCMOS 集成电路产品中，用于驱动负载的反相器其传输延迟时间最短的仅为 1ns。

图 3.6.2 给出了 BiCMOS **与非**门的电路结构图。只要 A、B 两个输入当中任何一个处于低电平，都会使 T_8 导通而 T_9 截止，输出为高电平。只有当 A、B 同时处于高电平时，才能使 T_8 截止而 T_9 导通，输出为低电平。故 $Y=(AB)'$。

图 3.6.3 是 BiCMOS **或非**门的电路结构图。不难看出，只要两个输入 A、B 当中有一个是高电平，就一定会使 T_8 截止而 T_9 导通，输出为低电平。只有当 A、B 同时为低电平时才能使 T_8 导通而 T_9 截止，输出为高电平。故 $Y=(A+B)'$。

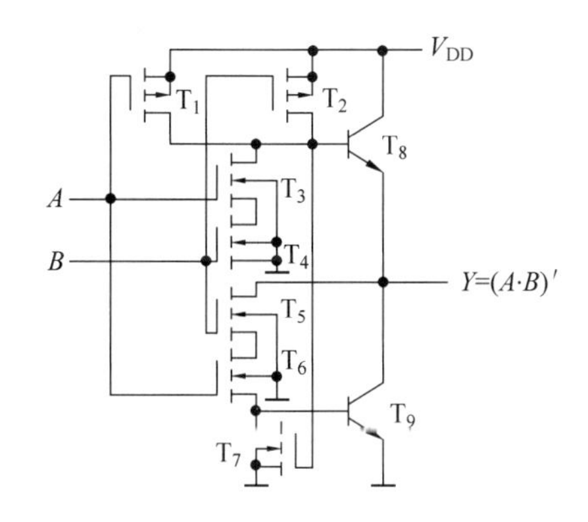

图 3.6.2　BiCMOS 与非门的电路结构

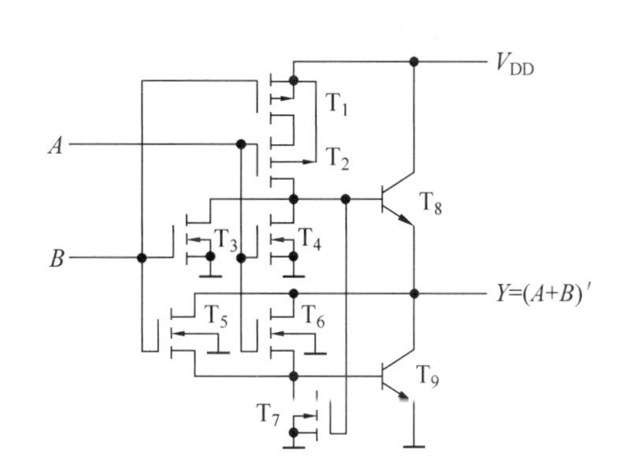

图 3.6.3　BiCMOS 或非门的电路结构

由于在生产 BiCMOS 器件的过程中需要在同一芯片上完成 CMOS 和双极型两种工艺流程，这就大大提高了工艺的复杂程度，提高了电路的成本。因此，尽管 BiCMOS 器件可以获得优于 CMOS 器件的电气特性，但目前尚未出现普遍以 BiCMOS 器件取代 CMOS 器件的局面。

复习思考题

R3.6.1　为什么说BiCMOS电路兼有CMOS电路与TTL电路两者的优点?

本章小结

在这一章里我们介绍了各种类型集成门电路的基本结构和特性。门电路的种类繁多,可以从以下三个方面进行分类:

首先从制作工艺上可以分为MOS型(单极型)、双极型和混合型(BiCMOS型)三种。MOS型中又有PMOS、NMOS和CMOS几种类型。双极型中主要有TTL、ECL、I^2L(集成注入逻辑)等几种。目前数字集成电路中应用最多的是CMOS和TTL两种。

其次,从逻辑功能上,又有**与**门、**或**门、**非**门、**与非**门、**或非**门、**异或**门、**同或**门之分。

最后,从输出电路的结构形式上,还可以分为互补输出、OC/OD输出和三态输出不同的结构形式。

由以上三种属性的不同组合而得到的门电路品种就非常多了。

本章重点内容包括:

(1) n沟道增强型和p沟道增强型MOS管的工作原理、开关特性和开关等效电路。

(2) CMOS门电路的输入、输出电路结构和它的电气特性(包含静态下的输入特性、输出特性和电压传输特性,以及它的动态特性),三态输出和OD输出门的使用方法。

(3) npn双极型三极管的工作原理、开关特性和开关等效电路。

(4) TTL门电路的输入、输出电路结构和它的电气特性(包含静态下的输入特性、输出特性和电压传输特性,以及它的动态特性),三态输出和OC输出门的使用方法。

虽然这里讲的是门电路的输入、输出特性,但对于采用同一类型电路结构的复杂数字集成电路,这些特性是一样的。因此,本章的内容是以后所有各章的电路基础。

习　　题

(3.2　CMOS门电路)

题3.1　试分析图P3.1电路的逻辑功能。

题3.2　试分析图P3.2电路的逻辑功能。

题3.3　说明图P3.3电路的逻辑功能。

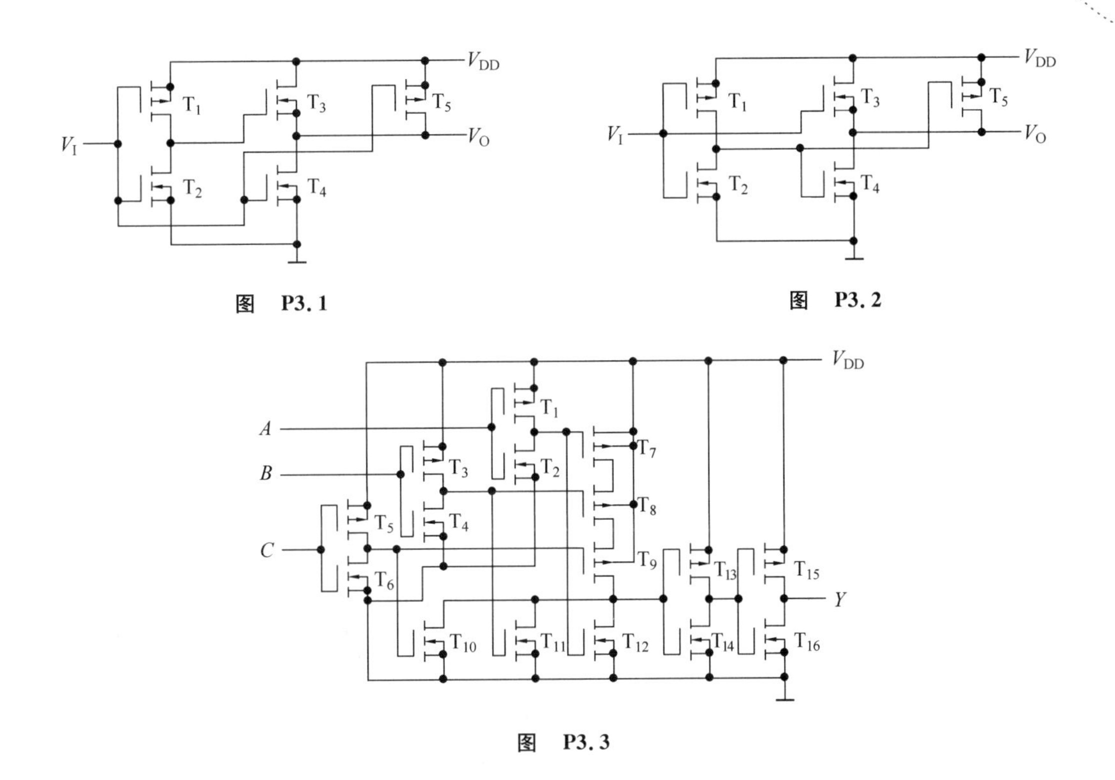

图 P3.1

图 P3.2

图 P3.3

题 3.4 说明图 P3.4 电路的逻辑功能。

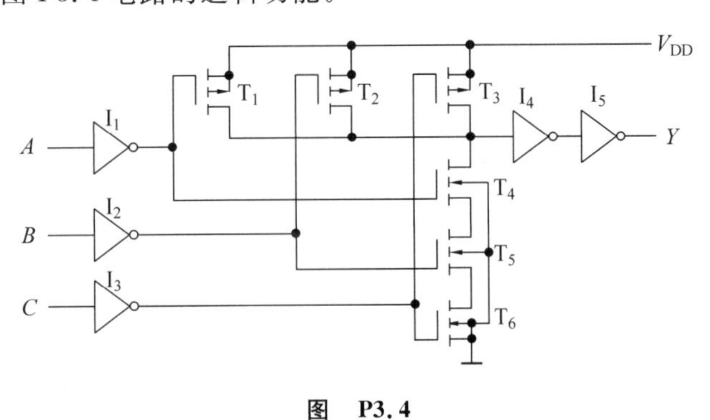

图 P3.4

题 3.5 在图 P3.5 电路中，已知 OD 门 G_1、G_2 输出高电平时输出端 MOS 管的漏电流为 $I_{OH(max)}=5\mu A$；输出电流为 $I_{OL(max)}=10mA$ 时，输出低电平为 $V_{OL}\leqslant 0.3V$。若取 $V_{DD}=5V$，试计算在保证 $V_{OH}\geqslant 3.5V$、$V_{OL}\leqslant 0.3V$ 的条件下，外接电阻 R_p 取值的允许范围。

题 3.6 图 P3.6 是用输出端并联的 OD 门驱动 CMOS 反相器和**与非**门的电路。试计算当 $V_{DD}=5V$ 时外接电阻 R_p 阻值的合理范围。要求 OD 门输出的高、低电平满足

$V_{OH} \geqslant 3.5V$、$V_{OL} \leqslant 0.3V$。已知 OD 门 $G_1 \sim G_3$ 输出高电平时，每个输出端 MOS 管的漏电流为 $I_{OH(max)} = 10\mu A$；输出低电平时，每个输出端 MOS 管输出电流的最大值为 $I_{OL(max)} = 4mA$，输出低电平 $V_{OL} \leqslant 0.3V$。CMOS 反相器和**与非**门每个输入端的高电平输入电流和低电平输入电流最大值均为 $1\mu A$。

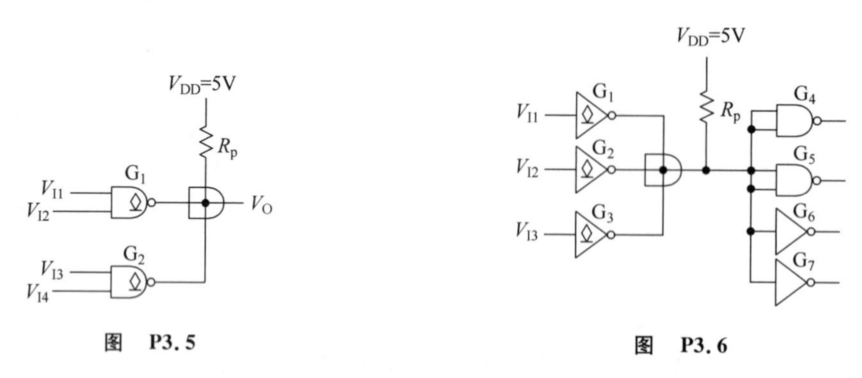

图　P3.5

图　P3.6

题 3.7　已知四 2 输入**与非**门 74HCT00 中每个门的功耗电容为 20pF，$V_{DD} = 5V$ 时的电源静态电流等于 $10\mu A$。若每个门的负载电容均为 100pF，输入信号频率为 500kHz，试计算一片 74HCT00 所消耗的功率有多少。

题 3.8　在图 P3.8 电路中，若 CMOS 反相器的电源电压 $V_{DD} = 5V$，负载电容 $C_L = 100pF$，静态电源电流为 $20\mu A$。当输入为 1MHz 矩形波时测得电源电流的平均值为 0.72mA，试求反相器功耗电容 C_{pd} 的数值。

（3.3　双极型三极管的开关特性）

题 3.9　在图 P3.9 的三极管开关电路中，给定 $V_{CC} = 5V$，$R_C = 1k\Omega$，$R_B = 5.1k\Omega$，输入信号的高、低电平分别为 $V_{IH} = 2.4V$、$V_{IL} = 0.3V$。若三极管的电流放大系数 $\beta = 40$，饱和压降 $V_{CE(sat)} = 0.1V$，饱和导通内阻 $R_{CE(sat)} = 20\Omega$，试通过计算说明输入为高电平时三极管能否饱和导通，输入为低电平时三极管能否截止。

题 3.10　在上题电路中，若 R_C 改为 510Ω，R_B 改为 $4.7k\Omega$，试计算 β 应当取多大才能保证 v_I 为高电平时三极管工作在饱和导通状态。

题 3.11　在图 P3.11 的三极管开关电路中，已知 $R_1 = 3.3k\Omega$，$R_2 = 18k\Omega$，$R_C = 1k\Omega$，$V_{CC} = 5V$，$V_{EE} = -5V$，并知三极管的电流放大系数 $\beta = 50$，饱和压降 $V_{CE(sat)} = 0.1V$，导通内阻 $R_{CE(sat)} = 20\Omega$。试验算输入高电平 $V_{IH} = 2.4V$ 时三极管能否饱和导通；输入低电平 $V_{IL} = 0.3V$ 时三极管能否可靠地截止。

题 3.12　在图 P3.12 电路中，试计算输入为高、低电平时三极管的工作状态。已知 $R_1 = 3.3k\Omega$，$R_2 = 18k\Omega$，$R_C = 1k\Omega$，三极管的电流放大系数 $\beta = 40$，饱和导通压降 $V_{CE(sat)} = 0.1V$，导通内阻 $R_{CE(sat)} = 20\Omega$，二极管 D 的正向导通压降为 0.7V，$V_{CC} = 5V$，$V_{EE} = -5V$，$V_{IH} = 2.4V$，$V_{IL} = 0.8V$。

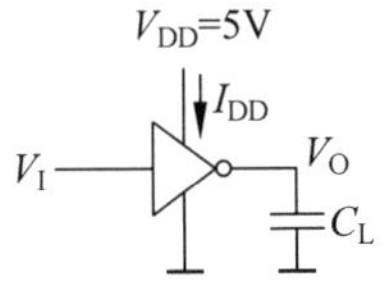

图 P3.8 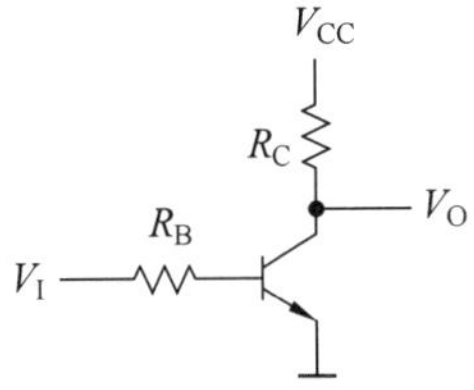　　图 P3.9 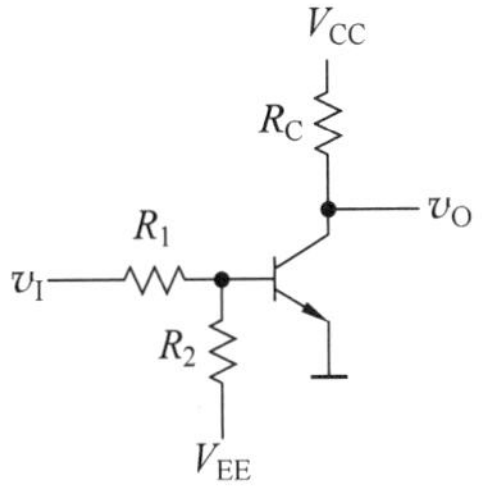　　图 P3.11

（3.4 TTL 门电路）

题 3.13 在图 P3.13 电路中，试求 R_p 为 51Ω、1.5kΩ、100kΩ 和∞（输入端开悬空）时 v_I 和 v_O 的数值。已知电源电压 $V_{CC}=5V$，反相器 SN7404 的电路结构图如图 3.4.1 所示，它的电压传输特性如图 3.4.3 所示。

题 3.14 若将上题电路中的反相器 SN7404 改为图 3.2.19 的 CMOS 反相器，试求当 R_p 为 51Ω、1.5kΩ、100kΩ 和∞时 v_I 和 v_O 的数值。已知电源电压 $V_{DD}=5V$。

题 3.15 在图 P3.15 电路中，已知 OC 门 G_1 和 G_2 输出端集电极开路三极管截止时的漏电流最大值为 $I_{OH(max)}=0.25mA$，输出低电平时输出电流最大允许值为 $I_{OL(max)}=16mA$，输出低电平最大值为 $V_{OL(max)}\leqslant 0.2V$。若 $V_{CC}=5V$，为保证 $V_{OH}\geqslant 3.6V$、$V_{OL}\leqslant 0.2V$，试求 R_p 阻值的允许范围。

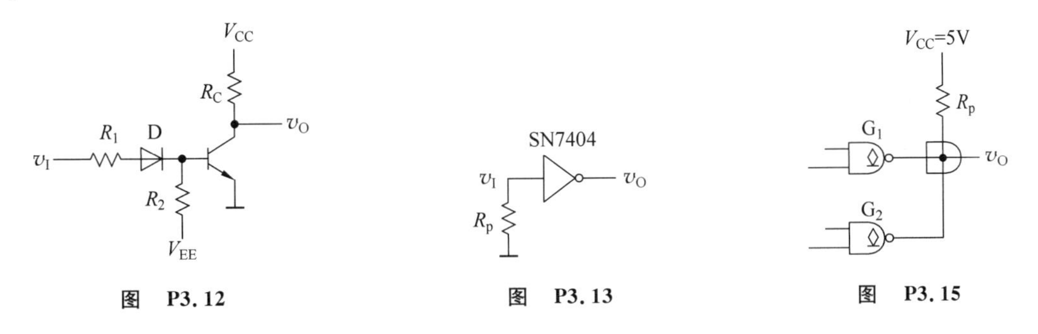

图 P3.12　　图 P3.13　　图 P3.15

题 3.16 在图 P3.16 电路中，已知 OC 门 G_1、G_2 输出端集电极开路三极管截止时的漏电流最大值为 $I_{OH(max)}=0.1mA$；导通时允许的最大电流为 $I_{OL(max)}=8mA$，输出的低电平最大值为 $V_{OL(max)}=0.5V$。反相器 $G_3\sim G_5$ 的高电平输入电流最大值为 $I_{IH(max)}=20\mu A$，低电平输入电流最大值为 $I_{IL(max)}=-0.4mA$。为了使 $V_{OH}\geqslant 3.6V$、$V_{OL}\leqslant 0.5V$，试求 R_p 阻值的允许范围。给定 $V_{CC}=5V$。

题 3.17 在图 P3.17 电路中，OC 门 $G_1\sim G_3$ 输出高电平时集电极开路三极管的漏电流最大值为 $I_{OH(max)}=0.25mA$；低电平最大输出电流 $I_{OL(max)}=16mA$，低电平最大值为 $V_{OL(max)}=0.2V$。门电路 $G_4\sim G_6$ 的高电平输入电流最大值为 $I_{IH(max)}=40\mu A$，低电平输入电流最大值为

$I_{IL(max)}=-1.6mA$。在满足$V_{OH}\geqslant3.6V$、$V_{OL}\leqslant0.2V$的条件下，允许R_p的取值范围有多大？

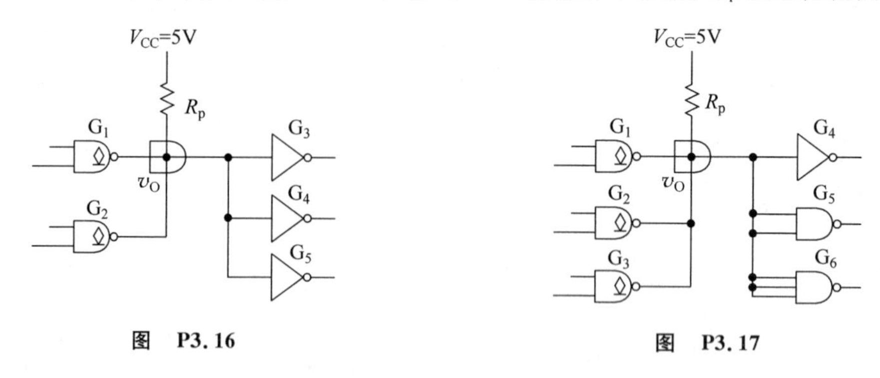

图 P3.16　　图 P3.17

题 3.18 在图 P3.18 电路中，为保证 OC 门的输出满足$V_{OH}\geqslant3.4V$、$V_{OL}\leqslant0.5V$，试求R_P取值的允许范围。已知 OC 门G_1和G_2输出高电平时开路输出三极管的漏电流最大值为$I_{OH(max)}=0.1mA$，输出低电平时最大输出电流为$I_{OL(max)}=8mA$，输出低电平的最大值为$V_{OL(max)}=0.5V$。门电路G_3和G_4的高电平输入电流最大值为$I_{IH(max)}=20\mu A$，低电平输入电流最大值为$I_{IL(max)}=-0.4mA$。

题 3.19 图 P3.19 电路中的门电路$G_0\sim G_n$均为 74LS00 **与非**门，它们的电气参数如表 3.4.1 所示。在保证G_0的输出电平符合$V_{OH}\geqslant3.4V$、$V_{OL}\leqslant0.5V$的前提下，试计算G_0的输出端最多可以接多少个同样的门电路。

题 3.20 图 P3.20 电路中的门电路$G_0\sim G_n$均为 74LS02 **或非**门，它们的输入、输出电气参数与表 3.4.1 给出的 74LS00 的参数相同。在保证G_0输出电平满足$V_{OH}\geqslant3.4V$、$V_{OL}\leqslant0.5V$的情况下，试求G_0最多能驱动多少个同样的门电路。

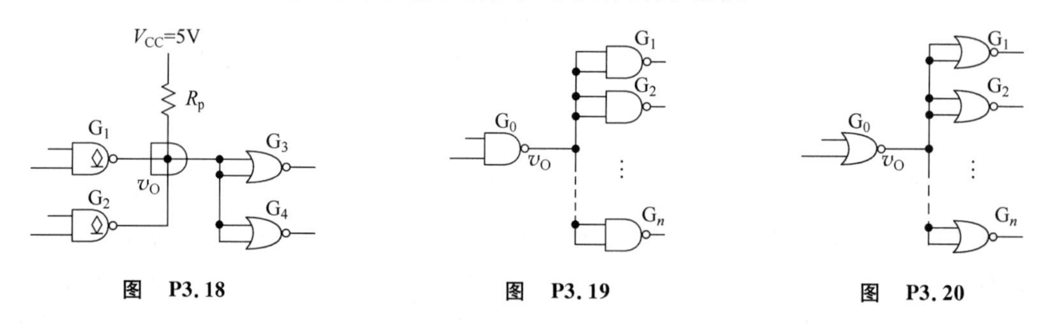

图 P3.18　　图 P3.19　　图 P3.20

题 3.21 若将图 P3.19 电路中的G_0改用 74HC00，电路能否正常工作？这时G_0能驱动多少个 74LS00 门电路？74LS00 和 74HC00 的电气参数见表 3.4.1 和表 3.2.1。

题 3.22 若将图 P3.20 电路中的$G_1\sim G_n$改用 74HC00 门电路，电路能否正常工作？试说明理由。如不能正常工作，请提出解决方法。74HC00 的电气参数见表 3.2.1。

CHAPTER

第 4 章

组合逻辑电路

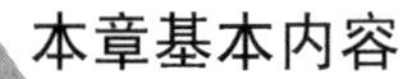

本章基本内容

- 组合逻辑电路逻辑功能和电路结构的特点
- 组合逻辑电路的分析方法和设计方法
- 几种常用的组合逻辑电路
- 组合逻辑电路中的竞争-冒险现象

4.1 组合逻辑电路的特点和分析方法

4.1.1 组合逻辑电路的特点和逻辑功能的描述

在所有的组合逻辑电路中，任意时刻输出的逻辑状态仅仅取决于当时输入的逻辑状态，而与电路过去的工作状态无关。这就是组合逻辑电路在逻辑功能上的共同特点，也是与以后要讲到的时序逻辑电路的根本区别。

为了保证电路的输出与过去的工作情况无关，电路不能有记忆功能。因此，组合逻辑电路中不含有存储电路。这就是组合逻辑电路在电路结构上的特点。

图 4.1.1 中给出了两个组合逻辑电路的例子。在这两个电路中，不论任何时刻，Y_1、Y_2、Y_3 的逻辑状态只取决于 A、B、C 当前的逻辑状态，而与 A、B、C、Y_1、Y_2、Y_3 过去曾经是什么状态无关。

无论是图 4.1.1(a)的单输出逻辑电路还是图 4.1.1(b)的多输出逻辑电路，每个输出与输入之间的逻辑关系都只需用一个逻辑函数式就可以完全描述了。例如，从图 4.1.1(a)的逻辑图可以直接写出

$$Y_1 = (((A' + C)B)'(AB'C')')'$$

同样，从图 4.1.1(b)可以写出

$$
\begin{aligned}
Y_2 &= (A \oplus B) \oplus C \\
&= (AB' + A'B)C' + (AB + A'B')C \\
&= AB'C' + A'BC' + A'B'C + ABC \\
Y_3 &= ((AB)'(BC)'(AC)')' \\
&= AB + BC + AC
\end{aligned}
$$

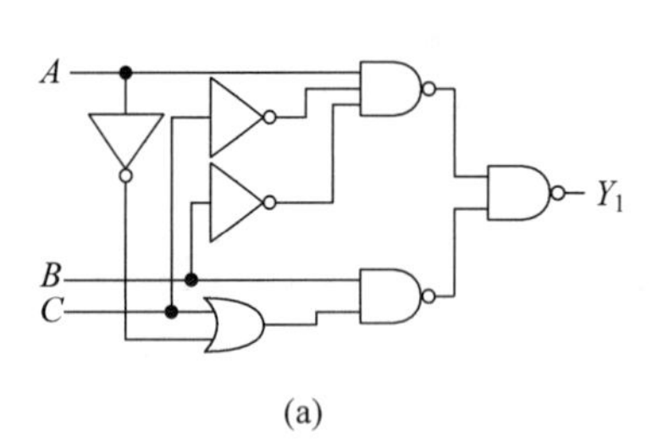

(a)

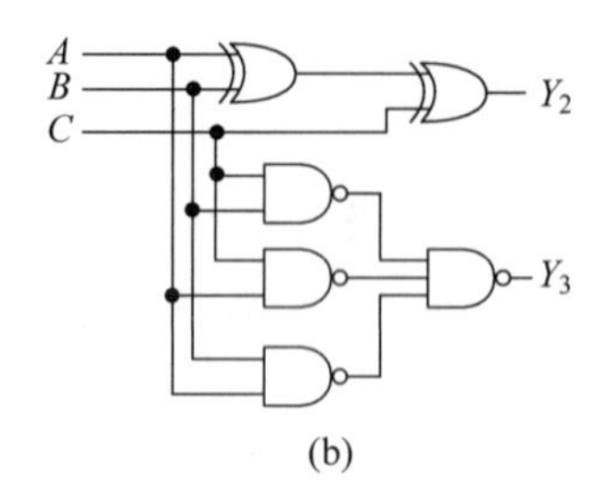

(b)

图 4.1.1　两个组合逻辑电路的例子

此外，我们也可以把逻辑函数式转换为其他的描述方式，如真值表、波形图、卡诺图、硬件描述语言等。

4.1.2　组合逻辑电路的分析方法

在分析一个给出的组合逻辑电路时，就是要以更加直观的方式来说明它的逻辑功能。在第 2 章里我们曾经讲过，逻辑电路图本身也是一种逻辑功能的描述方法，但是这种描述方式往往不够直观。为此，需要把它转换成逻辑函数式或者真值表的方式，以便于更加直观地展现电路所执行的逻辑功能。

从逻辑图写出逻辑函数式以及从逻辑函数式列出真值表的方法在第 2 章中都已经讲过，这里不再重复。

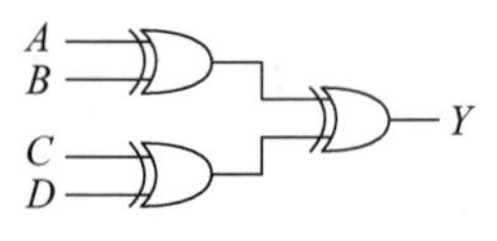

图 4.1.2　例 4.1.1 图

例 4.1.1　分析图 4.1.2 给出的逻辑电路，指出这个电路具有什么逻辑功能。

解　由图 4.1.2 可以写出输出的逻辑函数式

$$Y = (A \oplus B) \oplus (C \oplus D)$$

因为从上式尚不能直观地显示出 Y 与 A、B、C、D 之间的逻辑关系，所以我们进一步列出 Y 的真值表，如表 4.1.1。从真值表上可以明显地看出，当 A、B、C、D 中有奇数个为 1 时，$Y=1$；而当 A、B、C、D 中有偶数个为 1 或者没有 1 时，$Y=0$。所以图 4.1.2 电路是一个奇偶检测电路。

表 4.1.1 图 4.1.2 逻辑电路的真值表

A B C D	$A\oplus B$	$C\oplus D$	$(A\oplus B)\oplus(C\oplus D)$
0 0 0 0	0	0	0
0 0 0 1	0	1	1
0 0 1 0	0	1	1
0 0 1 1	0	0	0
0 1 0 0	1	0	1
0 1 0 1	1	1	0
0 1 1 0	1	1	0
0 1 1 1	1	0	1
1 0 0 0	1	0	1
1 0 0 1	1	1	0
1 0 1 0	1	1	0
1 0 1 1	1	0	1
1 1 0 0	0	0	0
1 1 0 1	0	1	1
1 1 1 0	0	1	1
1 1 1 1	0	0	0

复习思考题

R4.1.1 组合逻辑电路在逻辑功能上和电路结构上有何特点?

4.2 常用的组合逻辑电路

针对每一种逻辑功能的要求,我们都可以设计出一个相应的逻辑电路。因此,如果从逻辑功能上来区分,电路的种类是无穷尽的。但是我们从实际应用中发现,有些组合逻辑电路模块经常地、大量地出现在各种应用场合中,于是便把这些电路模块做成了标准化的中规模集成电路。后来在大规模集成电路芯片设计中,也经常把它们用作标准模块,用来组成更复杂的数字系统。下面就分别介绍最常用的几种组合逻辑电路模块的电路结构和逻辑功能。

4.2.1 译码器

顾名思义,译码器(decoder)的逻辑功能是将输入的代码“翻译”成另外一种代码输出。

根据不同的输入代码和输出代码,可以设计成各种不同类型的译码器。常见的中规模集成电路译码器有二进制译码器、二—十进制译码器和七段显示译码器等几类。

1. 二进制译码器

二进制译码器是将 n 位输入代码的 2^n 个状态分别译成 2^n 个输出端上的高(或低)电平信号。当然,我们也可以把输出看作是另外一组代码。图 4.2.1 是两位二进制译码器(又称 2 线—4 线译码器)的框图和逻辑电路图。它将输入两位二进制数的 4 个代码分别译成 4 个输出端上的高电平信号。

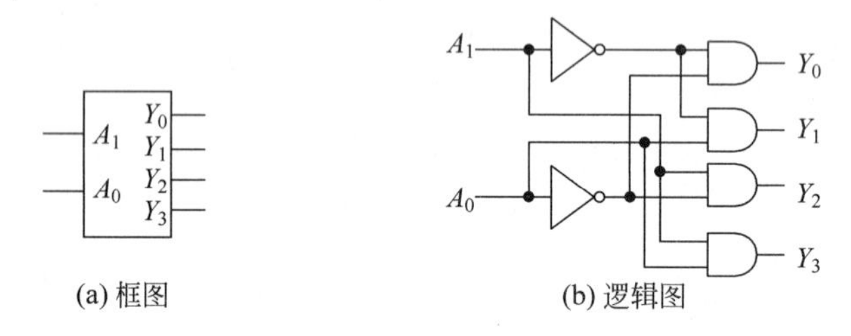

(a) 框图　　(b) 逻辑图

图 4.2.1　2 线—4 线译码器

由图 4.2.1(b)可得到

$$\begin{cases} Y_0 = A_1'A_0' \\ Y_1 = A_1'A_0 \\ Y_2 = A_1A_0' \\ Y_3 = A_1A_0 \end{cases} \tag{4.2.1}$$

上式表明,当 $A_1=A_0=0$ 时 $Y_0=1$,当 $A_1=0$、$A_0=1$ 时 $Y_1=1$,当 $A_1=1$、$A_0=0$ 时 $Y_2=1$,当 $A_1=A_0=1$ 时 $Y_3=1$。亦即 A_1、A_0 为 2^2 个取值的任何一种时,都有一个对应的输出端为高电平。

另外,如果我们把 A_1、A_0 视为两个输入逻辑变量,则 Y_0、Y_1、Y_2、Y_3 就是 A_1、A_0 这两个变量的全部最小项 m_0、m_1、m_2、m_3。因此,n 位输入的二进制译码器可以产生 n 变量的全部 2^n 个最小项。这个结论对我们将来用译码器设计组合逻辑电路非常有用。

为增加使用的灵活性和扩展功能,在实际使用的译码器电路上通常都附加有选通控制端。图 4.2.2 是双 2 线—4 线译码器 74HC139 中每个译码器的逻辑电路图和逻辑框图。由于这个电路是以低电平作为有效输出信号的,所以当选通控制端 G' 处于高电平时,不论 A_1A_0 的状态如何,所有的输出都为高电平,没有输出信号。只有当 $G'=0(G=1)$时,才能将 A_1A_0 的状态译成某个输出端上的低电平信号。

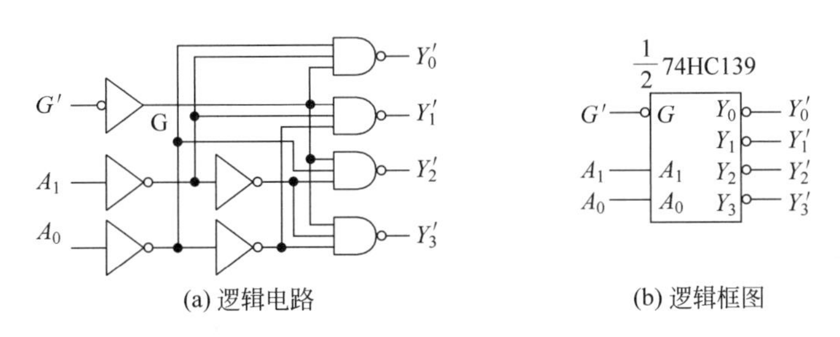

图 4.2.2　2 线—4 线译码器 74HC139 的逻辑电路和逻辑框图

由逻辑图可以写出输出的逻辑函数式

$$\begin{cases} Y'_0 = (GA'_1A'_0)' \\ Y'_1 = (GA'_1A_0)' \\ Y'_2 = (GA_1A'_0)' \\ Y'_3 = (GA_1A_0)' \end{cases} \tag{4.2.2}$$

器件手册中往往以真值表的形式给出它的逻辑功能，如表 4.2.1 所示。

表 4.2.1　74HC139 的真值表

输　入			输　出			
G'	A_1	A_0	Y'_3	Y'_2	Y'_1	Y'_0
1	×	×	1	1	1	1
0	0	0	1	1	1	0
0	0	1	1	1	0	1
0	1	0	1	0	1	1
0	1	1	0	1	1	1

图 4.2.2(b)是 74HC139 的逻辑框图。这种框图虽然不是"国标"，但至今一直在国内外的各种教科书、文献、期刊以及 EDA 软件中被广泛应用。通常用这种逻辑框图和附加的功能表或逻辑函数式来表示中、大规模数字集成电路的逻辑功能。

在画这种逻辑框图时，按照惯例框内的输入变量、输出变量、控制信号的名称均写作原变量形式。如果输入或输出以低电平作为有效信号，则在框外相应的输入端或输出端处画上小圆圈，并在框外的变量名称上加表示反相的"′"号。

利用附加的选通控制端，可以很方便地将两个 2 线—4 线译码器组合成 3 线—8 线译码器，实现功能扩展。

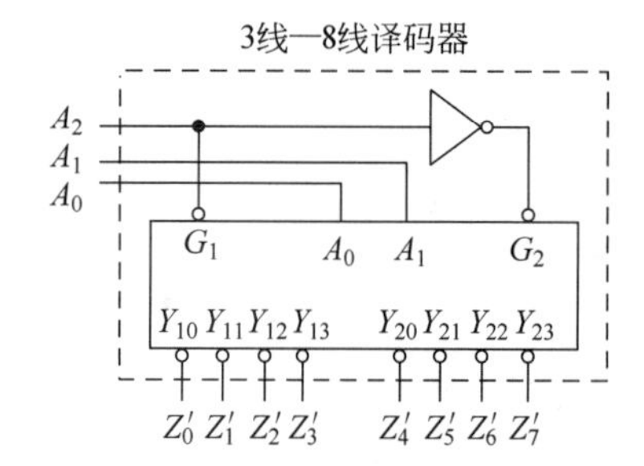

图 4.2.3　用两个 2 线—4 线译码器接成的 3 线—8 线译码器

例 4.2.1　试用 74HC139 中的两个 2 线—4 线译码器接成一个 3 线—8 线译码器。

解　由图 4.2.3 可见，74HC139 中的每个译码器只有两个输入端，所以只能借用 G' 作为译码器的第三个输入端。同时由于两个译码器的 A_1、A_0 输入端是并联在一起的，所以还必须用 G' 的 0 和 1 状态区分哪一个译码器应该有输出信号。为此，将第 1 个 2 线—4 线译码器的 G'_1 接 A_2（$G_1=A'_2$），而将第 2 个 2 线—4 线译码器的 G'_2 接 A'_2（$G_2=A_2$），这样当 $A_2=0$ 时第 1 个译码器工作，而 $A_2=1$ 时第 2 个译码器工作。根据式(4.2.2)得到

$$\begin{cases} Z'_0=(A'_2A'_1A'_0)' \\ Z'_1=(A'_2A'_1A_0)' \\ Z'_2=(A'_2A_1A'_0)' \\ Z'_3=(A'_2A_1A_0)' \\ Z'_4=(A_2A'_1A'_0)' \\ Z'_5=(A_2A'_1A_0)' \\ Z'_6=(A_2A_1A'_0)' \\ Z'_7=(A_2A_1A_0)' \end{cases} \tag{4.2.3}$$

在图 4.2.2(a)的译码器电路中还可以看到，如果以 G' 作为“数据”输入端，以 A_1、A_0 作为“地址”输入端，这时输入数据将被送到由地址代码所指定的那个输出端上。例如当 $A_1A_0=00$ 时，加到 G' 的输入信号将被送到 Y'_0 端；而当 $A_1A_0=01$ 时，G' 的输入信号将被送到 Y'_1 端。因此，也把这种有附加控制端的译码器叫做数据分配器(demultiplexers)。

常见的二进制译码器还有 3 线—8 线译码器和 4 线—16 线译码器两种。前者将 3 位输入代码的 8 个状态分别译成 8 个输出端上的高(或低)电平，后者将 4 位输入代码的 16 个状态分别译成 16 个输出端上的高(或低)电平。

2. 二—十进制译码器

二—十进制译码器的逻辑功能是将输入的 10 个 BCD 代码分别译成 10 个输出端上的高(或低)电平信号。图 4.2.4 是二—十进制译码器 74HC42 的逻辑图，它以低电平作为有效输出信号。

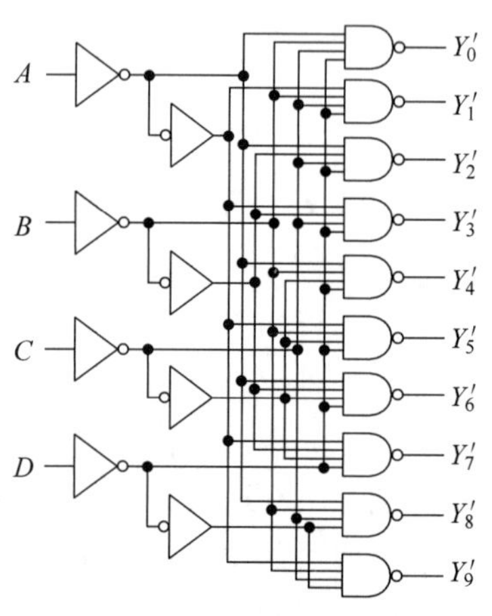

图 4.2.4　二—十进制译码器 74HC42 的逻辑图

根据逻辑图写出的输出逻辑式为

$$
\begin{cases}
Y'_0 = (D'C'B'A')' & Y'_5 = (D'CB'A)' \\
Y'_1 = (D'C'B'A)' & Y'_6 = (D'CBA')' \\
Y'_2 = (D'C'BA')' & Y'_7 = (D'CBA)' \\
Y'_3 = (D'C'BA)' & Y'_8 = (DC'B'A')' \\
Y'_4 = (D'CB'A')' & Y'_9 = (DC'B'A)'
\end{cases}
\tag{4.2.4}
$$

由上式可知，当 $DCBA$ 为 0000～1001 时，Y'_0～Y'_9将依次给出低电平输出信号。

3. 七段显示译码器

七段显示译码器的功能是将 BCD 代码译成七段字符显示器驱动电路所需要的 7 位输入代码。

七段字符显示器由七段独立的线段按图 4.2.5 的形式排列而成。取不同的线段组合并将它们点亮，可以显示 0～9 这 10 个不同的字形。在有的字符显示器中还增加了一个小数点(图 4.2.5 中的 h 段)，这样就形成了八段字符显示器。

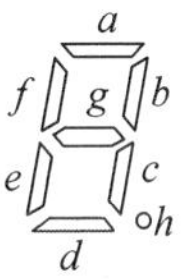

图 4.2.5 七段字符显示器的构成

目前常见的字符显示器主要为液晶显示器(liquid crystal display, LCD)和发光二极管(light emitting diode display, LED)组成的数码管。

如果用 a～g 表示每一段驱动电路的输入信号，并以 1 和 0 分别表示 a～g 段的亮和暗状态，则根据每个输入的 BCD 代码所要求产生的十进制数的字形，就可以列出七段显示译码器的真值表，如表 4.2.2 中的上半部分。

表 4.2.2 七段显示译码器的真值表

BCD 输入				输出							字形
D	C	B	A	a	b	c	d	e	f	g	
0	0	0	0	1	1	1	1	1	1	0	0
0	0	0	1	0	1	1	0	0	0	0	1
0	0	1	0	1	1	0	1	1	0	1	2
0	0	1	1	1	1	1	1	0	0	1	3
0	1	0	0	0	1	1	0	0	1	1	4
0	1	0	1	1	0	1	1	0	1	1	5
0	1	1	0	0	0	1	1	1	1	1	6
0	1	1	1	1	1	1	0	0	0	0	7
1	0	0	0	1	1	1	1	1	1	1	8
1	0	0	1	1	1	1	0	0	1	1	9

续表

BCD 输入				输　　出							字　　形
D	***C***	***B***	***A***	***a***	***b***	***c***	***d***	***e***	***f***	***g***	
1	0	1	0	0	0	0	1	1	0	1	
1	0	1	1	0	0	1	1	0	0	1	
1	1	0	0	0	1	0	0	0	1	1	
1	1	0	1	1	0	0	1	0	1	1	
1	1	1	0	0	0	0	1	1	1	1	
1	1	1	1	0	0	0	0	0	0	0	

从表 4.2.2 写出 $a \sim g$ 作为 D、C、B、A 函数的逻辑式，根据得到的逻辑式即可画出对应的逻辑图了。图 4.2.6 是七段显示译码器 74LS49 的逻辑图。当输入为 $DCBA$ 的 0000～1001 这 10 个代码以外的 6 个代码(1010～1111)时，电路的输出也规定了相应的字形，如表 4.2.2 中所示。此外，74LS49 的电路上还设置了“消隐”控制端$(BI)'$。正常工作时应将$(BI)'$接高电平。如果$(BI)'$接低电平，则所有的输入端($a \sim g$)将全部为低电平，字符显示器处于熄灭状态。

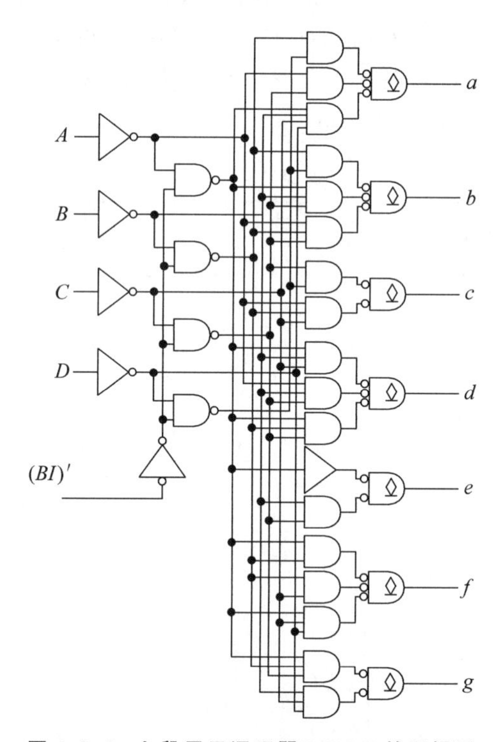

图 4.2.6　七段显示译码器 74LS49 的逻辑图

复习思考题

R4.2.1 n 位二进制译码器有多少个输入端和多少个输出端？

R4.2.2 用二—十进制译码器能否产生四变量的全部最小项？

R4.2.3 可否将 4 线－16 线译码器用作 3 线－8 线译码器？如果可以，应如何连接？

4.2.2 编码器

编码器(encoder)的逻辑功能是将一组编码输入的每一个信号编成一个与之对应的输出代码。(当然，也可以把这一组编码输入的状态视为一组输入代码。)从逻辑功能的特点上又可以将编码器分成普通编码器和优先编码器两类。

在普通编码器中，正常工作时只允许输入一个编码信号，不允许同时输入两个以上的编码输入信号，否则输出将出现错误状态。而在优先编码器中，由于设计时已经对所有输入信号按优先权进行了排队，所以当同时有两个以上的编码输入信号时，只对其中优先权最高的一个进行编码。因此，优先编码器工作时允许同时输入两个以上的输入信号。

1. 普通编码器

我们以 8 线—3 线普通编码为例，说明这一类编码器的工作原理。为了用 8 个二进制代码分别表示 8 个输入端的高(或低)电平信号，输出至少要用 3 位代码。表 4.2.3 中列出了 8 线—3 线普通编码器的真值表。

表 4.2.3　8 线—3 线普通编码器的真值表

输入								输出		
I_0	I_1	I_2	I_3	I_4	I_5	I_6	I_7	Y_2	Y_1	Y_0
1	0	0	0	0	0	0	0	0	0	0
0	1	0	0	0	0	0	0	0	0	1
0	0	1	0	0	0	0	0	0	1	0
0	0	0	1	0	0	0	0	0	1	1
0	0	0	0	1	0	0	0	1	0	0
0	0	0	0	0	1	0	0	1	0	1
0	0	0	0	0	0	1	0	1	1	0
0	0	0	0	0	0	0	1	1	1	1

从表 4.2.3 写出输出的逻辑式为

$$Y_2 = I'_0 I'_1 I'_2 I'_3 I_4 I'_5 I'_6 I'_7 + I'_0 I'_1 I'_2 I'_3 I'_4 I_5 I'_6 I'_7 + I'_0 I'_1 I'_2 I'_3 I'_4 I'_5 I_6 I'_7$$

$$+ I'_0 I'_1 I'_2 I'_3 I'_4 I'_5 I'_6 I_7$$

因为 $I_0 \sim I_7$ 中任何时候只可能有一个等于 1，所以含两个以上 1 的乘积项为约束项。利用这些约数项将上式化简后得到

$$Y_2 = I_4 + I_5 + I_6 + I_7 \tag{4.2.5a}$$

同理得出

$$Y_1 = I_2 + I_3 + I_6 + I_7 \tag{4.2.5b}$$

$$Y_0 = I_1 + I_3 + I_5 + I_7 \tag{4.2.5c}$$

根据式(4.2.5)画出的逻辑电路图如图 4.2.7 所示。

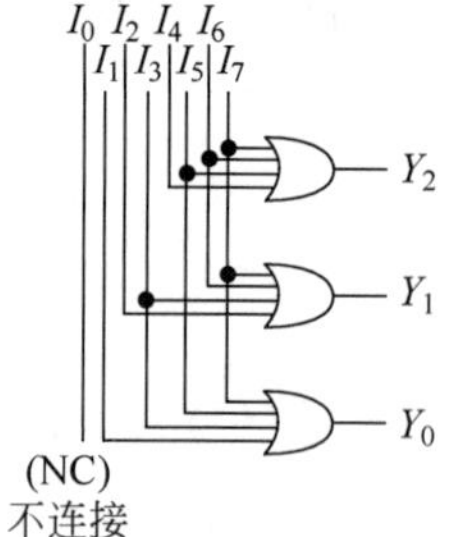

4.2.7　8 线—3 线普通编码器

2. 优先编码器

下面以 8 线—3 线优先编码器为例，说明一下优先编码器的工作原理。若规定 8 个输入信号 $I_0 \sim I_7$ 中 I_7 的优先权最高，I_0 的优先权最低，则无论同时有几个编码输入为 1，编码器只对其中优先权最高的一个进行编码，我们就可以列出它的真值表，如表 4.2.4 所示。

表 4.2.4　8 线—3 线优先通编码器的真值表

输入								输出		
I_0	I_1	I_2	I_3	I_4	I_5	I_6	I_7	Y_2	Y_1	Y_0
1	0	0	0	0	0	0	0	0	0	0
×	1	0	0	0	0	0	0	0	0	1
×	×	1	0	0	0	0	0	0	1	0
×	×	×	1	0	0	0	0	0	1	1
×	×	×	×	1	0	0	0	1	0	0
×	×	×	×	×	1	0	0	1	0	1
×	×	×	×	×	×	1	0	1	1	0
×	×	×	×	×	×	×	1	1	1	1

常见的中规模集成优先编码器有 8 线—3 线优先编码器和 10 线—4 线 BCD 优先编码器两种。图 4.2.8 是 8 线—3 线优先编码器 74LS148 的逻辑框图。由图可见，除了编码输入和输出端以外，它还附加了一个输入控制端 S'_I 和两个输出端 S'_O、E'_X。表 4.2.5 给出了 74LS148 的功能表，它的输入和输出都是以低电平作为有效信号的，所以在框图的输入端和输出端上都画有小圆圈，并在框外的信号名称字母上加“′”。由表 4.2.5 可知，输入信号 $I'_0 \sim I'_7$ 中 I'_7 的优先权最

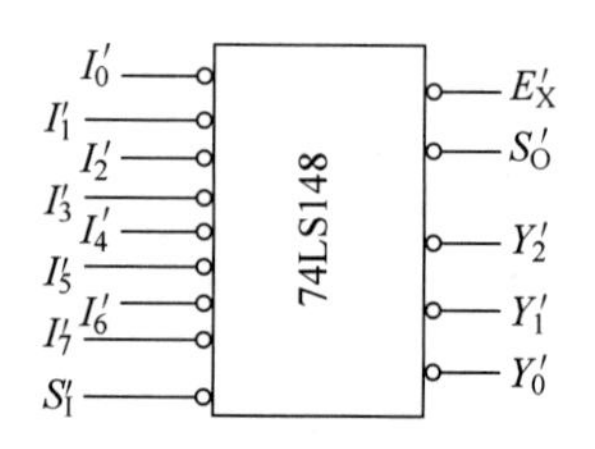

图 4.2.8　8 线—3 线优先编码器 74LS148 的逻辑框图

高，I'_0的优先权最低。

表 4.2.5 优先编码器 74LS148 的真值表

输入									输出				
S'_I	I'_0	I'_1	I'_2	I'_3	I'_4	I'_5	I'_6	I'_7	Y'_2	Y'_1	Y'_0	S'_O	E'_X
1	×	×	×	×	×	×	×	×	1	1	1	1	1
0	1	1	1	1	1	1	1	1	1	1	1	0	1
0	×	×	×	×	×	×	×	0	0	0	0	1	0
0	×	×	×	×	×	×	0	1	0	0	1	1	0
0	×	×	×	×	×	0	1	1	0	1	0	1	0
0	×	×	×	×	0	1	1	1	0	1	1	1	0
0	×	×	×	0	1	1	1	1	1	0	0	1	0
0	×	×	0	1	1	1	1	1	1	0	1	1	0
0	×	0	1	1	1	1	1	1	1	1	0	1	0
0	0	1	1	1	1	1	1	1	1	1	1	1	0

S'_I是选通输入端。当$S'_I=1$时，无论有没有编码输入，都没有编码输出(Y'_2、Y'_1和Y'_0始终处于高电平)。只有$S'_I=0$时，编码器才能正常工作。

S'_O是选通输出端。只有$S'_I=0$、且$I'_0\sim I'_7$全部为高电平(这时没有编码输入信号)，S'_O才为0。因此，$S'_O=0$表示电路虽然处于工作状态，但没有编码输入信号。

E'_X称为扩展端。只要$I'_0\sim I'_7$中有任何一个为低电平，且$S'_I=0$，则$E'_X=0$。因此，$E'_X=0$表示电路处于工作状态，而且有编码输入信号。

利用这三个附加的输入和输出端，我们可以将几片74LS148组合成更大规模的优先编码器。

例 4.2.2 试用两片8线—3线优先编码器74LS148组成一个16线—4线优先编码器，将输入的编码信号$A'_0\sim A'_{15}$编为四位二进制输出代码$Z_3Z_2Z_1Z_0$的0000～1111状态。输入信号中A'_{15}的优先权最高，A'_0的优先权最低。

解 若将第1片74LS148的S'_O接至第2片的S'_I端，如图4.2.9所示，则只有当第1片没有编码输入信号时，第2片才能工作，这样就把两片74LS148进行了优先权排队——第1片的优先权高于第2片。由于每片74LS148本身已经对它的8个输入端按优先权高、低进行了排队，即I'_7优先权最高、I'_0优先权最低，所以只要将$A'_{15}\sim A'_8$接至第1片的$I'_7\sim I'_0$，将$A'_7\sim A'_0$接至第2片的$I'_7\sim I'_0$就行了。

对于编码输出而言，因为两片74LS148工作时输出编码的低三位是一样的，所以Z_0、Z_1、Z_2应为两片的输出Y_0、Y_1、Y_2的逻辑或，故取

$$Z_0=Y_{10}+Y_{20}=(Y'_{10}Y'_{20})'$$

$$Z_1=Y_{11}+Y_{21}=(Y'_{11}Y'_{21})'$$

$$Z_2=Y_{12}+Y_{22}=(Y'_{12}Y'_{22})'$$

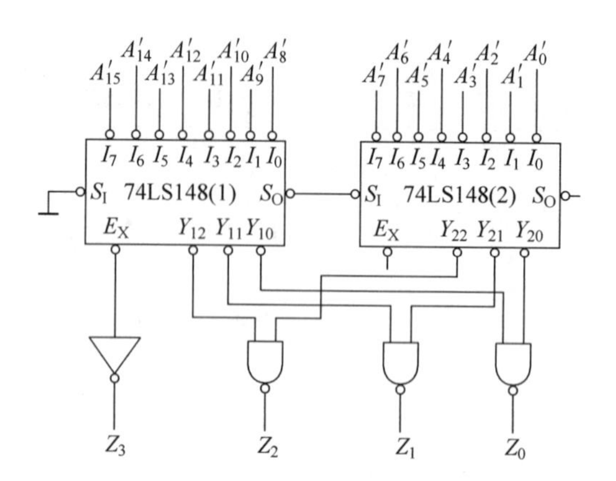

图 4.2.9 用两片 74LS148 接成的 16 线—4 线优先编码器

输出编码的最高位 Z_4 需要借助扩展端 E'_X 产生。第 1 片有编码输入时 $E'_X=0(E_X=1)$，而第 1 片没有编码输入时 $E'_X=1(E_X=0)$，正好可以用 E_X 作为输出编码的最高位 Z_3。

此外，第 1 片优先权最高，应使之始终处于工作状态，因而应将它的 S'_I 接到低电平上。这样我们就得到了图 4.2.9 的电路。

在上面所讨论的几个编码电路中，都将输入的一组高（或低）电平信号编成了对应的一组二进制代码。在实际应用当中，有时需要把输出编成所需要的其他编码，如 BCD 码、循环码等。例如 10 线－4 线 BCD 优先编码器 74LS147，就是用于把输入的 10 个低电平信号编为 10 个 BCD 代码。如果没有现成的编码器可用，就需要按照要求单独进行设计了。

复习思考题

R4.2.4 普通编码器和优先编码器有何区别？能否用优先编码器代替普通编码器？

R4.2.5 用两片 8 线—3 线优先编码器 74LS148 能否组成 12 线—4 线优先编码器？如果可以，电路应如何连接？

4.2.3 数据选择器

数据选择器(selector)的功能是从输入的一组数据中选出一个送到输出端。究竟哪一个数据被选中，由输入的地址代码指定。可见数据选择器就像一个转接开关一样，所以也把它叫做多路（转换）开关(multiplexer)。

我们以双四选一数据选择器 74HC153 为例，分析一下数据选择器的工作原理。图 4.2.10

是74HC153的逻辑电路图。由图可见，两个四选一数据选择器各有独立的数据输入端$D_0 \sim D_3$、输出端Y和选通控制端S'，只有地址输入A_1、A_0是共用的。

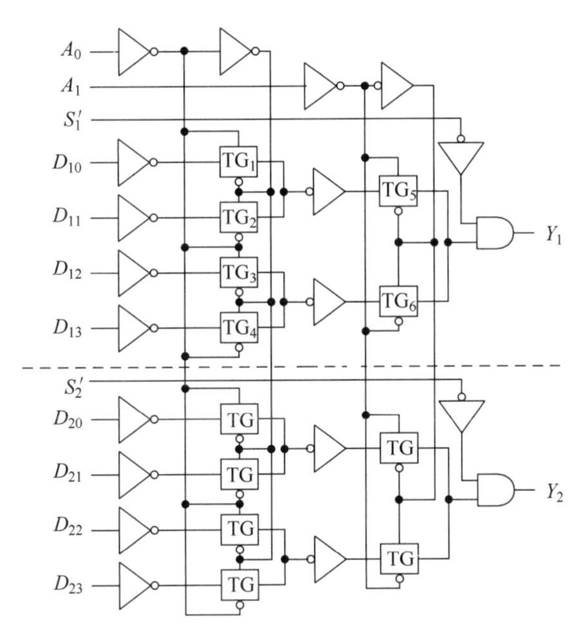

图 4.2.10 双四选一数据选择器 74HC153 的逻辑图

在图中上边一个数据选择器中，若$S_1'=0(S_1=1)$，则$A_1=A_0=0$时，输入数据D_{10}经过门TG_1和TG_5被送到输出端Y_1，使$Y_1=D_{10}$；$A_1=0$、$A_0=1$时，$Y_1=D_{11}$；$A_1=1$、$A_0=0$时，$Y_1=D_{12}$；$A_1=A_0=1$时，$Y_1=D_{13}$。输入与输出之间的逻辑关式可写成

$$Y_1 = (A_1'A_0'D_{10} + A_1'A_0D_{11} + A_1A_0'D_{12} + A_1A_0D_{13})S_1 \tag{4.2.6}$$

同理得到

$$Y_2 = (A_1'A_0'D_{20} + A_1'A_0D_{21} + A_1A_0'D_{22} + A_1A_0D_{23})S_2 \tag{4.2.7}$$

利用选通控制端不仅可以控制每个数据选择器是否工作，而且还能很方便地将几个已有的数据选择器组合为有更多数据输入端的数据选择器。

例 4.2.3 试用74HC153中的两个四选一数据选择器组成八选一数据选择器。

解 由于八选一数据选择器需要从8个输入数据中选中任何一个，所以输入地址必须有三位，才能给出8个不同的地址代码。而四选一数据选择器只有两个地址输入端，因而必须借用选通控制端作为第三位地址代码的输入端，如图4.2.11所示。

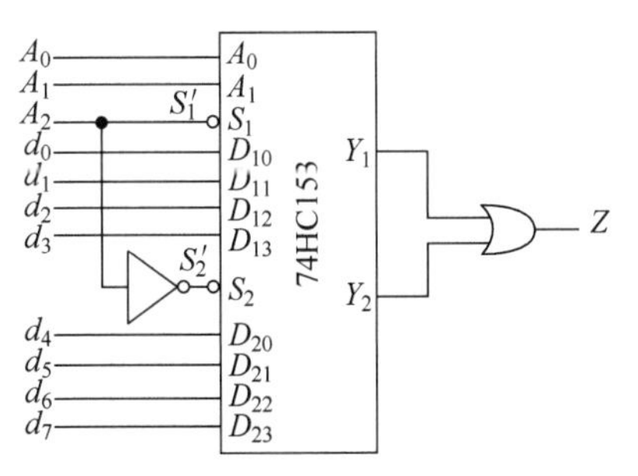

图 4.2.11 用两个四选一数据选择器接成的八选一数据选择器

由于第1个四选一数据选择器的 S_1' 接 $A_2(S_1=A_2')$，而第2个四选一数据选择器的 S_2' 接 $A_2'(S_2=A_2)$，所以当 $A_2=0$ 时，第1个数据选择器工作，$d_0 \sim d_3$ 当中的一个数据被选中后送至 Y_1 端。当 $A_2=1$ 时，第2个数据选择器工作，$d_4 \sim d_7$ 当中的一个被选中后被送到 Y_2 端。将 Y_1 和 Y_2 相加，就得到了总的输出 Z，即 $Z=Y_1+Y_2$。

由式(4.2.6)和式(4.2.7)得到

$$\begin{aligned} Z &= Y_1 + Y_2 \\ &= (A_1'A_0'D_{10} + A_1'A_0D_{11} + A_1A_0'D_{12} + A_1A_0D_{13})S_1 + (A_1'A_0'D_{20} \\ &\quad + A_1'A_0D_{21} + A_1A_0'D_{22} + A_1A_0D_{23})S_2 \\ &= (A_1'A_0'd_0 + A_1'A_0'd_1 + A_1A_0'd_2 + A_1A_0d_3)A_2' + (A_1'A_0'd_4 \\ &\quad + A_1'A_0d_5 + A_1A_0'd_6 + A_1A_0d_7)A_2 \\ &= (A_2'A_1'A_0')d_0 + (A_2'A_1'A_0)d_1 + (A_2'A_1A_0')d_2 + (A_2'A_1A_0)d_3 \\ &\quad + (A_2A_1'A_0')d_4 + (A_2A_1'A_0)d_5 + (A_2A_1A_0')d_6 + (A_2A_1A_0)d_7 \end{aligned} \tag{4.2.8}$$

上式说明，给定 $A_2A_1A_0$ 的一种取值，就一定会从 $d_0 \sim d_7$ 中选中一个数据送至输出端。

复习思考题

R4.2.6　十六选一数据选择器应当有几位地址输入？

R4.2.7　数据选择器输入地址的位数和输入数据的位数之间应当满足什么定量关系？

4.2.4　加法器

加法器(adder)的功能是完成两数之间的数值相加运算。这种运算规则也可以视为一种输出与输入之间的逻辑关系，所以加法器也是一种组合逻辑电路。

1. 一位加法器

在将两个多位数相加时，除了最低位以外，每一位的加法运算都需要将这一位的两个加数(A、B)和来自低位的进位输入(C_I)三者相加，产生“和”(S)和进位输出(C_O)信号。通常将这种考虑了来自低位进位的加法运算称作“全加”运算，相应的电路称为全加器(full adders)。(不考虑来自低位进位的加法运算称为“半加”运算。)

按照二进制加法运算规则，我们就得到了表4.2.6全加器的真值表。

表 4.2.6　全加器的真值表

输入			输出	
C_I	A	B	S	C_O
0	0	0	0	0
0	0	1	1	0
0	1	0	1	0
0	1	1	0	1
1	0	0	1	0
1	0	1	0	1
1	1	0	0	1
1	1	1	1	1

图 4.2.12 是双全加器 74LS183 中每个全加器的逻辑图。由图得到输出的逻辑函数式为

$$\begin{aligned} S &= (AB'C_I + ABC_I' + A'BC_I + A'B'C_I')' \\ &= AB'C_I' + A'BC_I' + A'B'C_I + ABC_I \end{aligned} \tag{4.2.9}$$

$$\begin{aligned} C_O &= (B'C_I' + B'A' + A'C_I')' \\ &= AB + AC_I + BC_I \end{aligned} \tag{4.2.10}$$

如果将上式转换为真值表的形式,则得到的就是表 4.2.6 的全加器真值表。

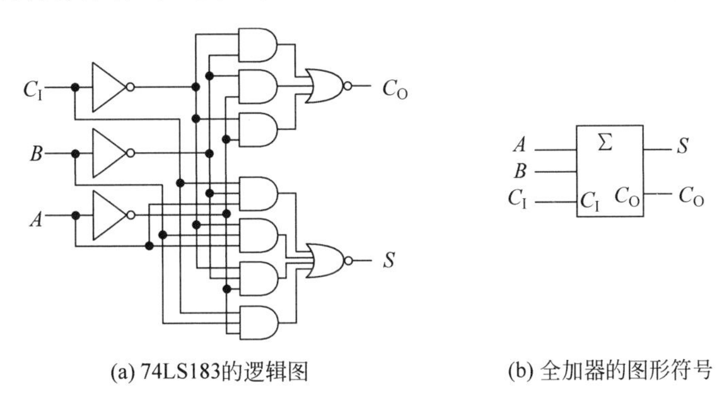

(a) 74LS183的逻辑图　　(b) 全加器的图形符号

图 4.2.12　全加器 74LS183 的逻辑图和符号

2. 多位加法器

如果将多个全加器从低位到高位排列起来,同时把低位的进位输出接到高位的进位输入,就构成了串行进位的多位加法器。

图 4.2.13 是四位串行进位加法器的逻辑图。$A_3A_2A_1A_0$ 和 $B_3B_2B_1B_0$ 是两个四位的

二进制数。因为最低位 A_0 和 B_0 相加时没有来自低位的进位输入，所以最低位全加器的进位输入端应接低电平。

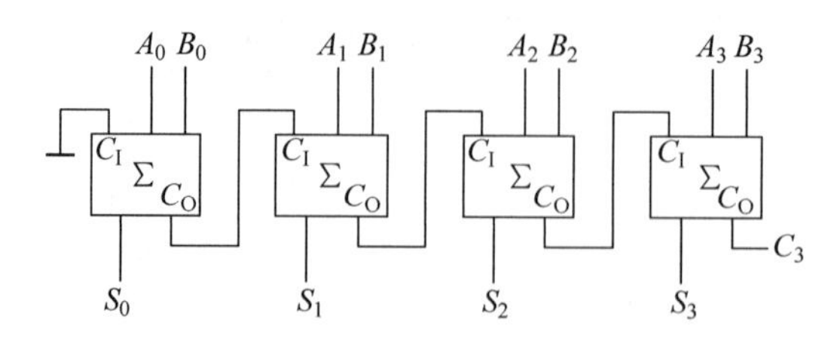

图 4.2.13　四位串行进位加法器电路

串行进位加法器的优点是电路结构非常简单，而缺点是工作速度很慢。由图 4.2.13 中不难看出，每一位的相加结果都必须等到下一级的进位输出信号到来以后才能得到。因此，完成一次加法运算的最长时间等于四个全加器传输延迟时间之和。

为了提高运算速度，就必须设法减少进位信号逐级传递所占去的时间。于是便产生了超前进位加法器(或称并行进位加法器)。

图 4.2.14 是四位超前进位加法器的电路结构框图。我们知道，在两个多位数相加时，任何一位的进位输入信号都取决于两个加数中低于该位的各位数值。在给出两个多位数以后，可以通过进位生成电路直接判断出每一位的进位输入信号应该是 1 还是 0。因此，只要事先给出两个加数，就可以直接得出每一位的进位信号，而不必等待从低位逐位传送过来的进位信号，从而有效地提高了运算速度。这时进位生成电路的传输延迟时间将成为影响运算速度的主要因素。

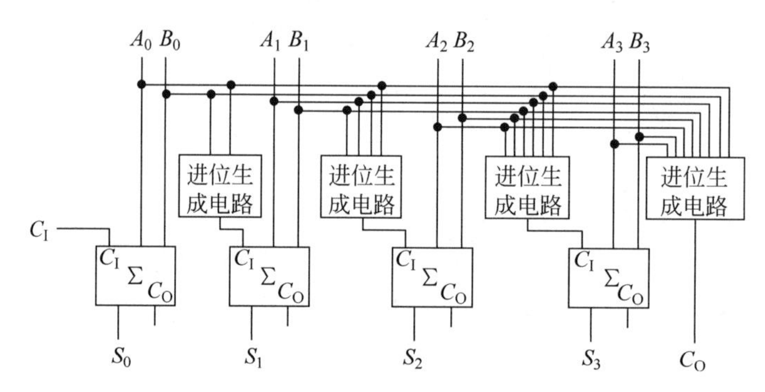

图 4.2.14　四位超前进位加法器的电路结构框图

由于每一位全加器的进位输入信号已经由进位生成电路产生，所以每一个全加器中原有的进位电路就没用了。在实际使用的超前进位加法器电路(例如四位超前进位加法器 74LS283)中，每一位加法器的电路结构只含有求和部分，而没有产生进位的那一部分。

复习思考题

R4.2.8 串行进位加法器和超前进位加法器各有何优缺点？

4.2.5 数值比较器

数值比较器(magnitude comparator)的功能是比较两个数的数值大小，给出“大于”、“小于”或者“相等”的输出信号。

首先考虑两个一位二进制数 A 和 B 比较的情况。比较的结果不外乎以下三种：

若 $A=1$、$B=0$，则 $A>B$。这时 $AB'=1$，所以用 $Y_{(A>B)}=AB'$ 作为 $A>B$ 的输出信号。

若 $A=0$、$B=1$，则 $A<B$。这时 $A'B=1$，所以用 $Y_{(A<B)}=A'B$ 作为 $A<B$ 的输出信号。

若 $A=B$，则 $A\odot B=1$。因此用 $Y_{(A=B)}=A\odot B$ 作为 $A=B$ 的输出信号。

图 4.2.15 是一位比较器的一种电路结构形式，它以低电平为输出的有效信号。

在比较两个多位数时，按照数学规则，应从两数的最高位开始逐位比较。只有当高位相等时，才比较下一位。

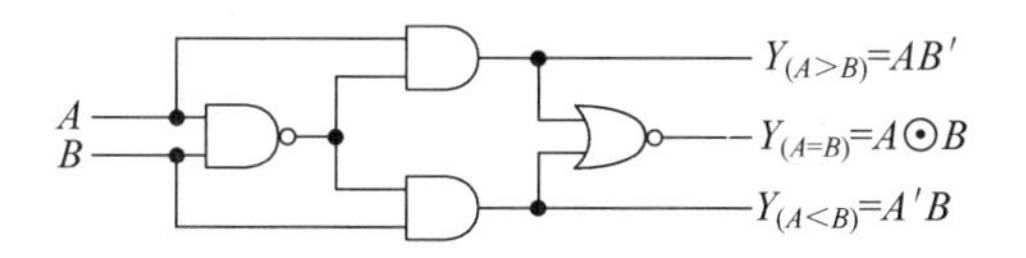

图 4.2.15 一位数值比较器电路

若比较两个四位二进制数 $A_3A_2A_1A_0$ 和 $B_3B_2B_1B_0$，则应首先比较 A_3 和 B_3。如果 $A_3>B_3$，则不论以下各位数值如何，一定是 $A>B$。相反，若 $A_3<B_3$，则一定是 $A<B$。如果 $A_3=B_3$，这时就需要比较 A_2 和 B_2 来确定比较结果了。如果 A_2 和 B_2 也相等，则需要比较 A_1 和 B_1。只有在 $A_3=B_3$、$A_2=B_2$、$A_1=B_1$ 时，才比较 A_0 和 B_0 来确定两数的比较结果。

如果相比较的两个二进制数的位数大于 4 位，$A_3A_2A_1A_0$ 和 $B_3B_2B_1B_0$ 是最高 4 位，那么当这 4 位相等时，将由来自低位的比较结果 $I_{(A<B)}$、$I_{(A>B)}$ 和 $I_{(A=B)}$ 决定两个数的比较结果。由此即可写出输出的逻辑函数式

$$\begin{aligned}Y_{(A<B)} =& A_3'B_3+(A_3\odot B_3)A_2'B_2+(A_3\odot B_3)(A_2\odot B_2)A_1'B_1\\&+(A_3\odot B_3)(A_2\odot B_2)(A_1\odot B_1)A_0'B_0\\&+(A_3\odot B_3)(A_2\odot B_2)(A_1\odot B_1)(A_0\odot B_0)I_{(A<B)}I'_{(A=B)}\end{aligned}\qquad(4.2.11)$$

$$\begin{aligned}Y_{(A>B)} =& A_3B_3'+(A_3\odot B_3)A_2B_2'+(A_3\odot B_3)(A_2\odot B_2)A_1B_1'\\&+(A_3\odot B_3)(A_2\odot B_2)(A_1\odot B_1)A_0B_0'\end{aligned}$$

$$+(A_3 \odot B_3)(A_2 \odot B_2)(A_1 \odot B_1)(A_0 \odot B_0) I_{(A>B)} I'_{(A=B)} \quad (4.2.12)$$

$$Y_{(A=B)} = (A_3 \odot B_3)(A_2 \odot B_2)(A_1 \odot B_1)(A_0 \odot B_0) I_{(A=B)} \quad (4.2.13)$$

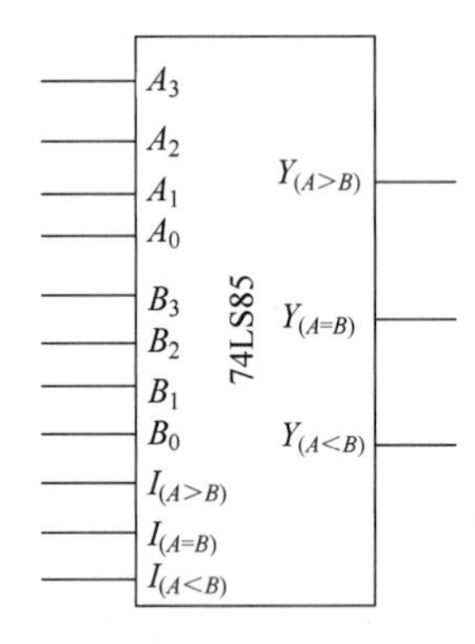

图 4.2.16　四位数值比较器 74LS85 的逻辑框图

图 4.2.16 是中规模集成的四位数制比较器 74LS85 的逻辑框图。如果 $A_3A_2A_1A_0$ 和 $B_3B_2B_1B_0$ 是两个数的最低位，这时应将 $I_{(A<B)}$、$I_{(A>B)}$ 接 0，同时将 $I_{(A=B)}$ 接 1。

例 4.2.4　试用两片四位数值比较器 74LS85 接成八位数值比较器。

解　设两数分别为八位二进制数 $P_7P_6P_5P_4P_3P_2P_1P_0$ 和 $Q_7Q_6Q_5Q_4Q_3Q_2Q_1Q_0$。若将两数的高四位在第 1 片中比较，而将低四位在第 2 片中比较，则只有当高四位相等时，才由低四位比较结果决定最后的结果，因此只需将低位片的输出 $Y_{(A<B)}$、$Y_{(A>B)}$ 和 $Y_{(A=B)}$ 接至高位片的 $I_{(A<B)}$、$I_{(A>B)}$ 和 $I_{(A=B)}$ 输入就行了。电路的连接如图 4.2.17 所示。

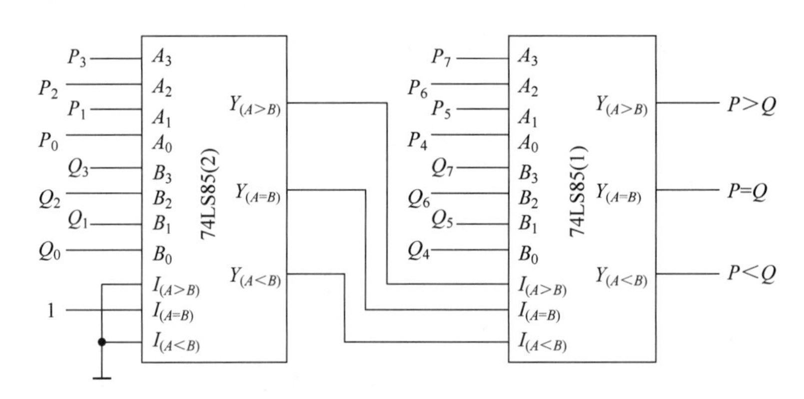

图 4.2.17　用两片 74LS85 接成的八位数值比较器

复习思考题

R4.2.9　如果用两片 74LS85 接成一个六位二进制数的数值比较器，电路应如何连接？可以有多少种接法？

R4.2.10　能否用 74LS85 接成五位的二进制数值比较器？如果可以，电路应如何连接？

4.3　组合逻辑电路的设计方法

4.3.1　简单电路的设计

对于能用一个或一组逻辑函数式完全描述的简单组合逻辑电路，通常可以按如下步骤进行设计。

1. 逻辑抽象

首先需要把设计要求表述为一个或一组逻辑函数。我们把这个步骤叫做逻辑抽象。

第一、分析事件的因果关系，确定输入变量和输出变量。一般总是把引起事件的原因作为输入变量，把产生的结果作为输出变量。

第二、定义逻辑状态的物理意义。也就是要规定输入、输出逻辑变量的1和0的具体含义。

第三、按照设计要求实现的因果关系(即逻辑关系)，列出函数真值表。

这样我们就把设计要求表述为一个以真值表形式给出的逻辑函数了。

2. 从真值表写出逻辑函数式

为了便于运用逻辑函数的公式和定理对得到的逻辑函数进行化简和变换，通常还要将真值表转换为逻辑函数式的形式。

3. 选定器件的类型

等于一些简单的电路，目前可采用的器件大致可分为小规模集成的门电路、中规模集成的标准化常用组合逻辑电路、可编程逻辑器件几种类型。

4. 逻辑函数式的化简或变换

如果采用小规模集成的门电路进行设计，则一般应将逻辑函数式化为最简形式，以求使用的门电路和门电路之间的连线最少。如果对门电路逻辑功能的类型有要求，那么还需要将逻辑式作相应的变换。

如果采用中规模集成的常用组合逻辑电路进行设计，则应将逻辑函数式化成与所用器件的逻辑函数式相似的形式。这个问题我们将在后面的举例中作进一步的说明。

如果采用可编程逻辑器件进行设计，一般不必对逻辑函数式作化简或变换，这些工作都可以通过在计算机上运行 EDA 软件自动完成。有关可编程逻辑器件的内容将在第8章中介绍。

5. 从逻辑式画出逻辑图

至此原理性设计已完成。但若制作成实际的硬件电路装置，还需要进行工艺设计。工艺设计部分就不属于本课程的内容了。

以上所讲的只是一般的设计过程，并不是任何情况下都必须遵循的固定步骤。例如有的设计要求本身就是以真值表形式给出的，就不需要经过逻辑抽象去求真值表了。再譬如有的设计要求实现的逻辑关系比较简单，可以直接抽象为逻辑函数式，而不必先列出真值表。

例 4.3.1 设计一个三人表决逻辑电路，规定必须有两人以上同意，提案方可通过。

解 首先需要进行逻辑抽象。取三人的态度为输入变量，分别用 A、B、C 表示，并以 A、B、C 的 1 状态代表同意，0 状态代表不同意。同时，取表决结果为输出变量，以 Z 表示，并规定 $Z=1$ 为提案通过，$Z=0$ 为未通过。这样就得到了表 4.3.1 的真值表。

表 4.3.1 例 4.3.1 的真值表

输入			输出
A	**B**	**C**	**Z**
0	0	0	0
0	0	1	0
0	1	0	0
0	1	1	1
1	0	0	0
1	0	1	1
1	1	0	1
1	1	1	1

根据表 4.3.1 写出对应的逻辑函数式，得到

$$Z = A'BC + AB'C + ABC' + ABC \tag{4.3.1}$$

下面分别考虑采用小规模集成的门电路和中规模集成的常用组合逻辑电路进行设计。

在采用小规模集成的门电路进行设计时，应将式(4.3.1)化简。化简后得到

$$Z = AB + AC + BC \tag{4.3.2}$$

用三个两输入端的**与**门和一个三输入端的**或**门就可以实现式(4.3.2)的逻辑函数了，电路如图 4.3.1 所示。

如果要求全部用**与非**门组成这个逻辑电路，则需要将式(4.3.2)化成**与非-与非**形式。根据摩根定理将式(4.3.2)两次求反后得到

$$\begin{aligned} Z &= ((AB + AC + BC)')' \\ &= ((AB)'(AC)'(BC)')' \end{aligned} \tag{4.3.3}$$

按式(4.3.3)得到的逻辑电路如图 4.3.2 所示。

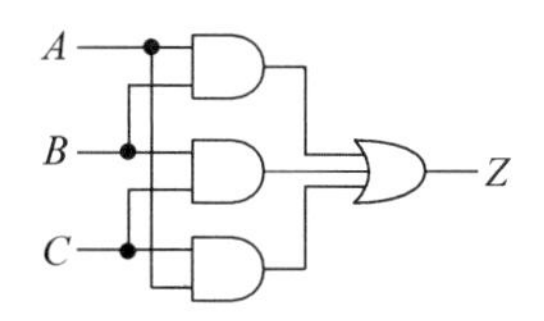

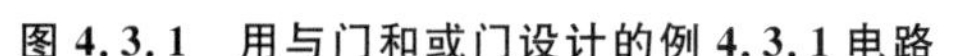
图 4.3.1 用与门和或门设计的例 4.3.1 电路

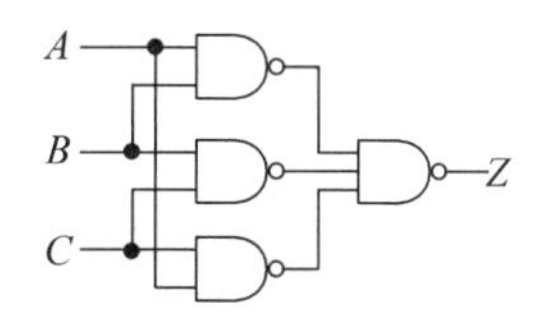

图 4.3.2 用与非门设计的例 4.3.1 电路

在采用中规模集成的常用组合逻辑电路进行设计时，需要把逻辑函数式变换成与所用器件的逻辑式相似的形式。

本例在选用中规模集成的常用组合逻辑电路时，有多种可供选择的方案。

第一种可行的方案是选用数据选择器。例如在图 4.3.3 所示的四选一数据选择器中，正常工作状态下($S=1$)，可以将输出的逻辑式写成

$$Y = D_0(A_1'A_0') + D_1(A_1'A_0) + D_2(A_1A_0') + D_3(A_1A_0) \tag{4.3.4}$$

从上式中可以看到，如果把 A_1 和 A_0 作为两个输入逻辑变量，同时在 $D_0 \sim D_3$ 接入第三个逻辑变量的原变量或反变量、1 或 0，就可以得到任何形式的三变量逻辑函数。因此，我们可以把四选一数据选择器作为一种通用的三变量逻辑函数发生器电路。

将式(4.3.1)的逻辑函数式写成与式(4.3.4)对应的形式得到

$$\begin{aligned} Z &= A'BC + AB'C + ABC' + ABC \\ &= 0 \cdot (B'C') + A(B'C) + A(BC') + 1 \cdot (BC) \end{aligned} \tag{4.3.5}$$

将式(4.3.5)与式(4.3.4)对照一下即可看出，只要将数据选择器的输入接成 $A_1=B$、$A_0=C$、$D_0=0$、$D_1=A$、$D_2=A$、$D_3=1$，则它的输出 Y 就是所需要的 Z。于是就得到了图 4.3.4 的设计结果。

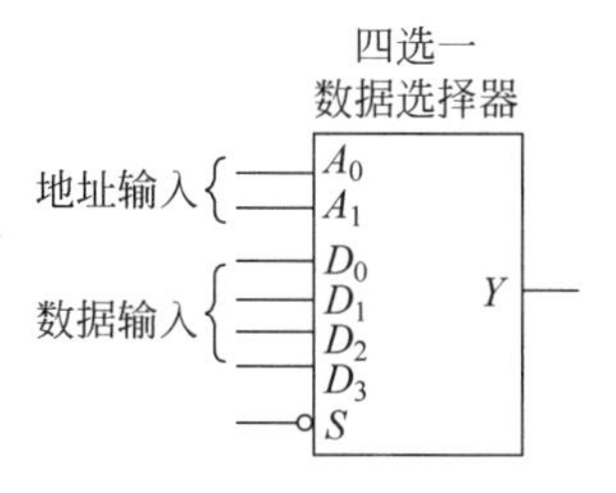

图 4.3.3 四选一数据选择器的框图

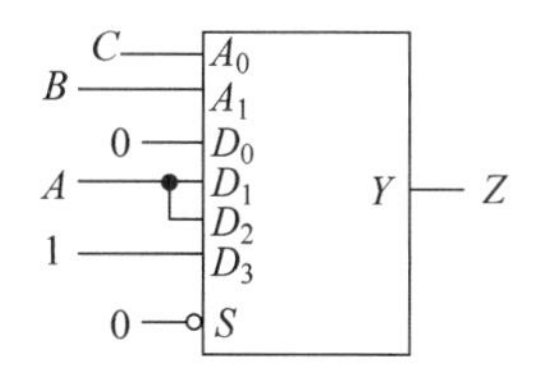

图 4.3.4 用数据选择器设计的例 4.3.1 电路

此外，我们还可以选用中规模集成的译码器和门电路组成例 4.3.1 的逻辑电路。

例如在图 4.3.5 所示的 3 线—8 线译码器电路中，如果把输入的地址代码 A_2、A_1、A_0 作为三个输入逻辑变量，那么在输出端给出的就是这三个变量的全部 8 个最小项。因为输出是以低电平作为有效信号的，所以写成 $m_0' \sim m_7'$。

在第 2 章中我们曾经讲过，任何一个组合逻辑函数式都可以化成最小项之和的形式，因

而将 3 线—8 线译码器给出的最小项有选择地组合起来，就可以产生任何形式的三变量逻辑函数。

由于式(4.3.1)已经是最小项之和形式了，因而无须再变换。但由于译码器给出的是 $m'_0 \sim m'_7$，所以还必须将它表示为 $m'_0 \sim m'_7$ 的函数，即

$$\begin{aligned} Z(A,B,C) &= A'BC + AB'C + ABC' + ABC \\ &= m_3 + m_5 + m_6 + m_7 \\ &= (m'_3 m'_5 m'_6 m'_7)' \end{aligned} \tag{4.3.6}$$

按照上式，只要将 3 线—8 线译码器的输入接成 $A_2 = A$、$A_1 = B$、$A_0 = C$，并将 m'_3、m'_5、m'_6、m'_7 接至**与非**门的输入端，如图 4.3.6 所示，即可得到要求的 Z 了。

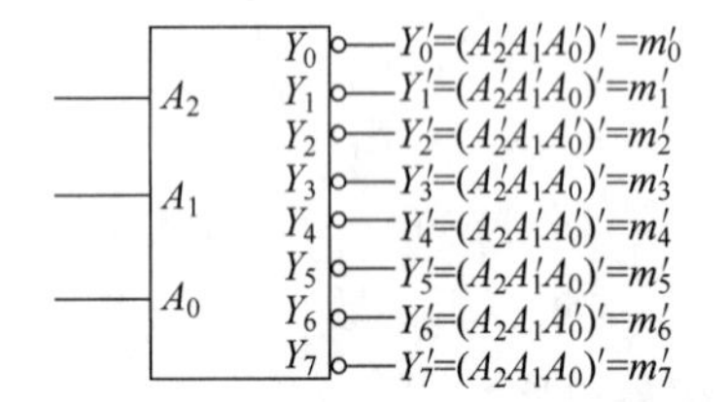

图 4.3.5　3 线—8 线译码器的逻辑框图

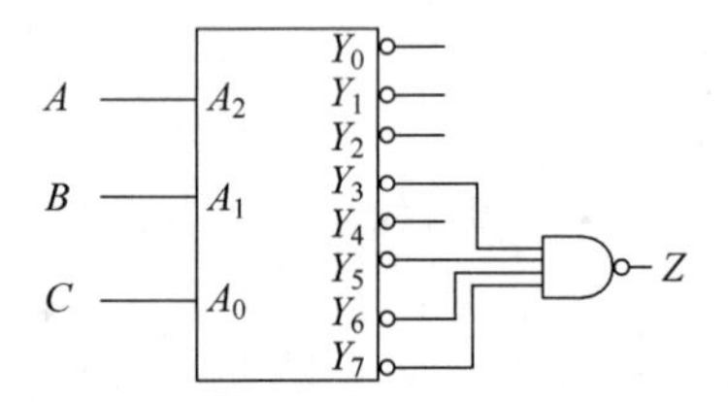

图 4.3.6　用译码器和门电路设计的例 4.3.1 电路

通过这个例子可以看出，即使一个简单的组合电路设计，答案也不是唯一的，选择不同的器件所得到的设计结果也不相同。选择器件时，往往还受到器件供应条件的限制。

复习思考题

R4.3.1　在设计组合逻辑电路时，采用小规模集成的门电路和采用中规模集成的常用组合逻辑电路在设计方法上有什么区别？

R4.3.2　用十六选一数据选择器能设计包括几个输入变量的组合逻辑电路？

R4.3.3　能否用二—十进制译码器和附加的门电路产生任意形式的四变量逻辑函数？

4.3.2　复杂电路的设计

在设计一些比较复杂的组合逻辑电路时，往往已经难于用一组逻辑函数式完全表述电路的逻辑功能了。在这种情况下，通常采用层次化结构的设计方法。

所谓层次化结构设计方法，是首先将整个逻辑电路划分成若干个比较大的顶级模块，然后再将这些顶级模块逐级划分成更小的模块，直到划分为肯定能够实现的、规模较小的底层模块电路为止。

层次化结构设计的过程有“自顶向下”和“自底向上”两种方式。采用自顶向下的方式时，完全从获得最佳电路性能出发进行模块的划分和设计，并不考虑这些模块是否已经存在。而采用自底向上的方式时，则是力图将电路划分成已经有的电路模块。由于这些已有的模块电路都已经经过使用验证并且做成了标准化的集成电路器件，所以用这些模块组成复杂的逻辑电路可以显著地提高设计效率。通常多采用“自顶向下”和“自底向上”相结合的方式进行设计。

通常这些常用的模块电路又都有设计好的、并且经过使用验证的设计版图和软件，所以在 LSI 芯片设计中同样可以采用这些模块电路组成复杂的系统，以减少设计工作量。

例 4.3.2 要求为某旅店设计一个客房服务呼叫系统。已知该旅店有 1～9 号共 9 个房间。每间内设置有一个呼叫开关，分别为 $K_1 \sim K_9$。当 1 号房间的呼叫开关 K_1 合上时，无论其他房间里的呼叫开关 $K_2 \sim K_9$ 是否合上，服务员值班室的数码显示器应显示数字 1。当 K_1 没有合上而 K_2 合上时，无论 $K_3 \sim K_9$ 是否合上，数码显示器应显示数字 2。依此类推，只有当 $K_1 \sim K_8$ 全未合上而 K_9 合上时，才显示数字 9。

解 根据对设计要求的分析，首先可以将整个呼叫系统逻辑电路划分为优先编码器、代码转换电路和数码显示电路三个模块。优先编码器将 $K_1 \sim K_9$ 给出的开关输入信号编成对应的 9 个二进制代码。代码转换电路将优先编码器输出的编码转换为七段显示译码器在显示 1～9 时所要求的输入代码。数码显示电路又可划分为七段显示译码器、数码管驱动电路和七段数码显示器。因为在数码管需要较大的驱动电流时，七段显示译码器通常不能提供足够的输出电流，这时就必须在译码器的输出与数码管之间接入具有功率放大作用的驱动电路。

由于优先编码器、七段显示译码器、数码管驱动电路和数码管都有现成的器件可直接选用，所以如采用自底向上的方式，已经不需要将它们进一步划分了。按照信号的传递路线把这些基本的模块电路连接起来，就得到了图 4.3.7 的电路。图中用虚线表示出了信号在模块之间传递的方向。

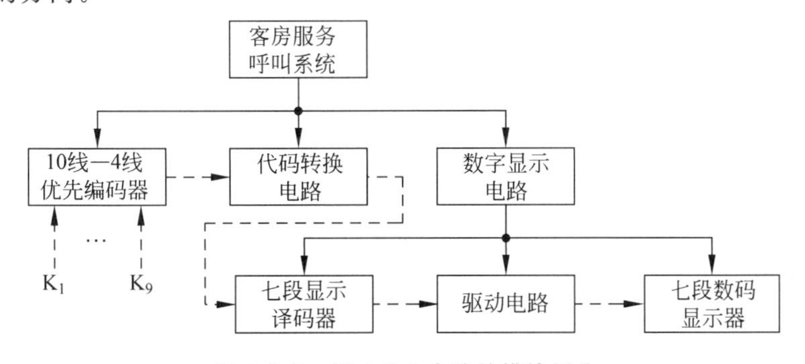

图 4.3.7 例 4.3.2 电路的模块划分

74LS147 是 10 线—4 线优先编码器，它能将 10 个低电平输入信号 $I'_1 \sim I'_9$ 编成 $Y'_3 \sim Y'_0 = 1110 \sim 0110$ 的编码输出。因为 74LS49 的输入 $DCBA$ 是以高电平为有效信号的 BCD 代码，而 74LS147 的输出是以低电平为有效信号的 BCD 代码，所以需要经代码转换电路将它转换为高电平有效的 BCD 代码。显示译码器 74LS49 的工作原理已经在 4.2 节讲过，这里不再重复。

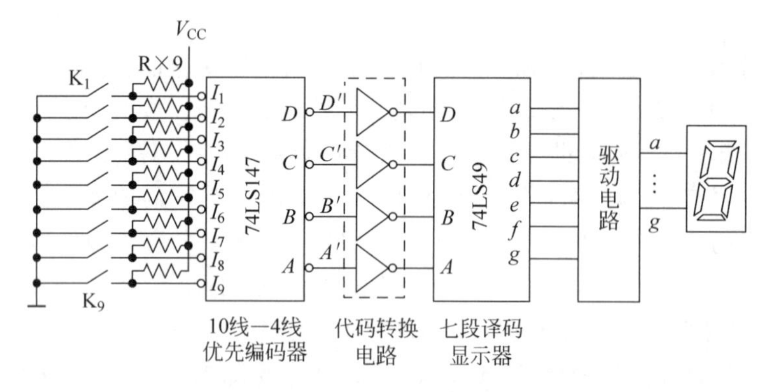

图 4.3.8　例 4.3.2 设计的电路

复习思考题

R4.3.4　什么是层次化结构设计方法？“自顶向下”和“自底向上”两种方式有何区别？

4.4　组合逻辑电路中的竞争-冒险现象

上面所讨论的都是组合逻辑电路在稳态下的逻辑功能。为了确保电路工作的可靠性，还必须进一步分析它在动态过程中(即输入、输出的逻辑状态发生变化的瞬间)的工作情况。

首先让我们来看两个最简单的情况。在图 4.4.1(a)的**与**门电路中，稳态下无论 $A=0$、$B=1$ 还是 $A=1$、$B=0$，Y 都等于 0。当输入信号 A、B 同时向相反的逻辑电平变化，即存在“竞争”时，情况就可能不同了。我们通常所说的 A、B“同时”变化是从宏观上讲的，而从微观上看，由于 A 和 B 是不同来源的两个信号，所以状态变化的时间和变化的速度往往会有细微的差别。由图 4.4.1(a)中可见，在 t_1 时刻附近 A 由低变为高、B 由高变为低的过程中，由于 A 的变化快于 B 的变化，在一个很短的瞬间里，A 和 B 将同时高于门电路输入低电平的最大值，因而在门电路的输出产生一个很窄的尖峰脉冲(也称为“毛刺”)，使 $Y=1$。根据理想状态下的分析，Y 始终应为 0，不应出现 $Y=1$ 的情况，因此这个尖峰脉冲是动态过程中产生的噪声。

在另一种情况下，例如在 t_2 时刻附近，由于 B 的变化快于 A 的变化，所以不存在 A、B

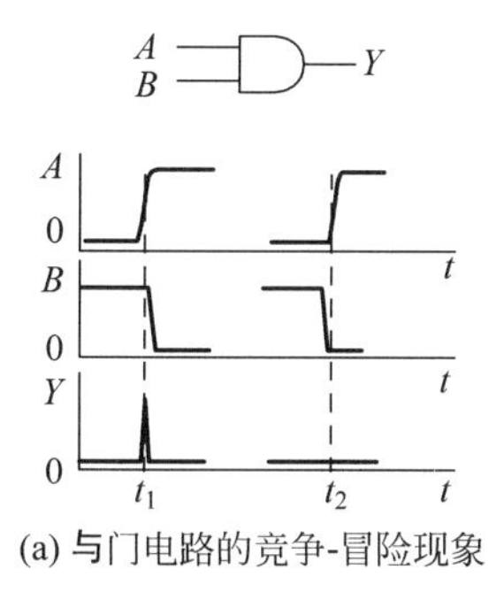

(a) 与门电路的竞争-冒险现象

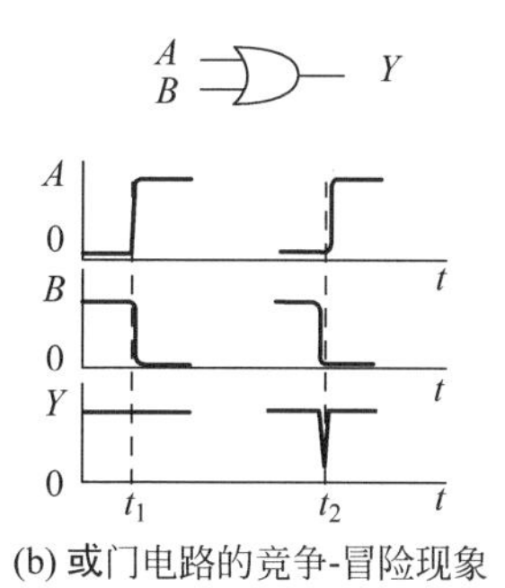

(b) 或门电路的竞争-冒险现象

图 4.4.1　竞争-冒险现象的产生

同时高于门电路输入低电平最大值的瞬间，因而 Y 始终为 0，不会在门电路的输出端产生尖峰脉冲。在一个具体的逻辑组合电路中，A、B 往往是经过不同的传输路径而来的，在设计时无法准确知道 A、B 哪一个变化更快。但我们可以肯定的是只要存在输入信号的竞争，就有产生输出尖峰脉冲噪声的危险，我们把这种现象就叫做竞争-冒险(race-hazard)现象。对于图 4.4.1(b)的**或**门电路，当输入存在竞争时，输出同样也有产生尖峰脉冲噪声的危险，如图中所示。如果在 A、B 变化过程中出现 A、B 同时低于门电路输入高电平最小值的瞬间，输出也会产生尖峰脉冲噪声。

不难想象，在包含多个输入逻辑变量和多级门电路的组逻辑电路中，这种竞争-冒险现象是大量存在的。我们可以用计算机辅助分析的手段检查在输入变量的各种变化情况下，每一级门电路是否存在竞争-冒险现象。虽然竞争-冒险现象普遍存在，但不一定对电路的正常工作有影响。如果这种尖峰脉冲加到对它不敏感的电路上，例如加到数码显示器件上，不影响显示效果。反之，如果加到对脉冲信号敏感的电路上，例如加到第 5 章要讲的触发器电路上，则很可能造成这类电路的误动作。在这种情况下，就必须采取措施消除竞争-冒险现象。

消除竞争-冒险现象的一个简单方法是在门电路的输出端与电源参考点之间并联滤波电容。因为竞争-冒险产生的尖峰脉冲很窄，所以滤波电容的电容量不需要很大(一般几十皮法即可)。这种方法的缺点是增加了门电路的传输延迟时间，并使输出电压波形的边沿变缓。

另一种常用的方法是在门电路的输入端增加选通控制信号。只要将选通信号的有效作用时间选定在输入信号变化结束以后，门电路的输出端就不会产生尖峰脉冲噪声，如图 4.4.2 所示。这时需要注意的是只有在 $S=1$ 期间，输出信号才是有效的。

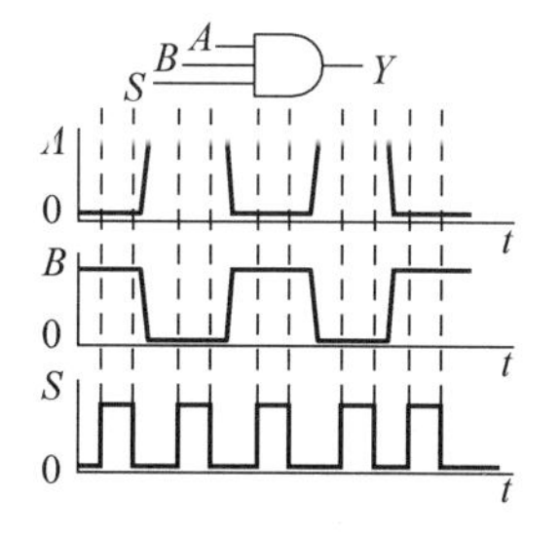

图 4.4.2　引入选通脉冲消除竞争-冒险现象

复习思考题

R4.4.1　什么叫竞争-冒险现象？

R4.4.2　用什么简单的办法能够消除竞争-冒险现象？

本章小结

本章系统地介绍了组合逻辑电路的特点、分析方法、设计方法，以及几种常用的组合逻辑电路的逻辑功能及其应用。主要内容包括：

(1) 组合逻辑电路在逻辑功能与电路结构上的特点。任意时刻的输出仅仅取决于当时的输入，与电路过去的状态无关，这就是组合逻辑电路在逻辑功能上的共同特点；组合逻辑电路在电路结构上的共同特点则是其内部不包含存储结构。

(2) 有些组合逻辑电路模块(译码器、编码器、数据选择器、加法器、数值比较器等)在各种应用场合经常出现，所以把它们制成了标准化的集成电路器件和设计软件，供直接选用。此外，我们还可以灵活地使用数据选择器、译码器等设计其他逻辑功能的组合逻辑电路。

(3) 在组合逻辑电路的设计方法中，除了重点介绍使用小规模集成门电路和中规模集成的常用组合逻辑电路设计简单电路的一般方法以外，还简单介绍了设计复杂电路的层次化结构设计方法的基本概念。组合逻辑电路的设计方法是本章的重点内容。

(4) 当门电路的两个不同电平输入信号同时向相反方向转换时，我们称这种现象为竞争。由于竞争而可能在输出端产生尖峰脉冲的现象，称为竞争-冒险现象。如果由于竞争-冒险产生的尖峰脉冲可能导致负载电路误动作，就需要采取合适的方法加以消除。

习　　题

(4.1　组合逻辑电路的特点和分析方法)

题 4.1　分析图 P4.1 中的逻辑电路，写出它的逻辑函数式，列出真值表，说明这个电路具有什么功能。

题 4.2　写出图 P4.2 电路的逻辑函数式，列出真值表，说明电路能实现什么功能。

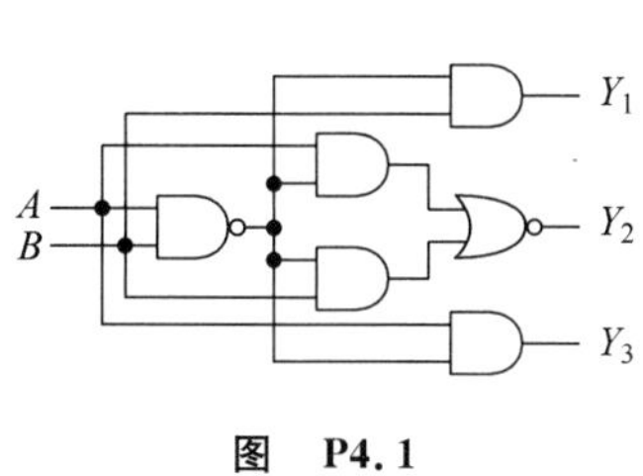

图 P4.1

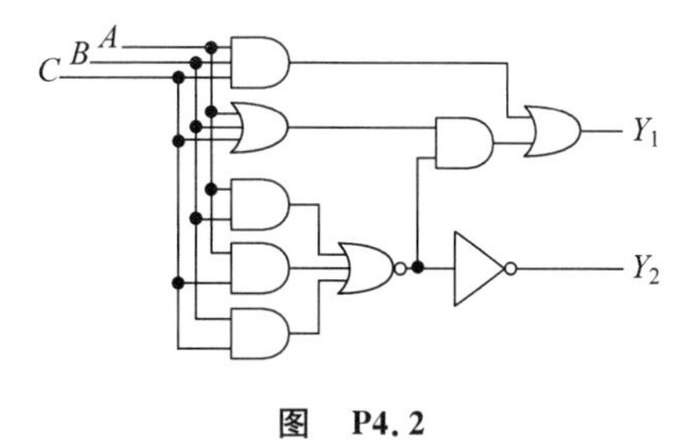

图 P4.2

（4.2 常用的组合逻辑电路）

题 4.3 试用两个 3 线—8 线译码器 74HC138 接成一个 4 线—16 线译码器。可以附加必要的门电路。74HC138 的逻辑框图如图 P4.3 所示。输出端的逻辑函数式为

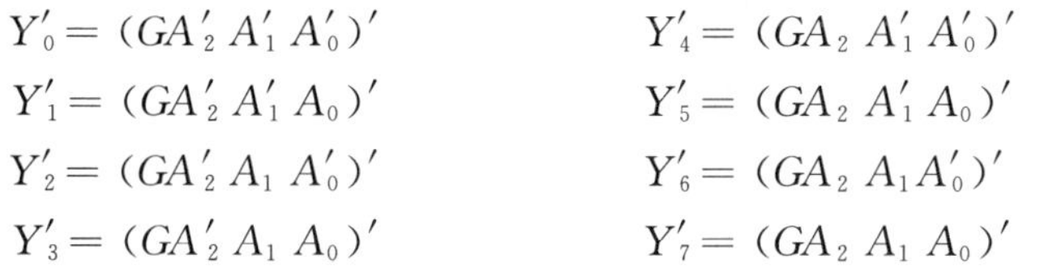

$Y'_0=(GA'_2A'_1A'_0)'$　　　$Y'_4=(GA_2A'_1A'_0)'$

$Y'_1=(GA'_2A'_1A_0)'$　　　$Y'_5=(GA_2A'_1A_0)'$

$Y'_2=(GA'_2A_1A'_0)'$　　　$Y'_6=(GA_2A_1A'_0)'$

$Y'_3=(GA'_2A_1A_0)'$　　　$Y'_7=(GA_2A_1A_0)'$

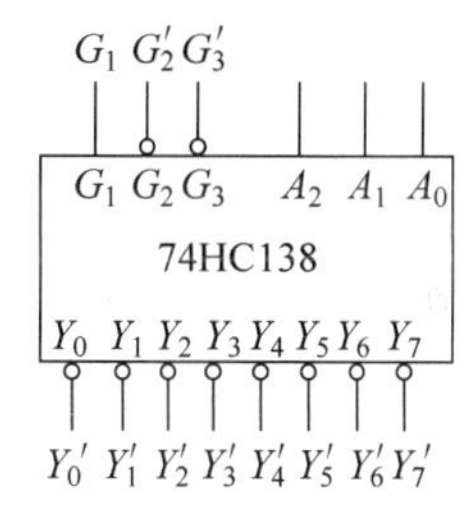

图 P4.3

其中 $G=G_1G_2G_3$，正常工作状态应使 G_1 接高电平，G'_2 和 G'_3 接低电平。

题 4.4 试用两个双 2 线—4 线译码器 74HC139 接成一个 4 线—16 线译码器。74HC139 的逻辑图详见 4.2.1 节中的图 4.2.2。可以附加必要的门电路。

题 4.5 试写出图 P4.5 电路输出 Y_1 和 Y_2 的逻辑函数式。74HC138 的逻辑函数式见题 4.3。

题 4.6 试写出图 P4.6 电路输出 Y_1、Y_2、Y_3 的逻辑函数式。74HC138 的逻辑函数式见题 4.3。

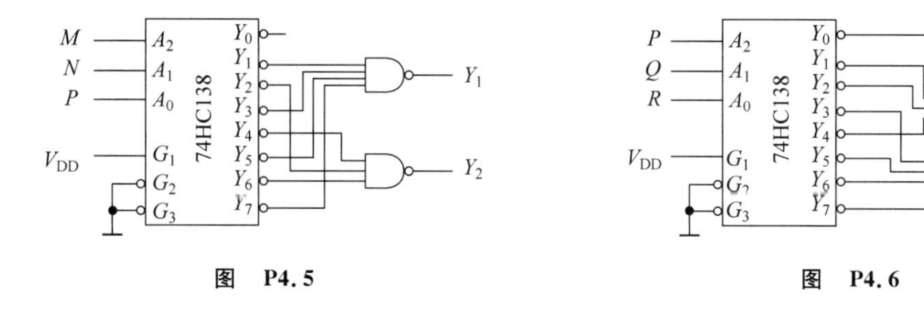

图 P4.5　　　　图 P4.6

题 4.7 用四片 8 线—3 线优先编码器 74LS148 接成一个 32 线—5 线优先编码器。可以附加必要的门电路。74LS148 的逻辑框图见 4.2.2 节中的图 4.2.8，它的功能表见表 4.2.5。

题 4.8 用三片 8 线—3 线优先编码器 74LS148 接成一个 20 线—5 线优先编码器，将输入的低电平信号 $A'_0\sim A'_{19}$ 编成 00000～10011。其中 A'_0 优先权最低，A'_{19} 优先权最高。

74LS148 的逻辑框图见 4.2.2 节中的图 4.2.8，它的功能表见表 4.2.5。可以附加必要的门电路。

题 4.9 用两个双四选一数据选择器 74HC153 接成一个十六选一数据选择器。可以附加必要的门电路。74HC153 的逻辑图见 4.2.3 节中的图 4.2.10。

题 4.10 用四片双四选一数据选择器 74HC153 和一片双 2 线—4 线译码器 74HC139 接成一个三十二选一的数据选择器。74HC153 的逻辑图见 4.2.3 节中的图 4.2.10，74HC139 的逻辑图详见 4.2.1 节中的图 4.2.2。

题 4.11 试写出图 P4.11 电路输出 Z 与输入 M、N、P 之间的逻辑函数式。74HC151 为八选一数据选择器，它的输出逻辑函数式为

$$Y=G(A_2'A_1'A_0'D_0+A_2'A_1'A_0D_1+A_2'A_1A_0'D_2+A_2'A_1A_0D_3+A_2A_1'A_0'D_4+A_2A_1'A_0D_5+A_2A_1A_0'D_6+A_2A_1A_0D_7)$$

$$W=Y'$$

题 4.12 写出图 P4.12 电路输出 Z 与 M、N、P、Q 之间的逻辑函数式。双四选一数据选择器 74HC153 的逻辑框图见 4.2.3 节中的图 4.2.10。

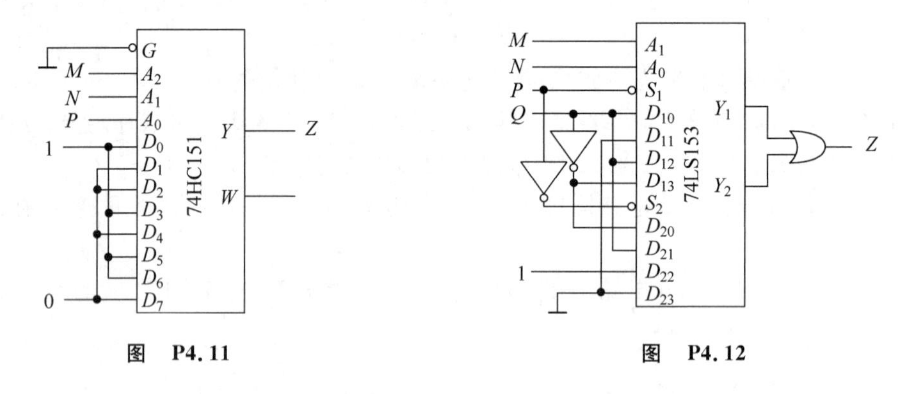

图 P4.11　　图 P4.12

题 4.13 用四片四位数值比较器 74LS85 接成一个 16 位二进制数的数值比较器。

题 4.14 如果用四位数值比较器 74LS85 组成 10 位二进制数的数值比较器，一共需要几片？应如何连接？

（4.3 组合逻辑电路的设计方法）

题 4.15 设计一个译码电路，将表 1.2.1 中的 2421 码转换为表 1.2.2 中的 4 位格雷码。

题 4.16 设计一个译码电路，将表 1.2.1 中余 3 码转换为 2421 码。

题 4.17 用译码器和门电路设计一个多输出组合逻辑电路，输出与输入间的逻辑关系式为

$$Z_1=A'B'C'+A'BC+AB'C$$

$$Z_2 = AB'C' + A'B'C + ABC$$
$$Z_3 = BC'$$

题 4.18 用译码器和门电路设计一个多输出组合逻辑电路，输出与输入间的逻辑关系式为

$$Z_1 = A'C'D' + ACD' + ABC'D$$
$$Z_2 = AB'C'D' + A'BD$$
$$Z_3 = ACD' + ABC$$

题 4.19 用数据选择器产生下式给出的组合逻辑函数

$$Z = AB'D' + AB'D + A'BC'$$

题 4.20 用数据选择器产生如下的组合逻辑函数

$$Z = A'B'C'D' + A'BC'D + ABCD + D'$$

题 4.21 设计一个数据判断电路，当四位二进制数据 $DCBA$ 的数值在 0011～1100 之间时，该数据属于正常值；若 $DCBA>1100$ 或 $DCBA<0011$ 时，该数据属于非正常值。要求给出数据正常与否的判断信号。

题 4.22 设计一个数据处理电路，输入数据 A 和 B 各为四位二进制数。当 $A>B$ 时，要求给出 $A>B$ 的信号和 $A-B$ 的数值；当 $A<B$ 时，要求给出 $A<B$ 的信号和 $B-A$ 的数值。

题 4.23 用矩形轮廓图形逻辑符号改画图 P4.1 和图 P4.2 中的电路。

触 发 器

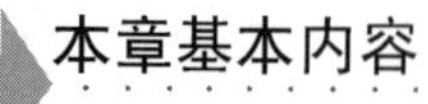

本章基本内容

- SR 锁存器的电路结构和工作原理
- 触发器按触发方式的分类及各种触发方式的动作特点
- 触发器按逻辑功能的分类及各种逻辑功能的特点

5.1 SR 锁存器

在数字电路中除了需要对数字信号进行各种算术运算和逻辑运算以外，还需要对原始数据和运算结果进行存储。目前在半导体存储器中采用的存储单元有锁存器(latch)和触发器(flip-flop)两类。

为了存储 1 位二进制信息，存储单元都必须具有两个能自行保持的稳定状态，分别用以记忆 1 和 0。同时，还必须能按照输入信号的要求置成 1 或 0 状态。这是所有存储单元都必须具备的基本特性。

SR 锁存器(set-reset latch)，是半导体存储单元中电路结构最简单的一种，它可以由两个**或非**门组成，如图 5.1.1(a)所示。图 5.1.1(b)是它的逻辑符号。

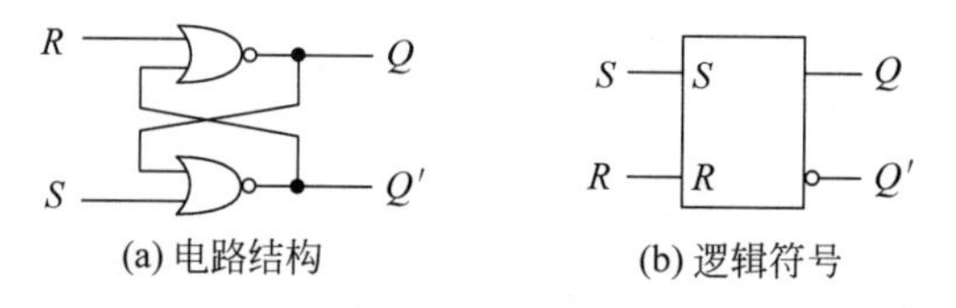

图 5.1.1 用或非门组成 *SR* 锁存器

当 $S=1$、$R=0$ 时，$Q=1$、$Q'=0$；而且在回到 $S=R=0$ 以后，$Q=1$、$Q'=0$ 的状态保持不变。

当 $S=0$、$R=1$ 时，$Q=0$、$Q'=1$；而且在回到 $S=R=0$ 以后，$Q=0$、$Q'=1$ 的状态保持不变。

可见，当 $S=R=0$ 时，电路将保持原有的状态不变。定义 $Q=1$、$Q'=0$ 为 *SR* 锁存器的 1 状态，$Q=0$、$Q'=1$ 为锁存器的 0 状态。同时，将 S 端称为置 1 输入端，将 R 端称为置 0 输入端,以 $S=1$ 作为置 1 输入信号,以 $R=1$ 作为置 0 输入信号。

如果同时加入置 1 和置 0 的信号,即 $S=R=1$,则将出现 $Q=Q'=0$ 的状态,这既不是我们定义的 1 状态,也不是定义的 0 状态。而且在 S、R 同时回到 0 以后,无法确定电路的状态。因此,在正常工作情况下,不应施加 $S=R=1$ 的输入信号。

若以 Q 表示未加置 1 或置 0 信号以前电路的状态(称为现态),以 Q^* 表示输入信号作用以后电路新的状态(称为次态),则根据上面的分析即可列出表示 SR 锁存器功能的特性表,如表 5.1.1 所示。这个特性表表明,SR 锁存器具有按给定的输入置 1、置 0 或保持状态不变的功能。

表 5.1.1 用或非门组成的 *SR* 锁存器的特性表

S	**R**	**Q**	**Q***	**S**	**R**	**Q**	**Q***
0	0	0	0	1	0	0	1
0	0	1	1	1	0	1	1
0	1	0	0	1	1	0	0#
0	1	1	0	1	1	1	0#

#:S、R 同时回到 0 以后 Q^* 的状态不定。

例 5.1.1 试画出图 5.1.2(a)电路中 SR 锁存器输出 Q、Q'的电压波形。输入 S、R 的电压波形如图 5.1.2(b)中所给出。

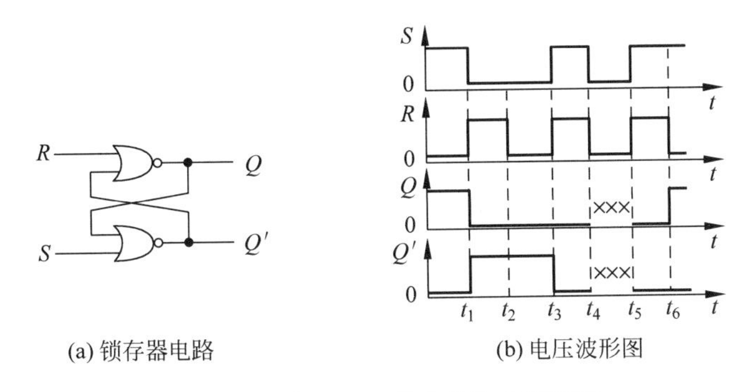

(a) 锁存器电路　　(b) 电压波形图

图 5.1.2 例 5.1.1 的电路和电压波形

解 根据表 5.1.1 给出的 SR 锁存器的特性表,可以逐段画出 Q 和 Q'的电压波形。

在 $0-t_1$ 期间,因为 $S=1$、$R=0$,所以 $Q=1$、$Q'=0$。

在 t_1-t_2 期间,因为 $S=0$、$R=1$,所以 $Q=0$、$Q'=1$。

在 t_2-t_3 期间,因为 $S=R=0$,所以 $Q=0$、$Q'=1$ 的状态保持不变。

在 t_3-t_4 期间,因为 $S=R=1$,所以 $Q=Q'=0$,在 t_4 时刻 S、R 同时回到 0 以后,Q 和 Q'的状态不能确定。电路状态将取决于两个**或非**门传输延迟时间的差异和 S、R 动作快慢的细微差别。

在 t_5-t_6 期间，虽然同样也是 $S=R=1$，但由于 t_6 时刻 R 首先回到了 0 而 S 仍保持为 1，所以 t_6 以后电路的状态为 $Q=1$、$Q'=0$。

SR 锁存器也可以用**与非**门组成如图 5.1.3(a)所示。这时是以 S' 和 R' 输入的低电平作为置 1 和置 0 信号的。图 5.1.3(b)是它的逻辑符号。S' 和 R' 输入端的小圆圈表示以低电平作为有效信号。

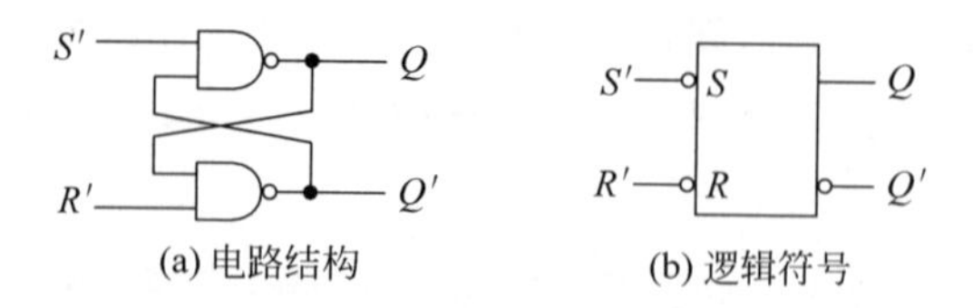

图 5.1.3　用与非门组成的 *SR* 锁存器

由图 5.1.3 可知：

当 $S'=0$、$R'=1$ 时，$Q=1$、$Q'=0$。在 S' 回到 1 以后（即 $S'=R'=1$），$Q=1$、$Q'=0$ 的状态保持不变。

当 $S'=1$、$R'=0$ 时，$Q=0$、$Q'=1$。在 R' 回到 1 以后，$Q=0$、$Q'=1$ 的状态保持不变。

当 $S'=R'=0$ 时，$Q=Q'=1$，是非定义的逻辑状态，而且在 S' 和 R' 同时回到 1 以后无法确知电路的状态。因此，在正常工作时不应施加 $S'=R'=0$ 的输入信号。

根据上述分析，就得到了表 5.1.2 用**与非**门组成的 SR 锁存器的特性表。

表 5.1.2　用与非门组成的 *SR* 锁存器的特性表

S'	R'	Q	Q^*	S'	R'	Q	Q^*
1	1	1	1	0	1	1	1
1	1	0	0	0	1	0	1
1	0	1	0	0	0	1	1#
1	0	0	0	0	0	0	1#

#：S'、R' 同时回到 1 以后 $Q*$ 的状态不定。

从以上的分析中还可以看到，无论用**或非**门组成的 SR 锁存器还是用**与非**门组成的 SR 锁存器，只要输入 $S=1$ 或 $R=1$（$S'=0$ 或 $R'=0$）的信号，Q 和 Q' 的状态便立刻随之改变。这就是 SR 锁存器在置位、复位时的动作特点。

复习思考题

R5.1.1　为什么 SR 锁存器正常工作时不应输入 $S=R=1$ 的信号？

R5.1.2　用**与非**门组成的 SR 锁存器和用**或非**门组成的 SR 锁存器有何不同？

5.2 时钟电平触发的触发器

在一个实际的数字系统中往往包含着大量的存储单元，而且经常要求它们在同一时刻同步动作。为达到这个目的，在每个存储单元电路上引入一个时钟脉冲(clock pulse，记做 CLK)作为控制信号，只有当 CLK 到来时电路才被“触发”而动作，并根据输入信号改变输出状态。把这种在时钟信号触发时才能动作的存储单元电路称为触发器，以区别于没有时钟信号控制的锁存器。

时钟信号的触发方式可以分为电平触发(level-triggered)、脉冲触发(pulse-triggered)和边沿触发(edge-triggered)3 种。在这 3 种触发方式下，由于触发器的动作过程具有不同的动作特点，所以有时将同样的输入加到逻辑功能相同而触发方式不同的触发器上时，输出的状态可能不同。这一节首先介绍电平触发的触发器。

图 5.2.1(a)电路是时钟电平触发 SR 触发器(简称电平触发的 SR 触发器)的电路结构图，它由 SR 锁存器和一对输入控制门组成(在国外有些教材中也把它叫做门控 SR 锁存器，gated SR-latch)。

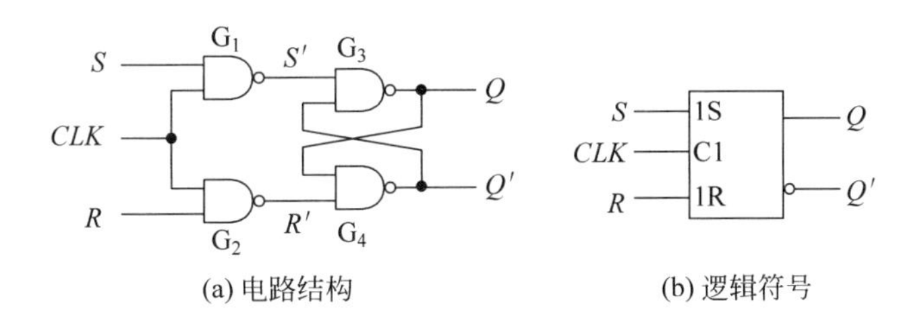

(a) 电路结构　　(b) 逻辑符号

图 5.2.1　电平触发的 *SR* 触发器

在触发器中仍规定 $Q=1$、$Q'=0$ 为触发器的 1 状态，$Q=0$、$Q'=1$ 为触发器的 0 状态。若以 S 为置 1 输入端，以 R 为置 0 输入端，则由图可见，只有当时钟信号的高电平到来时(即 $CLK=1$)，输入信号 S 和 R 才能通过门 G_1 和 G_2 加到由 G_3 和 G_4 组成的 SR 锁存器上，并决定输出 Q 和 Q' 的状态。而在 $CLK=0$ 时，无论 S、R 的状态如何，Q 和 Q' 的状态保持不变。根据 S、R 不同取值下 G_3 和 G_4 的输出和用**与非**门组成的 SR 锁存器的特性表，即可得到电平触发 SR 触发器的特性表，如表 5.2.1 所示。表中的×表示“无论是 1 还是 0”。与表 5.1.1 比较不难发现，两者稳态下输入与输出的关系是一样的，所不同的是只有在 CLK 为有效电平($CLK=1$)的条件下，表 5.2.1 的特性表才是有效的。

表 5.2.1　图 5.2.1 电平触发 *SR* 触发器的特性表

CLK	*S*	*R*	*Q*	Q^*	*CLK*	*S*	*R*	*Q*	Q^*
0	×	×	×	*Q*	1	1	0	0	1
1	0	0	0	0	1	1	0	1	1
1	0	0	1	1	1	1	1	0	$1^{\#}$
1	0	1	0	0	1	1	1	1	$1^{\#}$
1	0	1	1	0					

#：在 *CLK* 回到 0 或 *S*、*R* 同时回到 0 以后 Q^* 的状态不定。

从以上的分析中可以看到，在 $CLK=1$ 的全部时间里输出始终会跟随输入信号的变化而改变，输出状态可以随输入状态的变化而多次翻转，而在 $CLK=0$ 期间输出状态保持不变。这就是电平触发方式的动作特点。

图 5.2.1(b)是电平触发 *SR* 触发器的逻辑符号。框内的 C1 表示输入端控制信号的编号，而 1S、1R 表示受 C1 控制的两个输入，只有 C1 为有效信号时(这里对应于 $CLK=1$)，*S*、*R* 的输入信号才起作用。如果 *CLK* 以低电平为有效信号，则应在 *CLK* 的输入端加画小圆圈。

需要强调指出，*CLK* 只是一个操作信号，并不是一个输入逻辑变量。它的作用只是引发电路动作，而动作的结果还要由 *S*、*R* 和 *Q* 的状态决定。

在实际应用中，有时需要在 *CLK* 有效电平到来之前，预先将触发器置成 1 或 0 状态。为此，又在图 5.2.1(a)电路的基础上增加了 S'_D 和 R'_D 两个输入端，作成图 5.2.2(a)所示的电路。由图可见，若在 *CLK* 的高电平到来以前出现 $S'_D=0$ 的输入信号，则触发器将立刻被置 1；若出现 $R'_D=0$ 的输入信号，触发器将立刻被置 0。因为这种置 1 或置 0 操作不需要时钟信号的触发，所以把 S'_D 和 R'_D 叫做异步置 1 输入端和异步置 0 输入端。

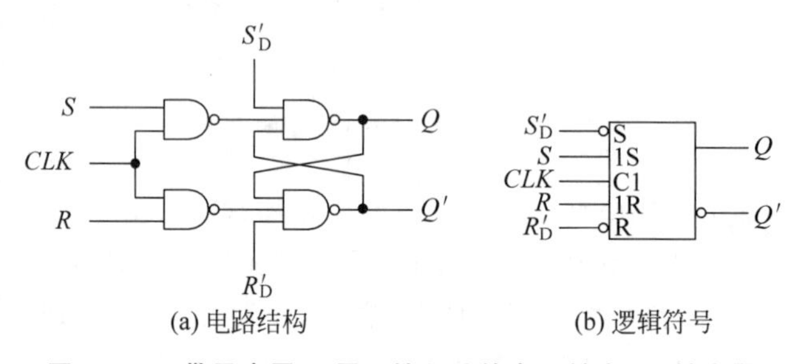

图 5.2.2　带异步置 1、置 0 输入端的电平触发 *SR* 触发器

例 5.2.1　试画出图 5.2.3(a)触发器输出 *Q* 和 Q' 的电压波形。时钟脉冲 *CLK* 和输入信号 *S*、*R* 的电压波形如图 5.2.3(b)所给出。设触发器的初始状态为 $Q=0$。

解　因为只有 $CLK=1$ 期间 *S*、*R* 信号才起作用，并决定触发器的次态，所以就可以根据 $CLK=1$ 期间 *S* 和 *R* 的状态，按照表 5.2.1 的特性表决定 *Q* 和 Q' 的状态，从而得到图 5.2.3(b)中 *Q* 和 Q' 的电压波形。

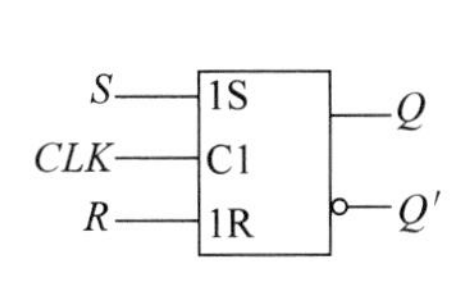

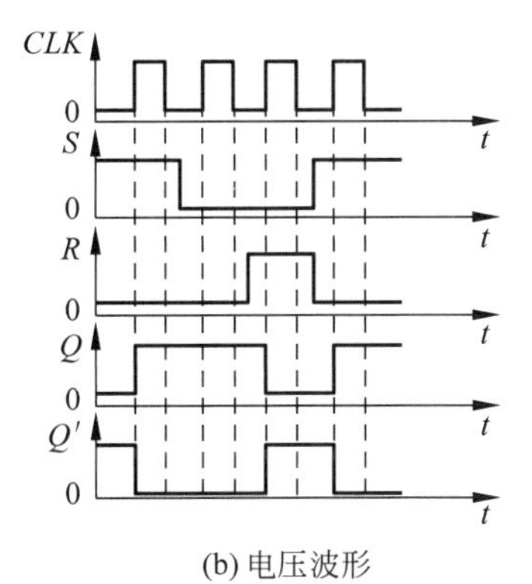

(a) 触发器的逻辑符号　　(b) 电压波形

图 5.2.3　例 5.2.1 的电平触发 *SR* 触发器和电压波形

复习思考题

R5.2.1　电平触发的 *SR* 触发器在电路结构和动作特点上与 *SR* 锁存器有何不同？

R5.2.2　在触发器的逻辑符号中是如何表示电平触发方式的？

R5.2.3　异步置 1、置 0 输入端 S'_D、R'_D 和输入端 S、R 的功能有何不同？

5.3　时钟脉冲触发的触发器

为了克服电平触发的 *SR* 触发器在一个时钟周期内输出状态可能发生多次翻转的缺点，又产生了时钟脉冲触发的触发器，简称脉冲触发的触发器。在脉冲触发方式下，每个时钟周期里触发器输出端的状态只可能改变一次。

图 5.3.1(a)是脉冲触发的 *SR* 触发器的电路结构，它由两个电平触发 *SR* 触发器组成。G_1～G_4 组成的触发器称为主触发器，G_5～G_8 组成的触发器称为从触发器，因此也把这种电路结构形式称作主从结构。

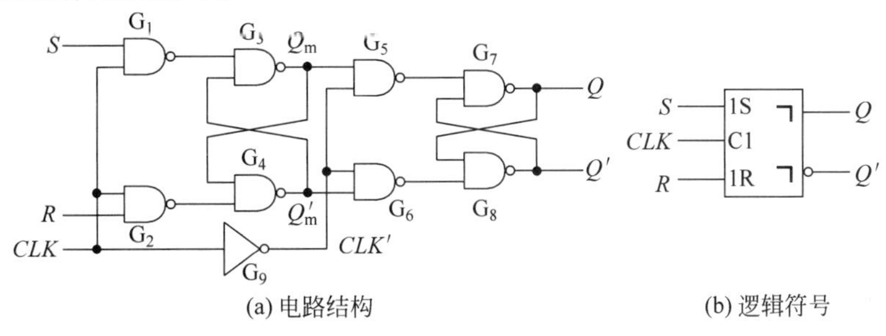

(a) 电路结构　　(b) 逻辑符号

图 5.3.1　脉冲触发的 *SR* 触发器

由于主触发器和从触发器时钟信号的相位相反，所以当时钟脉冲信号 $CLK=1$ 时主触发器工作，接收 S、R 的输入信号；而从触发器的时钟脉冲信号 $CLK'=0$，输出 Q 和 Q' 的状态保持不变。

当 CLK 回到低电平以后，主触发器的输出 Q_m 和 Q'_m 保持不变，而从触发器工作，接收 Q_m、Q'_m 的信号，将 Q 和 Q' 置为与 Q_m 和 Q'_m 相同的状态。

由此可见，脉冲触发方式的动作特点是当 CLK 的高电平到达时主触发器接收信号而从触发器保持不变；当 CLK 回到低电平时，从触发器按主触发器的状态翻转。因此，输出端 Q 和 Q' 状态的变化发生在 CLK 有效电平消失以后，即 CLK 脉冲的下降沿。有些书上也把这种触发方式叫做延迟触发。

虽然主触发器是一个电平触发的 SR 触发器，在 CLK 高电平期间仍可能随 S、R 的变化而多次翻转，但输出端 Q 和 Q' 的状态在一个 CLK 脉冲周期当中只可能改变一次。

图 5.3.1(b)是脉冲触发的 SR 触发器的逻辑符号。图中的“¬”表示脉冲触发方式。如果 CLK 以低电平作为有效信号，则应在 CLK 输入端处加画小圆圈。这时主触发器在 CLK 的低电平期间接受输入信号，而 Q 和 Q' 状态的变化发生在 CLK 由 0 变为 1 的时刻，即发生在 CLK 脉冲的上升沿。

因为主触发器是一个电平触发 SR 触发器，所以正常工作情况下不应加 $S=R=1$ 的输入信号，否则，当 CLK 回到低电平时无法确定 Q_m 的状态。

在脉冲触发方式触发器的特性表中，用 CLK 的脉冲图形“⎍↓”表示脉冲触发方式，如表 5.3.1 所示。表中的×表示可为 1，也可为 0。因为触发器的特性方程仅表示稳态下输入与输出间的逻辑关系，没有反映出触发方式的特点，所以从这个特性表得到的特性方程和电平触发的 SR 触发器是一样的。

表 5.3.1　图 5.3.1 脉冲触发的 *SR* 触发器的特性表

CLK	*S*	*R*	*Q*	Q^*	*CLK*	*S*	*R*	*Q*	Q^*
×	×	×	×	*Q*	⎍↓	1	0	0	1
⎍↓	0	0	0	0	⎍↓	1	0	1	1
⎍↓	0	0	1	1	⎍↓	1	1	0	不定#
⎍↓	0	1	0	0	⎍↓	1	1	1	不定#
⎍↓	0	1	1	0					

#：在 CLK 回到 0 或 S、R 同时回到 0 以后 Q^* 的状态不定。

例 5.3.1　试画出图 5.3.2(a)脉冲触发的 SR 触发器输出端的电压波形。时钟脉冲 CLK 及输入信号 S、R 的波形如图 5.3.2(b)所示。设触发器的初始状态为 $Q=0$。

解　在第 1 个 CLK 高电平期间 $S=1$、$R=0$，由图 5.3.1(a)可知，CLK 的下降沿到来之前 $Q_m=1$，于是 CLK 下降沿到达后输出 Q 按 Q_m 的状态被置 1。

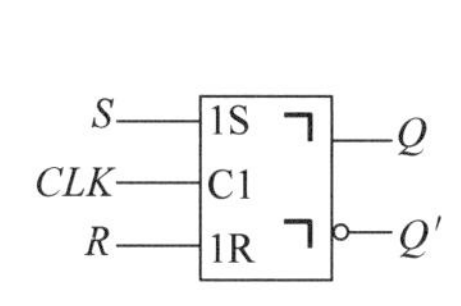

(a) 触发器的逻辑符号

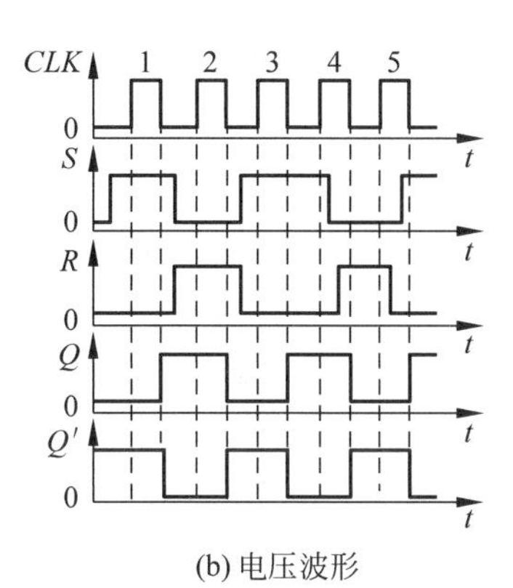

(b) 电压波形

图 5.3.2 例 5.3.1 的脉冲触发 *SR* 触发器和电压波形

在第 2 个 CLK 高电平期间 $S=0$、$R=1$，由图 5.3.1(a)可知，在 CLK 的下降到来之前 $Q_m=0$，于是 CLK 下降沿到达后输出 Q 按 Q_m 的状态被置 0。

在第 3 个 CLK 高电平期间 $S=1$、$R=0$，CLK 下降沿到达后 $Q=1$、$Q'=0$。

在第 4 个 CLK 高电平的开始一段时间里 $S=1$、$R=0$，主触发器被置成 $Q_m=1$，然而随后又出现了 $S=0$、$R=1$，又将 $Q'_m=0$，所以 CLK 下降沿到达时输出被置成 $Q=0$。

在第 5 个 CLK 高电平期间先是 $S=0$、$R=1$，而后又变为 $S=1$、$R=0$，所以在 CLK 下降沿到达后，输出变为 $Q=1$。

在图 5.3.1 所示的脉冲触发的 SR 触发器中，仍然存在着 $S=R=1$ 时次态不定的缺点，给使用带来不便。为克服这个缺点，又在 SR 触发器的基础加以改进，形成了图 5.3.3 所示的 JK 触发器。为了表示与 SR 触发器的区别，用 J 和 K 分别表示置 1 输入端和置 0 输入端。与 SR 触发器不同的是，当 $J=K=1$ 时，JK 触发器的次态是确定的，一定是 $Q^*=Q'$，即次态和现态的逻辑状态相反。

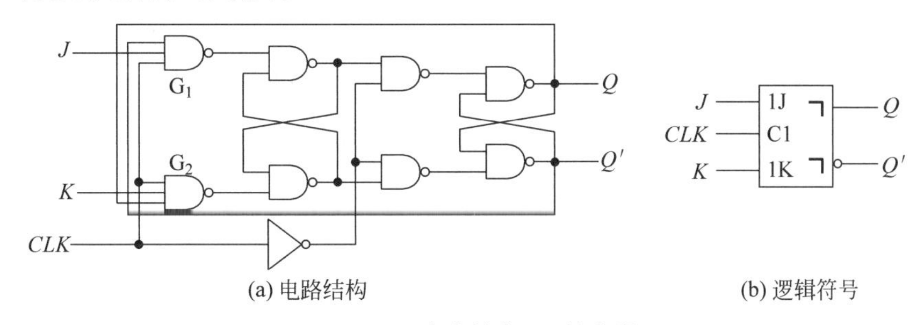

(a) 电路结构　　(b) 逻辑符号

图 5.3.3 脉冲触发 *JK* 触发器

从图 5.3.3(a)脉冲触发 JK 触发器的电路中可以看到，它是在图 5.3.1(a)脉冲触发 SR 触发器电路的基础上，增加了从 Q 端到门 G_2 和从 Q'端到门 G_1 的两条反馈线而得到的。由于 Q 端接回到了门 G_2 的输入，所以当 $Q=0$、$Q'=1$ 时，即使 $CLK=1$ 期间 $J=K=1$，也

只有 $J=1$ 信号可以通过门 G_1 将主触发器置 1，而 $K=1$ 信号不可能通过门 G_2 将主触发器置 0，于是在 CLK 下降到达后触发器的次态变为 $Q^*=1$。同理，若 $Q=1$、$Q'=0$，则输入为 $J=K=1$ 时，CLK 高电平期间只有 $K=1$ 信号能通过门 G_2 将主触发器置 0，CLK 下降到达后 $Q^*=0$。综合以上两种情况，可以表示为 $Q^*=Q'$。这样就得到了表 5.3.2 中 JK 触发器的特性表。表中仍用×表示可为 1 也可为 0 状态。

表 5.3.2　脉冲触发 JK 触发器的特性表

CLK	J	K	Q	Q^*	CLK	J	K	Q	Q^*
×	×	×	×	Q	⎍↓	0	1	0	0
⎍↓	0	0	0	0	⎍↓	0	1	1	0
⎍↓	0	0	1	1	⎍↓	1	1	0	1
⎍↓	1	0	0	1	⎍↓	1	1	1	0
⎍↓	1	0	1	1					

此外，由于 $CLK=1$ 期间 Q 和 Q' 的状态始终不变，$Q=0$ 时主触发器只可能接收置 1 信号，而 $Q=1$ 时主触发器只能接收置 0 信号，所以主触发器在 CLK 高电平期间只可能发生一次翻转，而不会像脉冲触发的 SR 触发器那样，在 CLK 高电平期间会随 S、R 的变化而发生多次翻转。

例 5.3.2　试画出图 5.3.4 中脉冲触发的 JK 触发器输出 Q 和 Q' 的电压波形。时钟脉冲 CLK 和输入 J、K 的电压波形如图中所给出。设触发器的初始状态均为 $Q=0$。

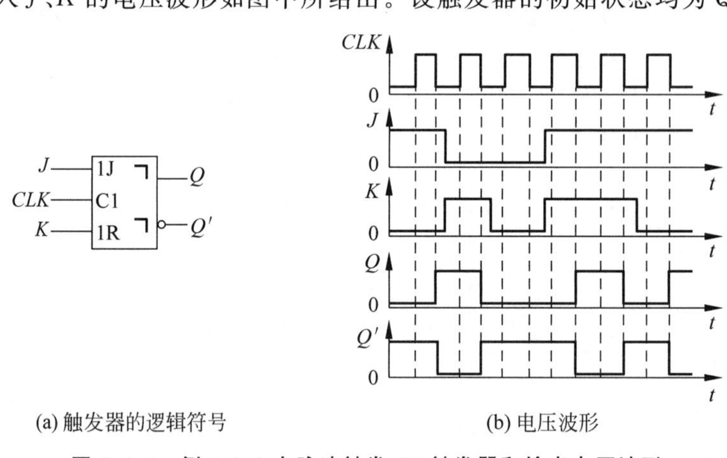

(a) 触发器的逻辑符号　　(b) 电压波形

图 5.3.4　例 5.3.2 中脉冲触发 JK 触发器和输出电压波形

解　根据表 5.3.2 给出的 JK 触发器的特性表以及每个 CLK 高电平期间的输入信号，即可画出输出的电压波形了。由图中可以看到，当出现 $J=K=1$ 的输入状态时，输出的状态是确定的：$Q=1$ 时 $Q^*=0$；$Q=0$ 时 $Q^*=1$。

复习思考题

R5.3.1 触发器的脉冲触发方式有何动作特点？

R5.3.2 在触发器的逻辑符号中是如何表示脉冲触发方式的？

R5.3.3 为什么 SR 触发器不允许加 $S=R=1$ 的输入信号，而 JK 触发器则允许加 $J=K=1$ 的输入信号？

5.4 时钟边沿触发的触发器

为了进一步提高触发器工作的可靠性，希望触发器的次态仅仅取决于时钟信号的上升沿或下降沿到达瞬间输入的状态。为此，又设计了时钟边沿触发的触发器，简称边沿触发的触发器。图 5.4.1(a)是常见于 CMOS 集成电路中的一种边沿触发的 D 触发器电路。它的输入信号是在 D 端以单端形式给出的。

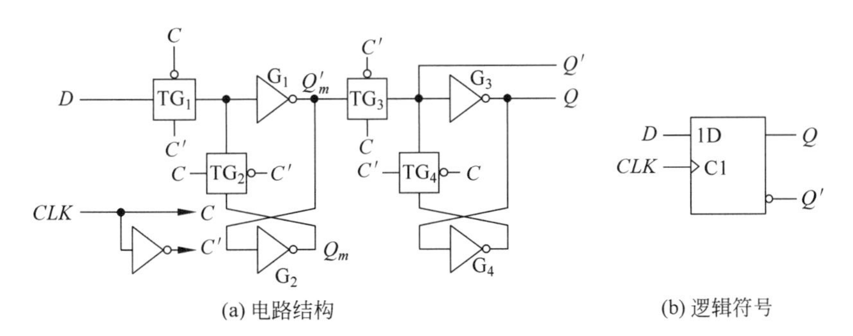

图 5.4.1 边沿触发的 D 触发器

当 $CLK=0$ 时，传输门 TG_1 导通而 TG_2 截止，使 $Q_m=D$，而且 $CLK=0$ 期间 Q_m 会始终跟随 D 而改变。同时，传输门 TG_3 截止而 TG_4 导通，G_3 和 G_4 形成闭合回路，因而输出端 Q 和 Q'的状态保持不变。

当 CLK 跳变为 1 时，TG_1 变为截止而 TG_2 变为导通。由于反相器 G_1 输入电容的存储效应，G_1 输入端的状态没有立刻消失，于是 CLK 上升沿到达前瞬间 D 的状态被 G_1 和 G_2 形成的闭合回路保持下来了。与此同时，TG_3 变为导通而 TG_4 变为截止，Q'_m经 TG_3 和反相器 G_3 送至输出端，使 $Q=D$。因此，输出端 Q 的状态仅仅取决于 CLK 上升沿到达时刻输入端 D 的状态。这就是边沿触发方式的动作特点。

表 5.4.1 是边沿触发 D 触发器的特性表，表中用 CLK 一栏中的"↑"表示上升沿触发。

在图 5.4.1(b)的逻辑符号中,用 CLK 输入端内部的符号“ > ”表示边沿触发方式。

表 5.4.1 边沿触发 D 触发器的特性表

CLK	D	Q	Q^*	CLK	D	Q	Q^*
×	×	×	Q	↑	1	0	1
↑	0	0	0	↑	1	1	1
↑	0	1	0				

如果输出状态的变化发生在 CLK 的下降沿,则称为下降沿触发,这时应在框图外 CLK 输入端处加画小圆圈。在特性表的 CLK 一栏中,用“↓”表示下降沿触发。

根据使用的需要,在一些边沿触发器电路上有时也设置有异步置 1 输入端 S_D 和异步置 0 输入端 R_D,如图 5.4.2 中的虚线所示。异步置 1 和置 0 操作不受时钟控制,一旦出现 $S_D=1$ 或 $R_D=1$ 信号,触发器立即被置 1 或置 0。在前面讲过的脉冲触发 SR 触发器和 JK 触发器中同样也可以设置异步置 1 和置 0 输入端。

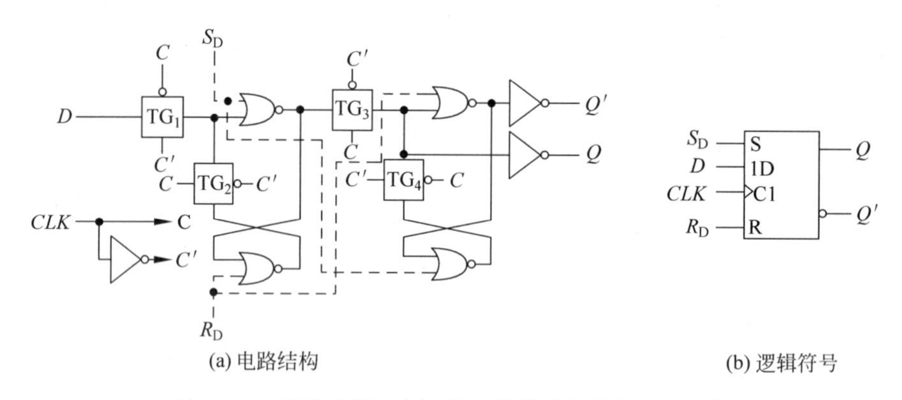

(a) 电路结构　　(b) 逻辑符号

图 5.4.2 带异步置 1、置 0 输入端的边沿触发 D 触发器

此外,还有其他一些电路结构形式的边沿触发的触发器,例如常见的维持阻塞触发器等。只要是边沿触发方式的触发器,它们的动作特点就都是一样的,即输出状态的变化仅仅取决于时钟信号的上升沿(或下降沿)到达时刻输入的逻辑状态。

例 5.4.1 试画出图 5.4.3 中边沿触发 D 触发器输出端 Q 和 Q' 的电压波形。CLK 和输入端 D 的电压波形如图中所示。

解 因为图 5.4.3 中的触发器是时钟脉冲上升沿触发,所以它的次态仅仅取决于 CLK 上升沿到达时刻 D 端的状态。这样就很容易地根据每次 CLK 上升沿时刻 D 端的状态依次画出 Q 和 Q' 的电压波形了。

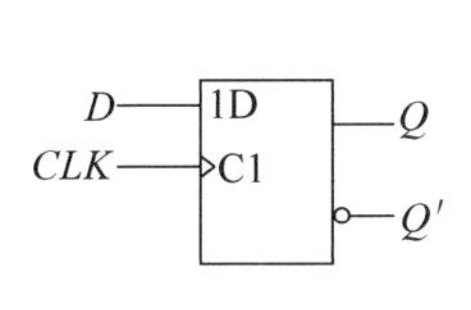

(a) 触发器的逻辑符号

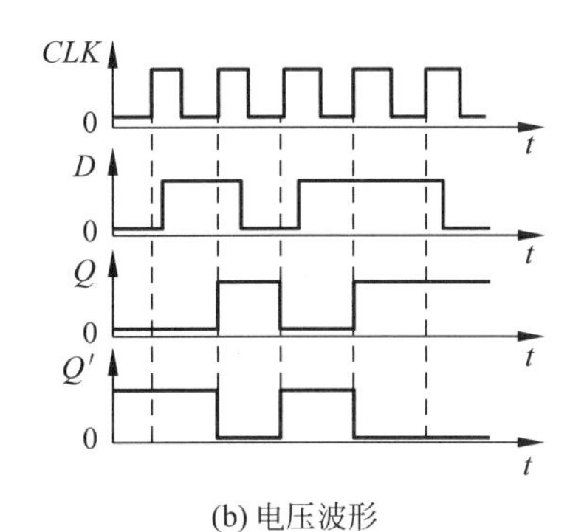

(b) 电压波形

图 5.4.3 例 5.4.1 的边沿触发 *D* 触发器和电压波形

复习思考题

R5.4.1 边沿触发方式的触发器有何动作特点？

R5.4.2 在触发器的逻辑图形符号上和特性表中是如何表示边沿触发方式的？

5.5 触发器逻辑功能的分类及逻辑功能的描述

在以上几节中我们介绍了触发器的三种触发方式及其动作特点。从这些触发器电路中可以看到，虽然它们都具备存储单元的基本功能，但在逻辑功能的细节上并不完全相同。首先在输入方式上有单端输入和双端输入之分；其次，稳态下次态与输入和现态之间的逻辑关系也不完全相同。

如果不考虑触发方式的区别，仅从稳态下逻辑功能的不同，可以将触发器分为 *SR* 触发器、*JK* 触发器、*D* 触发器和 *T* 触发器等几种类型。

(1) 凡是稳态下的逻辑关系符合表 5.5.1 的触发器，不论触发方式如何，均称为 *SR* 触发器。

表 5.5.1 *SR* 触发器的特性表

S	*R*	*Q*	Q^*	*S*	*R*	*Q*	Q^*
0	0	0	0	1	0	0	1
0	0	1	1	1	0	1	1
0	1	0	0	1	1	0	不定#
0	1	1	0	1	1	1	不定#

#：在 *S*、*R* 同时回到 0 以后 Q^* 的状态不定。

根据表 5.5.1 写出表示 Q^* 与 S、R、Q 关系的逻辑式，得到

$$\begin{cases} Q^* = S'R'Q + SR'Q' + SR'Q = SR' + S'R'Q \\ SR = 0 \quad \text{（约束条件，表示不能施加 } S = R = 1 \text{ 的输入）} \end{cases}$$

在遵守约束条件的情况下，可进一步将 Q^* 的逻辑式化简为

$$Q^* = S + R'Q \tag{5.5.1}$$

式(5.5.1)称为 SR 触发器的特性方程。

(2) 凡是稳态下的逻辑关系符合表 5.5.2 的触发器，不论触发方式如何，均称为 JK 触发器。

表 5.5.2　JK 触发器的特性表

J	**K**	**Q**	**Q***	**J**	**K**	**Q**	**Q***
0	0	0	0	0	1	0	0
0	0	1	1	0	1	1	0
1	0	0	1	1	1	0	1
1	0	1	1	1	1	1	0

根据表 5.5.2 写出表示 Q^* 与 J、K、Q 关系的逻辑式，得到

$$\begin{aligned} Q^* &= J'K'Q + JK'Q' + JK'Q + JKQ' \\ &= JQ' + K'Q \end{aligned} \tag{5.5.2}$$

式(5.5.2)称为 JK 触发器的特性方程。

(3) 凡是稳态下的逻辑关系符合表 5.5.3 的触发器，不论触发方式如何，均称为 D 触发器。

根据表 5.5.3 得到 D 触发器的特性方程为

$$Q^* = DQ' + DQ = D \tag{5.5.3}$$

(4) 凡是稳态下的逻辑关系符合表 5.5.4 的触发器，不论触发方式如何，均称为 T 触发器。

根据表 5.5.4 写出 T 触发器的特性方程为

$$Q^* = TQ' + T'Q \tag{5.5.4}$$

表 5.5.3　D 触发器的特性表

D	**Q**	**Q***
0	0	0
0	1	0
1	0	1
1	1	1

表 5.5.4　T 触发器的特性表

T	**Q**	**Q***
0	1	1
0	0	0
1	0	1
1	1	0

将表 5.5.4 的 T 触发器特性表和表 5.5.2 的 JK 触发器的特性表对比可以发现，如果将 JK 触发器的 J 和 K 连在一起作为输入端 T(即 $J=K=T$)，如图 5.5.1 所示，则得到的特性表与 T 触发器的特性表完全相同。

此外，将表 5.5.2 的 JK 触发器的特性表和表 5.5.1 的 SR 触发器特性表对比还可以发现，如果令 JK 触发器的 $J=S$、$K=R$，如图 5.5.2 所示，则在不出现 $S=R=1$ 的情况下，得到的特性表与 SR 触发器的特性表完全相同。

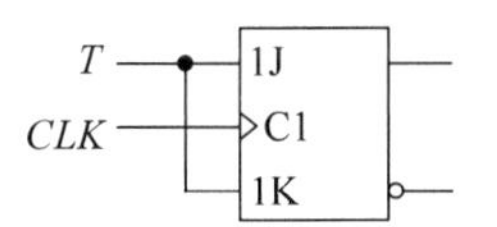

图 5.5.1 用 JK 触发器接成 T 触发器

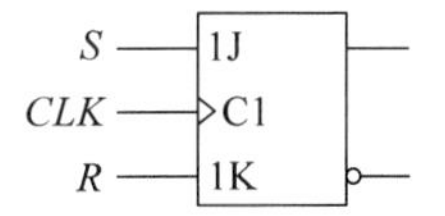

图 5.5.2 将 JK 触发器用作 SR 触发器

因此，可以说 JK 触发器的逻辑功能中完全包含了 T 触发器和 SR 触发器的逻辑功能。正是由于这个原因，在触发器的集成电路产品中通常只生产 JK 触发器和 D 触发器，而不生产 SR 触发器和 T 触发器产品。

最后还要强调说明一点，就是触发器的触发方式和逻辑功能是两个不同的概念，触发方式的类型和逻辑功能的类型没有固定的对应关系。

每一种触发方式的触发器都可以作成不同逻辑功能的触发器。例如边沿触发的触发器中既有 D 触发器，也有 SR 触发器、JK 触发器、T 触发器，它们同样都具备边沿触发方式的动作特点。反过来，同一种逻辑功能的触发器中，可能各具有不同的触发方式。例如同是 JK 触发器，有的可能是脉冲触发方式的，有的则可能是边沿触发方式的。由于触发方式不同，它们的动作特点也不一样。

例如图 5.5.3 中的 D 触发器和图 5.4.1 中的 D 触发器虽然逻辑功能类型相同，但由于采用了不同的电路结构，所以触发方式不同。图 5.5.3 中的 D 触发器属于电平触发方式，而图 5.4.1 中的 D 触发器则属于边沿触发方式。

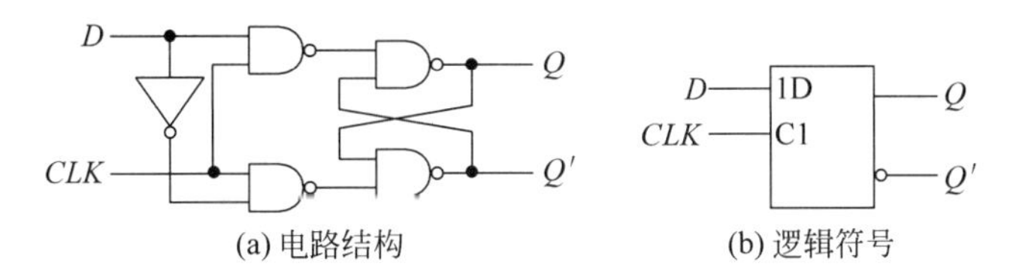

图 5.5.3 电平触发的 D 触发器

又例如图 5.5.4 中的触发器和图 5.3.3(a)中的触发器虽然同属于 JK 触发器，但由于电路结构不同，因而触发方式也不一样。图 5.5.4 中的触发器属于边沿触发方式，而图 5.3.3(a)中的触发器属于脉冲触发方式。

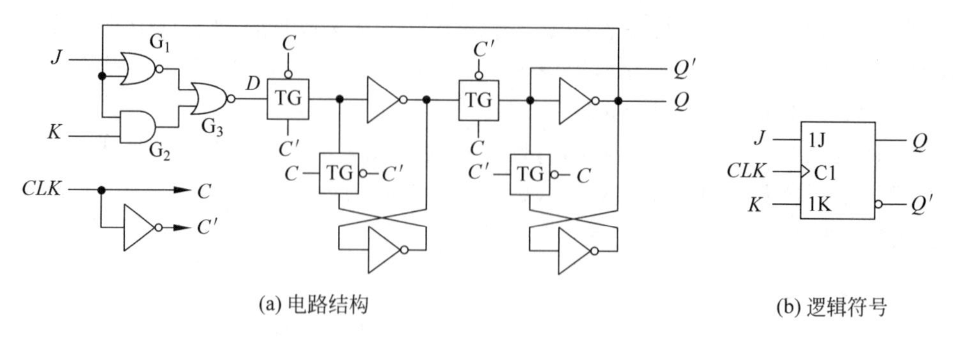

(a) 电路结构　　(b) 逻辑符号

图 5.5.4　边沿触发的 JK 触发器

图 5.5.4 中的 JK 触发器是在图 5.4.1(a)边沿触发 D 触发器的基础上附加 G_1、G_2 和 G_3 三个门电路而形成的。由图写出输出的逻辑函数式得到

$$Q^* = D = ((J+Q)' + KQ)' = JQ' + K'Q$$

上式与前面定义的 JK 触发器的特性方程相同，所以这是个边沿触发的 JK 触发器。

因为不同触发方式的触发器动作特点不一样，所以有时将同样的输入加到这两个逻辑功能相同而触发方式不同的触发器上时，输出不一定一样。为了能正确地使用触发器器件，必须同时知道它的逻辑功能和触发方式这两个最重要的属性。

例 5.5.1　画出图 5.5.5(a)中两个触发器 FF_1 和 FF_2 输出端 Q_1 和 Q_2 的电压波形。时钟脉冲 CLK 及输入端 D 的电压波形如图 5.5.5(b)所示。设触发器的初始状态为 $Q=0$。

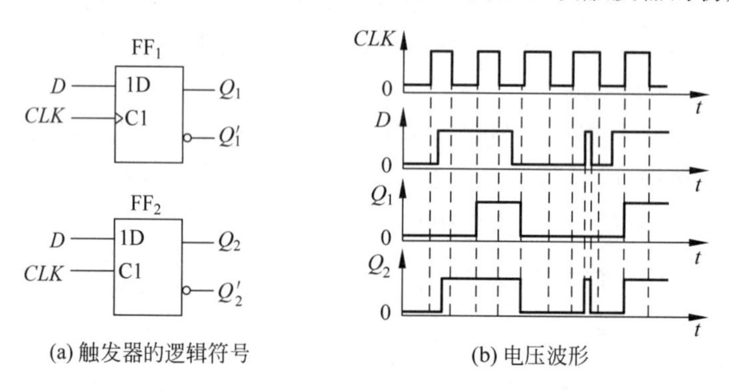

(a) 触发器的逻辑符号　　(b) 电压波形

图 5.5.5　例 5.5.1 的触发器和电压波形

解　由于 FF_1 是边沿触发的 D 触发器，所以它的次态输出仅取决于 CLK 上升沿到达时刻 D 端的状态，据此即可画出 Q_1 的电压波形。而 FF_2 是电平触发的 D 触发器，在 CLK 高电平期间输出端的状态始终跟随 D 端的状态在变化，所以 Q_2 的波形和 Q_1 的波形是不同的，如图 5.5.5(b)所示。

复习思考题

R5.5.1　触发器的逻辑功能有哪几种类型？你能写出它们的特性方程吗？

R5.5.2　为什么说 JK 触发器的逻辑功能中完全包含了 SR 触发器和 T 触发器的逻辑功能？

R5.5.3　为什么选择触发器器件时不仅需要知道它的逻辑功能类型，还必须了解它的触发方式？

本章小结

这一章的重点内容包括：

(1) 锁存器和触发器都是能够存储一位二值代码的存储单元电路，它们都具有两个能自行保持的稳定状态，分别表示二进制数码的 1 和 0，并且能根据要求置成 1 或 0 状态。

(2) SR 锁存器是存储单元中电路结构最简单的一种。由于它没有时钟脉冲控制信号，所以无法用一个统一的时钟信号作为同步信号，来协调多个存储单元的动作时间。

(3) 与锁存器不同，触发器状态的转换是在时钟信号的"触发"下完成的。触发方式有电平触发、脉冲触发和边沿触发三种。由于在这三种触发方式下触发器具有不同的动作特点，所以即使是同样逻辑功能类型的两个触发器，如果触发方式不同，在同样的输入下得到的输出也可能是不同的。因此，为了正确地使用触发器，除了必须知道它的逻辑功能类型以外，还必须知道它的触发方式类型。

(4) 从逻辑功能上，可以将触发器分为 SR 触发器、D 触发器、JK 触发器和 T 触发器几种类型。因为 JK 触发器的逻辑功能里包含了 SR 触发器和 T 触发器的所有功能，所以实际生产的数字集成电路产品中一般只有 JK 触发器和 D 触发器两种类型。由于 JK 触发器是由 SR 触发器演变而来的，因而充分理解 SR 触发器的工作原理是必要的。

在触发器逻辑功能的描述方法中，最常用的是特性表和特性方程。以后在分析和设计时序逻辑电路时，经常要用到触发器的特性方程。因此，必须充分理解每种触发器特性方程的物理意义，而且最好能记住这几个公式。

习　题

(5.1　SR 锁存器)

题 5.1　画出图 P5.1(a)中 SR 锁存器 Q 和 Q' 端的电压波形。输入端 S 和 R 的电压波形如图 P5.1(b)所示。

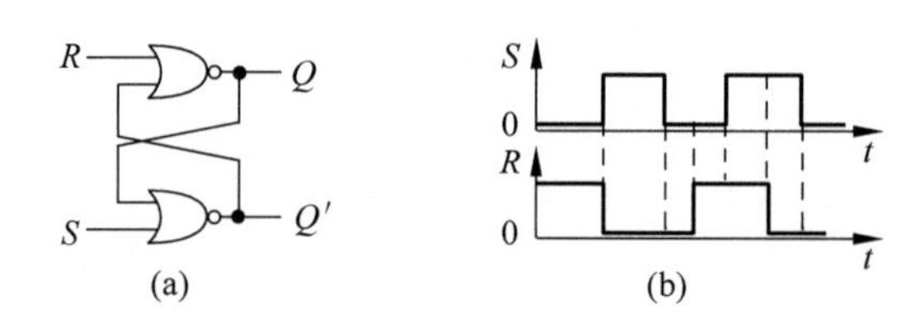

图 P5.1

题 5.2 画出图 P5.2(a)中 *SR* 锁存器输出端 Q 和 Q' 的电压波形。输入端 S' 和 R' 的电压波形如图 P5.2(b)所示。

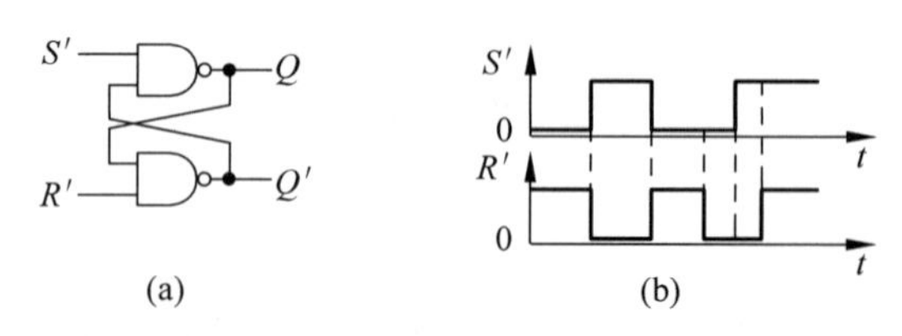

图 P5.2

(5.2 时钟电平触发的触发器)

题 5.3 画出 P5.3(a)中电平触发 *SR* 触发器 Q 和 Q' 端的电压波形。时钟脉冲 *CLK* 及输入 S、R 的电压波形如图 P5.3(b)所示。设触发器的初始状态为 $Q=0$。

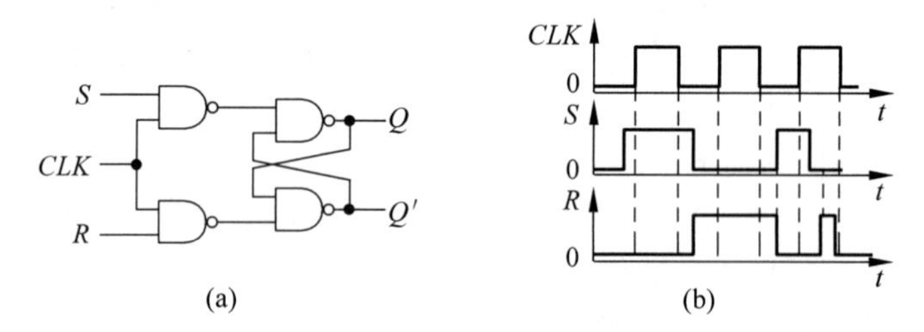

图 P5.3

题 5.4 画出图 P5.4(a)中电平触发 *SR* 触发器 Q 和 Q' 端的电压波形。时钟脉冲 *CLK* 和输入 S、R 的电压波形如图 P5.4(b)所示。设触发器的初始状态为 $Q=0$。

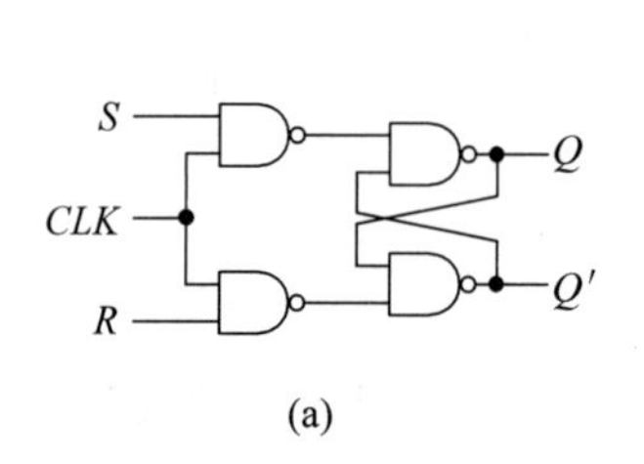

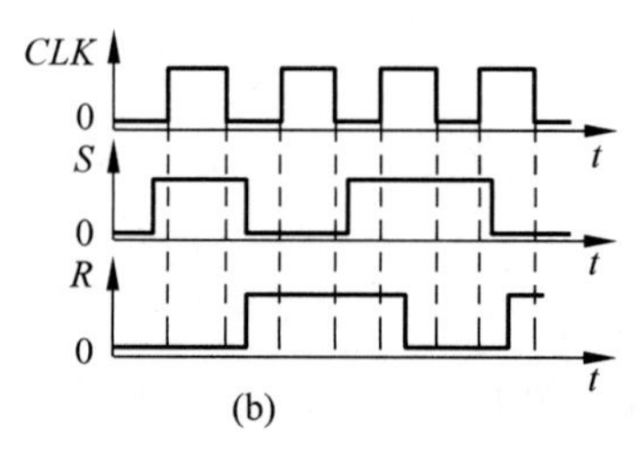

图 P5.4

（5.3 时钟脉冲触发的触发器）

题 5.5 画出图 P5.5(a)中脉冲触发 SR 触发器输出 Q 和 Q'的电压波形。时钟脉冲 CLK 和输入 S、R 的电压波形如图 P5.5(b)所示。设触发器的初始状态为 $Q=0$。

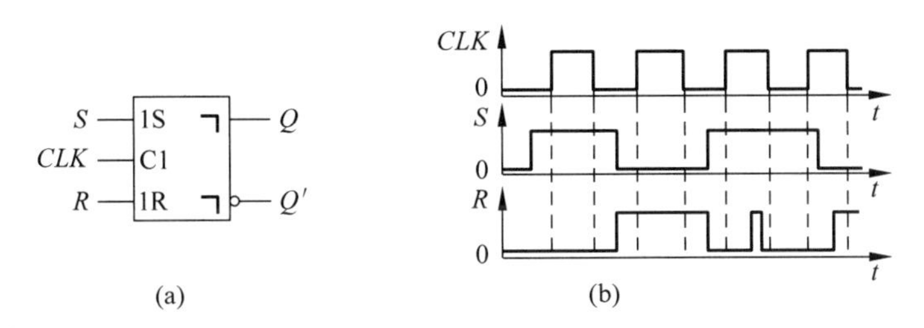

图 P5.5

题 5.6 画出图 P5.6(a)中脉冲触发 SR 触发器输出端 Q 和 Q'的电压波形。时钟脉冲 CLK 和输入 S、R 的电压波形如图 P5.6(b)所示。设触发器的初始状态为 $Q=0$。

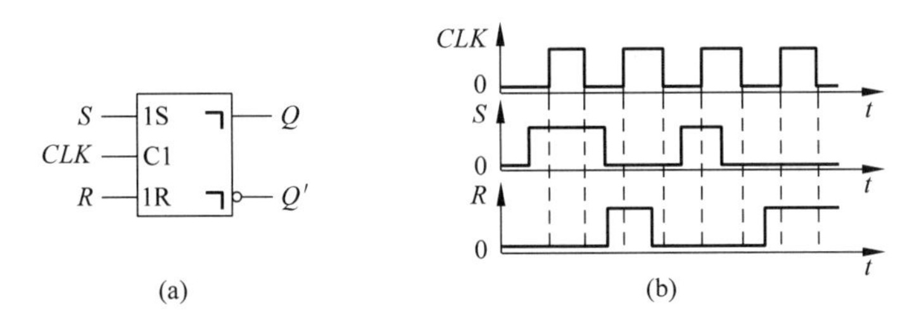

图 P5.6

题 5.7 画出图 P5.7(a)中脉冲触发 JK 触发器输出端 Q 和 Q'的电压波形。时钟脉冲 CLK 和输入 J、K 的电压波形如图 P5.7(b)所示。设触发器的初始状态为 $Q=0$。

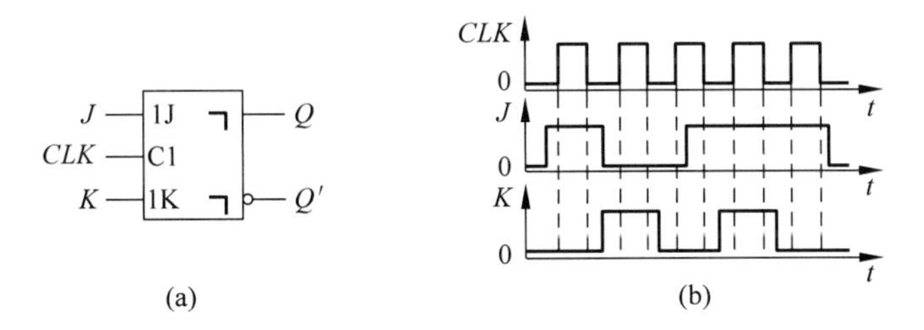

图 P5.7

题 5.8 画出图 P5.8(a)中脉冲触发 JK 触发器输出端 Q 和 Q'的电压波形。时钟脉冲 CLK 和输入 J、K 的电压波形如图 P5.8(b)所示。设触发器的初始状态为 $Q=0$。

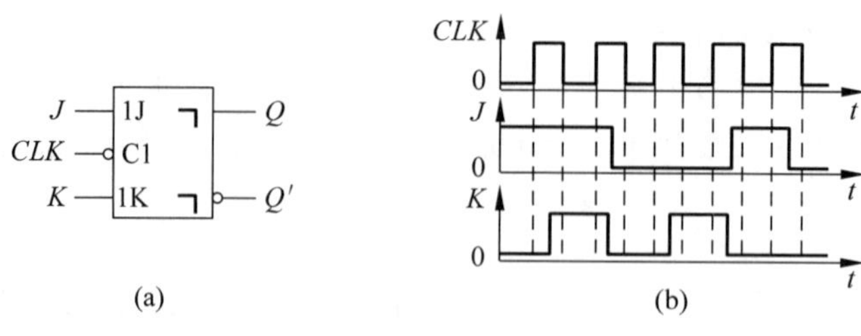

(a) (b)

图 P5.8

(5.4 时钟边沿触发的触发器)

题 5.9 画出图 P5.9(a)中边沿触发 D 触发器输出端 Q 和 Q' 的电压波形。时钟脉冲 CLK 和输入端 D 的电压波形如图 P5.9(b)所示。设触发器的初始状态为 $Q=0$。

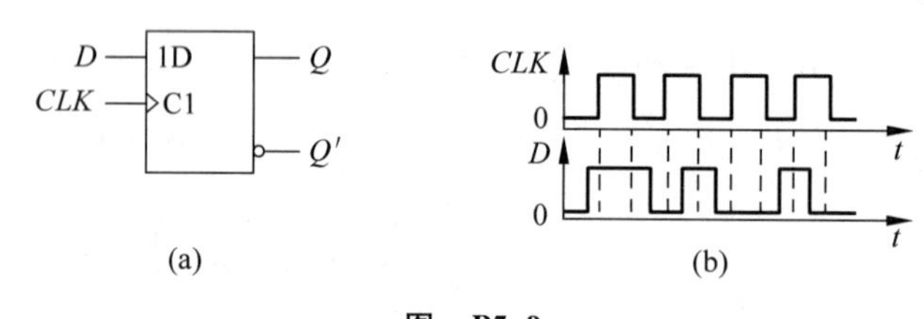

(a) (b)

图 P5.9

题 5.10 画出图 P5.10(a)中边沿触发 D 触发器输出端 Q 和 Q' 的电压波形。时钟脉冲 CLK 和输入端 D 的电压波形如图 P5.10(b)所示。设触发器的初始状态为 $Q=0$。

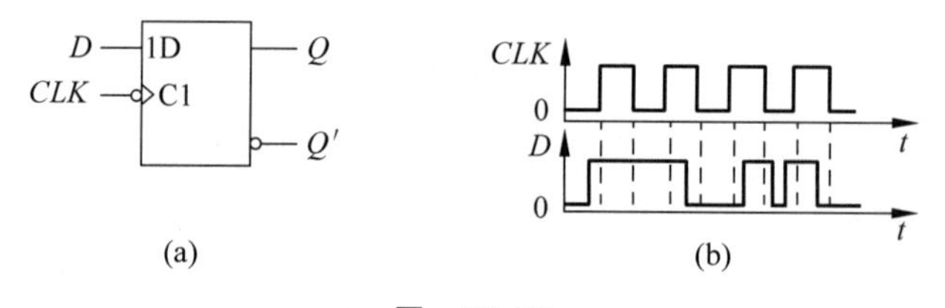

(a) (b)

图 P5.10

题 5.11 图 P5.11(a)是带有异步置零端的上升沿触发 D 触发器，CLK、R_D 和 D 端的电压波形如图 P5.11(b)中所给出。试画出触发器输出端 Q 对应的电压波形。

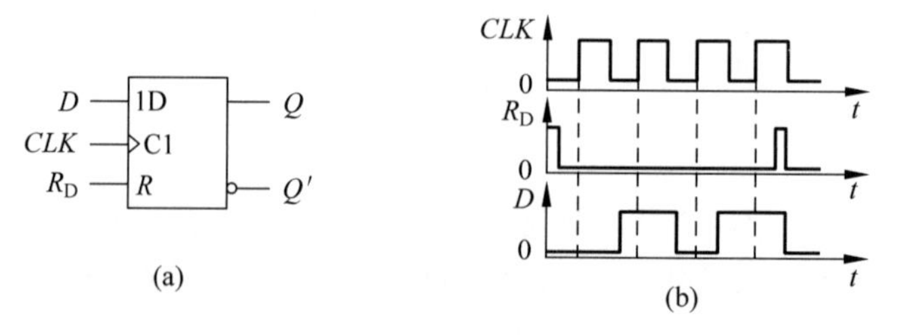

(a) (b)

图 P5.11

题 5.12 在图 P5.12(a)的下降触发 D 触发器中，已知时钟脉冲 CLK、输入端 D、异步置位输入端 S_D 和异步复位输入端 R_D 的电压波形如图 P5.12(b)所示，试画出输出端 Q 对应的电压波形。

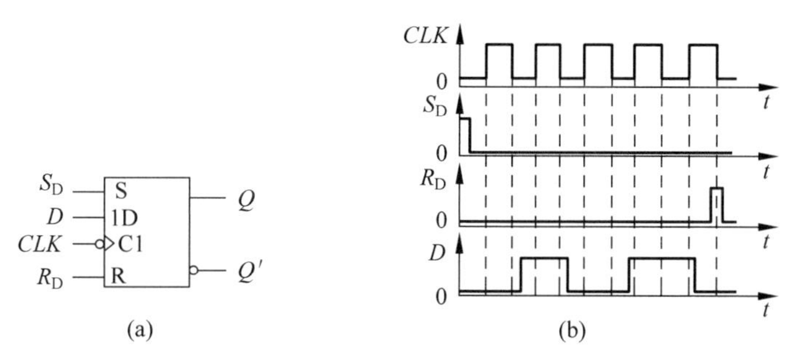

图 P5.12

（5.5 触发器逻辑功能的分类及逻辑功能的描述）

题 5.13 画出图 P5.13(a)中两个 D 触发器 FF_1 和 FF_2 的输出端 Q_1 和 Q_2 的电压波形。时钟脉冲 CLK 和输入端 D 的电压波形如图 P5.13(b)所示。设触发器的初始状态均为$Q=0$。

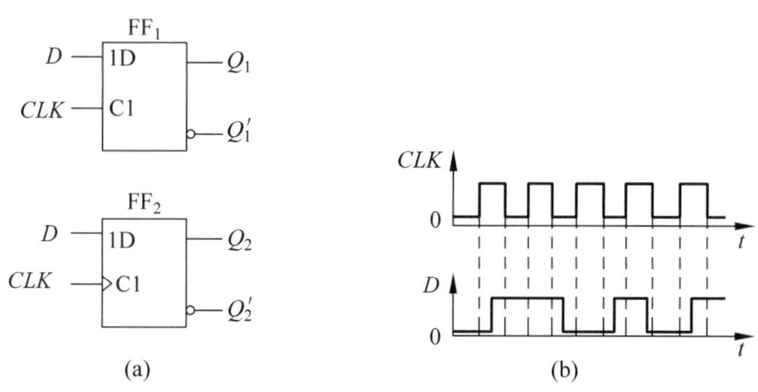

图 P5.13

题 5.14 画出图 P5.14(a)中两个 JK 触发器 FF_1 和 FF_2 的输出端 Q_1 和 Q_2 的电压波形。时钟脉冲 CLK、异步置零端 R_D'和输入端 J、K 的电压波形如图 P5.14(b)所示。设触发器的初始状态均为 $Q=0$。

题 5.15 画出图 P5.15(a)中两个 T 触发器 FF_1 和 FF_2 的输出端 Q_1 和 Q_2 的电压波形。时钟脉冲 CLK 和输入端 T 的电压波形如图 P5.15(b)所示。设触发器的初始状态均为 $Q=0$。

题 5.16 画出图 P5.16(a)中触发器 FF_a 和 FF_b 的输出 Q_a 和 Q_b 的电压波形。已知 CLK 及 T 的电压波形如图 P5.16(b)所示。设触发器的初始状态均为 $Q=0$。

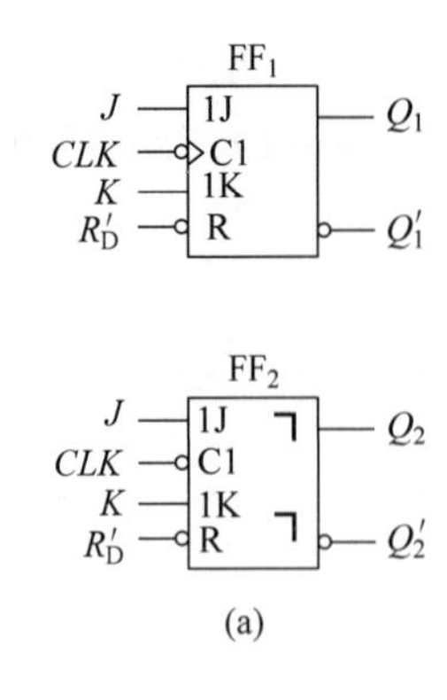

(a)

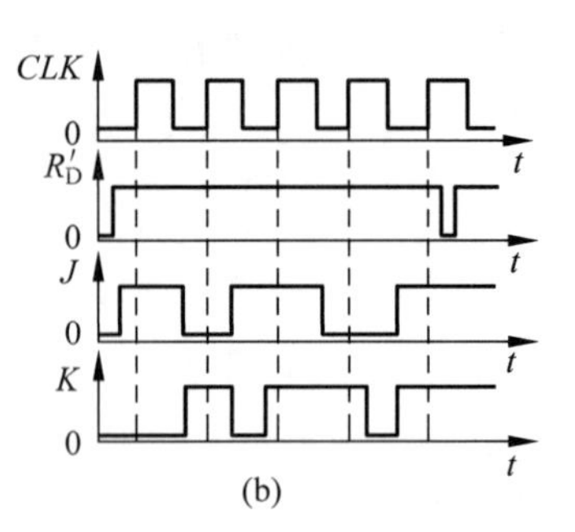

(b)

图　P5.14

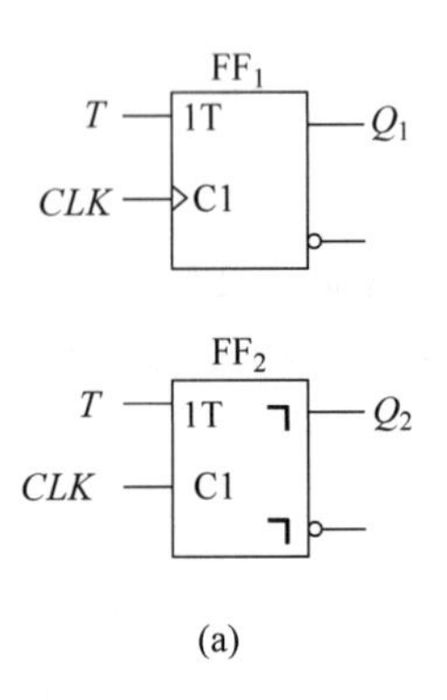

(a)

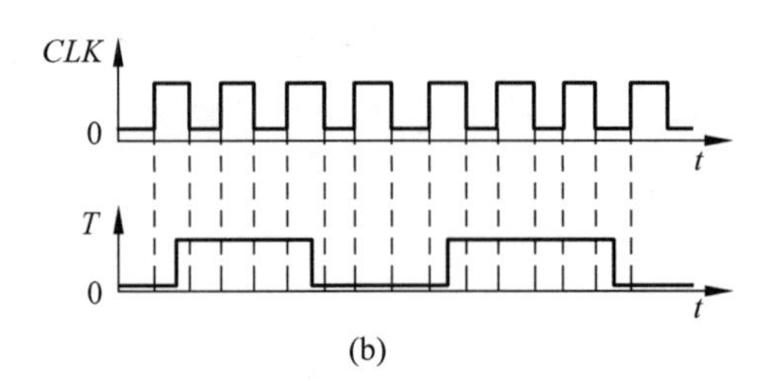

(b)

图　P5.15

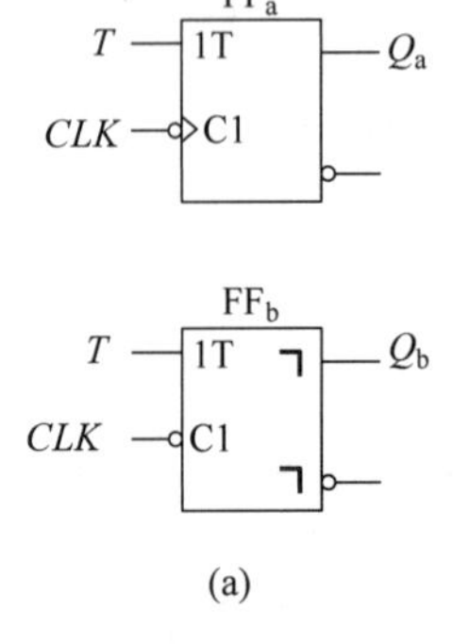

(a)

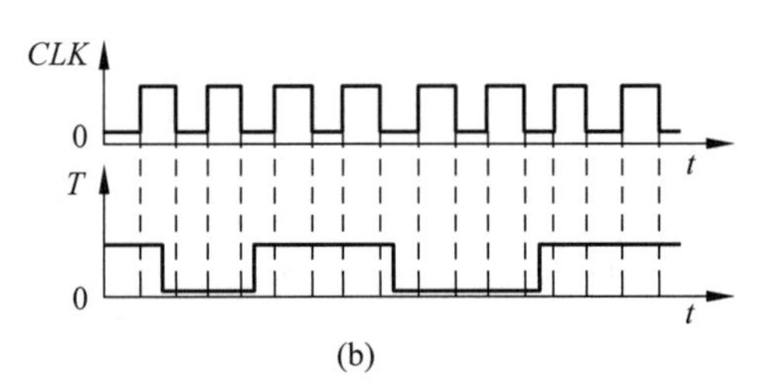

(b)

图　P5.16

题 5.17　写出图 P5.17(a)电路中表示触发器的次态 Q^* 与它的现态 Q 和输入 A、B 之间的逻辑函数式，并画出当 CLK 和 A、B 为图 P5.17(b)给定的电压波形时，Q 端对应的电压波形。设触发器的初始状态为 $Q=0$。

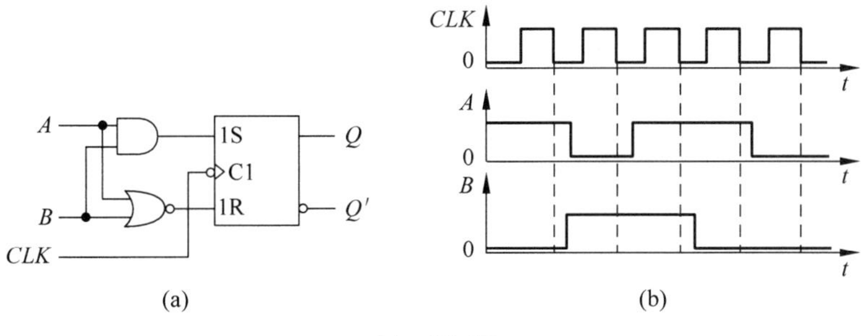

(a) (b)

图 P5.17

题 5.18 写出图 P5.18(a)电路中表示触发器的次态 Q^* 与它的现态 Q 和输入 A、B 之间关系的逻辑函数式，并画出当 CLK 和 A、B 为图 P5.18(b)给定的电压波形时，Q 端对应的电压波形。设触发器的初始状态为 $Q=0$。

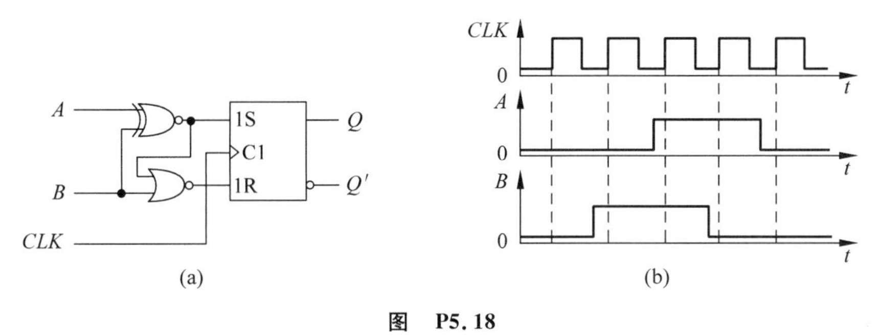

(a) (b)

图 P5.18

题 5.19 写出图 P5.19(a)电路中触发器次态 Q^* 与现态 Q 和输入 T 之间的逻辑函数式，并画出 Q 端的电压波形。CLK 与 T 端的电压波形如图 P5.19(b)所示。设触发器的初始状态为 $Q=0$。

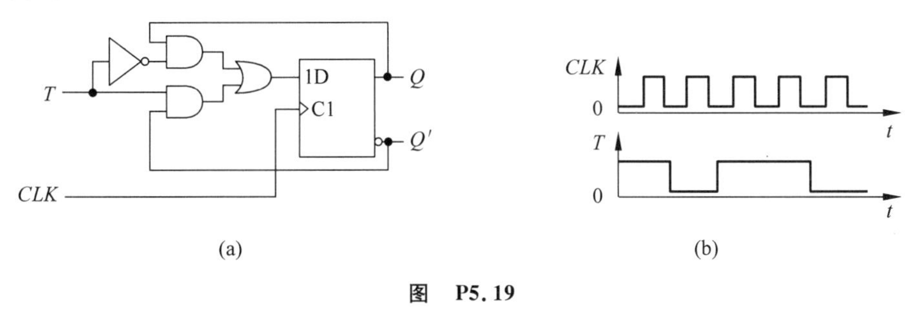

(a) (b)

图 P5.19

题 5.20 写出图 P5.20(a)电路中触发器次态 Q^* 与现态 Q 和 A、B 之间关系的逻辑函数式，并画出在图 P5.20(b)给定的输入电压波形下触发器输出的电压波形。设触发器的初始状态为 $Q=0$。

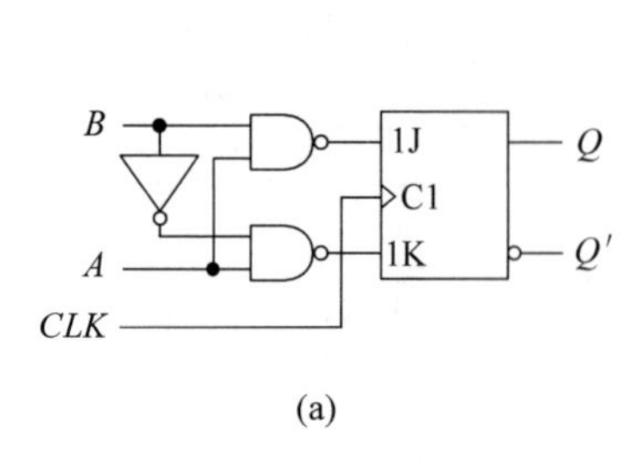

(a)

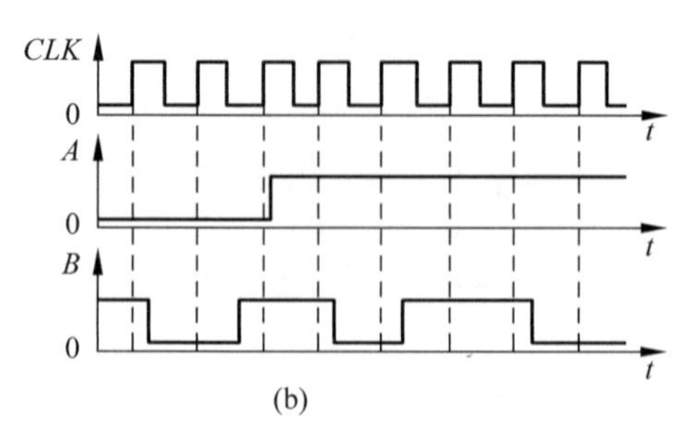

(b)

图 P5.20

题 5.21 写出图 P5.21(a)电路中触发器次态 Q^* 与输入 A、B 和现态 Q 之间关系的逻辑函数式，画出触发器输出端 Q 的电压波形。给定 CLK 及 A、B 的电压波形如图 P5.21(b)所示。设触发器的初始状态为 $Q=0$。

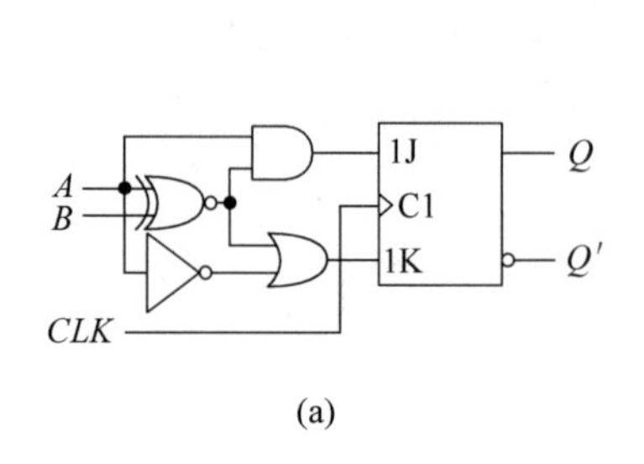

(a)

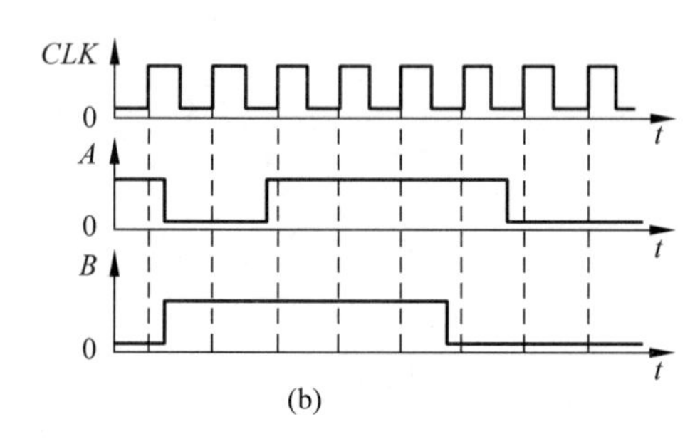

(b)

图 P5.21

题 5.22 用触发器和门电路设计一个三人抢答电路。每个抢答者和裁判员各控制一个按钮。抢答开始后首先按下按钮者将他控制的一个触发器置 1，以后其他人按下按钮不再能将所控制的触发器置 1。开始抢答以前，裁判应按动按钮将三个触发器全部置 0。

CHAPTER

第 6 章

时序逻辑电路

本章基本内容

- 时序逻辑电路逻辑功能和电路结构的特点
- 时序逻辑电路逻辑功能的描述方法
- 时序逻辑电路的分析方法和设计方法
- 几种常用的时序逻辑电路

6.1 时序逻辑电路的特点和逻辑功能的描述

在第4章中我们已经讲过，根据逻辑功能的特点可以将数字逻辑电路划分为组合逻辑电路和时序逻辑电路两大类。组合逻辑电路逻辑功能的特点是任意时刻的输出仅仅取决于当时的输入，而与电路过去的工作状态无关。与组合逻辑电路不同，时序逻辑电路任意时刻的输出不但与当时的输入有关，还与电路原来的状态有关，也就是还与过去的输入状况有关。这就是时序逻辑电路在逻辑功能上的特点。

图6.1.1中的串行加法器就是一个简单的时序逻辑电路。我们知道，在使用串行加法器将两个多位数相加时，是从低位到高位逐位相加的。每一位相加得到的和 S_i 不仅与本位的两个加数 A_i、B_i 有关，而且还与来自低位的进位输出 C_{i-1} 有关。为此，电路中用一个触发器记忆每一位相加时产生的进位 C_i，以备作高一位加法运算时使用。

从这个例子中可以看出，时序逻辑电路在电路结构上也有区别于组合逻辑电路的特点，就是它一定包含有存储电路，而且输出的状态不仅取决于输入状态，还同时取决于存储电路的状态。因此，我们可以把时序逻辑电路的结构框图画成图6.1.2的一般形式。图中以 $x_1 \sim x_i$ 表示一组输入变量，以 $y_1 \sim y_j$ 表示一组输出变量，以 $z_1 \sim z_k$ 表示存储电路的输入信号，以 $q_1 \sim q_l$ 表示存储电路的状态。

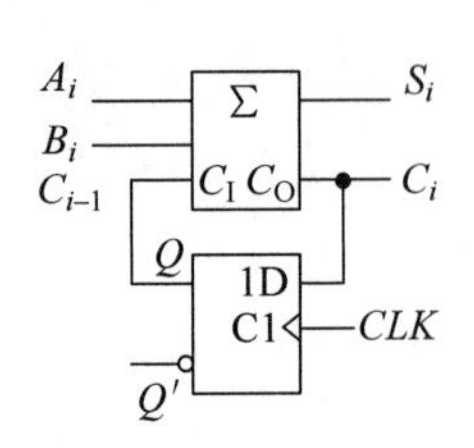

图 6.1.1 时序逻辑电路实例——串行加法器

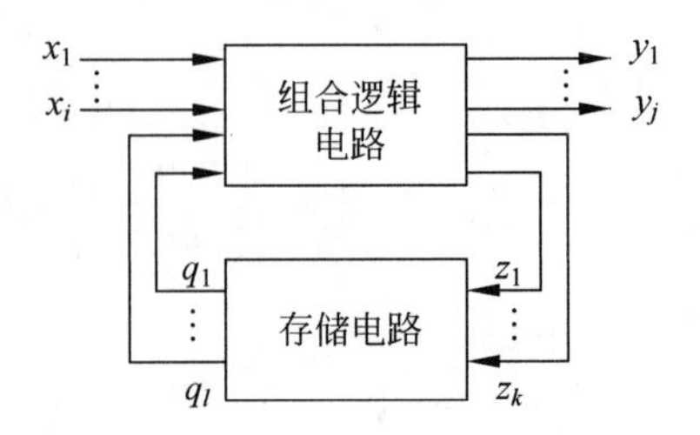

图 6.1.2 时序逻辑电路结构的一般形式

由图可见，为了完整地用逻辑函数式描述图 6.1.2 时序逻辑电路的功能，仅仅用一组方程式显然是不够的。这时需要用以下三个方程组来描述它的逻辑功能，即

$$\begin{cases} y_1 = f_1(x_1, x_2, \cdots, x_i, q_1, q_2, \cdots, q_l) \\ \vdots \qquad\qquad \vdots \\ y_j = f_j(x_1, x_2, \cdots, x_i, q_1, q_2, \cdots, q_l) \end{cases} \tag{6.1.1}$$

$$\begin{cases} z_1 = g_1(x_1, x_2, \cdots, x_i, q_1, q_2, \cdots, q_l) \\ \vdots \qquad\qquad \vdots \\ z_k = g_k(x_1, x_2, \cdots, x_i, q_1, q_2, \cdots, q_l) \end{cases} \tag{6.1.2}$$

$$\begin{cases} q_1^* = h_1(z_1, z_2, \cdots, z_k, q_1, q_2, \cdots, q_l) \\ \vdots \qquad\qquad \vdots \\ q_l^* = h_l(z_1, z_2, \cdots, z_k, q_1, q_2, \cdots, q_l) \end{cases} \tag{6.1.3}$$

通常将式(6.1.1)叫做输出方程，将式(6.1.2)叫做驱动方程(或激励方程)，将式(6.1.3)叫做状态方程。

因为存储电路的状态是用其中的触发器状态表示的，所以式(6.1.3)中的 $q_1 \sim q_l$ 表示每个触发器的现态，$q_1^* \sim q_l^*$ 表示每个触发器的次态。而式(6.1.2)中的 $z_1 \sim z_k$ 则表示每个触发器输入端的逻辑函数。

根据存储电路中所有的触发器是否同步动作，又将时序逻辑电路分为同步时序逻辑电路和异步时序逻辑电路。在同步时序逻辑电路中，所有触发器都是在同一个时钟操作下，状态转换是同步发生的。而在异步时序逻辑电路中，不是所有的触发器都使用同一个时钟信号，因而在电路转换过程中触发器的翻转不是同步发生的，在时间上有先有后。此外，在实际应用当中，并不是每个具体的时序逻辑电路都必须具备图 6.1.2 和式(6.1.1)～式(6.1.3)所表述的标准形式。

例如在一类时序逻辑电路中，输出只取决于存储电路的状态，这时输出方程可简化成如下形式

$$\begin{cases} y_1 = f_1(q_1, q_2, \cdots, q_l) \\ \vdots \qquad\qquad \vdots \\ y_j = f_j(q_1, q_2, \cdots, q_l) \end{cases} \tag{6.1.4}$$

我们把这一类时序电路叫做穆尔(Moore)型电路。与之相对应地，把符合式(6.1.1)标准形式的电路(即输出不仅与当时的输入有关，而且与存储电路的状态有关)叫做米里(Mealy)型电路。

另外，在有的时序电路中也可以没有输入逻辑变量。这种电路在工作时，电路的状态会在时钟信号的不断作用下按照一定的顺序循环变化。后面将要讲到的有些计数器就属于这一种。

复习思考题

R6.1.1 时序逻辑电路和组合逻辑电路在逻辑功能上有何不同?

R6.1.2 时序逻辑电路和组合逻辑电路在电路结构上有何不同?

R6.1.3 同步时序逻辑电路和异步时序逻辑电路有什么区别?

6.2 时序逻辑电路的分析方法

上一节里讲过，为了完整地描述时序逻辑电路的逻辑功能，需要用驱动方程、状态方程和输出方程这三组方程式。分析一个用逻辑图给出的时序逻辑电路，就是要找出它的这三组方程。

下面我们通过一个例子来讨论一下应当如何分析一个时序逻辑电路。

例 6.2.1 分析图 6.2.1 给出的同步时序逻辑电路，写出它的驱动方程、状态方程和输出方程。

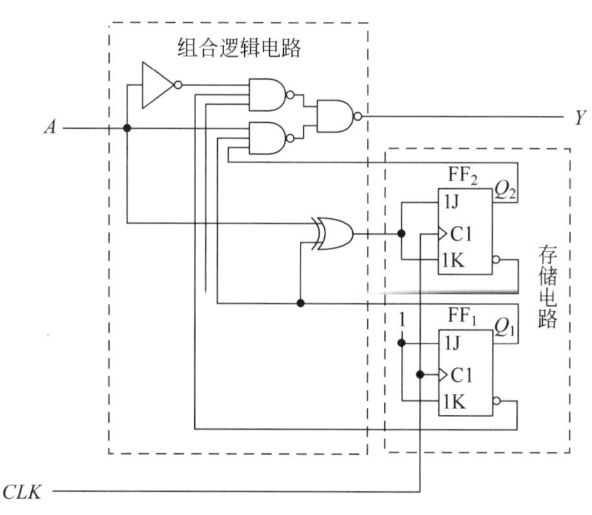

图 6.2.1 例 6.2.1 的时序逻辑电路

解 首先写存储电路的驱动方程。因为它是由每个触发器输入端的逻辑方程组成的，所以从图上即可得到两个触发器 FF_1 和 FF_2 的驱动方程

$$\begin{cases} J_1 = K_1 = 1 \\ J_2 = K_2 = A \oplus Q_1 \end{cases} \tag{6.2.1}$$

将每个触发器的驱动方程代入 JK 触发器的特性方程 $Q^* = JQ' + K'Q$，于是得到状态方程

$$\begin{cases} Q_1^* = J_1 Q_1' + K_1' Q_1 = Q_1' \\ Q_2^* = J_2 Q_2' + K_2' Q_2 = A \oplus Q_1 \oplus Q_2 \end{cases} \tag{6.2.2}$$

从电路图中还可以直接写出输出方程为

$$\begin{aligned} Y &= ((AQ_1Q_2)'(A'Q_1'Q_2')')' \\ &= AQ_1Q_2 + A'Q_1'Q_2' \end{aligned} \tag{6.2.3}$$

至此我们就得到了图 6.2.1 电路的驱动方程、状态方程和输出方程了。

虽然从理论上讲，这三个方程已经完整地说明了电路的逻辑功能，但仍不够直观。其原因在于每一时刻电路的状态和输出都和电路的前一个状态有关。因此，只有将电路每个状态下的输出和它的次态全部展现出来，才能直观地看出电路所实现的逻辑功能。

为此，我们经常需要将时序逻辑电路的方程组，转换为状态转换表、状态转换图或时序图的描述方式。下面我们分别介绍这几种描述方法。

首先讨论如何从方程组求出电路的状态转换表。我们可以取电路的任何一种状态（例如取 $Q_1Q_2=00$）为初态，将它代入状态方程和输出方程，求出在各种输入取值下电路的次态和现态下的输出。再以得到的次态作为新的初态，求出在各种输入取值下电路的次态和现态下的输出。将这些状态和输出依次列表，就得到了电路的状态转换表，如表 6.2.1 所示。表格内填写的是在给定 Q_1Q_2 和 A 的取值下 $Q_1^*Q_2^*$ 和 Y 的取值。

表 6.2.1 图 6.2.1 电路的状态转换表

2 1 2* 1*	00	01	10	11
0	01/1	10/0	11/0	00/0
1	11/0	00/0	01/0	10/1

为了更加直观，有时还将状态转换表画成状态转换图的形式。图 6.2.2 是根据表 6.2.1 画出的状态转换图。在状态转图中，每个圆圈表示电路的一个状态，圆圈内的数字是这个状态的编码。图中的箭头表示电路状态转换的去向，箭头旁边标注的数字表示现态下的输入和输出。

此外，我们还可以将电路的状态和输出在一系列时钟信号作用下随时间的变化画成时序图。这种时序图可以通过实验观察来检验。

图6.2.3是图6.2.1电路的时序图。它给出了在时钟脉冲 CLK 连续作用下 Q_1、Q_2 和 Y 的电压波形。

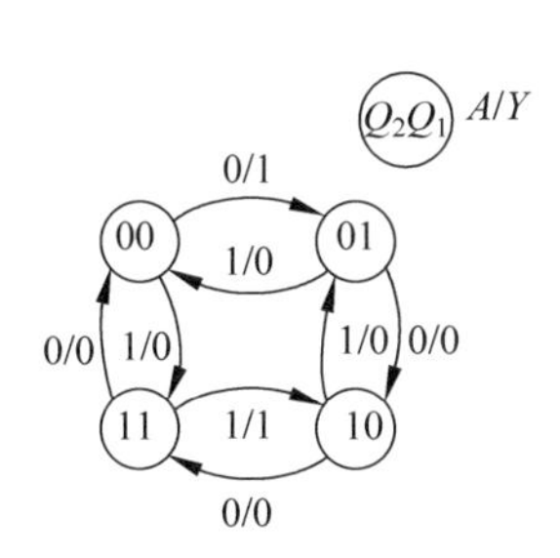

图6.2.2 图6.2.1电路的状态转换图

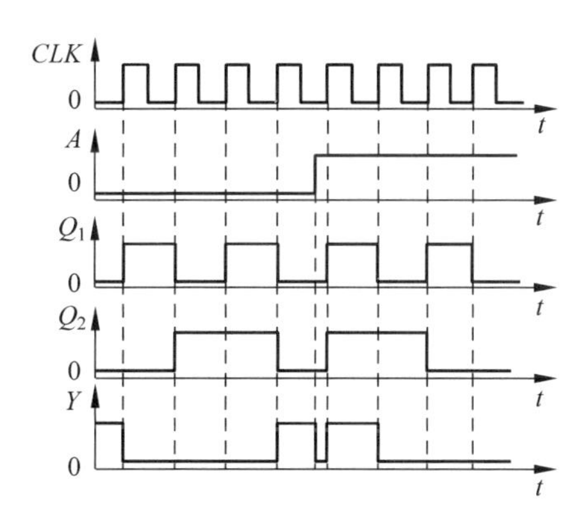

图6.2.3 图6.2.1电路的时序图

从以上分析过程可见，描述时序逻辑电路逻辑功能的方法除了可以用逻辑方程式以外，还可以用状态转换表、状态转换图和时序图。

通过例6.2.1我们可以总结出分析时序逻辑电路的一般方法和步骤：

（1）根据给定的逻辑图写出存储电路中每个触发器输入端的逻辑函数式，得到电路的驱动方程。

（2）将每个触发器的驱动方程代入它的特性方程，得到电路的状态方程。

（3）从逻辑图写出输出方程。

到这一步为止，用得到的驱动方程、状态方程和输出方程已经可以全面描述电路的逻辑功能了。

（4）为了能更加直观地显示电路的逻辑功能，还可以从方程式求出电路的状态转换表，画出电路的状态转换图或时序图。

以上归纳的只是一般的分析方法，在分析每个具体的电路时不一定都需要按上述步骤按部就班地进行。例如对于一些简单的电路，有时可以直接列出状态转换表并得到状态转换图。

此外，在分析异步时序逻辑电路时，原则上仍然可以按上述步骤进行。不过由于异步时序逻辑电路中的触发器不是共用同一个时钟信号，所以每次电路状态发生转换时，不一定每一个触发器都有时钟信号到达，而且加到不同触发器上的时钟信号在时间上也可能有先有后。而只有在时钟信号到达时，触发器才会按照状态方程决定的次态翻转，否则触发器的状态将保持不变。因此，在每次电路状态转换时，必须首先确定每一个触发器是否会有时钟信号到达以及到达的时间，然后才能按状态方程确定它的次态。显然，异步时序逻辑电路的分析要比同步时序逻辑电路的分析更复杂一些[①]。

复习思考题

R6.2.1　你能否说出分析时序逻辑电路的一般方法和步骤？

R6.2.2　时序逻辑电路逻辑功能的描述方式有哪几种？

R6.2.3　怎样从时序逻辑电路的方程式求得电路的状态转换表和状态转换图？

6.3　常用的时序逻辑电路

和组合逻辑电路类似，在时序逻辑电路中也有一些模块电路在各种应用场合经常出现。这些模块电路同样地被做成了标准化的中规模集成电路，并作为 EDA 软件中的标准模块，存储在元器件库中。这些模块电路主要是寄存器和计数器两大类。

6.3.1　寄存器

寄存器用于存储二值信息代码。由 n 个触发器组成的寄存器能存储一组 n 位的二值代码。由于只要求每个触发器具备置 1(记忆)和置 0(清除)功能即可，所以无论使用电平触发的触发器还是使用脉冲触发或边沿触发的触发器都可以组成寄存器。

图 6.3.1(a)是用边沿触发 D 触发器组成的四位寄存器 74LS175。每当 CLK 的上升沿到达时，这一瞬间加到 $D_0D_1D_2D_3$ 的一组数据便被存入四个触发器中，并一直保存到下一个 CLK 上升沿到达时为止。此外，在电路中还设置了异步置 0 输入端 R_D'。当出现$R_D'=0$ 的信号时，所有的触发器立刻被置 0，置 0 操作不受 CLK 的控制。

图 6.3.1(b)的 74LS75 也是四位寄存器。与 74LS175 的不同在于它使用的是四个电平触发的触发器。由电平触发方式的特点可知，在 CLK 高电平的全部时间里输出一直随输入状态而变化。在 CLK 回到低电平以后，触发器的输出将保持 CLK 回到低电平前瞬间所获得的状态。根据上述动作特点，也把这种由电平触发的触发器构成的寄存器叫做“透明寄存器”。

① 可参阅参考文献[1]第 6.2.3 节。

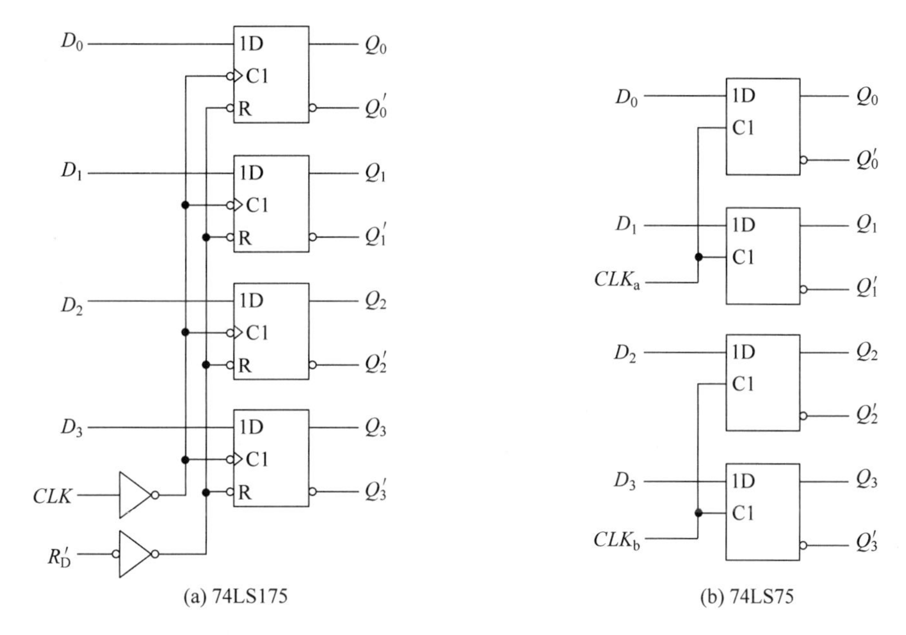

图 6.3.1 四位寄存器 74LS175 和 74LS75 的逻辑图

6.3.2 移位寄存器

移位寄存器不仅具有存储功能,而且存储的数据能在时钟信号作用下在寄存器中逐位左移或右移。

图 6.3.2 是由边沿触发 D 触发器构成的四位移位寄存器。除了 FF_0 的 D 输入端接串行数据输入信号 D_I 以外,其余三个触发器的输入端都接到了左边触发器的输出端上。

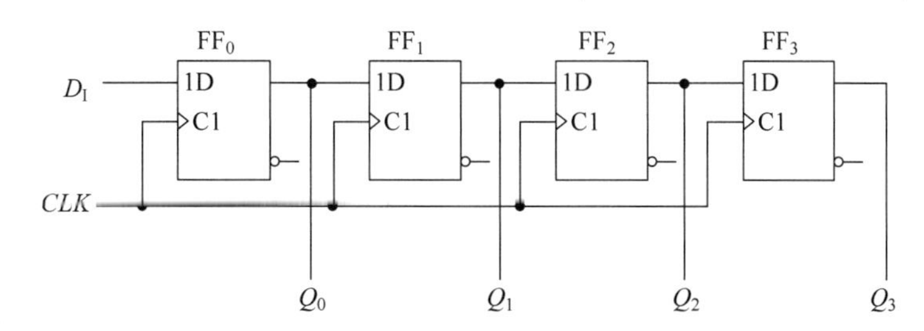

图 6.3.2 用上升沿触发 *D* 触发器接成的四位移位寄存器

由于触发器的状态翻转存在着传输延迟时间,因而 CLK 的上升沿到达以后,需要经过一定的延迟时间以后输出的状态才能改变。因此,当 CLK 的上升沿同时加到所有的触发器上时，$FF_1 \sim FF_3$ 输入端接收的信号都是左边触发器原来的状态。因此，$FF_1 \sim FF_3$ 都按左边触发器原来的状态翻转，即 $FF_0 \sim FF_2$ 中原来的数据依次向右移动一位。与此同时，D_1 的数据移入 FF_0 中，FF_3 原来的数据“溢出”而消失。

不难看出，经过四个时钟信号周期以后，就可以将四位串行数据转换为 $Q_3Q_2Q_1Q_0$ 输出的四位并行数据。反之，如果事先将 $Q_3Q_2Q_1Q_0$ 置成某种状态，例如 1010，则连续输入四个时钟信号时，即可在 Q_3 端得到四位串行输出的数据 1010。因此，移位寄存器经常用来实现数据的串行→并行和并行→串行转换。

在制成标准化的中规模集成电路产品时，为增加电路的通用性和使用灵活性，通常都还有一些附加功能。以双向移位寄存器 74LS194A 为例，它除了具有左移位、右移位功能以外，还具有并行数据输入和在时钟信号到达时保持原来状态不变等功能。

图 6.3.3 是 74LS194A 的逻辑图。图中每个触发器的输入都是由一个四选一数据选择器给出的。以触发器 FF_1 为例，由图可以写出它的驱动方程为

$$\begin{cases} S = Y \\ R = Y' \end{cases} \tag{6.3.1}$$

将上述驱动方程代入 SR 触发器的特性方程，得到 FF_1 状态方程

$$Q_1^* = S + R'Q_1 = Y$$

上式中的 Y 是四选一数据选择器的输出。从图 6.3.3 中可以写出

$$Y = S_1'S_0'Q_1 + S_1'S_0Q_0 + S_1S_0'Q_2 + S_1S_0D_1 \tag{6.3.2}$$

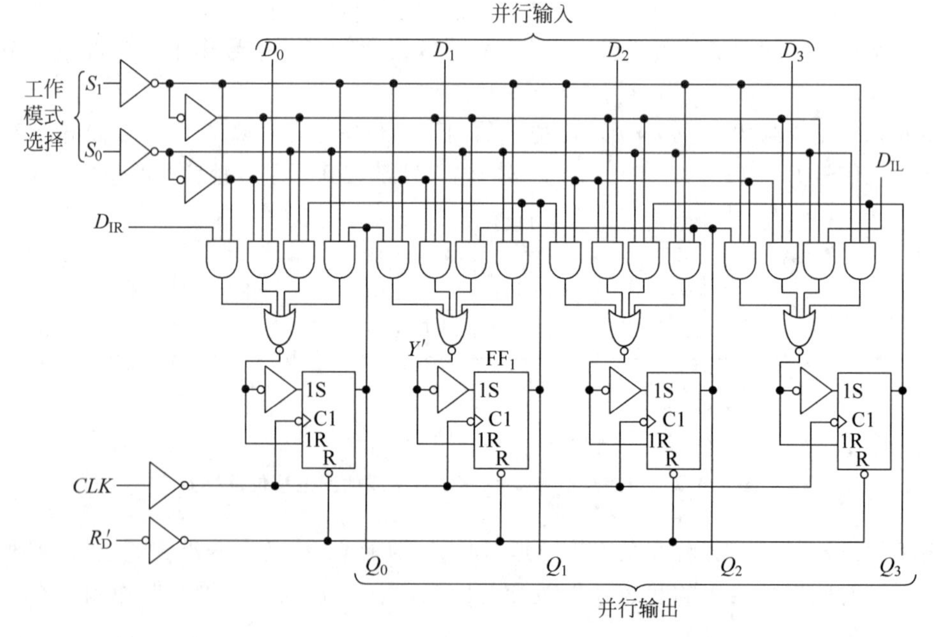

图 6.3.3 双向移位寄存器 74LS194A 的逻辑图

故得到

$$Q_1^* = S_1'S_0'Q_1 + S_1'S_0Q_0 + S_1S_0'Q_2 + S_1S_0D_1 \tag{6.3.3}$$

上式说明，当 $S_1S_0=00$ 时，$Q_1^*=Q_1$，电路工作在"保持"模式；

当 $S_1S_0=01$ 时，$Q_1^*=Q_0$，电路工作在"右移"模式；

当 $S_1S_0=10$ 时，$Q_1^*=Q_2$，电路工作在"左移"模式；

当 $S_1S_0=11$ 时，$Q_1^*=D_1$，电路工作在"并行输入"模式。

其他三个触发器的工作情况与 FF_1 类同。区别仅在于"右移"模式时 FF_0 的输入是 D_{IR}，"左移"模式时 FF_3 的输入是 D_{IL}。此外，电路上还设置了异步置零端 R_D'。只要 R_D'一出现低电平，所有的触发器立刻被置零，而不受时钟信号的控制。

将上述的分析结果列成功能表的形式，就得到了表 6.3.1 的功能表。

表 6.3.1 双向移位寄存器 74LS194A 的功能表

R_D'	S_1	S_0	工作模式
0	×	×	置零
1	0	0	保持
1	0	1	右移
1	1	0	左移
1	1	1	并行输入

复习思考题

R6.3.1 在移位寄存器当中，若触发器的传输延迟时间等于零，电路能否可靠工作？

R6.3.2 在图 6.3.2 的移位寄存器中，如果把触发器改成电平触发的 D 触发器，电路能否正常工作？

6.3.3 计数器

计数器是各种实用数字系统中最常见的一种时序逻辑电路，广泛地用于计数、定时和分频等场合。所有的计数器都有一个共同的工作特点，就是在时钟信号的不断作用下，电路的状态将按一定的顺序循环变化。因此，可以用电路的不同状态表示已经输入的时钟脉冲数目，故而将这种电路称为计数器。这时的 CLK 就是计数器的计数输入脉冲。

计数器电路的种类很多，有各种不同的分类方法。按照其中的触发器是否同步动作，可以把计数器分为同步计数器和异步计数器；按照计数器过程中计数器里数值是递增的还是递减的，又可以将计数器分为加法计数器和减法计数器，等等。

1. 异步计数器

首先介绍一种最简单的计数器—异步二进制加法计数器。

根据二进制加法运算规则，在二进制数的任何一位上加 1 时，这一位都一定改变状态(若原来为 0 则变为 1，若原来为 1 则变为 0)。同时，在由 1 变 0 的情况下应给出向高位的进位。根据这个原理，我们就可以接成图 6.3.4 的三位二进制加法计数器了。

图 6.3.4 所示电路由三个 T 触发器组成，并且全部接成 $T=1$ 状态，每当 CLK 上升沿到达时触发器都将翻转(即 $Q^*=Q'$)。计数器输入脉冲接到最低位触发器 FF_0 的 CLK 端，所以每输入一个计数脉冲时都在末位上加 1。由于将 FF_0 的 Q' 接到了 FF_1 的 CLK 输入端上，所以当 FF_0 由 1 变 0 时，它的 Q' 端从低电平到高电平的正跳变正好作为 FF_0 向 FF_1 的进位信号，使 FF_1 翻转。同理，FF_1 的 Q' 端输出的正跳变可以作为 FF_1 向 FF_2 的进位信号。当连续输入计数脉冲时，电路的状态($Q_2Q_1Q_0$)便按图 6.3.5 的状态转换图循环工作。

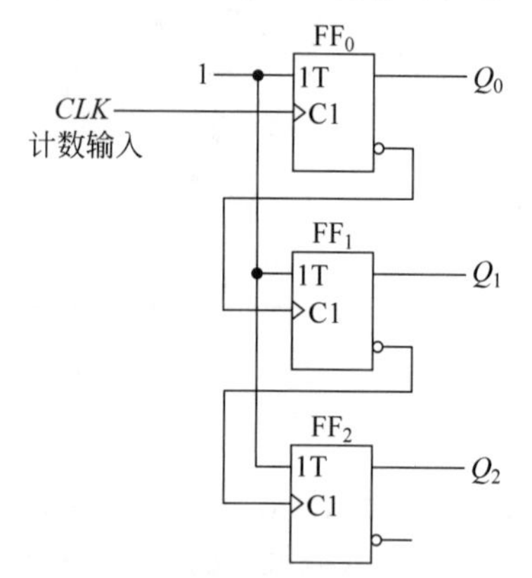

图 6.3.4　异步二进制加法计数器

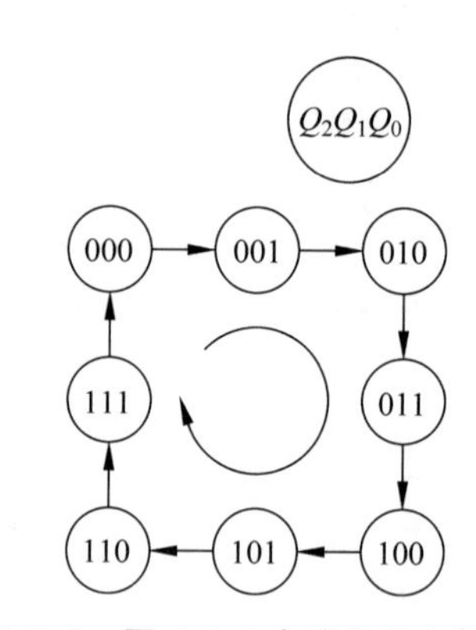

图 6.3.5　图 6.3.4 电路的状态转换图

因为在状态循环过程中 $Q_2Q_1Q_0$ 的取值是按二进制数递增的，所以把这种计数器叫做“二进制加法”计数器。同时，把计数循环的状态数称为计数器的“模”数(图 6.3.4 电路称为模 8 计数器)；把计数器能计到的最大数值称为计数器的计数容量(图 6.3.4 计数器的计数容量为 $2^3-1=7$)。因此，n 位二进制计数器的模为 2^n，计数容量为 2^n-1。

由图 6.3.4 还可以看到，每次在最低位加 1 时，从低位到高位的进位是逐位产生和传递的，所以触发器不是同时动作的。因此，这是一个异步计数器。

异步计数器的优点是电路结构非常简单，除了触发器以外，不需要附加任何其他电路单元。然而它的缺点也是很突出的。首先，它的工作速度很慢。由于进位信号是逐级传递的，所以每次输入计数脉冲以后，必须等待从最低位到最高位的进位传递时间以后，才能保证电路转入了新的稳定状态。其次，由于各个触发器的动作时间有先有后，在将电路状态译码时容易产生尖峰脉冲噪声，正如我们在第 4 章中所提到的那样。

如果将低位触发器的 Q 端接到高位触发器的 CLK 输入端，如图 6.3.6 所示，则可构成异步二进制减法计数器。若任何一位原来是 0，则减 1 时不仅这一位要改变状态，同时还需向高位输出借位信号，使高位翻转。因此，低位由 0 变 1 时，Q 端的上升沿正好可以作为高位的 CLK 信号。

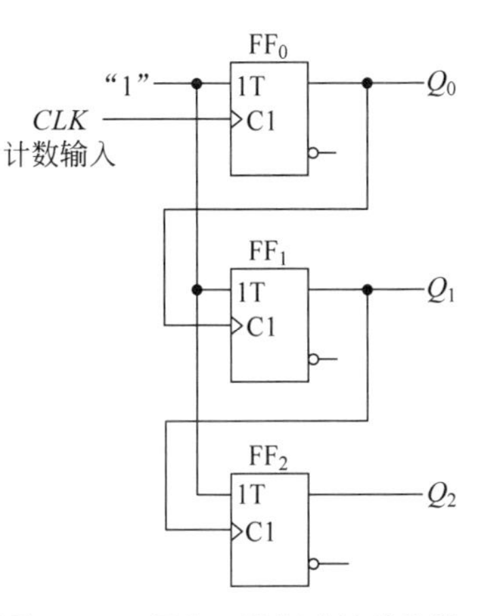

图 6.3.6　异步二进制减法计数器

2. 同步计数器

(1) 同步二进制计数器

为了提高计数器的工作速度，必须设法省去进位信号逐级传递所占用的时间，使所有的触发器在计数输入脉冲到来时同步动作，这就必须采用同步计数器。

在同步计数器中，作为计数输入的时钟脉冲同时加到所有的触发器上，而每一位触发器是否应当翻转，可以由比它低的各位数值事先判定。

例如原有的二进制数为 101011，下一个时钟信号到来时应当在它的末位上加 1，于是得到

$$\begin{array}{r} 101\,011 \\ +\qquad\quad 1 \\ \hline 101\,100 \end{array}$$

从这个例子中可以看到，在作加 1 运算时，对于多位二进制数中的任何一位而言，若以下各位同时为 1，则它一定翻转(1 变 0 或者 0 变 1)；否则，这一位应保持不变。

如果用 T 触发器接成同步二进制计数器，则每输入一个时钟脉冲时最低位都应当翻转，所以 T_0 应始终等于 1。其他任何一位 T 端的方程式应为

$$T_i = Q_{i-1}Q_{i-2}\cdots Q_1Q_0 \tag{6.3.4}$$

根据上式我们就得到了图 6.3.7 的电路。

从图 6.3.7 可以写出电路的驱动方程、状态方程和输出方程

$$\begin{cases} T_0 = 1 \\ T_1 = Q_0 \\ T_2 = Q_0Q_1 \\ T_3 = Q_0Q_1Q_2 \end{cases} \tag{6.3.5}$$

将上式代入 T 触发器的特性方程 $Q^* = TQ' + T'Q$，于是得到电路的状态方程

$$\begin{cases} Q_0^* = Q_0' \\ Q_1^* = Q_0Q_1' + Q_0'Q_1 \\ Q_2^* = Q_0Q_1Q_2' + (Q_0Q_1)'Q_2 \\ Q_3^* = Q_0Q_1Q_2Q_3' + (Q_0Q_1Q_3)'Q_3 \end{cases} \tag{6.3.6}$$

从图上还可以直接写出电路的输出方程

$$C = Q_3Q_2Q_1Q_0 \tag{6.3.7}$$

C为进位输出端。在循环计数过程中，每当电路进入1111状态时，C端输出高电平的进位信号。

取电路的任何一个状态为初态，代入式(6.3.6)和式(6.3.7)求出次态和输出，再以得到的次态作为初态，重复做下去，即可得到电路的状态转换表，并画出图6.3.8的电路状态转换图。

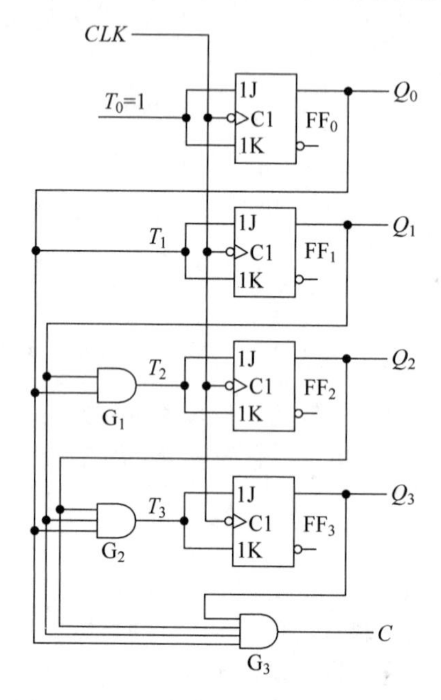

图6.3.7　同步四位二进制加法计数器

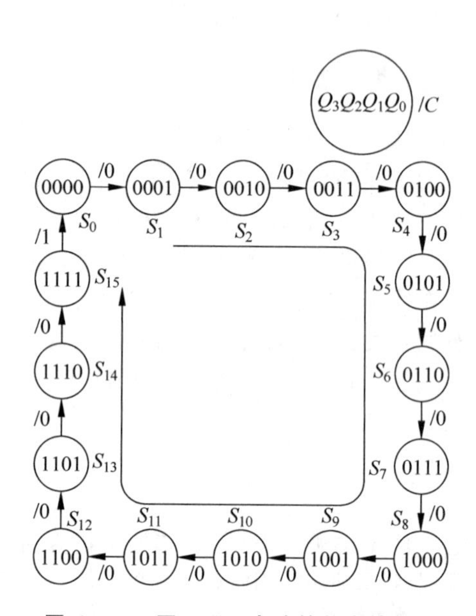

图6.3.8　图6.3.7电路的状态转换图

设电路的初始状态为$Q_3Q_2Q_1Q_0=0000$，在时钟信号连续作用下Q_3、Q_2、Q_1、Q_0和C的电压波形将如图6.3.9所示。不难发现，Q_0、Q_1、Q_2和Q_3端输出脉冲的频率依次为计数输

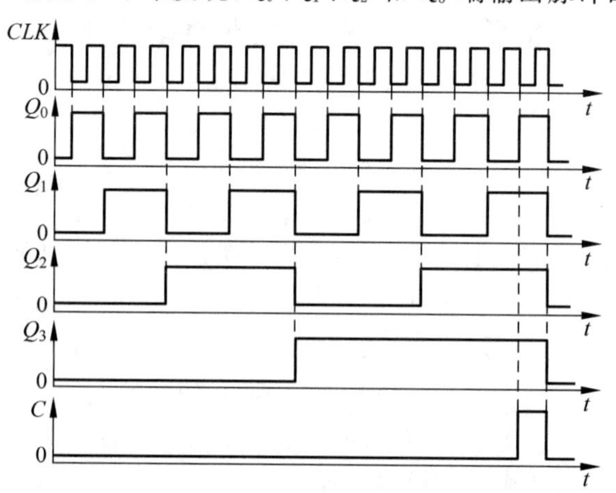

图6.3.9　图6.3.7电路的时序图

入脉冲频率的1/2、1/4、1/8和1/16，因此有时也把计数器叫做分频器。由于每输入16个计数输入脉冲(也就是CLK信号)在C端产生一个进位输出脉冲，所以又把这个电路叫做十六进制计数器。

在将计数器做成标准化的中规模集成电路时，通常都增设了一些附加控制端，以扩展电路的功能，提高应用的灵活性。图6.3.10是TI公司生产的同步四位二进制(十六进制)计数器SN74163的逻辑框图。通过给定EP、ET的代码，可以使电路工作在计数、保持、并行输入中的任何一种模式，如表6.3.2所示。

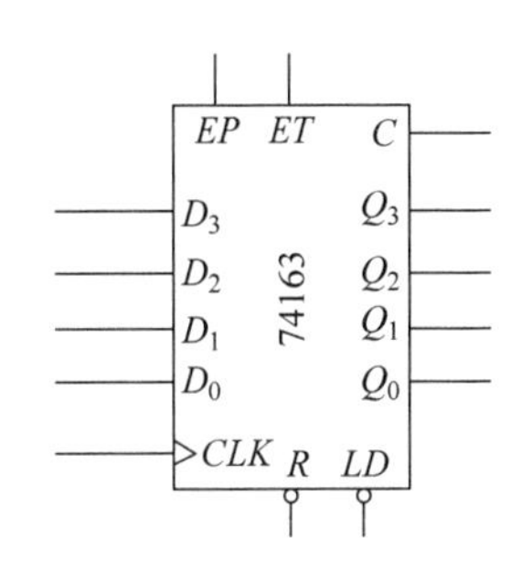

图6.3.10 同步十六进制计数器SN74163的逻辑框图

表6.3.2 SN74163的功能表

CLK	R'	LD'	EP	ET	工作模式
↑	0	×	×	×	置零
↑	1	0	×	×	预置数
×	1	1	0	1	保持
×	1	1	×	0	保持(C=0)
↑	1	1	1	1	计数

SN74163采用了同步置0方式。和异步置0方式不同，在同步置0方式中，由于R'信号没有加到各触发器的异步置0输入端，而是加到每个触发器的J、K输入端上，所以当R'出现低电平时并不能立即将所有的触发器置0，必须等CLK的上升沿到达后，才能将所有的触发器置0。在表6.3.2给出的SN74163功能表中，用CLK一列里的↑表示只有CLK上升沿到达时$R'=0$的信号才起作用。

在同步二进制计数器中，同样也能接成减法计数器。根据二进制减法运算规则，当我们对多位二进制数减1时，若第i位以下各位全都为0时，则第i位应当翻转，否则应保持不变。如果仍然用T触发器组成减法计数器，我们就得到每一位触发器的驱动方程为

$$T_i = Q'_{i-1}Q'_{i-2}\cdots Q'_1Q'_0 \tag{6.3.8}$$

因为最低位触发器每次都一定要翻转，所以T_0始终等于1。根据式(6.3.8)接成的同步二进制减法计数器如图6.3.11所示。

图中的B端为借位输出端。每当电路进入0000状态时，B端输出高电平信号，下一个时钟脉冲到来后，电路转为1111状态，B端回到低电平。我们同样可以写出图6.3.11路的驱动方程、状态方程和输出方程，并画出如图6.3.12所示的电路的状态转换图。

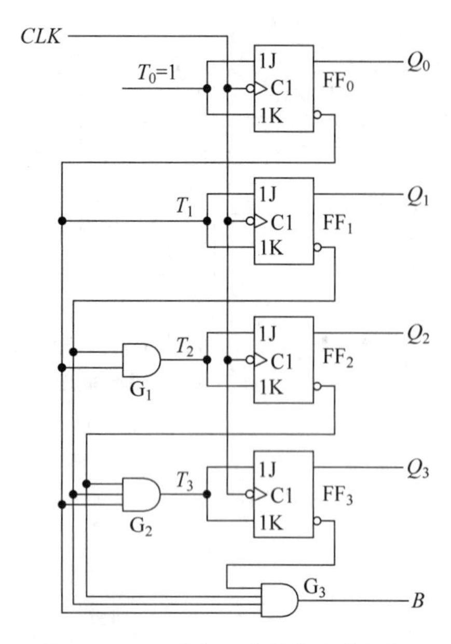

图 6.3.11　同步二进制减法计数器

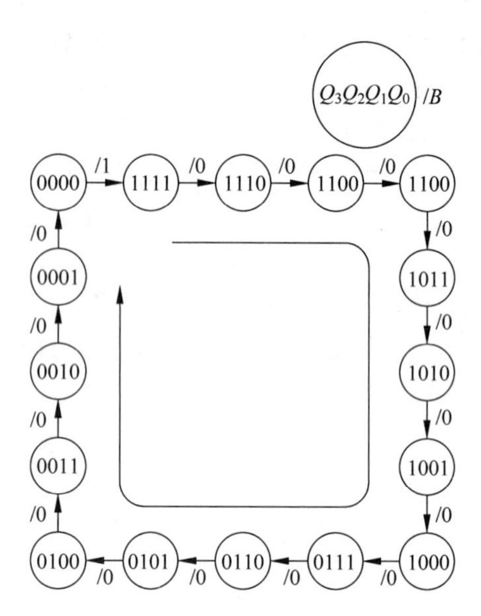

图 6.3.12　图 6.3.11 电路的状态转换图

(2) 同步十进制计数器

在同步十六进制加法计数器的基础上略加修改，又可以形成同步十进制加法计数器，如图 6.3.13 所示。

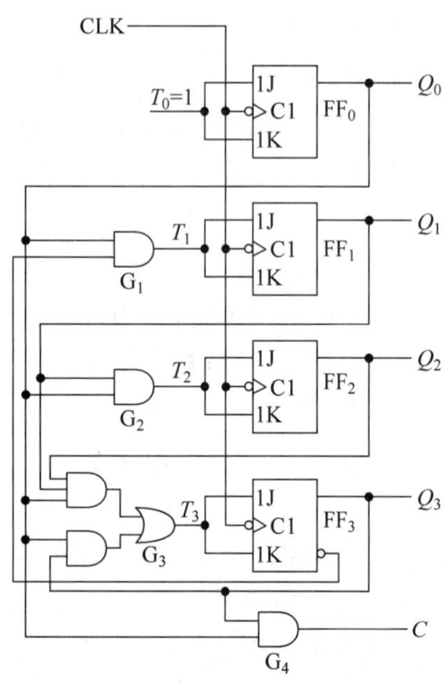

图 6.3.13　同步十进制加法计数器

当这个电路从 $Q_3Q_2Q_1Q_0=0000$ 开始计数时，直到输入 9 个时钟脉冲使电路计成 1001，和前面所讲的同步十六进制计数器的工作过程完全相同。但是电路进入 1001 状态以后，由于 Q_3' 的低电平接到了 G_1 的输入上，Q_3 和 Q_0 的高电平加到了 G_3 的一组输入上，使电路处于 $T_0=1$、$T_1=0$、$T_2=0$、$T_3=1$ 的状态，于是在第 10 个计数输入脉冲到达后，电路返回 0000 状态，从而跳跃了 1010～1111 这 6 个状态，得到十进制计数器。

从图 6.3.13 写出它的驱动方程为

$$\begin{cases} T_0 = 1 \\ T_1 = Q_0 Q_3' \\ T_2 = Q_0 Q_1 \\ T_3 = Q_0 Q_1 Q_2 + Q_0 Q_3 \end{cases} \tag{6.3.9}$$

将驱动方程代入 T 触发器的特性方程 $Q^* =$

$TQ'+T'Q$，得到状态方程

$$\begin{cases} Q_0^* = Q_0' \\ Q_1^* = Q_0 Q_3' Q_1' + (Q_0 Q_3')' Q_1 \\ Q_2^* = Q_0 Q_1 Q_2' + (Q_0 Q_1)' Q_2 \\ Q_3^* = (Q_0 Q_1 Q_2 + Q_0 Q_3) Q_3' + (Q_0 Q_1 Q_2 + Q_0 Q_3)' Q_3 \end{cases} \tag{6.3.10}$$

输出方程为

$$C = Q_0 Q_3 \tag{6.3.11}$$

根据式(6.3.10)和式(6.3.11)，可以列出电路的状态转换表，并画出如图 6.3.14 的状态转换图。由图中可以看到，若电路的初始状态是有效状态循环(0000～1001)以外的任何一个状态时，在时钟脉冲的作用下，电路最终都能自动进入有效状态循环。我们把电路的这种性质叫做“能够自行启动”。

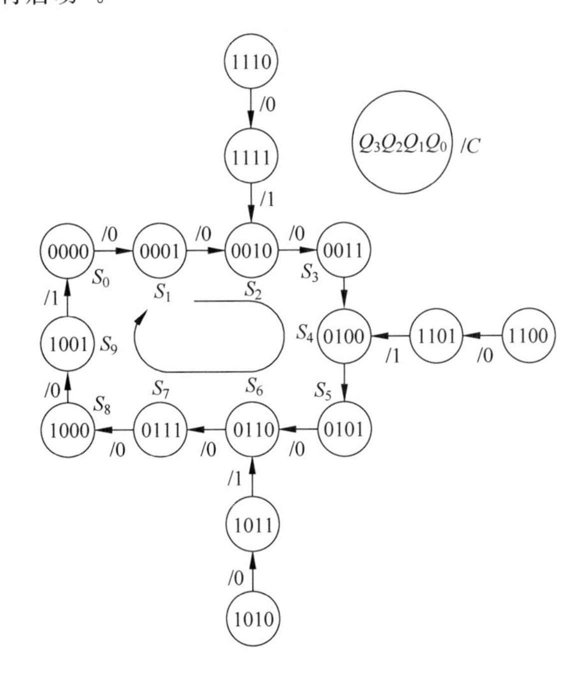

图 6.3.14　图 6.3.13 电路的状态转换图

图 6.3.15 是 TI 公司生产的同步十进制计数器 SN74160 的逻辑框图。和前面讲过的同步十六进制计数器 SN74163 类似，SN74160 也具有附加的预置数和保持功能。而且输入、输出端的设置和引出端的排列也与 SN74163 相同。将表 6.3.3 给出的 SN74160 的功能表与 SN74163 的功能表比较一下可以看出，两者几乎完全相同。所不同的在于 SN74163 是十六进制，而 SN74160 是十进制。此外，还有一点不同，就是 SN74160 是异步置 0 方式，

只要 R'_D出现低电平,所有的触发器立即被置 0,不受 CLK 的控制。在功能表中用 CLK 对应位置上的×表示置 0 操作与 CLK 无关。

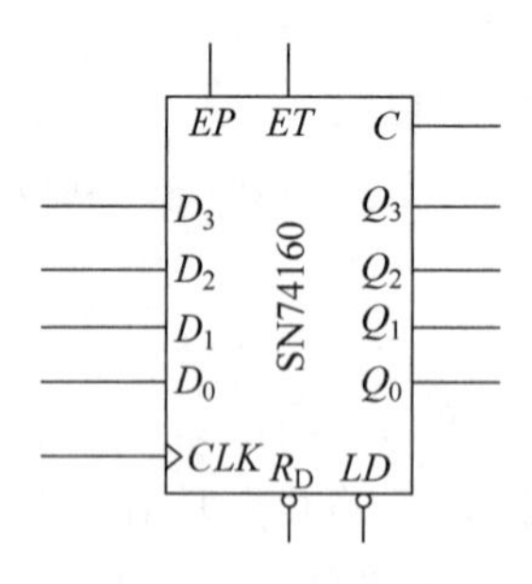

图 6.3.15　同步十进制计数器 SN74160 的逻辑框图

表 6.3.3　同步十进制计数器 SN74160 的功能表

CLK	R'_D	LD'	EP	ET	工 作 模 式
×	0	×	×	×	置 0
↑	1	0	×	×	预置数
×	1	1	0	1	保持
×	1	1	×	0	保持(C=0)
↑	1	1	1	1	计数

(3) 利用已有计数器构成任意进制计数器的方法

利用中规模集成计数器的置 0 和预置数功能,我们能够很容易地将已有的 n 进制计数器改接成小于 n 的任何一种 m 进制的计数器。

为了将已有的 n 进制计数器接成 m 进制,就必须使 n 进制计数器在计数循环过程中跳跃 $n-m$ 个状态。跳跃的方法有置 0 法和置数法两种。

首先讨论置零法。使用这种方法的前提条件是计数器必须设置有置 0 输入端。例如我们想用同步十六进制计数器 74163 接成十二进制计数器,则由图 6.3.16(a)可见,在电路进入 S_{11}状态后,如果令下一个状态返回 S_0,就可以跳过 S_{12}～S_{15}四个状态,得到十二进制计数器。为此,用 S_{11}状态译出低电平作为 R'的输入信号,如图 6.3.16(b)所示。由于 74163 采用了同步置零方式,所以 R'变为低电平并不能立即将所有的触发器置零,必须等到下一个时钟脉冲到来时,所有触发器才同时被置零,电路返回 S_0状态,如图 6.3.16(a)中实线箭头所示。

如果计数器采用的是异步置零方式(例如同步十六进制计数器 74161),则不能用 S_{11}状态译出 R'_D信号。因为 R'_D的低电平一旦出现,电路立刻返回 S_0状态,S_{11}状态也立即消失,所以 S_{11}状态是一个瞬间即逝的过渡状态,不能成为稳定状态循环中的一个状态。这时状态循环中只有 S_0～S_{10}这 11 个状态,所以得到的是十一进制计数器。为了得到十二进制计数器,

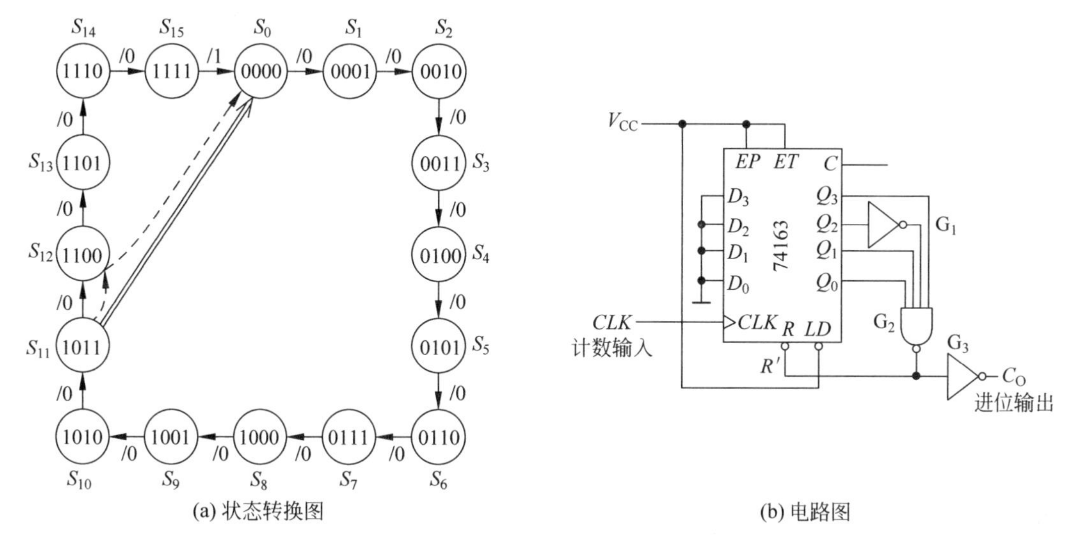

(a) 状态转换图　　　(b) 电路图

图 6.3.16　用置零法将同步十六进制计数器 74163 接成十二进制计数器

应当用 S_{12}状态译出 R'_D信号，在计数过程中 S_{12}是过渡状态，这样才能得到包含$S_0\sim S_{11}$这 12 个稳定状态的十二进制计数器，如图 6.3.16(a)中的虚线所表示的那样。

使用置零法设计计数器时还需要注意一个问题。由于计数过程中跳过了原有计数器产生进位输出信号的状态(例如在 74163 中，进位输出信号为 $C=Q_3Q_2Q_1Q_0$，当 $Q_3Q_2Q_1Q_0=1111$ 时产生进位输出信号，使 $C=1$)，所以 C 端始为低电平，没有 $C=1$ 信号输出。这时就需要从有效循环中的一个状态译出进位输出信号。例如在图 6.3.16(b)中，进位输出信号是用 S_{11}状态译出的。当 $Q_3Q_2Q_1Q_0=1011$ 时，从反相器 G_3 给出高电平进位输出信号。

下面再来讨论置数法。使用这种方法的前提条件是已有的计数器电路必须具有预置数功能。假如我们想用置数法将同步十进制计数器 74160 接成七进制计数器。这时就可以在它计数循环到达某一状态时，用预置数的方法置入下一个状态，以跳越三个状态，得到七进制计数器。

例如我们可以如图 6.3.17(a)所表示的那样，当电路进入 S_9 状态以后，将下一个状态置为 S_3，跳过 S_0、S_1、S_2 这 3 个状态，这样就可以得到七进制计数器了。为此，应当从 S_9 状态译出 LD'所需的低电平信号，同时令 $D_3D_2D_1D_0=0011$。这样在下一个计数脉冲到来后，电路便被置成 S_3 状态。由于进位输出信号 C 就是由 S_9 状态译出的，所以将 C 端的输出信号反向，就是所需要的 LD'信号。于是就得到了图 6.3.17(b)所示的电路。

用置数法设计计数器时同样需要注意两个问题。第一，在预置方式上，也有同步预置数和异步预置数之分。在同步预置数方式下(例如 74160)，LD'变为低电平还不能立刻将 $D_3\sim D_0$ 的数据置入对应的触发器中，还要等 CLK 的上升沿到达后，才能将数据置入。而在

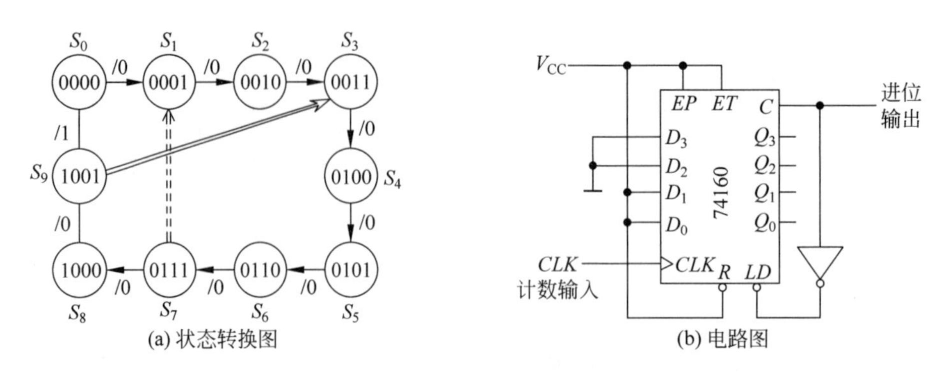

图 6.3.17　用置数法将同步十进制计数器 74160 接成七进制计数器

异步预置数方式下(例如同步十进制加/减计数器 74190),只要 LD' 一变成低电平,加到数据输入端的数据便立即被置入对应的触发器中,而不受 CLK 信号的控制。

第二个需要注意的问题,就是改接成的计数器在计数过程中是否跳跃了原有计数器产生进位输出信号的状态。在图 6.3.17(b)的例子中,因为没有跳过 S_9 状态,所以每一个计数循环经过 S_9 状态时,都会在 C 端产生一次高电平输出信号。事实上在这个例子中我们可以让 74160 从任何一个状态跳越三个状态而构成七进制计数器,因而在 S_9 状态被跳过的情况下(如图 6.3.17(a)中的虚线所示),C 端不会给出进位信号,这时必须从某一个有效循环状态译码产生进位输出信号。

在 m 大于 n 的情况下,可以先将几个 n 进制计数器串接成一个大于 m 进制的计数器,然后再用置零法或者置数法将它改接成 m 进制计数器。

例 6.3.1　试用两片同步十进制计数器 74160 接成三十九进制计数器。

解　首先将两片 74160 串接起来构成一个百进制计数器,如图 6.3.18 所示。其中第一片为中记的是个位数,第二片中记的是十位数。

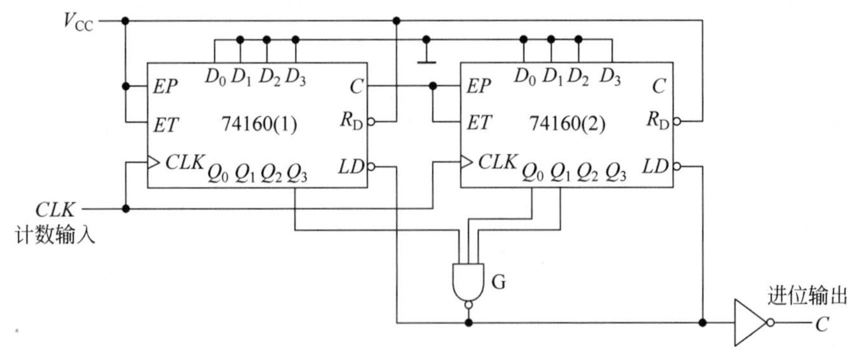

图 6.3.18　用两片 74160 接成的三十九进制计数器

然后，再用置数法将得到的百进制计数器改接为三十九进制计数器。若计数器从全零开始计数，则计入38个输入脉冲以后，第一片计成$Q_3Q_2Q_1Q_0=1000(8)$，第二片计成$Q_3Q_2Q_1Q_0=0011(3)$，与非门G的输出使两片74160的LD'同时为低电平。当下一个（第39个）计数输入脉冲到达时，两个74160同时被置零，返回起始状态。这样就得到了三十九进制计数器。

复习思考题

R6.3.3 试说明异步计数器和同步计数器各有何优缺点？

R6.3.4 计数器的同步置零方式和异步置零方式有何不同？

R6.3.5 计数器的同步预置数方式和异步预置数方式有何不同？

R6.3.6 你能说明用置零法和置数法设计任意进制计数器的原理和具体做法吗？

6.4 同步时序逻辑电路的设计方法

6.4.1 简单同步时序逻辑电路的设计

这里所说的简单时序逻辑电路，是指那些可以用一组驱动方程、状态方程和输出方程完全描述的电路。设计时所要进行的工作，就是根据要求实现的逻辑功能找出这一组方程，并画出与之对应的逻辑图。

不难看出，这个设计过程和我们在6.2节中所讲的分析时序逻辑电路的过程正好是相反的。因此，简单的同步时序逻辑电路的设计一般都可以按照以下步骤进行。

1. 分析设计要求、找出电路应有的状态转换图或状态转换表

（1）首先需要确定输入变量、输出变量和电路应有的状态数。

（2）定义输入、输出逻辑状态和每个电路状态的含义，并将电路的状态顺序编号。

（3）按照设计要求实现的逻辑功能画出电路的状态转换图或列出电路的状态转换表。

2. 状态化简

为了使设计的电路尽量简单，应当使电路所用的状态数最少。为此，需要检查得到的状态转换图中是否有等价状态存在。如果存在等价状态，则应将其合并，以减少电路的状态数。

等价状态是这样定义的：若两个电路状态在相同的输入下有相同的输出，并且转向同一个次态，则称这两个状态为等价状态。因为等价状态是重复的，所以可合并为一个。

3. 状态编码

我们已经知道，时序逻辑电路的状态是用触发器的状态组合表示的。每一种状态组合可以表示为一个二值代码。状态编码就是为每一个电路状态规定一个代码。

首先，我们需要确定代码的位数，也就是触发器的个数。因为 n 个触发器的状态组合有 2^n 个，所以若电路的状态数为 M，则应取

$$2^{n-1} < M \leqslant 2^n \tag{6.4.1}$$

然后，我们再为每个电路状态规定一个 n 位二值代码。在 $2^n > M$ 的情况下，从 2^n 个代码中取用 M 个有不同的取法，而且这 M 个代码与电路的 M 个状态如何一一对应也有多种方案。

4. 从状态转换图或状态转换表求出电路的状态方程、驱动方程和输出方程

由于不同逻辑功能的触发器特性方程不同，所设计出的电路也不同，因而在求驱动方程之前需要选定触发器逻辑功能的类型。然后，就可以从电路的状态转换表求出状态方程、驱动方程和输出方程了。

5. 根据得到的驱动方程和输出方程画出逻辑电路图

6. 检查所设计的电路能否自启动

如果要求电路能够自启动而通过以上设计得到的电路不能自启动，则有两种解决方法。一种是通过预置数的方法，在开始工作时将电路置成某一个有效状态；另一种是通过修改设计的方法使电路能够自启动①。

例 6.4.1 要求设计一个串行数据检测电路。正常情况下，串行的数据不应连续出现 3 个或 3 个以上的 1。当检测到连续 3 个或 3 个以上的 1 时，要求给出“错误”信号。

解 按照上面讲到的设计方法和步骤，首先需要建立电路的状态转换图。取串行数据为输入逻辑变量，用 A 表示，并取检测结果为输出变量，以 Y 表示。正常情况下 $Y=0$，出现连续 3 个或 3 个以上的 1 时，$Y=1$。

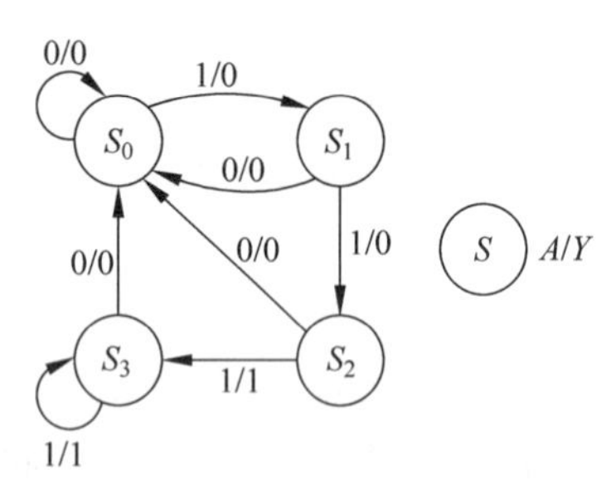

图 6.4.1 例 6.4.1 电路的状态转换图

根据设计要求，我们设没有输入 1 以前电路的状态为 S_0，输入一个 1 以后电路的状态为 S_1，连续输入两个 1 以后电路的状态为 S_2，连续输入 3 个或 3 个以上 1 以后电路的状态为 S_3，于是便得到了图 6.4.1 的状态转换图和表 6.4.1 的状态转换表。表中的 S_i 表示电路的

① 可参阅参考文献[1]6.4.2 节时序逻辑电路的自启动设计。

现态，S_i^* 表示电路的次态。

表 6.4.1 例 6.4.1 电路的状态转换表

*	S_0	S_1	S_2	S_3
0	$S_0/0$	$S_0/0$	$S_0/0$	$S_0/0$
1	$S_1/0$	$S_2/0$	$S_3/1$	$S_3/1$

第二步，进行状态化简。为此，需要检查状态转换图中有没有可以合并的等价状态。从表 6.4.1 中可以看出，S_2 和 S_3 是等价状态，故可以合并。

因为在这个例子中我们若令电路的状态转换和输入状态的更换在同一个时钟信号操作下完成，亦即电路转入新状态的同时，输入也立刻变为下一个数据输入，那么在电路进入 S_2 的同时如果输入也转为下一个 1，就说明连续出现了三个 1，可以产生 $Y=1$ 输出。因此，可以不需要再设置一个 S_3 状态了。化简后的状态转换图如图 6.4.2。（注意，如果当电路转换为新状态以后，输入仍然保持原来的状态而不能立刻变成下一个输入，将产生错误输出。）

第三步，规定电路状态的编码。因为电路只需要三个状态，所以根据式(6.4.1)可知，应取 $n=2$，即两个触发器。我们可以从两个触发器的四种状态组合 00、01、10、11 中任取三个，按任意顺序排列起来依次代表 S_0、S_1 和 S_2 状态。现取 $Q_1Q_0=00$ 表示 S_0，$Q_1Q_0=01$ 表示 S_1，$Q_1Q_0=10$ 表示 S_2，并以状态编码替代状态转换表中的 S_0、S_1 和 S_2。

下一步就可以从状态转换表找出电路的状态方程、输出方程和驱动方程了。

为了清楚起见，可以将表 6.4.1 的状态转换表所表示的函数关系画成如图 6.4.3 的卡诺图形式，并可以进一步将图 6.4.3 的卡诺图分解，分别画出 Q_1^*、Q_0^* 和 Y 的卡诺图，如图 6.4.4 所示。

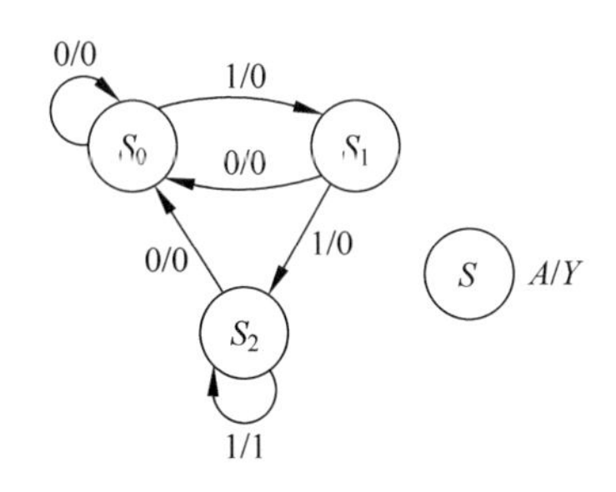

图 6.4.2 化简后的例 6.4.1 电路的状态转换图

A \ Q_1Q_0	00	01	11	10
0	00/0	00/0	××/×	00/0
1	01/0	10/0	××/×	10/1

$Q_1^*Q_0^*/Y$

图 6.4.3 例 6.4.1 电路的次态和输出(Q_1^*、Q_0^*/Y)的卡诺图

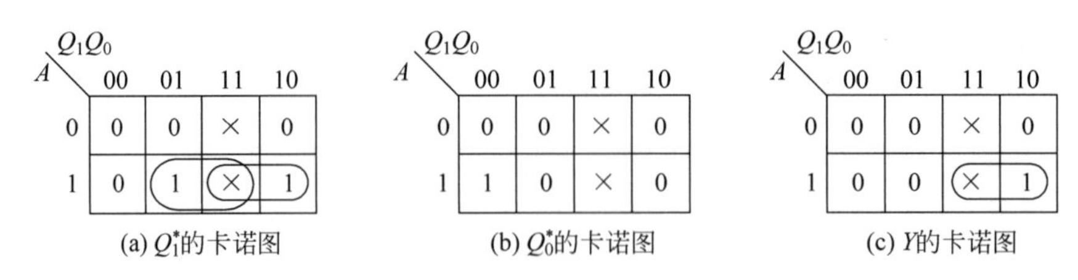

图 6.4.4　图 6.4.3 卡诺图的分解

从图 6.4.4 得到电路的状态方程和输出方程分别为

$$\begin{cases} Q_1^* = AQ_1 + AQ_0 \\ Q_0^* = AQ_1'Q_0' \end{cases} \tag{6.4.2}$$

$$Y = AQ_1 \tag{6.4.3}$$

在求驱动方程时，必须首先要选定触发器逻辑功能的类型。因为不同逻辑功能的触发器驱动方式不同，所以在满足同样的状态方程条件下，驱动方程的形式是不同的。

例如我们决定用 JK 触发器组成这个电路，这时就需要将状态方程化成与 JK 触发器的特性方程 $Q^* = JQ' + K'Q$ 相对应的形式，然后从中找出与 J、K 对应的逻辑函数式。为此，将式(6.4.2)变换为

$$\begin{cases} Q_1^* = AQ_1 + AQ_0 \\ \quad\;\; = AQ_1 + AQ_0(Q_1 + Q_1') \\ \quad\;\; = (AQ_0)Q_1' + AQ_1 \\ Q_0^* = (AQ_1')Q_0' + (1')Q_0 \end{cases} \tag{6.4.4}$$

将上式与 JK 触发器的特性方程对照比较即可得出

$$\begin{cases} J_1 = AQ_0; \quad K_1 = A' \\ J_0 = AQ_1'; \quad K_0 = 1 \end{cases} \tag{6.4.5}$$

根据式(6.4.5)和式(6.4.3)画出的电路图如图 6.4.5 所示。

最后，还应当检查一下设计的电路能否自启动。将电路的无效状态 $Q_1Q_0 = 11$ 代入状态方程和输出方程计算，得到 $A=1$ 时次态转为 10、输出为 1；$A=0$ 时次态转为 00、输出为 0。结果表明所设计的电路是能自启动的。考虑了无效状态后完整的状态转换图如图 6.4.6 所示。

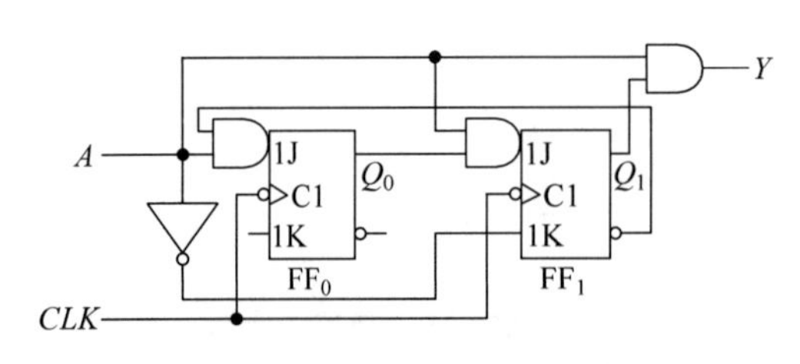

图 6.4.5　例 6.4.1 的逻辑电路图

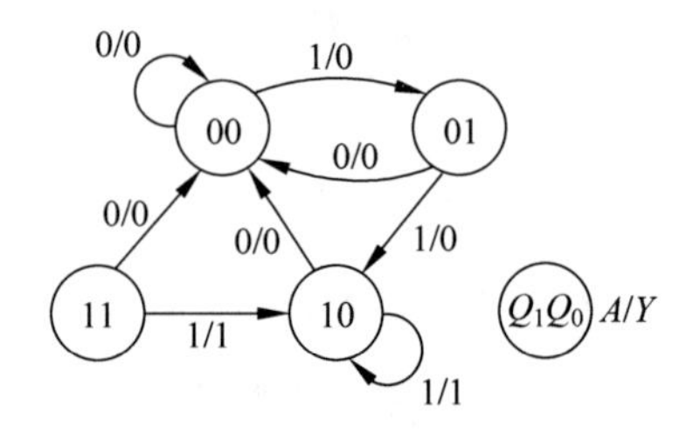

图 6.4.6　图 6.4.5 电路完整的状态转换图

例 6.4.2 设计一个格雷码计数器,要求在控制信号 $M=0$ 时为八进制,$M=1$ 时为六进制。格雷码的变化顺序如表 6.4.2 所示。

表 6.4.2 例 6.4.2 格雷码计数器的状态转换表

计数顺序	计数器状态		进位输出 C	
	八进制($M=0$) $Q_2Q_1Q_0$	六进制($M=1$) $Q_2Q_1Q_0$	八进制 ($M=0$)	六进制 ($M=1$)
0	0 0 0	0 0 1	0	0
1	0 0 1	0 1 1	0	0
2	0 1 1	0 1 0	0	0
3	0 1 0	1 1 0	0	0
4	1 1 0	1 1 1	0	1
5	1 1 1	1 0 1	1	0
6	1 0 1	0 0 1	0	0
7	1 0 0	—	0	—
8	0 0 0	—	0	—

解 表 6.4.2 是状态转换表的另一种画法,给出了在时钟信号连续输入下电路状态依次转换的时序。由于已经有了电路的状态转换表,所以就以可以直接从表 6.4.2 画出 $Q_2^* Q_1^* Q_0^*/C$ 的卡诺图,如图 6.4.7 所示。将图 6.4.7 分解,分别画出 Q_2^*、Q_1^*、Q_0^* 和 C 的卡诺图(如图 6.4.8 所示),化简后得到

$$\begin{cases} Q_2^* = Q_2Q_1 + Q_1Q_0' + M'Q_2Q_0 \\ Q_1^* = Q_2'Q_0 + Q_1Q_0' \\ Q_0^* = Q_2Q_1 + Q_2'Q_1{}' + MQ_1' \end{cases} \tag{6.4.6}$$

$$C = Q_2Q_1Q_0 \tag{6.4.7}$$

MQ_2 \ Q_1Q_0	00	01	11	10
00	001/0	011/0	010/0	110/0
01	000/0	100/0	101/1	111/0
11	××× /×	001/0	101/1	111/0
10	××× /×	011/0	010/0	110/0

图 6.4.7 例 6.4.2 电路次态/输出 ($Q_2^* Q_1^* Q_0^*/C$)的卡诺图

如果选用 D 触发器组成这个电路,则只需将式(6.4.6)中每个触发器的状态方程和 D 触发器的特件方程($Q^*=D$)对照一下,即可得到每个触发器的驱动方程分别为

$$\begin{cases} D_2 = Q_2Q_1 + Q_1Q_0' + M'Q_2Q_0 \\ D_1 = Q_2'Q_0 + Q_1Q_0' \\ D_0 = Q_2Q_1 + Q_2'Q_1' + MQ_1' \end{cases} \tag{6.4.8}$$

根据式(6.4.7)和式(6.4.8)画出的电路结构图如图 6.4.9 所示。由式(6.4.6)和式(6.4.7)画出图 6.4.9 电路完整的状态转换图如图 6.4.10 所示。

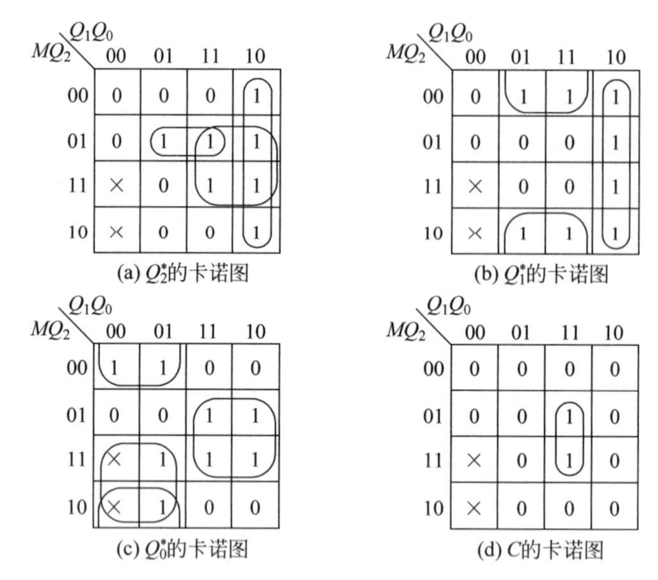

图 6.4.8 图 6.4.7 卡诺图的分解

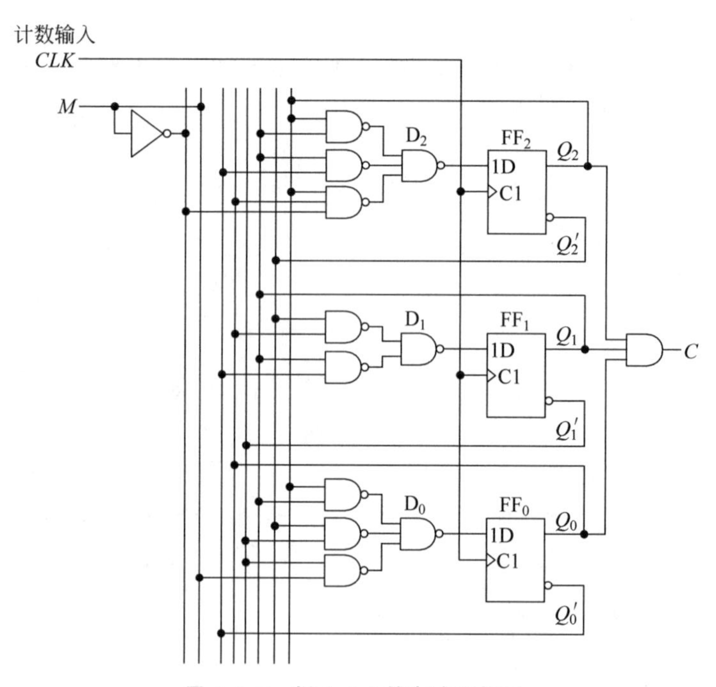

图 6.4.9 例 6.4.2 的电路结构图

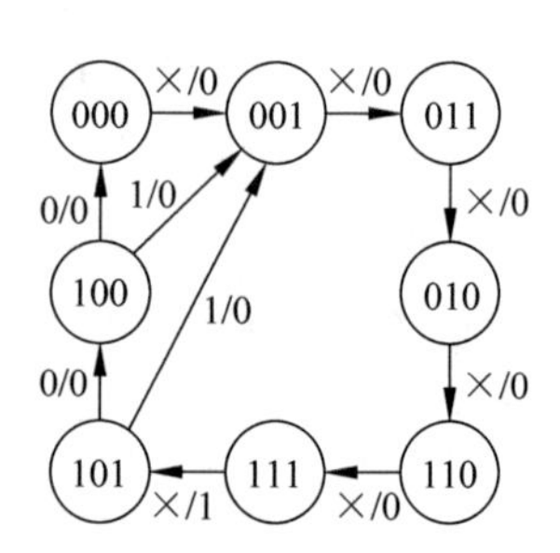

图 6.4.10 图 6.4.9 电路的状态转换图

6.4.2 复杂时序逻辑电路的设计

在比较复杂的时序逻辑电路中，往往有多个输入变量和输出变量以及多个电路状态和多种状态循环，已经难以简单地用一组状态方程、驱动方程和输出方程进行描述了。因此，在设计这些复杂的时序逻辑电路时，也是采用层次化结构设计方法。

在组合逻辑电路的设计方法一节(即4.3节)中我们曾经讲过，采用层次化结构设计方法时有自顶向下和自底向上两种做法。无论哪一种做法，首先都需要将整个电路逐级划分为若干比较简单的、容易实现的功能模块，每个模块实现一定的逻辑功能。在比较复杂的时序逻辑电路中，通常还必须设计一个控制电路，用来控制这些模块电路按照规定的时序运行。通常把这种含有控制模块的数字电路称为数字系统。

例 6.4.3 设计一个简单的电子钟，要求以十进制数显示时、分、秒，并具有时、分、秒校准功能。

解 根据设计要求，首先将电子钟划分为计时电路、显示电路和计时/校准控制电路三个顶级模块。进一步细化，又可以将计时电路划分为秒计数器、分计数器和时计数器三个下一级模块；将显示电路划分为秒显示、分显示和时显示三个下一级模块，如图6.4.11所示。

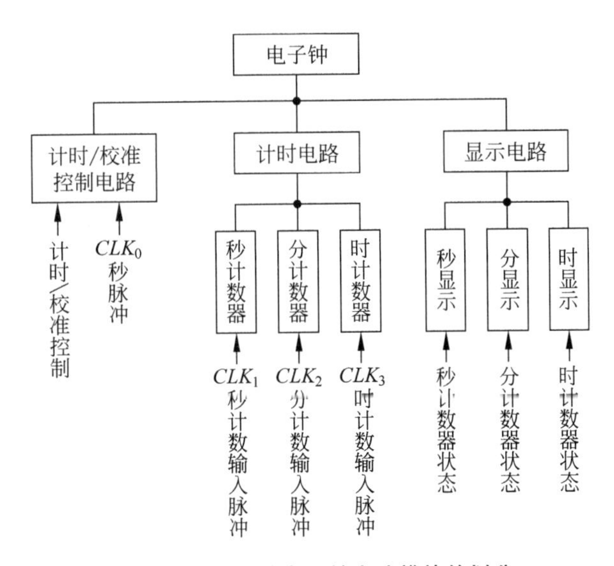

图 6.4.11 简单电子钟电路模块的划分

考虑用自底向上的方法设计，则用已有的标准化中、小规模集成电路完全可以实现每一个底层模块的功能。

秒计数器和分计数器是两个六十进制计数器。每个计数器可以用两片同步十进制加法计数器 74160 接成，两片之间按十进制连接，两片组合接成六十进制。时计数器也可以用两片 74160 组成，两片之间也需按十进制连接，合起来接成二十四进制。用已有的中规模集成计数器接成任意进制计数器的方法，在 6.3.3 节中已做过详细介绍，这里不再重复。

时、分、秒的个位和十位数字显示电路各由一片显示译码器 74LS49 和一个共阴极七段 LED 数码管组成。由于 74LS49 的输出 $a \sim g$ 是 OC 输出电路结构，所以在把它的输出接到数码管对应输入端的同时，还必须外接一个上位电阻 R_p，如图 6.4.12 所示。

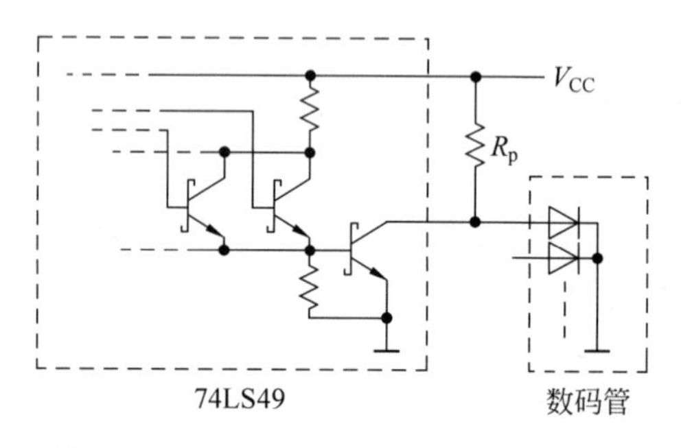

图 6.4.12　74LS49 与 LED 数码管的连接

74LS49 输出端三极管导通时允许流过的最大集电极电流为 8mA，因而 R_p 的阻值应大于 $V_{CC}/8(\text{k}\Omega)$。再考虑到数码管发光所需要提供的电流，就可以选定 R_p 的大小了。

在计时/校准控制电路中，用开关 SW 控制工作状态，如图 6.4.13 所示。当 SW 断开时，为计时状态。这时秒计数器对 CLK_0 输入的频率为 1Hz 的脉冲进行累加计数；分计数器对秒计数器的进位输出脉冲作累加计数；时计数器对分计数器的进位输出脉冲作累加计数。显示电路随时显示计数器的状态。

当开关 SW 合上以后，计数器全部停止计数。这时可以用 AN_1、AN_2、AN_3 这三个校准按钮分别控制对秒、分、时计数器的校准。如果按下秒校准按钮 AN_1，则 CLK_0 的脉冲经过门 G_3、G_1 使秒计数器以 1Hz 的频率计数，计为所需要的数字时松开按钮，即可完成校准。AN_2 和 AN_3 的作用与 AN_1 类同。

设计结果如图 6.4.13 所示。图中的 74160、74LS49、数码管等只画出了框图。

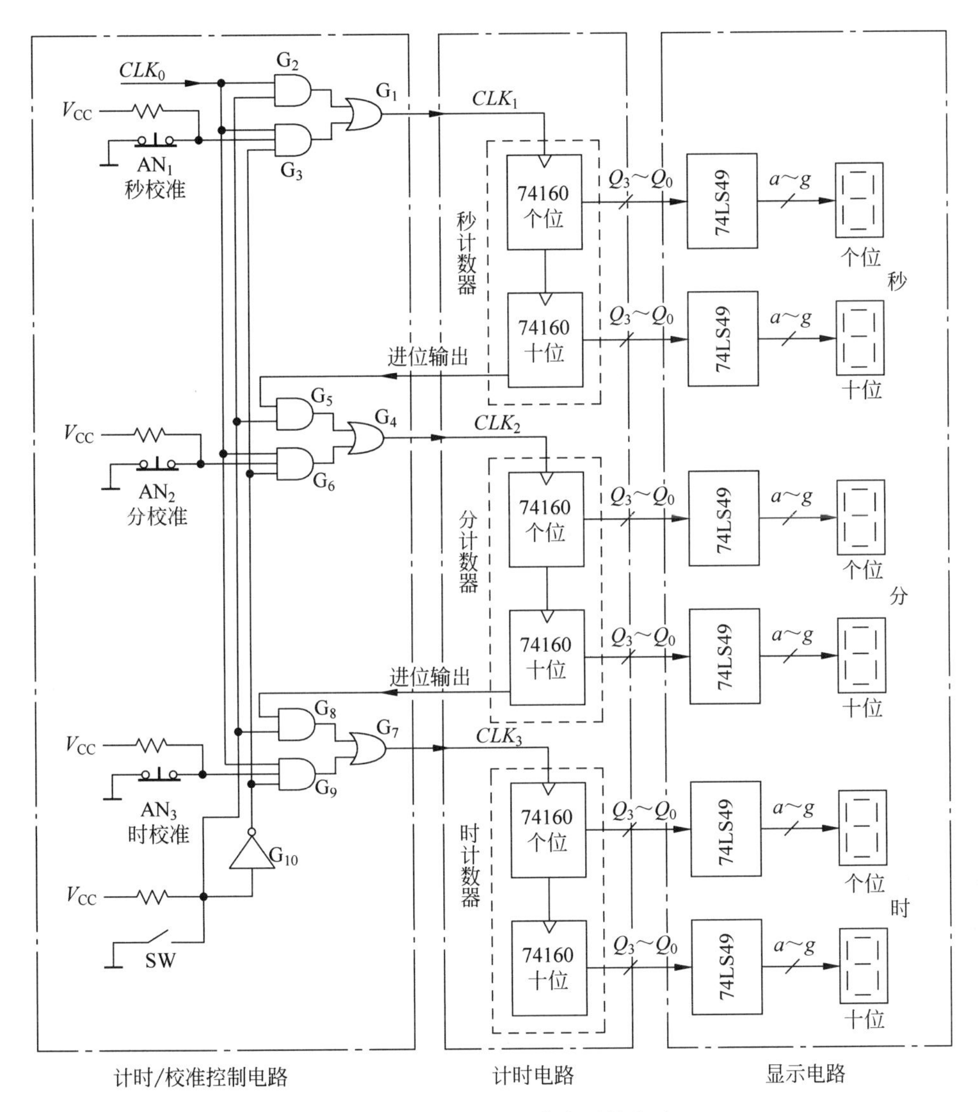

图 6.4.13 例 6.4.3 的电子钟电路

复习思考题

R6.4.1 你能总结一下设计简单同步时序逻辑电路的一般方法和步骤吗？

R6.4.2 试说明复杂时序逻辑电路的一般设计方法和步骤。

6.5 时序逻辑电路中的竞争-冒险现象

时序逻辑电路中的竞争-冒险现象有两类。由图 6.1.2 时序逻辑电路的结构框图中可以看到，时序逻辑电路通常可划分为组合电路和存储电路两部分。时序电路的竞争-冒险现象中，有一类是由组合逻辑电路的竞争-冒险所引起的。当组合逻辑电路部分存在竞争-冒险现象时，它产生的输出脉冲噪声不仅影响整个电路的输出，还可能使存储电路产生误动作。

另外，如果存储电路中触发器的输入信号和时钟信号在状态变化时配合不当，也可能导致触发器误动作，这就产生了时序逻辑电路中的另一类竞争-冒险现象。

图 6.5.1 的移位寄存器电路就是一个简单的例子。在这个电路中，由于 CLK 信号的驱动能力不足，所以需要通过反相器 G_1 和 G_2 分别驱动 FF_0～FF_2 和 FF_3～FF_5。如果 G_2 的传输延迟时间小于 G_1 的传输延迟时间，那么当 CLK 的下降沿到达时，CLK_2 的上升沿先于 CLK_1 的上升沿到达，这时 FF_3 将接收 FF_2 原来的状态，移位寄存器正常工作。反之，若 G_2 的传输延迟时间大于 G_1 的延迟时间，以至于在 Q_2 已经接收 Q_1 的状态而变为新状态以后 CLK_2 的上升沿才到达，则 FF_2 原来的状态将丢失，移位寄存器的工作将发生错误。由于设计时无法确知 G_1 和 G_2 延迟时间的准确差异，所以我们说这个电路存在竞争-冒险现象。为了消除这个竞争-冒险现象，可以在设计时人为地加大 CLK 到 CLK_1 的传输延迟时间，以保证在 CLK 下降沿到达后，Q_2 状态的改变发生在 CLK_2 的上升沿之后。

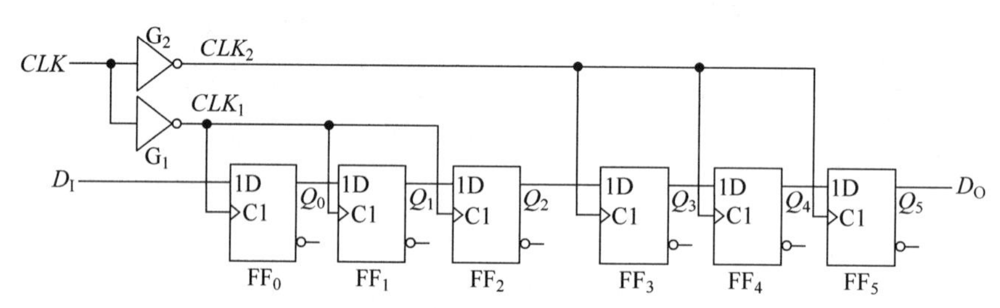

图 6.5.1 说明时序逻辑电路中竞争-冒险现象的例子

本 章 小 结

这一章系统讲述了时序逻辑电路的特点、分析方法和设计方法，并介绍了几种常用时序逻辑电路的逻辑功能及其用法。主要内容包括：

(1) 时序逻辑电路区别于组合逻辑电路的基本特点。

在逻辑功能上，时序逻辑电路任意时刻的输出不仅与当时的输入有关，而且还与电路原来所处的状态有关。在电路结构上，时序逻辑电路中一定包含有存储电路部分，而且输出一定与存储电路的状态有关。

(2) 时序逻辑电路逻辑功能的描述方法。

描述时序逻辑电路的逻辑功能时,需要用驱动方程、状态方程和输出方程三个方程进行描述。此外,也可以用状态转换表、状态转换图或时序图描述。这几种描述方法之间可以互相转换。

(3) 时序逻辑电路的分析方法。

分析时序逻辑电路就是从给出的逻辑电路图找出它的驱动方程、状态方程和输出方程。有时还要求进一步列出电路的状态转换表或画出电路的状态转换图,以便更直观地显示出电路的逻辑功能。

(4) 时序逻辑电路的设计方法。

通常总是首先根据设计要求找出电路的状态转换图或状态转换表,然后从状态转换表求出电路的状态方程、驱动方程和输出方程。根据驱动方程和输出方程,就可以画出逻辑电路图了。在存在多余电路状态的情况下,还应当检查一下电路能否自启动。

设计比较复杂的时序逻辑电路时一般都采用层次化结构设计方法,并采用自顶向下和自底向上相结合的方法进行模块的划分和模块设计。

(5) 几种常用的时序逻辑电路的功能及应用。

寄存器、移位寄存器和计数器是数字系统中最常见的几种模块电路。它们都有标准化的定型产品和软件模块可以直接利用。因此,用已有的计数器设计任意进制计数器是常用的一种简便、实用的设计方法。

习　　题

(6.2 时序逻辑电路的分析方法)

题 6.1 分析图 P6.1 给出的同步时序逻辑电路,写出电路的驱动方程、状态方程和输出方程,画出电路的状态转换图,说明电路能否自启动。

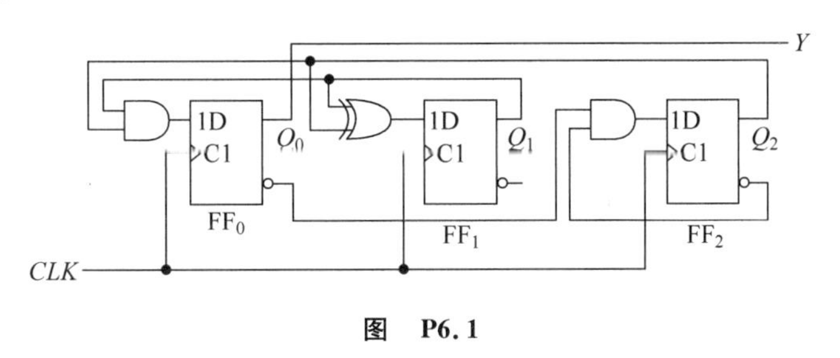

图 P6.1

题 6.2 分析图 P6.2 给出的同步时序逻辑电路,写出电路的驱动方程、状态方程和输出方程,画出电路的状态转换图,说明电路能否自启动。

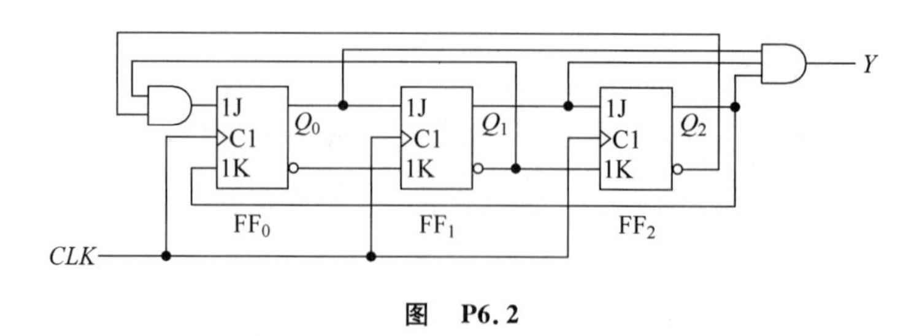

图 P6.2

题 6.3 分析图 P6.3 给出的同步时序逻辑电路，写出电路的驱动方程、状态方程和输出方程，画出电路的状态转换图，指出电路能否自启动。

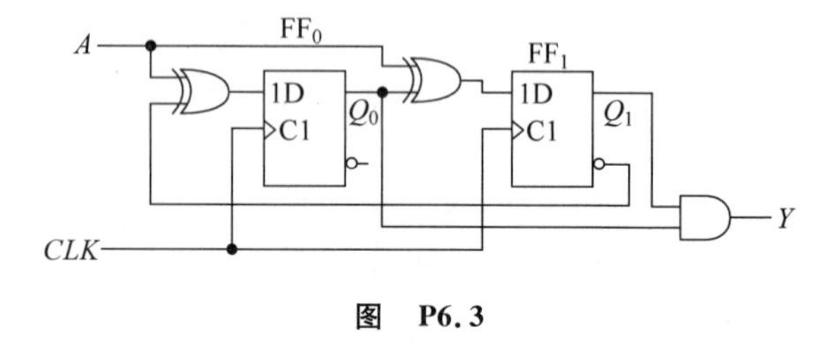

图 P6.3

题 6.4 分析图 P6.4 给出的同步时序逻辑电路，写出电路的驱动方程、状态方程和输出方程，画出电路的状态转换图，指出电路能否自启动。

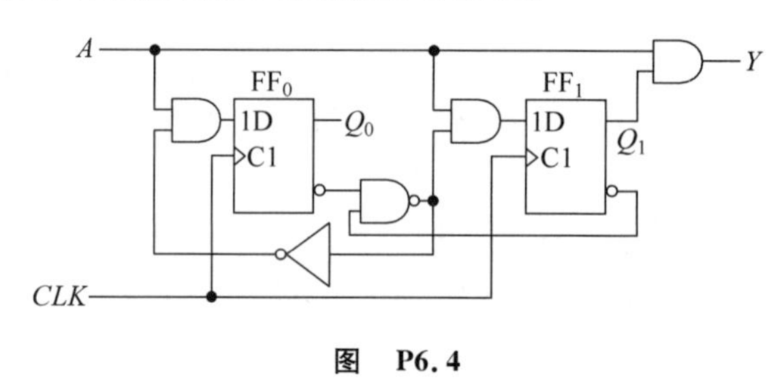

图 P6.4

题 6.5 分析图 P6.5 给出的同步时序逻辑电路，写出电路的驱动方程、状态方程和输出方程，画出电路的状态转换图，指出电路能否自启动。

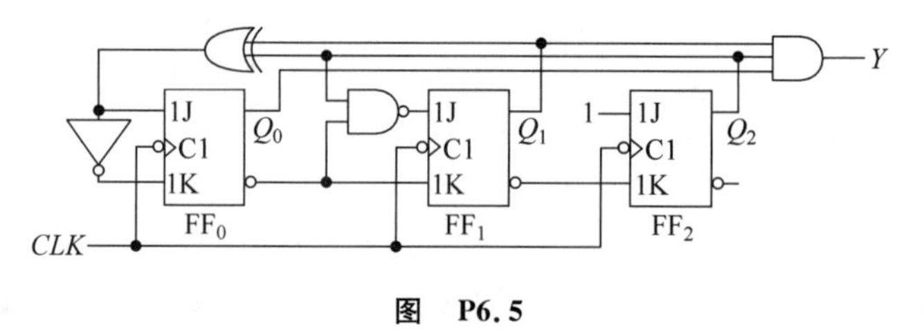

图 P6.5

题 6.6 分析图 P6.6 给出的同步时序逻辑电路，写出电路的驱动方程、状态方程和输出方程，画出电路的状态转换图，指出电路能否自启动。

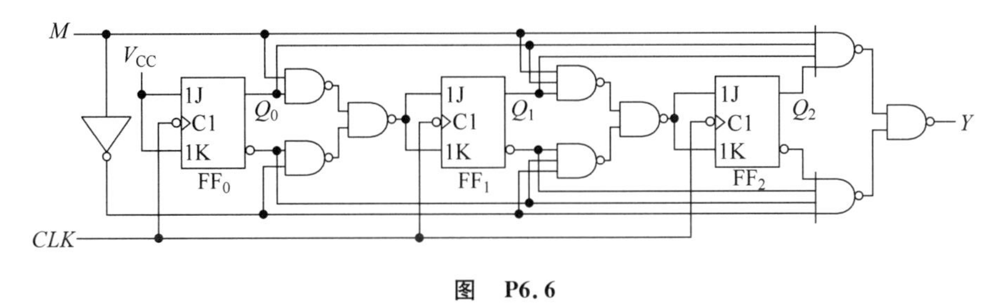

图 P6.6

（6.3 常用的时序逻辑电路）

题 6.7 试用四片四位双向移位寄存器 74LS194A（见图 6.3.3）接成一个十六位双向移位寄存器。74LS194A 可用框图表示。

题 6.8 图 P6.8 是由两个四位移位寄存器和一个串行加法器组成的运算电路。若两个寄存器的初始状态分别为 $Q_{13}Q_{12}Q_{11}Q_{10}=0101$、$Q_{23}Q_{22}Q_{21}Q_{20}=0011$，那么经过 4 个时钟信号周期以后，两个移位寄存器中的数据都是什么？这个电路执行一种什么样的运算？

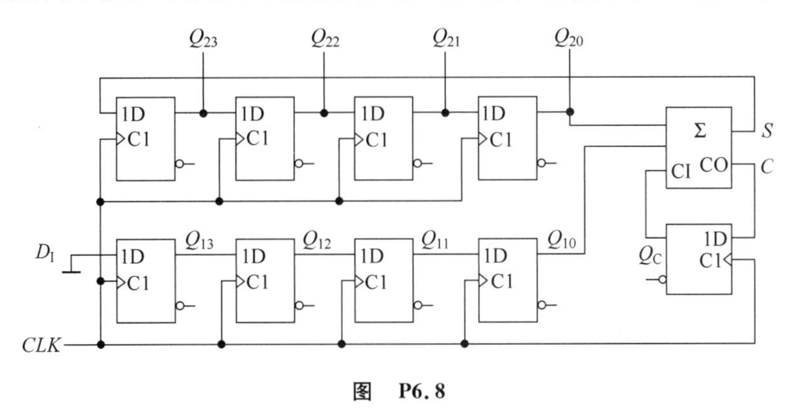

图 P6.8

题 6.9 图 P6.9 是用移位寄存器接成的扭环行计数器。若初始状态为 $Q_3Q_2Q_1Q_0=0000$，试画出电路的状态转换图，并说明这是几进制计数器，电路能否自启动。

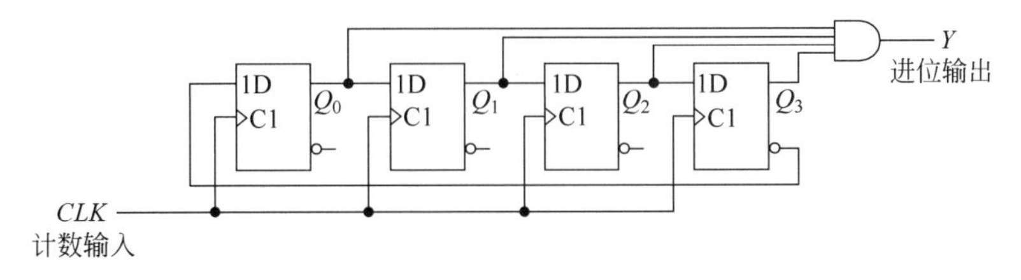

图 P6.9

题 6.10 分析图 P6.10 用移位寄存器接成的计数器电路，画出电路的状态转换图，指出这是几进制计数器，电路能否自启动。

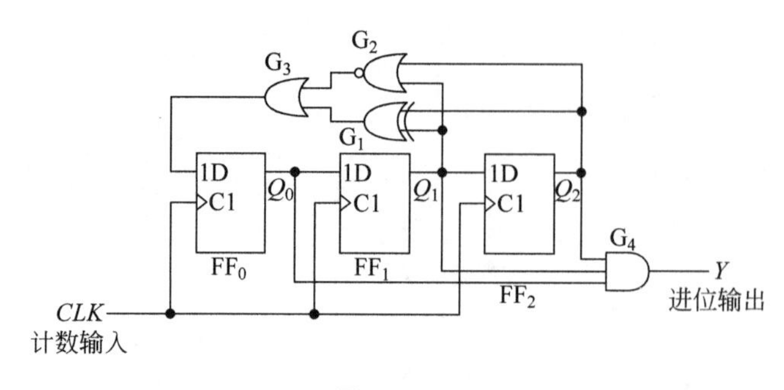

图 P6.10

题 6.11 分析图 P6.11 的计数器电路，说明这是几进制计数器。为什么不能用 74163 本身的进位输出端 C 作为电路的进位输出端，而必须用反相器 G_2 的输出作为进位输出端？

题 6.12 分析图 P6.12 的计数器电路，说明这是几进制计数器。为什么进位输出信号 C 需要由门 G_2 产生，而不能用 74160 的 C 端或门 G_1 的输出端得到？

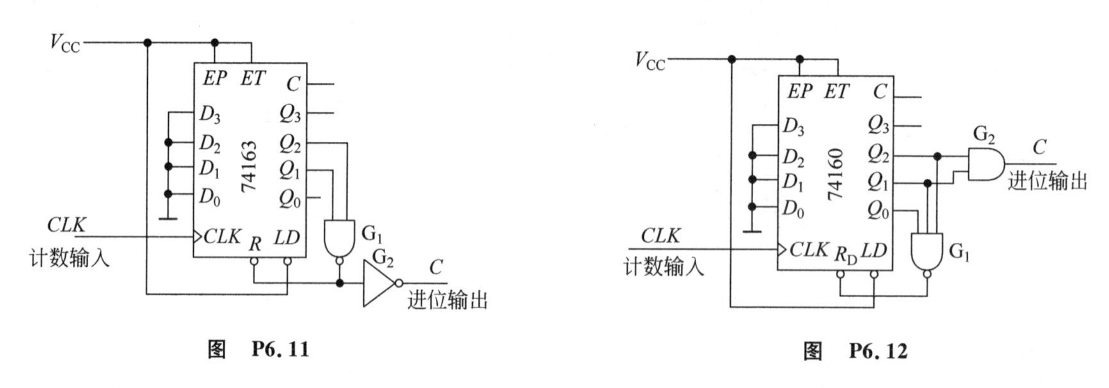

图 P6.11　　　　图 P6.12

题 6.13 用同步十六进制计数器 74163 接成十三进制计数器，并注明计数输入端和进位输出端。可以附加必要的门电路。

题 6.14 用同步十进制计数器 74160 接成五进制计数器，并注明计数输入端和进位输出端。允许附加必要的门电路。

题 6.15 分析图 P6.15 给出的计数器电路，说明 $M=1$ 和 $M=0$ 时各为几进制。

题 6.16 分析图 P6.16 给出的计数器电路，说明 $P=1$ 和 $P=0$ 时各为几进制。

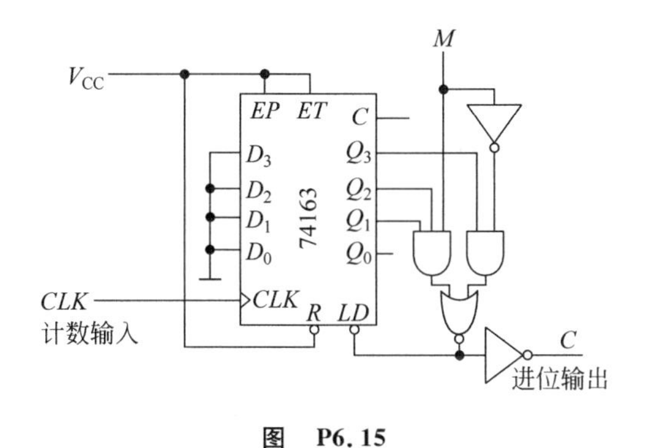

图 P6.15

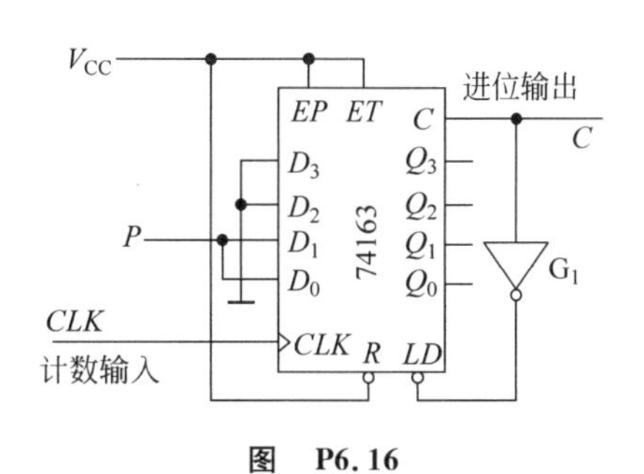

图 P6.16

题 6.17 用同步十六进制计数器 74163 设计一个可变进制计数器，要求在控制信号 $M=0$ 时为十进制，而在 $M=1$ 时为十二进制。可以附加必要的门电路。请标明计数输入端与进位输出端。

题 6.18 用同步十进制计数器 74160 设计一个可变进制计数器，要求在控制信号 $M=0$时为五进制，而在 $M=1$ 时为七进制。可以附加必要的门电路。请标明计数输入端与进位输出端。

题 6.19 图 P6.19 是用两个同步十六进制计数器 74163 接成的计数电路。试分析整个电路是几进制计数电路。

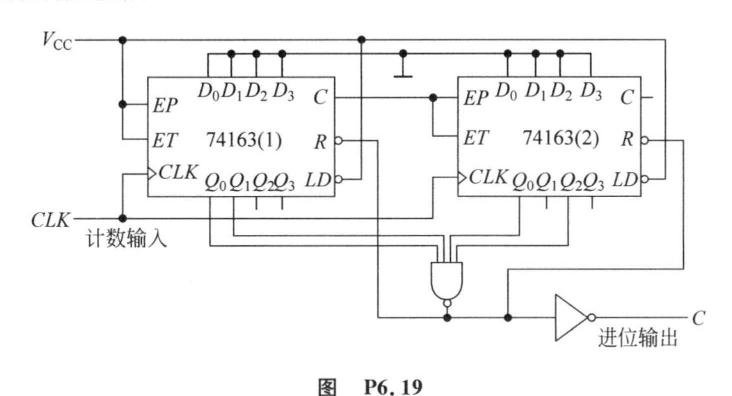

图 P6.19

题 6.20 图 P6.20 是用两个同步十进制计数器 74160 组成的计数电路。试说明这个电路是几进制计数电路。进位输出脉冲的宽度是时钟信号周期的几倍？

题 6.21 用两片同步十进制计数器 74160 设计一个六十进制计数器。要求个位和十位之间按十进制连接。请标明计数输入端和进位输出端。可以附加必要的门电路。

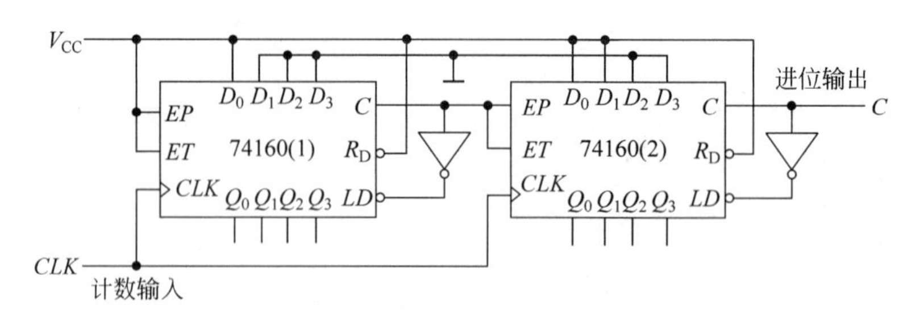

图 P6.20

题 6.22 用三片同步十进制计数器组成一个三百六十五进制计数器。要求个位和十位、十位和百位之间按十进制连接。请注明计数输入端与进位输出端。可以附加必要的门电路。

(6.4 同步时序逻辑电路的设计方法)

题 6.23 用触发器和门电路设计一个 4 位格雷码的十六进制计数器。请标明计数输入端和进位输出端。计数过程中格雷码按表 1.2.2 中所示的顺序循环变化。

题 6.24 用触发器和门电路设计一个 2421 码的十进制计数器。请标明计数输入端和进位输出端。计数过程中 2421 码的变化顺序如表 1.2.1 中所示。

题 6.25 设计一个彩灯控制逻辑电路。R、Y、G 分别表示红、黄、绿三个不同颜色的彩灯。当控制信号 $A=0$ 时,要求三个灯的状态按图 P6.25(a)的状态循环变化;而 $A=1$ 时,要求三个灯的状态按图 P6.25(b)的状态循环变化。图中涂黑的圆圈表示灯点亮,空白的圆圈表示灯熄灭。

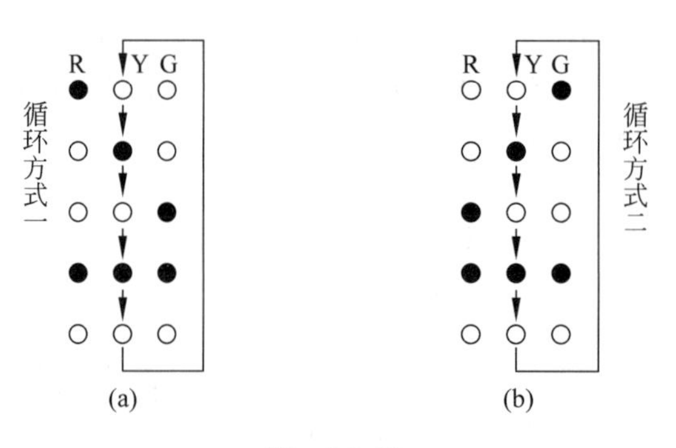

图 P6.25

题 6.26 设计一个自动售冰棍机的控制逻辑电路。它的投币口每次可以投入一枚一元或五角的硬币,累积投入一元五角后给出一根冰棍。积累投入两元以后,在给出一根冰棍的同时还应找回一枚五角的硬币。

CHAPTER

第7章 半导体存储器

本章基本内容

- 半导体存储器的分类
- 只读存储器的基本原理和构成
- 随机存储器的基本原理和构成
- 存储器容量扩展的连接方法

7.1 半导体存储器概述

半导体存储器是用于存放大量二值信息的半导体器件，是数字系统特别是计算机系统中不可缺少的重要组成部分。半导体存储器由大量存储单元组成，每个存储单元中存放一位二进制代码"1"或"0"，称为位(bit)；一个或若干个存储单元构成一个字(word)。由于半导体存储器内部的存储单元数量很大，而器件的引脚数目有限，因此不能将每个存储单元的输入和输出直接引出。为了解决这个矛盾，半导体存储器采用公用的输入和输出引脚的电路结构，并为每个字分配一个地址代码。只有输入指定的地址代码时，才能通过输入和输出引脚访问该地址所对应的字中的存储单元。

半导体存储器的容量是指存储器内部含有的存储单元的数量，用(字数 2^n×位数 m)来表示。其中字数 2^n 表示有 n 位地址输入和 2^n 个地址，m 表示每个地址所访问二进制数据的位数。例如，一片容量为(1024 字×4 位)的存储器，表示该存储器有 1024 个地址(10 位地址输入)，通过每个地址能访问 1 个由 4 位二进制数组成的字。通常以 1k 表示 2^{10}(即 1024)，这片存储器的容量也可表示为 1k×4 位。

半导体存储器的种类很多，按存取方式可将半导体存储器分为两大类：只读存储器(read only memory，ROM)和随机存取存储器(random access memory，RAM)。只读存储器 ROM 是用于存储固定信息的器件，在断电后所保存的信息不会丢失。把数据写入到存储器以后，正常工作时它存储的数据是固定不变的，只能根据地址读出，不能随时写入。只读存储器主要应用于数据需要长期保留并不需要经常改变的场合，如各种函数表、需要固化的程序等。在随机存取存储器 RAM 中，能够随时根据给出的地址选择存储单元，对其中的数据进行“读”或“写”的操作。因此，RAM 具有读写方便、使用灵活的特点。但同时它也存在数据的易失性，一旦断电所存的数据便会丢失。因此 RAM 常用于存放系统中经常变化的数据。在一些重要场合还需要与备用电源配合使用。

按半导体制造工艺可将半导体存储器分为双极性和 MOS 型。目前大容量的存储器多采用 MOS 工艺制造。

复习思考题

R7.1.1　ROM 和 RAM 的主要区别是什么？

R7.1.2　存储器的容量用什么方式来描述？

7.2　只读存储器(ROM)

ROM 基本电路结构如图 7.2.1 所示，由地址译码器、存储矩阵和输出缓冲器等组成。存储矩阵是主体，由许多存储单元排列而成，每个单元能存放 1 位二值代码(0 或 1)，每一个或一组存储单元有一个对应的地址。地址译码器的作用是将地址代码译成相应的控制信号，通过控制信号将指定的存储单元从存储矩阵中选出，并将单元中的数据送到输出缓冲器。输出缓冲器采用三态门组成，在提高存储器带负载能力的同时，实现对输出状态的三态控制，以便存储器与系统的总线相连。

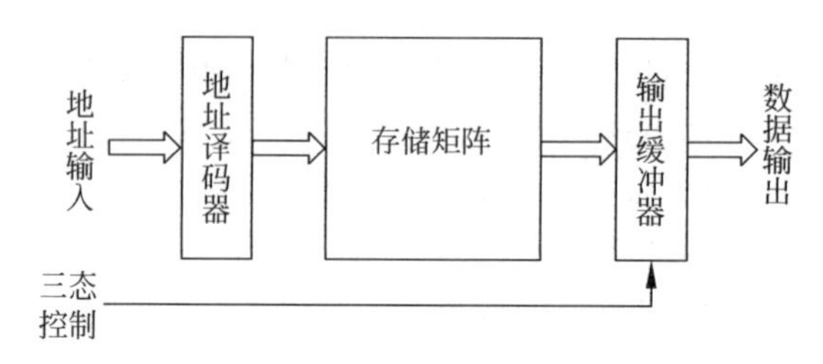

图 7.2.1　ROM 结构示意图

根据写入数据的方式不同 ROM 可以分为两大类：固定 ROM 和可编程 ROM。固定 ROM 存放的数据是由生产厂家在生产时写入的，用户在使用时无法再改变。可编程 ROM 存放的数据是由用户以一定的方式将数据写入芯片的。

7.2.1　掩模 ROM

采用掩模工艺制作 ROM 时，其中的数据由制作过程中使用的掩模板决定。这种掩模板是根据用户需要存储的数据而专门设计的。因此，掩模 ROM 在出厂时内部存储的数据就已经“固化”在里面。

图 7.2.2 为存储容量为 $2^2\times4$ 位的 ROM。A_1A_0 是存储器的地址输入，通过二极管构成的地址译码器将 A_1A_0 所代表的四个不同地址(00,01,10,11)分别译成 $W_0\sim W_3$ 四条字线上的高电平。存储矩阵是由二极管构成的编码器。当某条字线输入高电平时，在 $d_3\sim d_0$ 四条位线上都会输出一个相应的四位二进制代码。输出端的缓冲器提高了存储器的带负载能力，并使输出电平与 TTL 电路的逻辑电平兼容。输出采用三态门可以将存储器直接与系统的数据总线相连。地址代码从 A_1A_0 输入，并使输出三态门的 $EN'=0$，则 $D_3\sim D_0$ 输出指定地址对应的存储单元所存储的数据。

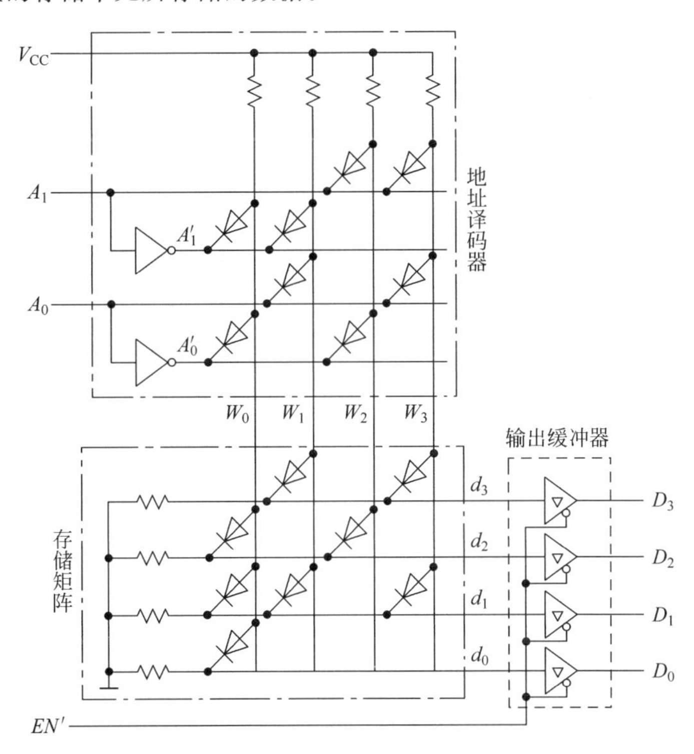

图 7.2.2　二极管构成的掩模 ROM

以图 7.2.2 为例，如 $A_1A_0=10$，则字线 W_2 上出现高电平，其余字线都为低电平。因为只有位线 d_2 与字线 W_2 间接有二极管，所以输出 d_2 钳位在高电平($d_2=1$)；而其余位线由于与字线 W_2 间没有连接，因此输出低电平。如果此时选通输出三态门，则可在数据输出端得到 $D_3D_2D_1D_0=0100$。依此类推可得，图 7.2.2 中 ROM 所存储的数据如表 7.2.1。可以看出，存储矩阵中位线与字线的每一个交叉点存储一位二进制数据。该交叉点是否有二极管连接决定存储的数据值是“1”还是“0”。

表 7.2.1 图 7.2.2 所示 ROM 的数据表

地址		数据				地址		数据			
A_1	A_0	D_3	D_2	D_1	D_0	A_1	A_0	D_3	D_2	D_1	D_0
0	0	0	1	1	1	1	0	0	1	0	0
0	1	1	0	1	0	1	1	1	0	1	0

掩模 ROM 还可以采用 TTL 工艺或 MOS 工艺制造。若采用 MOS 工艺制造时，译码器、存储矩阵和输出缓冲电路全部用 MOS 管组成。这里不再细述。无论哪一种结构的固定 ROM，其电路结构都是由生产厂家在制造时固定下来的，使用时不能再更改。

7.2.2 可编程 ROM

可编程 ROM(programmable ROM，PROM)的结构与掩模 ROM 一样，也由地址译码、存储矩阵和输出电路组成。不同之处在于，在出厂时 PROM 存储单元的交叉点上全部制作了存储器件，相当于存储单元都存入了"1"，称为母片。用户在使用时根据需要将母片中某些单元的内容改写成"0"。

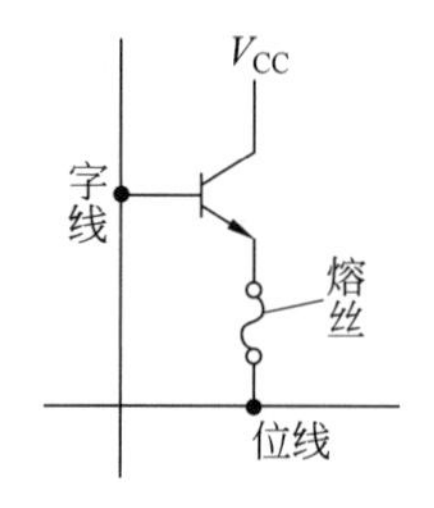

图 7.2.3 PROM 存储单元

图 7.2.3 所示是用双极型三极管和熔丝组成的一位存储单元。出厂时所有的熔丝都是连通的，所存内容全为"1"。在写入用户需要的内容时，只需向要改写为"0"的单元中通以足够大的电流，使熔丝烧断即可。可见 PROM 的内容一旦写入就无法再更改，所以它属于一次性可编程的存储器。

7.2.3 可擦除的可编程 ROM

在可擦除的可编程 ROM 中，存储单元所存储的数据可以擦除重写，更具灵活性。由于存储单元采用不同的工艺，ROM 的写入方式和擦除数据的方式也不同。下面分别介绍 EPROM (erasable programmable ROM)和 E^2PROM(electrically erasable programmable ROM)。

1. EPROM

EPROM 采用的是叠栅注入 MOS 管(stacked-gate injection metal-oxide-semiconductor，SIMOS 管)构成存储单元，如图 7.2.4 所示。SIMOS 管有两层相重叠栅极，上层是控制栅，与普通的 MOS 管的栅极相似；下层栅极埋在二氧化硅绝缘层内，处于电绝缘的"悬浮"状态，称为浮置栅。在 EPROM 母片出厂时，片内所有存储单元的浮置栅均无电荷。

图 7.2.5 是用 SIMOS 管构成的存储单元。写入数据时，在叠栅管的控制栅 G_c(字线

W_i)和漏极 D(位线 B_j)上同时加上较高电压,通常为 25V,正常工作时电源电压为 5V,这时漏源之间形成导电沟道,沟道内的电子在漏源之间的强电场作用下获得动能,在受到控制栅所加正电压的电场吸引下,将有部分电子穿透二氧化硅绝缘层到达浮置栅上。当所加高电压脉冲去掉后,由于浮置栅处于绝缘状态,栅上的电子很难泄漏掉(在 100℃环境下每年损失不到 1%),因此可以保留很长时间。

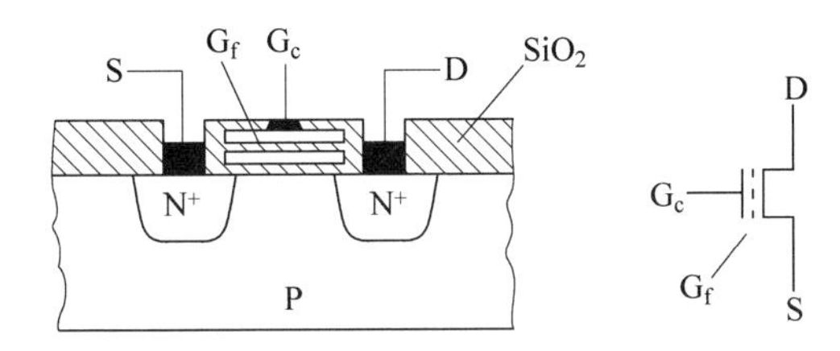

图 7.2.4 叠栅注入 MOS 管

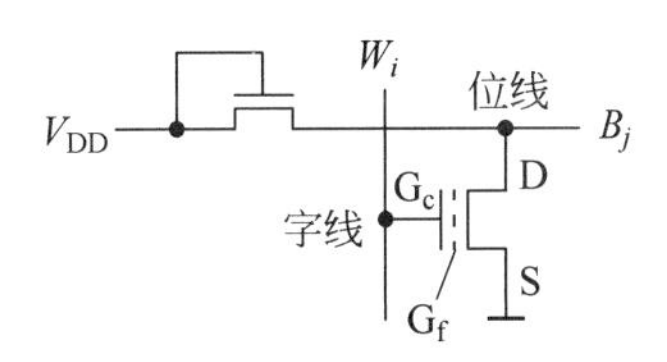

图 7.2.5 在字线和位线的交叉点构成的存储单元

当浮置栅上被注入足够多的电子后,必须在控制栅上加更高的电压才能抵消浮置栅上电子的影响形成导电沟道,也就是说管子的开启电压将比注入电子之前大大提高。因此,正常工作时,在控制栅上加 5V 电压不能使该管导通;而浮置栅上未注入电子的 MOS 管在正常工作时若在控制栅上加 5V 电压则可以导通,表示该单元所存的信息为"1"。

因为写入数据时的电压高于正常工作电压,所以对 EPROM 的编程需要使用编程器完成,在正常使用中无法改变 EPROM 中的内容。若要改写 EPROM 中的内容,首先要将原来所存储的内容擦去。擦除方法是将 EPROM 放入专用的 EPROM 擦写器,擦写器产生一定强度的紫外线,穿过 EPROM 芯片上的石英窗口照射到叠栅上。使浮置栅周围的二氧化硅绝缘层产生少量的空穴和电子对,形成导电通道,从而使浮置栅上的电子回到衬底中。这样芯片便恢复到初始状态,即全部存储单元的内容都为"1",又可以重新写入需要的内容了。用紫外线擦除的时间约需 15~20 分钟。

2. E^2PROM

采用紫外线擦除的 EPROM 虽然已经具备了擦除重写的功能。但擦除操作复杂,且需要较长的时间,而 E^2PROM 采用新工艺制作存储单元,实现了用电信号快速擦除。

图 7.2.6 所示是 E^2PROM 存储单元——浮栅隧道氧化层 MOS 管(floating gate tunnel oxide,简称 Flotox 管)。Flotox 管与 SIMOS 管相似,属于 N 沟道增强型的 MOS 管。有两个栅极:控制栅 G_c 和浮置栅 G_f。所不同的是 Flotox 管的浮置栅与漏区之间有一个氧化层极薄的区域。这个区域称为隧道区。当隧道区的电场强度大到一定程度时,便在漏区和浮置栅之间出现导电隧道,电子可以双向通过形成电流,这种现象称为隧道效应。

加到控制栅 G_c 和漏极 D 上的电压是通过浮置栅-漏极间的电容和浮置栅-控制栅之间

的电容分压加到隧道区上的。为了使加到隧道区上的电压尽量大，需尽可能减小浮置栅和漏区间的电容，因而要求把隧道区的面积做得很小。因此在制造 Flotox 管时对隧道区氧化层的厚度、面积和耐压都有很严格的要求。为了提高擦、写的可靠性，并保护隧道区的超薄氧化层，在 E^2PROM 存储单元中除 Flotox 管以外增加了一个选通管，如图 7.2.7 所示。

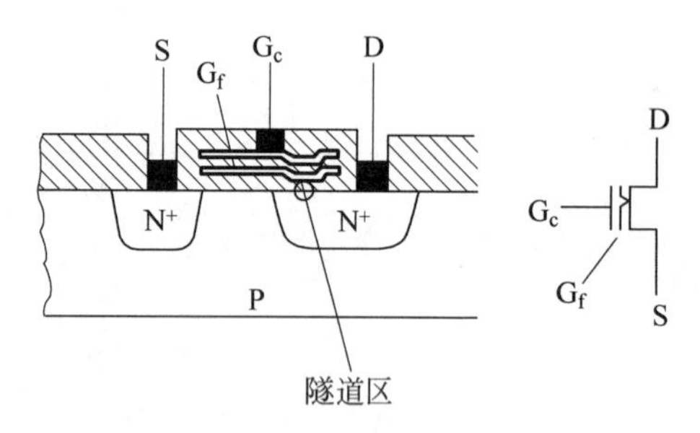

图 7.2.6　浮栅隧道氧化层 MOS 管

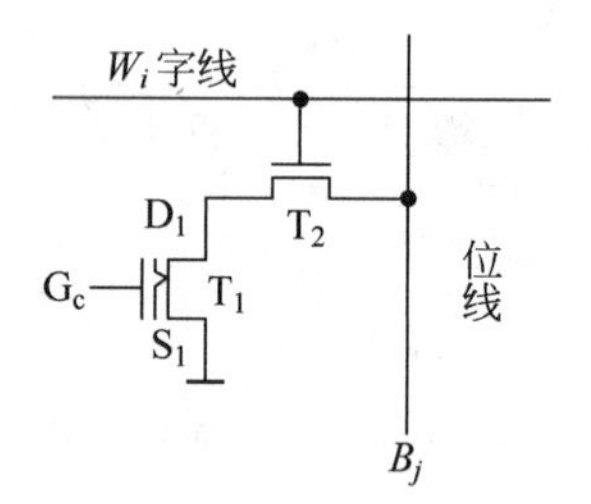

图 7.2.7　E^2PROM 的存储单元

复习思考题

R7.2.1　固定 ROM、PROM、EPROM 和 E^2PROM 的基本结构有何区别？

R7.2.2　同为可擦除可编程 ROM，EPROM 和 E^2PROM 的擦除方式有什么不同？

7.2.4　利用 ROM 实现组合逻辑函数

从表 7.2.1 可以发现，如果把 ROM 的输入地址 A_1A_0 看作输入逻辑变量，同时将输出数据 $D_3D_2D_1D_0$ 看作一组多输出逻辑变量，那么输入与输出之间实现的就是一组多输出的组合逻辑函数：

$$\begin{cases} D_3 = F_3(A_1,A_0) = A_1'A_0 + A_1A_0 \\ D_2 = F_1(A_1,A_0) = A_1'A_0' + A_1A_0' \\ D_1 = F_2(A_1,A_0) = A_1'A_0' + A_1'A_0 + A_1A_0 \\ D_0 = F_0(A_1,A_0) = A_1'A_0' \end{cases} \tag{7.2.1}$$

分析图 7.2.2 可见，地址译码器是一个与阵列，它的输出包含了输入地址变量的全部最小项，每一条字线对应一个最小项；存储矩阵是一个或阵列，每一位输出数据都是将地址译码器输出的一些最小项相加。所以任何形式的组合逻辑函数都能用 ROM 来实现。由此也可以得到结论：用具有 n 位输入地址和 m 位数据输出的 ROM 可以获得一组（最多 m 个）任何形式的 n 变量组合逻辑函数。

复习思考题

R7.2.3 为什么用ROM只能实现组合逻辑电路?

R7.2.2 ROM的容量和能实现的组合逻辑函数规模之间的关系是什么?

7.3 随机存取存储器(RAM)

随机存取存储器也称随机读/写存储器,简称RAM。根据工作原理的不同,RAM又分为静态存储器(static RAM,简称SRAM)和动态随机存储器(dynamic RAM,简称DRAM)两大类。静态存储器SRAM的存储单元是以双稳态锁存器或触发器为基础构成的,在供电电源维持不变的情况下,信息不会丢失。它的优点是不需刷新,而缺点是集成度较低。

动态存储器DRAM的存储原理以MOS管栅极电容为基础的,所以电路简单,集成度高。但因为电容中电荷由于漏电会逐渐丢失,所以DRAM需定时刷新。本书仅以SRAM为例介绍RAM的基本结构和工作原理。

7.3.1 RAM的基本结构与工作原理

随机存取存储器RAM的结构如图7.3.1所示,它由存储矩阵、地址译码器和读写控制电路三部分组成。存储矩阵是整个电路的核心,由许多存储单元排列而成;地址译码器根据输入地址代码选择要访问的存储单元;读写控制电路控制电路的工作状态。

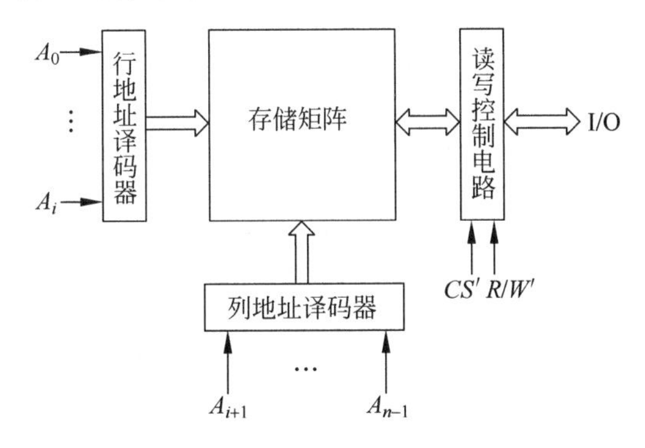

图7.3.1 RAM的结构框图

地址译码器通常分为行译码器和列译码器两部分:行地址译码器将输入地址代码的若干位译成某一条字线的输出高、低电平信号,从存储矩阵中选中一行存储单元;列地址译码器将输入地址代码的其余几位译成某一根(或几根)输出线上的高、低电平信号,从字线选中的一行存储单元中再选1位(或几位),使这些被选中的单元与读/写控制电路的输入或者输出端接通,以便对这些单元进行读、写操作。

当读/写控制信号 $R/W'=1$ 时,执行读操作,将存储单元里的数据送到I/O端上。当读/写控制信号 $R/W'=0$ 时,执行写操作,加到I/O端上的数据被写入存储单元中。

在读/写控制电路上都另设有片选输入端 CS'。当 $CS'=0$ 时RAM为正常工作状态;当 $CS'=1$ 时所有的I/O端都为高阻态,不能对RAM进行读/写操作。

7.3.2 存储单元

静态RAM的存储单元的核心是锁存器。图7.3.2所示是6只N沟道增强型MOS管组成的静态存储单元:$T_1 \sim T_4$ 组成基本的锁存器;$T_5 \sim T_8$ 是门控管,起模拟开关的作用;T_5 和 T_6 受控于行地址译码器的输出;T_7 和 T_8 决定存储单元是否与输入输出电路I/O相连,受控于列地址译码器。因此,只有相应的行、列地址都被选中时,$T_5 \sim T_8$ 同时导通,存储单元的锁存器才与输入输出电路连通,此时的读写操作才对该单元有效。

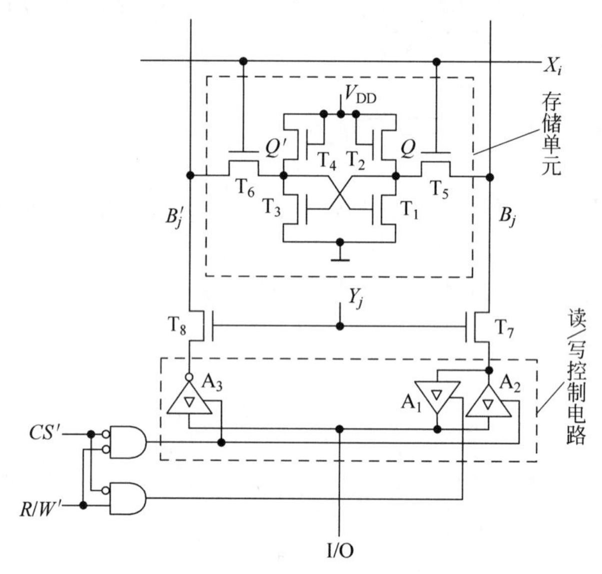

图7.3.2 6只N沟道增强型MOS管组成的静态存储单元

7.4 存储器的扩展

若一片存储器的地址线位数为 n,数据线位数为 m,则该存储器的存储容量为 $2^n \times m$。单片存储器的容量是有限的,对于一个大容量的存储系统,则可将若干片存储器组合在一起扩展而成，扩展的方式有位扩展和字扩展两种形式。

7.4.1 位扩展

位扩展是指存储器字数不变，只增加存储器的位数。也就是说在扩展后，通过地址线选通某个字时，所访问的数据位数增加了。在扩展时应将各片存储器的地址线、片选信号线和读/写信号线对应地并接在一起，而各片的数据线作为扩展后每个字的各位数据线。

图 7.4.1 是用 256×1 的 RAM 芯片扩展为 256×4 的存储系统。首先我们需要确定在扩展时所需要的芯片个数为 4，然后根据前面所说的方式来进行连线。

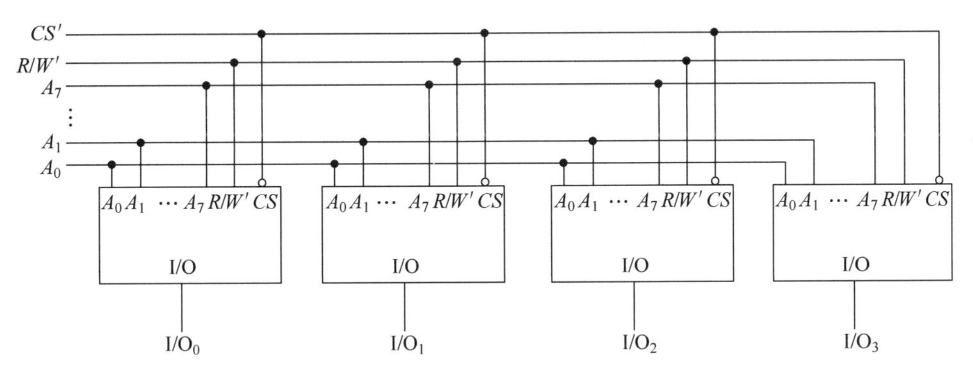

图 7.4.1 用 256×1 的 RAM 芯片扩展为 256×4 的存储系统

在这种扩展方式下所有的 RAM 将一同工作，每个地址对应的字是由 4 片 RAM 各出 1 位共同构成，在访问某个字的同时对 4 片 RAM 进行操作。

7.4.2 字扩展

字扩展是指扩展成的存储器与原来的存储器芯片相比，字数增加而数据位数不变。由于一片存储器的地址线个数 n 和字数 N 均为确定值，且 $N=2^n$。因此在字扩展中需增加芯片个数和地址线个数。在扩展中每片 RAM 占用整个存储器地址中的某一段。芯片原有的地址线用于控制对各片 RAM 中的字进行访问，扩展的地址线用于区分是在哪一段地址，也就是对哪一片 RAM 进行访问。为此，用扩展的地址线译码后控制各片 RAM 的片选信号。

图 7.4.2 采用了字扩展方式，将 4 片 256×8 的 RAM 芯片构成 1024×8 的存储器。扩展后的存储器有 1024 个字，需要 $A_9 \sim A_0$ 共 10 位地址线所确定的 1024 个地址与其一一对应，每片 RAM 占用了 1024 个地址中的 256 个。4 片 RAM 地址的分配如表 7.4.1 所示。A_9A_8 作为扩展地址，分别以 00、01、10、11 作为 RAM(1)-RAM(4)的片选信号，分配给它们的地址范围分别是 0～255、256～511、512～767、768～1023。

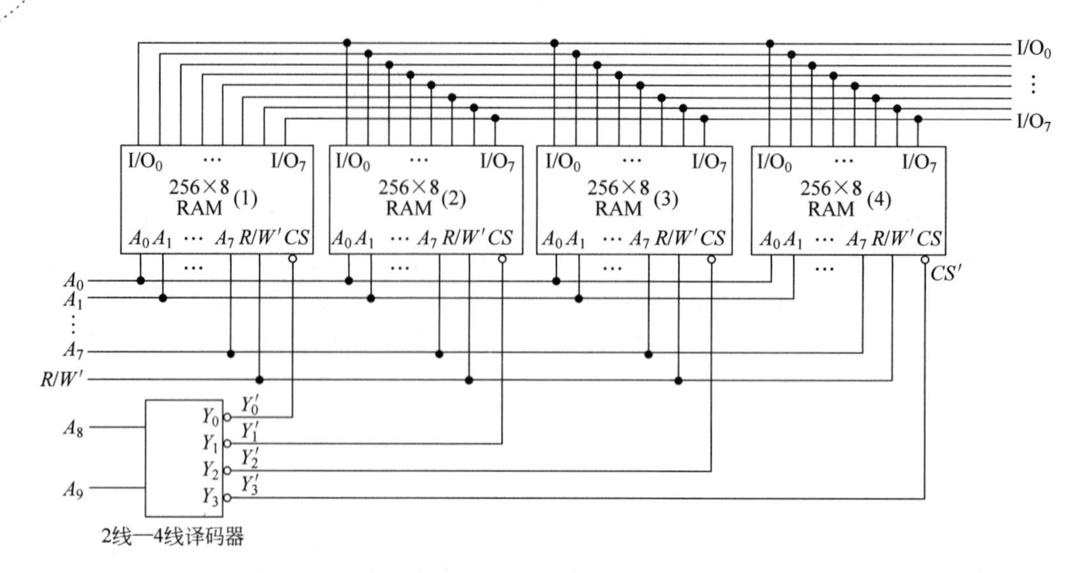

图 7.4.2 用 4 片 256×8 的 RAM 构成 1024×8 的存储器

表 7.4.1 图 7.4.2 中 RAM 的地址分配

RAM 标号	地址分配 $A_9A_8(A_7\cdots A_0)$
(1)	00(00000000)～00(11111111) 0～255
(2)	01(00000000)～01(11111111) 256～511
(3)	10(00000000)～10(11111111) 512～767
(4)	11(00000000)～11(11111111) 768～1023

地址分配的方案不是唯一的，不同的地址分配方案使得各片 RAM 占用的地址段不同，电路连线也不同。

当所使用的 RAM 芯片的位数和字数都不能满足要求时，就需要同时使用位扩展和字扩展的方式来构成存储系统，在此不再详述。这里所讨论的扩展方式也适用于 ROM 等其他存储器的扩展。

复习思考题

R7.4.1 能否用 RAM 实现组合逻辑函数？为什么？

R7.4.2 字扩展和位扩展有什么不同？

本章小结

在这一章里简要地介绍了常用半导体存储器。主要内容有：

(1) 半导体存储器是一种能存储大量数据或信息的半导体器件。其基本电路结构相似，都包含地址译码器、存储矩阵和输入输出电路这三部分。

(2) 在半导体存储器中采用按地址存放数据的方法，只有被输入地址代码指定的存储单元才能与输入输出端接通，可以对这些单元进行读写操作。存储器的容量用存储单元的数量来表示，即字数 2^n ×位数 m。其中字数 2^n 表示有 n 位地址输入，m 表示每个地址所存放的二进制数据的位数。

(3) 从读、写功能上可将存储器分为只读存储器 ROM 和随机读/写存储器 RAM。ROM 存储数据具有非易失性，适合存放需要长期保存的数据。在正常工作时，只对 ROM 所存储的数据进行读取。RAM 在正常工作状态下，可以随时根据地址对指定单元进行读/写操作，因此它所存储的数据是易失性的，一旦断电数据就会丢失，因此用于存放系统中经常变化的数据。

(4) 根据存储单元的实现方式和工作原理，ROM 又分为掩模 ROM、PROM、EPROM 和 E^2PROM 等类型；RAM 可分为静态 RAM 和动态 RAM。

(5) 在一片存储芯片的存储容量不能满足需要时，可以将多片存储器芯片通过位扩展和字扩展的方式，构成一个存储器系统。

习 题

(7.2 只读存储器(ROM))

题 7.1 试用 ROM 实现下列组合逻辑函数，说明所选 ROM 的容量，并列表说明 ROM 中应存入的数据：

(1) $$\begin{cases} Y_1(A,B) = \sum m(0,1,2) \\ Y_2(A,B) = \sum m(0,1) \\ Y_3(A,B) = \sum m(1,2) \\ Y_4(A,B) = \sum m(0,3) \end{cases}$$

(2) $$\begin{cases} Y_1(A,B,C) = AB'C + ABC' + ABC \\ Y_2(A,B,C) = AB'C' + A'BC + AB'C \\ Y_3(A,B,C) = A'B'C' + A'B'C + AB'C' + A'BC' \end{cases}$$

(3) $\begin{cases} Y_1 = ABC + CD + AD \\ Y_2 = A'B + C'D' \\ Y_3 = (A+B+C)' + CD' \\ Y_4 = A'B'C'D + ABC \end{cases}$

题 7.2 试用 ROM 实现代码转换电路，将余 3 码转换成 8421 码。余 3 码转换成 8421 码的对应关系如下表。

余 3 码	8421 码	余 3 码	8421 码
0011	0000	1000	0101
0100	0001	1001	0110
0101	0010	1010	0111
0110	0011	1011	1000
0111	0100	1100	1001

题 7.3 试用 ROM 设计一个将两个 2 位二进制数相乘的乘法器电路，请说明所选 ROM 的容量，并列出 ROM 的数据表。

(7.4 存储器的扩展)

题 7.4 若存储器的容量为 256k×8 位，则地址代码应取几位？

题 7.5 试用 2 片 512×8 位的 ROM 组成 512×16 位的存储器。

题 7.6 试用 4 片 1k×4 位的 RAM 组成 4k×4 位的存储器，并标明每片的地址段。

题 7.7 现有 1024×4 位的 RAM 芯片，请问若要构成 8k×8 位的存储器系统，需要几片，如何实现？

CHAPTER

第 8 章 可编程逻辑器件

本章基本内容

- 可编程逻辑器件的基本特点和应用
- PLA、PAL、GAL 的电路结构和工作原理
- CPLD 的电路结构和工作原理
- FPGA 的电路结构和工作原理

8.1 可编程逻辑器件的基本特点

在前面各章中提到的 74HC 系列和 74 系列的各种数字集成电路器件(如译码器、编码器、加法器、寄存器、计数器等)中,每种器件的逻辑功能都是固定不变的。我们把这种器件称作通用型逻辑器件,或者称作固定功能的逻辑器件。

当我们需要设计一个复杂的数字电路时,可以按照"自底向上"的方法将设计的电路划分成若干个模块,然后选择合适的通用型逻辑器件连接成所设计的电路。然而这种方法存在着诸多缺点。首先电路的体积和功耗都比较大,而且器件间的连接线较多,使电路的可靠性下降。其次,如果设计过程中需要修改,则修改的工作量也比较大。此外,设计的电路很容易被复制,不利于保密。

另一种可行的方法是根据设计要求专门设计和生产一种专用芯片,以充分发挥单片集成电路体积小、功耗低、可靠性高的优点。但由于设计和制作的周期长、成本昂贵,所以只有在需要量很大时才可以考虑使用这种方法,而不宜在小批量产品的生产和研制过程中使用。为了克服这个局限性,可编程逻辑器件便应运而生。

可编程逻辑器件(programmable logic device,PLD)是作为通用产品成批生产的单片数字集成电路,而它的逻辑功能则是由用户通过对器件编程来设定的。这是 PLD 区别于通用型数字集成电路的基本特点。

一个 PLD 芯片中集成了大量的基本逻辑单元和可编程的连接元件。通过对这些连接元件的编程,就可以方便地设计出具有各种不同逻辑功能的专用集成电路。采用 PLD 设

计逻辑电路既可发挥单片集成电路的一系列优点，又避免了设计和制作专用芯片成本高和周期长的缺点。而且，利用 PLD 厂商提供的开发软件，能方便、快捷地完成对 PLD 的编程设计工作。同时，PLD 产品中有很多是可以重复编程使用的，这就为修改设计带来了极大的方便。可见，对于设计小批量或单件的专用数字电路，采用 PLD 无疑是比较理想的选择。

自 20 世纪 80 年代以来，PLD 及其应用发展得十分迅速。从最初的“可编程逻辑阵列”(programmable logic array，PLA)到“可编程阵列逻辑”(programmable array logic，PAL)、“通用阵列逻辑”(generic array logic，GAL)、“复杂可编程逻辑器件”(complex PLD，CPLD)、“现场可编程门阵列”(field programmable gate array，FPGA)，器件的规模越来越大、结构越来越复杂。CPLD 和 FPGA 中能集成数以万计的门电路，足够用来设计相当复杂的数字系统。

相对于 CPLD 和 FPGA 而言，PLA、PAL 和 GAL 的电路规模比较小、集成度比较低，所以也把 PLA、PAL 和 GAL 统称为“简单可编程逻辑器件”(simple PLD，SPLD)或“低密度可编程逻辑器件”(low density PLD，LDPLD)，同时将 CPLD 和 FPGA 称为“高密度可编程逻辑器件”(high density PLD，HPLD)。下面我们将对这些不同类型 PLD 的特点和基本工作原理分别加以介绍。

复习思考题

R8.1.1　PLD 的基本特点是什么？它与通用型数字集成电路有何区别？

8.2　可编程逻辑阵列(PLA)

PLA 是 PLD 当中结构比较简单、应用最早的一种。

我们在逻辑代数基础一章中曾经讲过，任何一个逻辑函数式都可以化成若干个乘积项相加的形式，即所谓的“积之和”形式。因此，如果用一级可编程的**与**逻辑阵列产生函数式中的乘积项，再用一级可编程的**或**逻辑阵列将这些乘积项相加，就可以得到所需要的逻辑函数了。PLA 的结构就是根据这个原理设计的。图 8.2.1 是 PLA 的结构框图。它由一个可编程的**与**逻辑阵列、一个可编程的**或**逻辑阵列、输入缓冲电路和输出缓冲电路组成。

由于 PLD 的电路规模比较大，所以在画逻辑图时经常将多输入端的**与**门和**或**门画成图 8.2.2 中所示的形式，以节约篇幅。图中两条线交叉点上的×表示两条线通过编程相连，交叉点上的·表示两条线之间是硬件连接的。如果交叉点上没有加注任何连接符号，则表示两条线不相连。交叉点上所用的编程元件也就是 PROM 中使用的各种可编程连接元件。

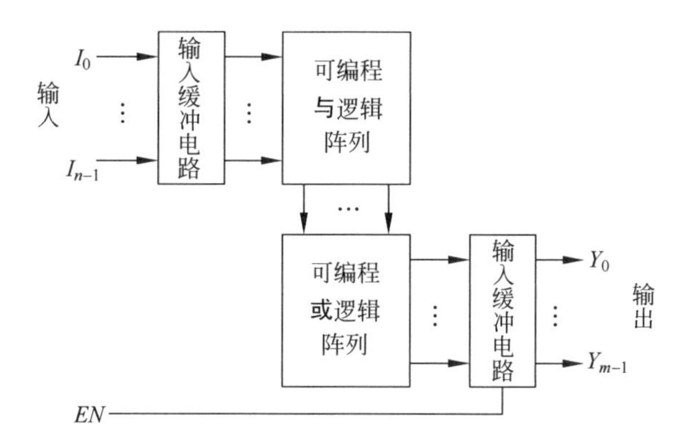

图 8.2.1 PLA 的电路结构框图

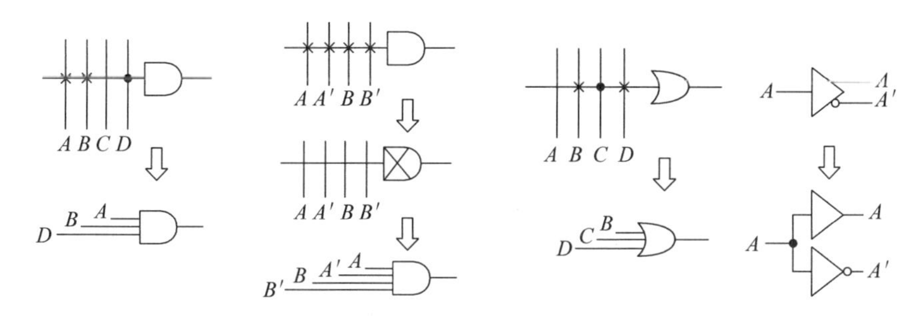

图 8.2.2 PLD 中门电路的常用画法

图 8.2.3 是一个具有 3 个输入端、可以产生 4 个乘积项和 3 个输出函数的 PLA 结构图。它的输入缓冲电路由一组互补输出的缓冲器组成,是最简单的一种结构形式。输出缓冲电路由一组三态输出的缓冲器组成,也是一种最简单的结构形式。如果编程后的结果如图中所示,则当控制端 EN' 等于 0 时,得到输出逻辑函数为

$$Y_0 = AB' + A'B$$
$$Y_1 = A'B + BC$$
$$Y_2 = AB + BC$$

这种结构的 PLA 器件中没有存储单元,只能用于设计组合逻辑电路,所以属于组合逻辑型的 PLA。

把组合逻辑型 PLA 和上一章所讲的 PROM 比较一下不难发现,两者的区别在于 PROM 中的与逻辑阵列是固定的,而且把输入变量的全部最小项都译出了,而 PLA 中的与逻辑阵列是可编程的,通过编程可以仅译出所需要的输入变量的乘积项,从而缩小了与阵列的规模。虽然也可以通过编程用 PROM 设计组合逻辑电路(从这个意义上讲,它也属于可编程逻辑器件),但由于大多数情况下都是把它作为数据存储用的,所以习惯上都把它作为一种存储器介绍。

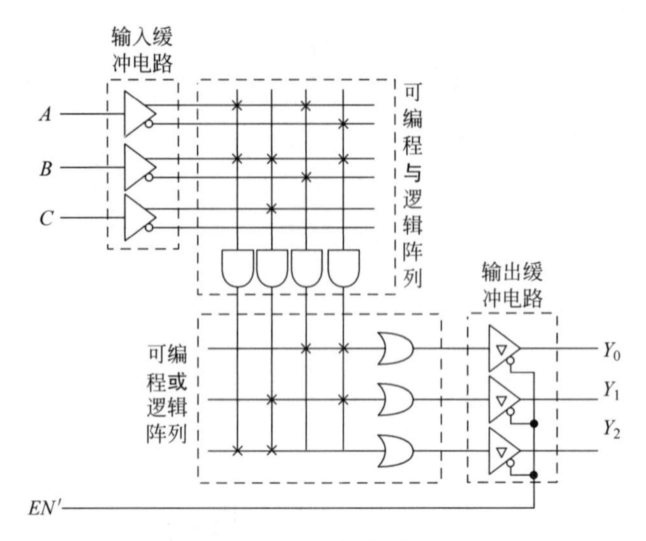

图 8.2.3　组合逻辑型 PLA

为了增强 PLA 的功能,使之能够满足设计时序逻辑电路的需要,在有些 PLA 器件的输出缓冲电路中还增加了若干触发器,并且将这些触发器的状态反馈到可编程的与逻辑阵列上,构成时序逻辑型 PLA,如图 8.2.4 所示。

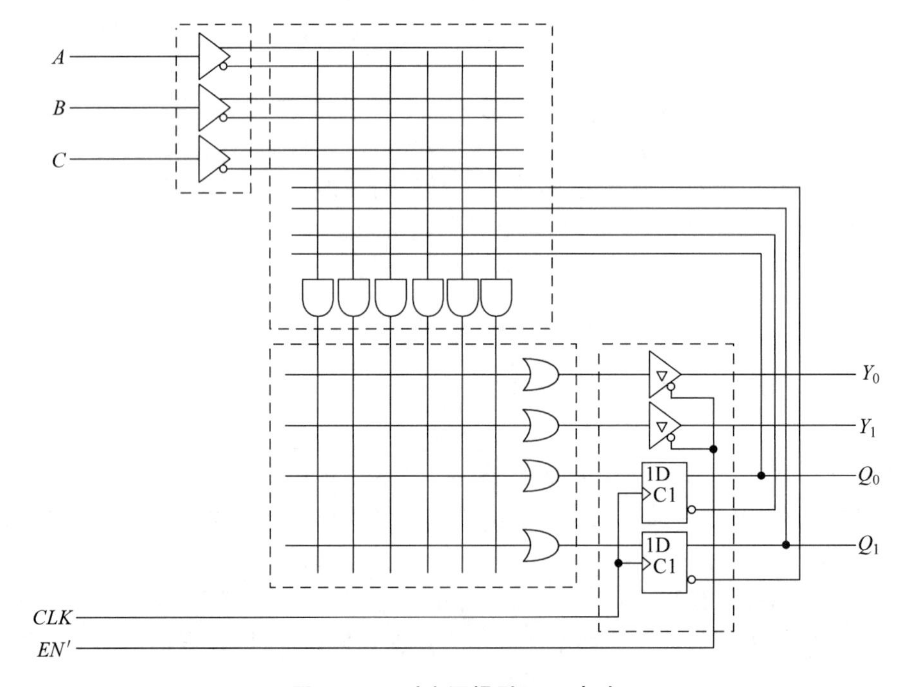

图 8.2.4　时序逻辑型 PLA 电路

复习思考题

R8.2.1 组合逻辑型 PLA 和 PROM 有何区别?

R8.2.2 组合逻辑型 PLA 和时序型 PLA 在电路结构和功能上有何不同?

8.3 可编程阵列逻辑(PAL)

8.3.1 PAL 的基本结构形式

PAL 由可编程的**与**逻辑阵列、固定的**或**逻辑阵列和输入、输出缓冲电路组成,如图 8.3.1 所示。由于省去了**或**逻辑阵列里的编程元件,有效地节省了硅片面积。

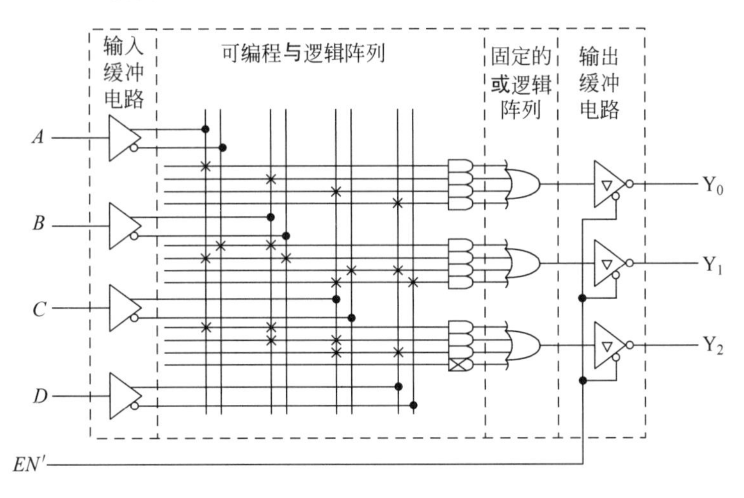

图 8.3.1 PAL 的基本电路结构

根据图 8.3.1 中**与**逻辑阵列的编程结果,即可写出输出逻辑函数式为

$$Y_0 = (A + B + C + D)'$$
$$Y_1 = (A'B + AB' + C'D + CD')'$$
$$Y_2 = (AB + BC + CD)'$$

在图 8.3.1 电路的输出电路结构下,输出端只能作为逻辑函数的输出端使用,不能另作他用。因此,把这种输出结构形式叫做专用输出结构。

8.3.2 PAL的各种输出电路结构

为了适应不同的设计需要,除上述的专用输出结构以外,又相继开发出了多种输出电路结构。其中主要有可编程输入输出结构、**异或**输出结构、寄存器输出结构和可配置输出结构等。

1. 可编程输入输出结构

可编程输入输出结构的输出电路是具有可编程控制端的三态输出缓冲器 G_1,如图8.3.2所示。

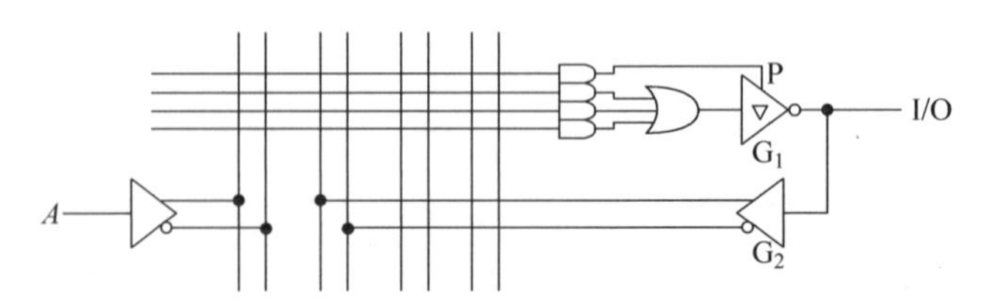

图8.3.2 PAL的可编程输入输出结构

当**与**逻辑阵列输出的乘积项 P 编程为1时,三态缓冲器处于正常工作状态,I/O端被设置为输出端;而当乘积项 P 编程为0时,三态缓冲器 G_1 处于高阻态,这时I/O端可作为输入端使用,从I/O端输入的信号经过缓冲器 G_2 加到**与**逻辑阵列上。这样就可以使器件的引脚得到充分的利用。

图8.3.3中给出了具有可编程输入输出结构的PAL16L8的逻辑图。它有10个变量输入端、两个固定的输出端和6个可编程输入输出端。**与**阵列能产生64个乘积项,**或**阵列最多可以同时产生8个输出函数。如果将6个可编程输入输出端全部设置为输入端时,它的变量输入端可达16个。

2. 异或输出结构

为便于对输出函数求反,有些PAL器件在与或阵列的输出和三态输出缓冲器之间增加了一级**异或**门,如图8.3.4所示。

当编程结果使得**异或**门 G_1 的可编程输入端 X 为0时,输出函数 Y 和**与或**阵列的输出 S 同相。而将 X 编程为1时,Y 与 S 反相。

3. 寄存器输出结构

为了能够使用PAL器件设计时序逻辑电路,又在有些型号的PAL器件中增加了一些触发器,并将触发器的状态反馈到**与**逻辑阵列上,以便为时序逻辑电路提供存储电路。图8.3.5是寄存器输出结构的示意图。

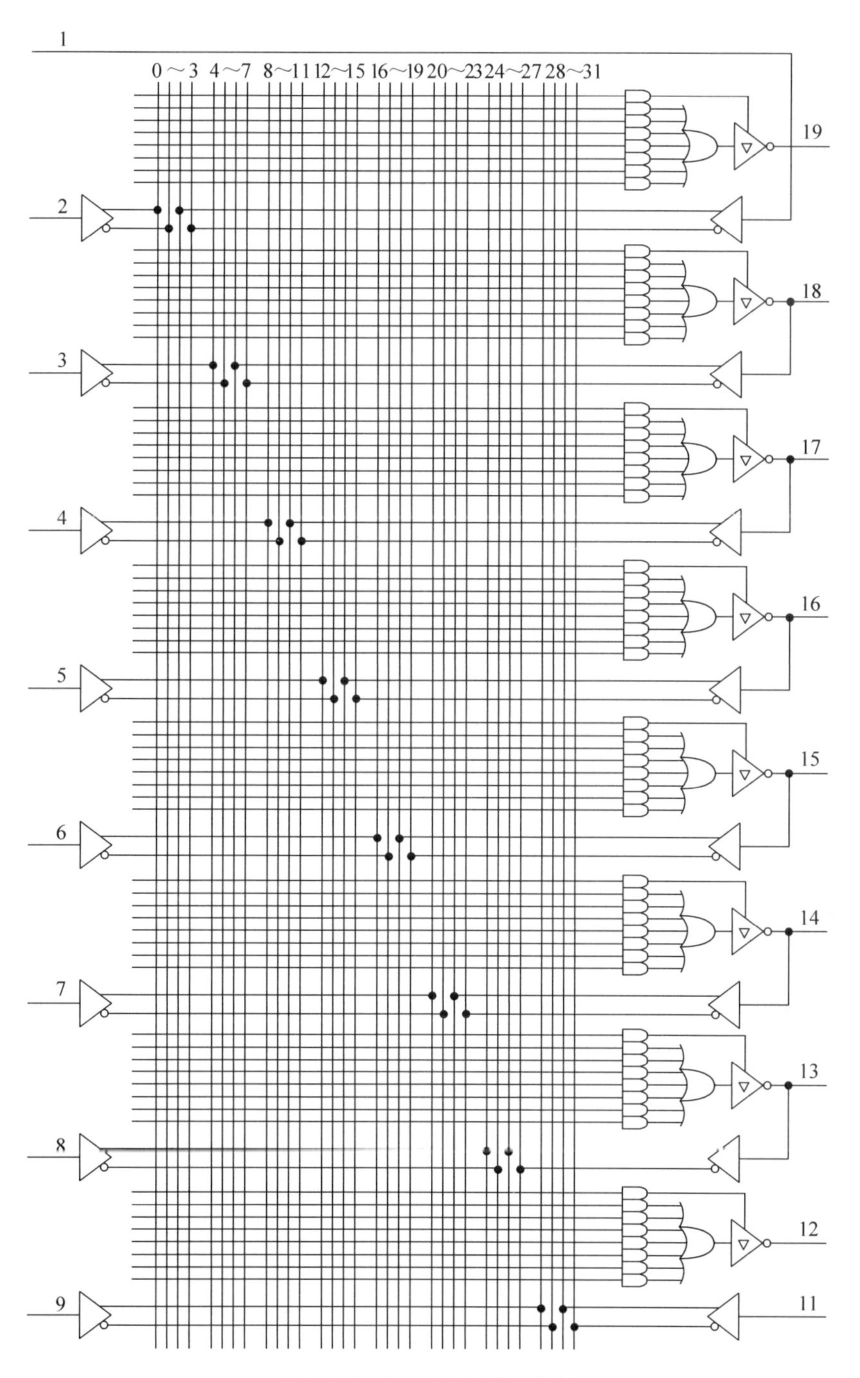

图 8.3.3 PAL16L8 的逻辑图

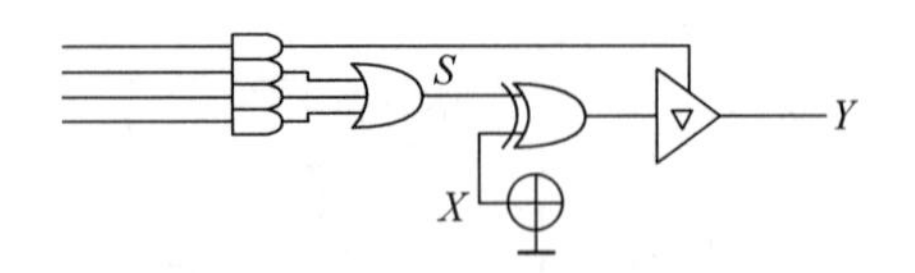

图 8.3.4 PAL 的异或输出结构

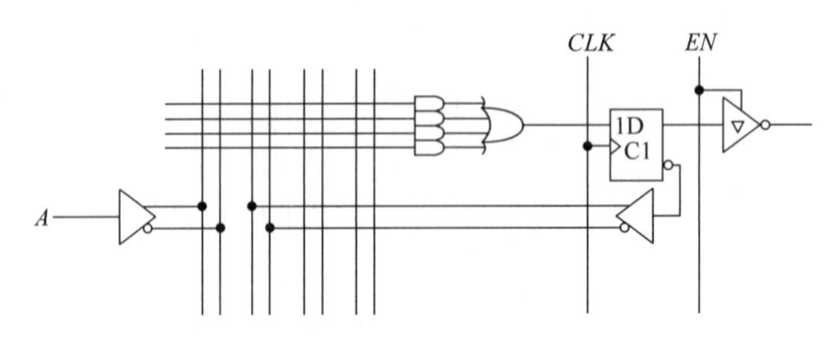

图 8.3.5 PAL 的寄存器输出结构

此外,在某些 PAL 器件的输出缓冲电路中还采用了上述电路结构的组合形式,以增强电路的功能。

图 8.3.6 是 PAL16R4 的逻辑图。由图可见,它的输出缓冲电路中含有 4 个触发器,而且触发器的状态又全都反馈到与逻辑阵列上了,所以不仅可以用它设计组合逻辑电路,还可以用来设计时序逻辑电路。

4. 可配置输出结构

为了增加器件的通用型,希望能用同一种器件设计出不同的输出结构形式。为此,又设计出了可配置输出结构的 PAL 器件。这一类器件的输出电路由一组可编程的输出逻辑宏单元(output logic macrocell,OLMC)组成。通过对 OLMC 的编程,可以将输出电路的结构设置成不同的形式。

图 8.3.7 是 PAL22V10 的 OLMC 电路结构图,其中包含一个触发器、一个 4 选 1 数据选择器 MUX1、一个 2 选 1 数据选择器 MUX2 和两个可编程元件 P_1、P_2。

当 P_1 和 P_2 同时短路时,$P_1=P_2=0$,Q 端的状态经过 MUX1 和输出端的三态缓冲器 G_1 反相后送到输出端,同时 Q' 的状态经过 MUX2 和缓冲器 G_2 反馈到**与**逻辑阵列上,如图 8.3.8(a)所示。这样就得到了寄存器输出结构。

当 P_1 开路、P_2 短路时,$P_1=1$、$P_2=0$,**与或**阵列的输出 S 经过 MUX1 和三态输出缓冲器 G_1 送到输出端,同时输出又经过 MUX2 和缓冲器 G_2 反馈到**与**逻辑阵列上,从而得到了可编程输入输出结构,如图 8.3.8(b)所示。

P_1 短路、P_2 开路时和 P_1、P_2 同时开路时电路的状态如图 8.3.8(c)、(d)所示。

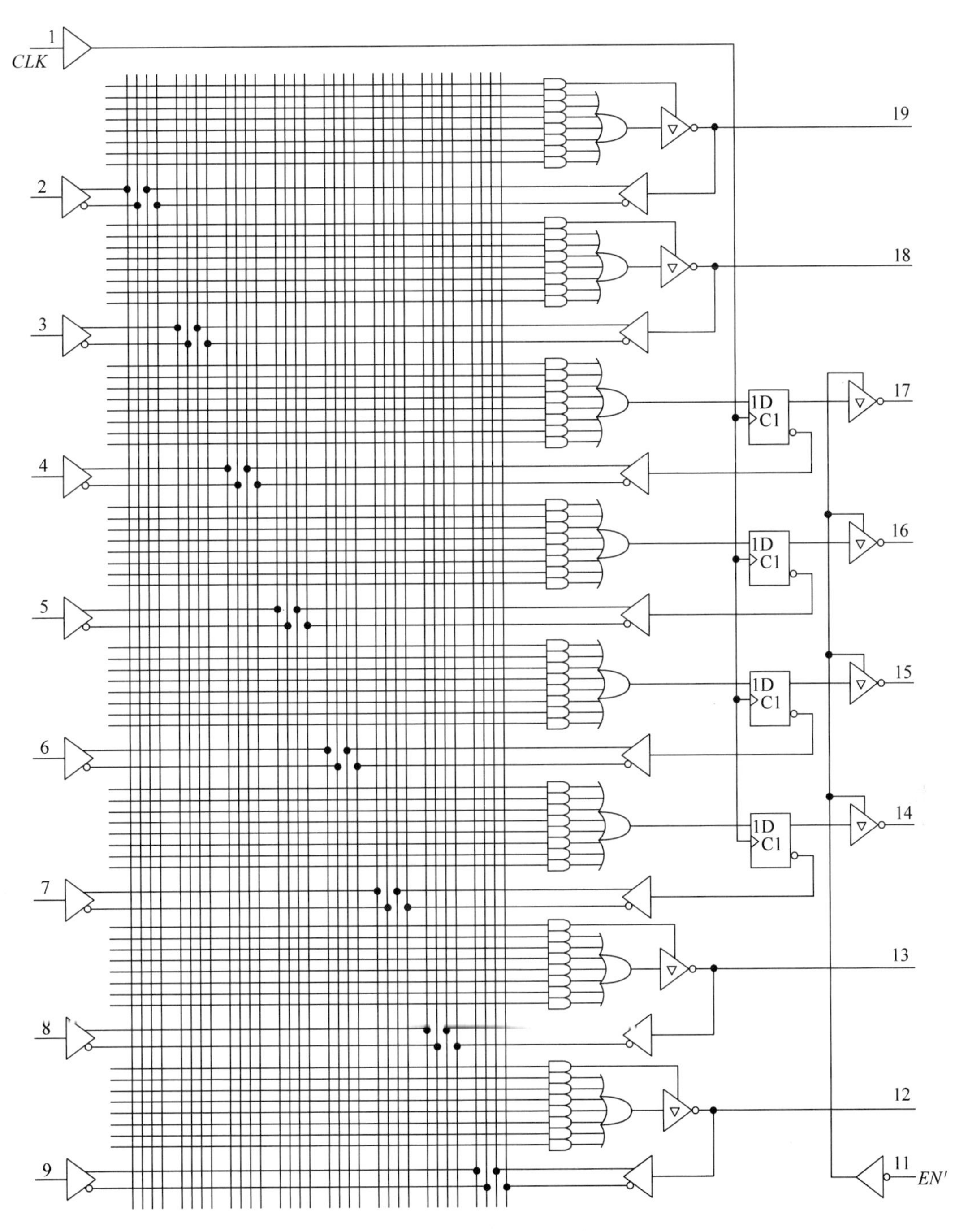

图 8.3.6 PAL16R4 的逻辑图

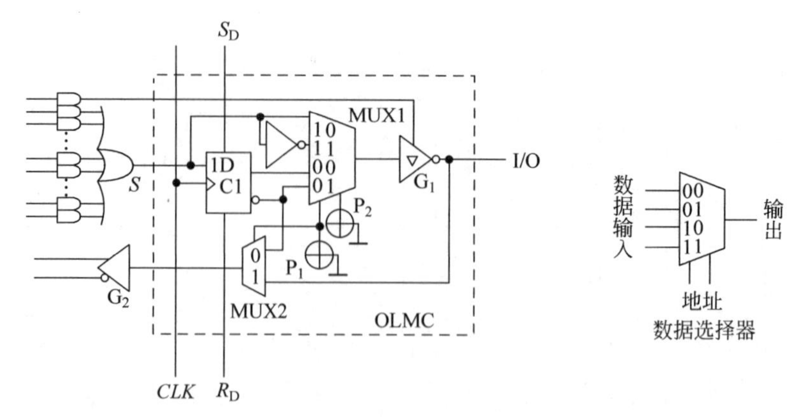

图 8.3.7 PAL22V10 的输出逻辑宏单元(OLMC)

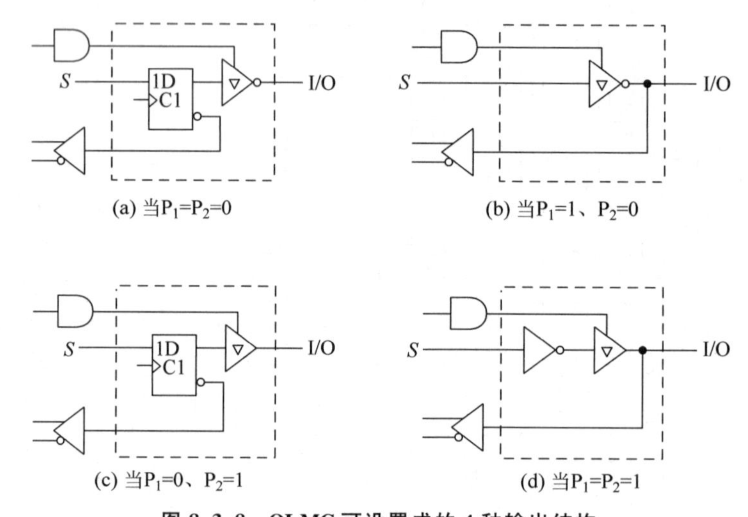

图 8.3.8 OLMC 可设置成的 4 种输出结构

复习思考题

R8.3.1 PAL 和 PLA、PROM 在电路结构上有什么区别?

R8.3.2 用 PAL、PLA、PROM 是否都能设计组合逻辑电路和时序逻辑电路?

8.4 通用阵列逻辑(GAL)

GAL 是一种通用性更强的可编程逻辑器件。它的设计目标是能将其输出电路设置成 PAL 的所有输出电路结构形式,并且能替换同样规模的各种型号 PAL 器件。GAL 的电路

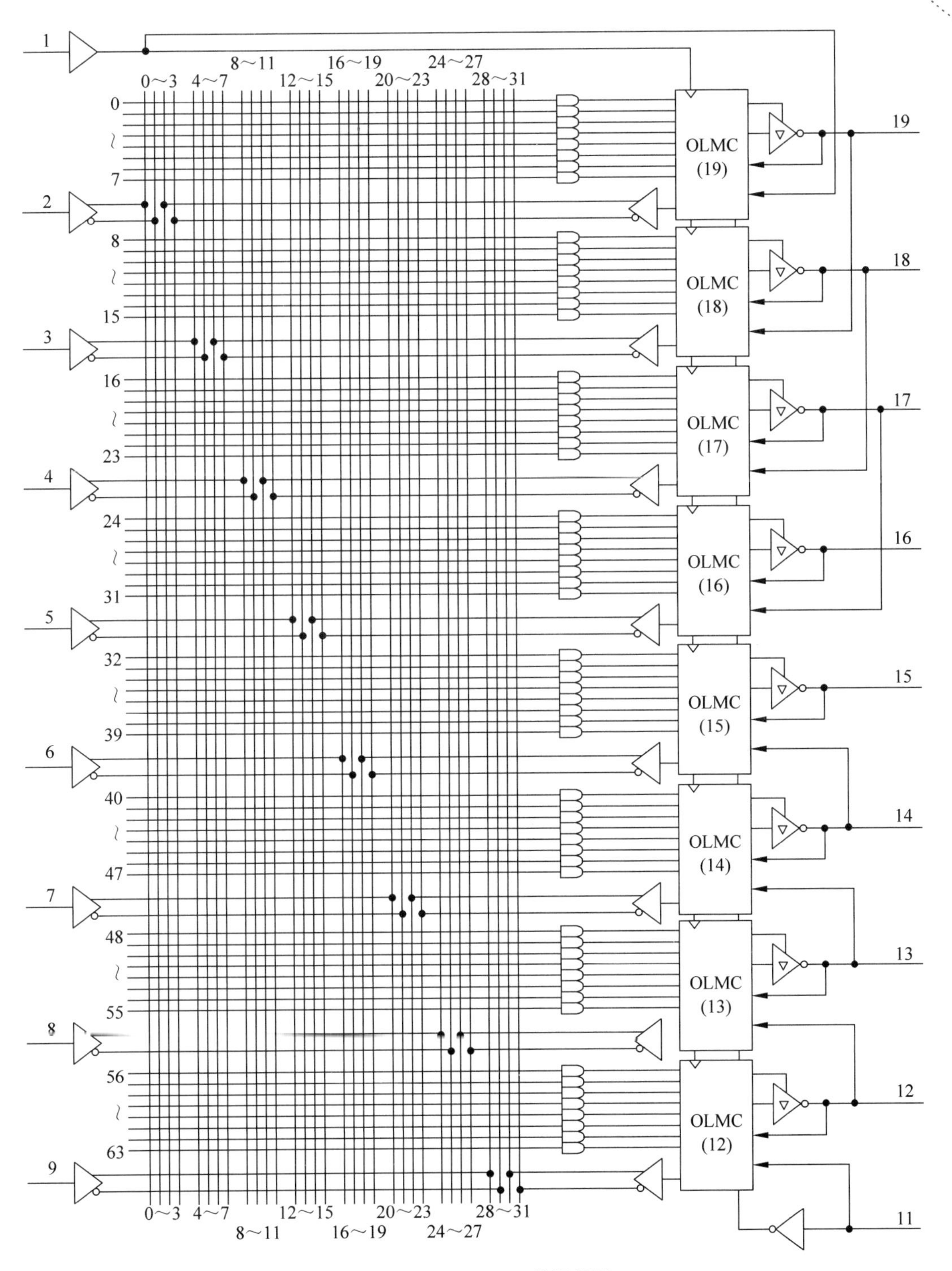

图 8.4.1 GAL16V8 的逻辑图

结构形式与可配置输出结构的 PAL 类似，仍然是**与或**阵列结构形式，并且在输出缓冲电路中采用了可编程的输出逻辑宏单元(OLMC)。为了增加器件的可编程功能和通用性，在 GAL 电路里将**与或**阵列中的**或**门也包括在 OLMC 当中了。此外，GAL 从开始就采用了 E^2CMOS 编程工艺，可以重复编程，所以很适于在需要重复编程的场合使用，而多数的 PAL 器件是采用熔丝编程工艺的，不能重复编程。因此，也可以认为 GAL 是可配置输出结构 PAL 的一种改进形式。

图 8.4.1 是常见的 GAL16V8 的逻辑图，它的 OLMC 电路结构如图 8.4.2 所示。通过写入相应的编程数据 $AC0$、$AC1(n)$、$XOR(n)$等，即可将 OLMC 设置成所需要的输出电路结构形式。这里的 n 代表 $OLMC$ 的编号，m 代表相邻 OLMC 的编号。

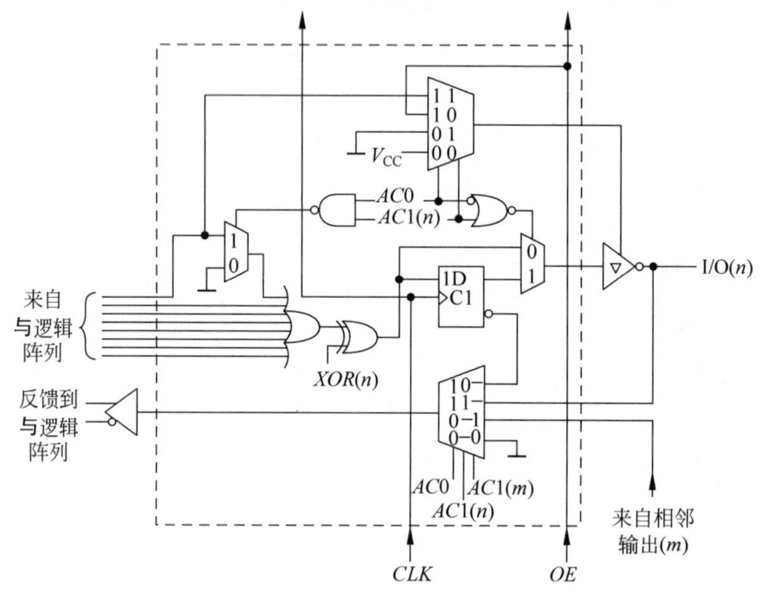

图 8.4.2　GAL16V8 的 OLMC

复习思考题

R8.4.1　试比较 GAL 和 PAL 有何异同。

8.5　复杂可编程逻辑器件(CPLD)

为了满足大规模数字系统设计的需要，又将若干个相当于 PAL 规模的电路集成在同一个芯片上，做成了规模更大、更加复杂的可编程逻辑器件。我们把这一类器件统称为复杂可编程逻辑器件，即所谓CPLD。

图8.5.1是CPLD结构的示意性框图。它由若干个可编程的通用逻辑模块(generic logic block，GLB)、可编程的输入输出模块(input/output block，IOB)和可编程的内部连线组成。GLB类似于一个具有可配置输出结构的PAL电路。通过对内部连线的编程，可以将若干个GLB连接成规模更大的逻辑电路。

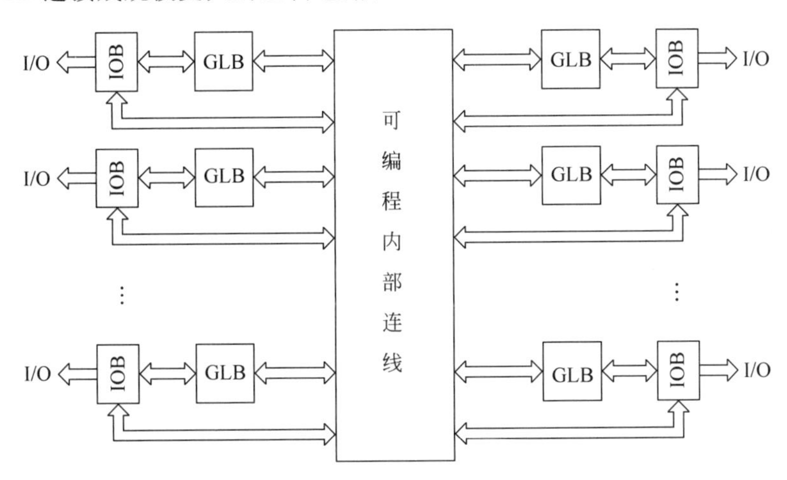

图8.5.1 CPLD电路结构的示意性框图

每个GLB中通常包含8～20个宏单元(macrocell)。图8.5.2是一种比较简单的宏单元电路。目前规模较大的CPLD中包含的宏单元可达1000多个。

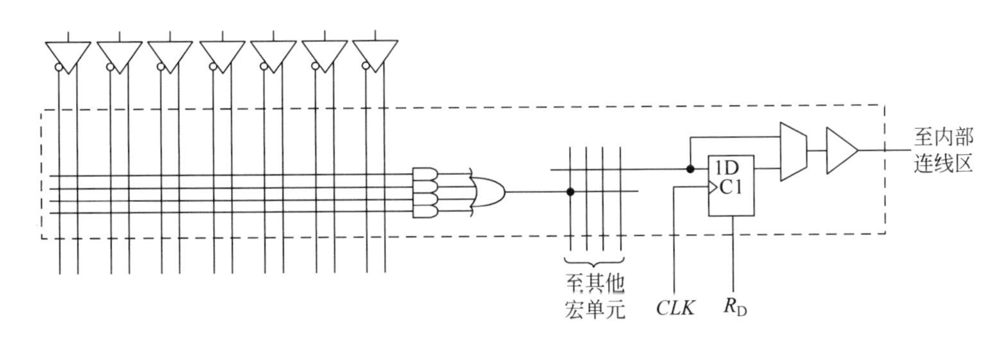

图8.5.2 GLB中的宏单元

图8.5.3是IOB的一种最简单形式。当三态输出缓冲器被编程为正常工作态时，I/O端作为输出端使用；当三态输出缓冲器被编程为高阻态时，I/O端可以作为输入端使用。

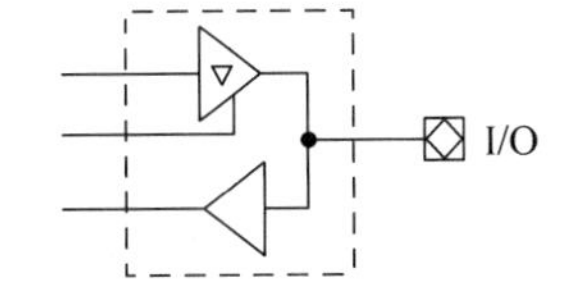

图8.5.3 CPLD中的IOB结构

8.6 现场可编程门阵列(FPGA)

由于CPLD中的GLB采用的是类似于PAL的**与或**逻辑阵列结构，所以在用这些GLB组成所需要的系统时灵活性比较差。而且随着CPLD规模的增加，内部资源的利用率也随之降低。

为了提高芯片的有效利用率并增强编程的灵活性，FPGA采用了另外一种结构形式，即逻辑单元阵列形式，如图8.6.1所示。由图可见，FPGA中包含若干个可编程逻辑模块(configurable logic block，CLB)、可编程输入输出模块IOB和一整套的可编程内部连线资源。这些CLB按阵列形式排列，每个CLB是一个独立的电路模块，可以产生简单的组合逻辑函数或时序逻辑函数。用这些CLB能够更加灵活地组合成任何形式规模更大、更加复杂的逻辑电路。

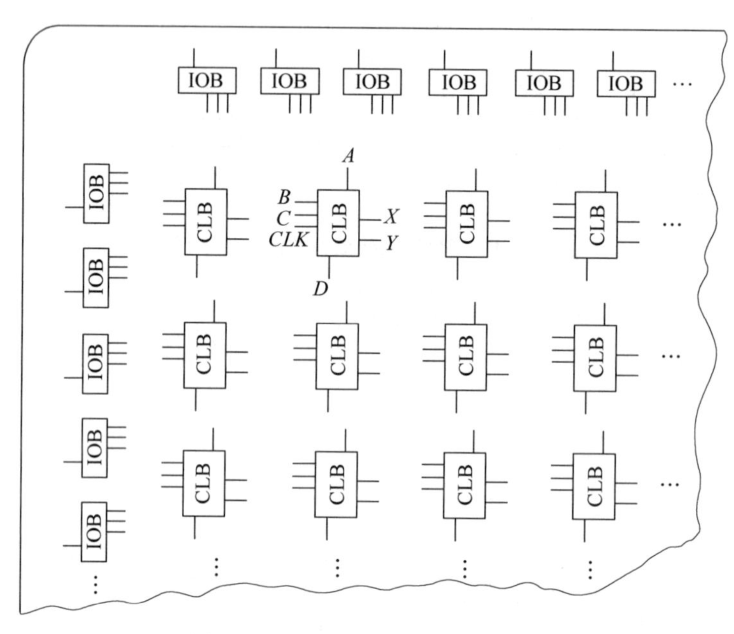

图8.6.1 FPGA的示意性结构框图

现以Xilinx公司早期生产的XC2064型号FPGA为例，简单说明一下FPGA的工作原理。XC2064中有64个CLB，排列成8×8的矩阵。每个CLB中都包含一个组合逻辑电路、一个D触发器和6个数据选择器，如图8.6.2所示。通过对这些数据选择器的编程，可以在X、Y输出端产生A、B、C、D、Q的2～4变量的组合逻辑函数。同时，由于触发器的状态又反馈到了组合逻辑电路的输入端，所以还能用来构成时序逻辑电路。

图8.6.3是IOB的逻辑图，它由三态输出缓冲器G_1、输入缓冲器G_2、D触发器和两个数据选择器MUX1、MUX2组成。当编程结果使EN'为低电平时，I/O端作为输出端使用；

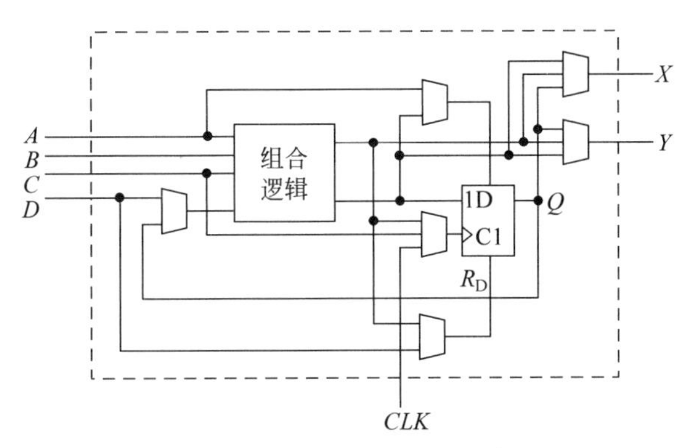

图 8.6.2 XC2064 的 CLB 逻辑图

当 EN' 为高电平时，I/O 端作为输入端使用。信号的输入又有同步和异步两种可选择的方式。当 MUX2 选中 G_2 的输出时，I/O 端的输入信号立即送入电路内部，为异步输入方式；当 MUX2 选中触发器的输出时，则必须等到系统的时钟信号 CLK 到达时，输入信号才能送入电路内部，故为同步输入方式。

为了实现 CLB 之间、CLB 与 IOB 之间的灵活连接，在 FPGA 内部设置了丰富的内部连线资源。其中包括有许多水平方向和垂直方向的连线和可编程的开关矩阵 SM，如图 8.6.4 所示。这些开关矩阵相当于转接开关，通过编程可以有选择地将它的两个引出端接通。在每个 CLB 的输入端和输出端与连线间、IOB 的输入端与连线间、开关矩阵与连线间均设置有可编程的连接点，可以根据设计要求将这些连接点编程为连接状态或者断开状态。

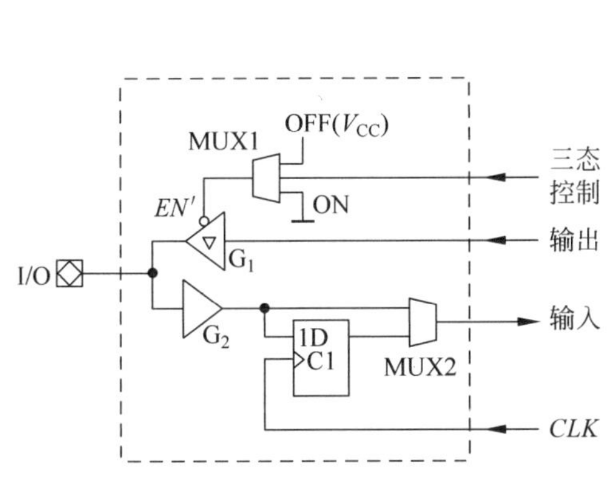

图 8.6.3 XC2064 中 IOB 的逻辑图

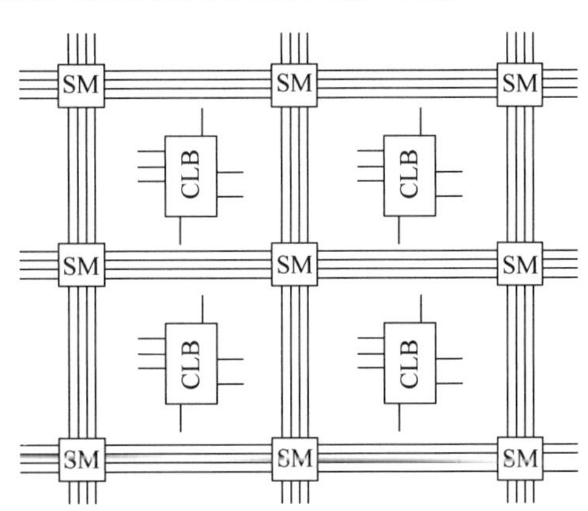

图 8.6.4 XC2064 中的内部连线资源

FPGA 的编程方法与 CPLD 不同。前面已经讲过，在对 CPLD 编程时，是采用 PROM 或 E^2PROM 技术将每个编程点的编程数据(0 或 1)写入其中的。而在对 FPGA 编程时，编程数据是写入片内的 RAM 中的(在图 8.6.1 中没有画出这个 RAM)。每一个编程点的开关状态受 RAM 中对应的一位数据控制。由于 RAM 中的数据可以快速地反复写入和擦除，所以即使在工作状态下，也可以通过快速刷新 RAM 中的数据重构它的电路结构。而且，重复编程的次数也几乎没有限制。

大多数情况下，并不需要在线随时刷新 RAM 中的数据。在这种情况下，通常的做法是将编程数据事先存放在一个附加的 EPROM 中，并将它的地址线、数据线、控制端与 FPGA 相连。当 FPGA 接通电源时，会首先启动内部的控制程序，自动地将 EPROM 中的数据读入 FPGA 的 RAM 中，然后再控制 FPGA 进入正常工作状态。

目前 FPGA 是 PLD 中集成度最高的一种，电路规模可达百万门/片以上。在某些 FPGA 产品中，还采用了结构更加复杂的 CLB 和 IOB，以增强器件的功能。

我们在看到 FPGA 优点的同时，也应当注意到它的缺点。首先，由于所设计的系统可能由不同数目的 CLB 经过不同的连接路线组成，所以不同信号到达同一点所经过的传输延迟时间可能不同，而且事先不能确知。其结果很可能导致竞争-冒险现象的发生。其次，由于 RAM 属于易失性存储器，断电后所存数据将自动丢失，所以每次开始工作时都需要重新装入编程数据。因此，在工作的便捷和可靠方面 FPGA 不如 CPLD。

复习思考题

R8.6.1　试比较 FPGA 和 CPLD 有何不同。

8.7　PLD 的编程及硬件描述语言

对 PLD 进行编程就是要设置其中每个可编程元件的开关状态。由于 PLD 中包含的可编程元件数量非常大，所以用手工的方法进行设计已不可能，必须借助计算机辅助设计的手段才能完成。因此，各器件制造商在大力开发各种 PLD 的同时，也同步地研究和开发出来了相应的设计软件，例如 Altera 公司的 MAX＋PLUS Ⅱ、Quartus Ⅱ，Xilinx 公司的 Foundation，Lattice 公司的 ispEXPERT、ispLEVER 等。这些软件都可以在普通的 PC 机上、在 Windows 操作系统下运行。在计算机上运行这些软件即可完成 PLD 的编程工作，包括设计输入、生成编程数据文件、仿真验证以及将数据下载到 PLD 中。

这些软件一般都支持原理图输入和用硬件描述语言编写的文本输入。设计简单的电路时，可以从设计软件提供的器件库中提取所需的器件，接成设计电路的逻辑图。而在设计复杂电路时，已经不可能再采用原理图的输入方式了，这时必须使用硬件描述语言输入才行。

硬件描述语言(hardware description language，HDL)是一种专门用于描述电路逻辑功能的计算机编程语言，它能对任何复杂的数字电路进行全面的逻辑功能描述。当然，更可以对简单电路进行逻辑功能的描述。目前比较流行的硬件描述语言主要有 VHDL 和 Verilog HDL 两种。前者是由美国国防部主持研发的、针对超高速数字集成电路的硬件描述语言，后者是由 Gateway Design Automation 公司研发的另一种硬件描述语言，两者都已被确认为 IEEE

标准。硬件描述语言并不限于在PLD编程中使用,在大规模数字集成电路的设计等工作中同样得到了普遍的应用。据称这两种语言目前在国际市场上的占有率各为50%。

Verilog HDL和C语言有很多相似之处,所以对于已经熟悉C语言的读者比较容易入门。而且由于它有较强的描述底层电路单元的能力,便于对模拟电路进行描述,因而后来在Verilog HDL-A版本中又增加了描述模拟电路的功能。和所有的计算机编程语言一样,Verilog HDL也有一套严格的语法规则和程序书写格式。如果想要真正熟悉它,还需要经过在使用中反复练习和体会,方能达到。

早期的PLA、PAL、GAL采用的是融丝型或E^2PROM编程工艺,通常需要在专用的编程器上对PLD编程。编程时必须将PLD从印刷电路版上取下,插到编程器上,然后将计算机产生的编程数据下载到编程器的存储器中,再由编程器写入PLD中。随着PLD电路规模的不断加大,不仅器件的封装形式各不相同,而且引脚数目也迅速增加,一旦安装到印刷电路版上,就不容易取下重新编程。为此,在CPLD中已经普遍地采用了在系统可编程(in system programmable,ISP)技术,制成在系统可编程逻辑器件(简称ISPLD)。在ISPLD中,把编程控制电路也集成在芯片内部了,所以编程时不需要将ISPLD从印刷电路版上取下,只需使用电缆和插口将计算机的输出接口和PLD相连,就可以将编程数据下载到ISPLD中了,而不再需要使用编程器。

可以预料,所有这些PLD编程软件以及硬件描述语言都将不断有新的、升级版本推出。升级后的新版本不仅功能会更强,使用起来会和更加便捷。只要掌握了前面各章的基本内容和计算机操作的基本知识,就完全有能力通过阅读有关资料或后续课程的学习,学会它们的使用方法。

复习思考题

R8.7.1 在系统可编程逻辑器件(ISPLD)有什么特点?

本章小结

本章比较全面、系统地介绍了可编程逻辑器件的基本知识和应用。重点内容包括:

(1) PLD区别于通用型数字集成电路的特点在于:PLD是作为通用器件生产的,但它的逻辑功能是由用户自己通过编程来设定的。而通用型数字集成电路(如74系列、74HC系列等)产品的逻辑功能是固定的、用户无法改变的。

(2) 由于PLD的发展十分迅速,所以PLD的种类和型号很多。目前常见的有PLA、PAL、GAL、CPLD和FPGA等几种类型。其中PLA、PAL和GAL的集成度和电路规模相对比较小,所以有时又把它们统称为简单可编程逻辑器件(SPLD)或低密度可编程逻辑器件(LDPLD),而把CPLD和FPGA称作高密度可编程逻辑器件(HDPLD)。

(3) PLA、PAL 和 GAL 的电路结构均采用**与或**逻辑阵列加上输入、输出缓冲电路的形式。PLA 的**与**逻辑阵列和**或**逻辑阵列都是可编程的，而 PAL 仅**与**逻辑阵列是可编程的，**或**逻辑阵列是固定的。GAL 可视为 PAL 的改进形式，它将**或**逻辑阵列合并到了 OLMC 当中，并增强了 OLMC 的可编程功能，使之能够设置成 PAL 的所有输出结构形式。

(4) CPLD 和 FPGA 在电路结构形式和编程方式上都不相同。CPLD 中有若干个相当于 PAL 的通用逻辑模块 GLB，通过对内部可编程连线进行编程，可以将这些 GLB 连接成规模更大、更复杂的数字系统。它的引脚到引脚传输延迟时间基本上是确定的。CPLD 通常采用 E^2CMOS 或融丝工艺进行编程。

而 FPGA 采用的是逻辑单元阵列结构，利用阵列单元可以灵活地组成复杂的逻辑电路。FPGA 采用 RAM 技术进行编程，它的编程数据存放在内部的一个 RAM 中。因为断电后 RAM 中的数据将丢失，所以每次接通电源时，需要先将编程数据装载到 RAM 中，然后才能进入正常的工作状态。此外，由于对于不同设计电路结构的多样性，信号的传输途经以及引脚到引脚的传输延迟时间都不是固定的。

(5) 所有 PLD 的编程工作都是在计算机辅助下进行的。因为用 PLD 设计的电路一般都比较复杂，通常需要用硬件描述语言编写输入文件。早期使用的 PLA、PAL 和 GAL 采用离线编程技术，编程时须要将 PLD 从系统中取出，然后插在专门的编程器上进行编程，而后来的 CPLD 几乎都采用了在系统可编程技术。

习　　题

(8.2　可编程逻辑阵列(PLA))

题 8.1　试写出图 P8.1 电路输出 Y_0、Y_1、Y_2 和 Y_3 的逻辑函数式。

题 8.2　用图 P8.2 给出的 PLA 产生如下一组逻辑函数，画出对**与**、**或**逻辑阵列编程后的逻辑图。

$$Y_0 = ABCD' + A'B'C'D \qquad Y_1 = A'B'C'D' + ABCD$$
$$Y_2 = ABC + A'BC' \qquad Y_3 = A'B'C' + AB'C$$

题 8.3　用图 P8.2 给出的 PLA 产生如下一组逻辑函数，画出对**与**、**或**逻辑阵列编程后的逻辑图。

$$Z_0 = M'NP'Q + MNP'Q' \qquad Z_1 = M'NP' + MNQ'$$
$$Z_2 = MNP + M'N'Q' \qquad Z_3 = M'NP'Q' + MNPQ'$$

(8.3　可编程阵列逻辑(PAL))

题 8.4　试分析图 P8.4 中用 PAL16L8 设计的逻辑电路，写出输出的逻辑函数式。

题 8.5　用 PAL16L8 设计七段显示译码器电路。七段显示译码器的真值表见本书第 4 章的表4.2.2(注：本书末尾的附页 1 是 PAL16L8 的逻辑图，可作为习题纸使用)。

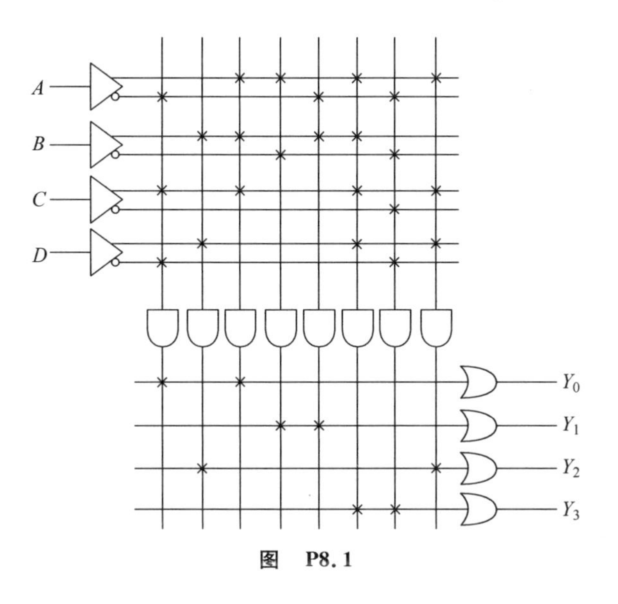

图 P8.1

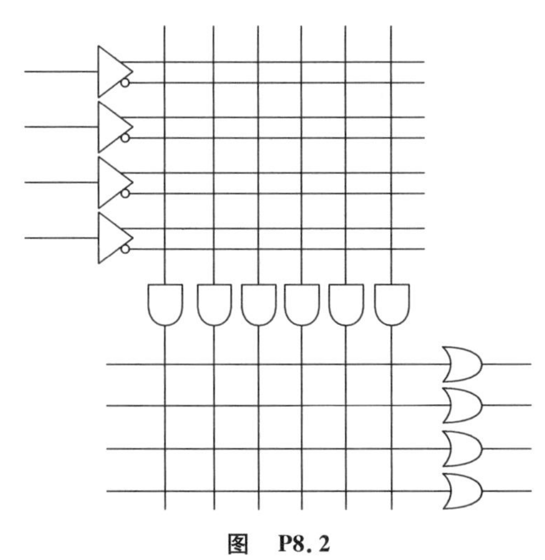

图 P8.2

题 8.6 用 PAL16L8 设计一个代码转换电路，将输入的 BCD 代码转换为输出的 4 位格雷码。两种代码的对照表见本书第 1 章的表 1.2.1 和表 1.2.2(参见上题注)。

题 8.7 试分析图 P8.7 中用 PAL16R4 构成的逻辑电路，写出电路的驱动方程、状态方程和输出方程，画出电路的状态转换图，检查电路能否自启动。

题 8.8 用 PAL16R4 设计一个 4 位的双向移位寄存器(注：本书末尾的附页 2 是 PAL16R4 的逻辑图，可作为习题纸使用)。

题 8.9 用 PAL16R4 设计一个 4 位的格雷码计数器(参见上题注)。

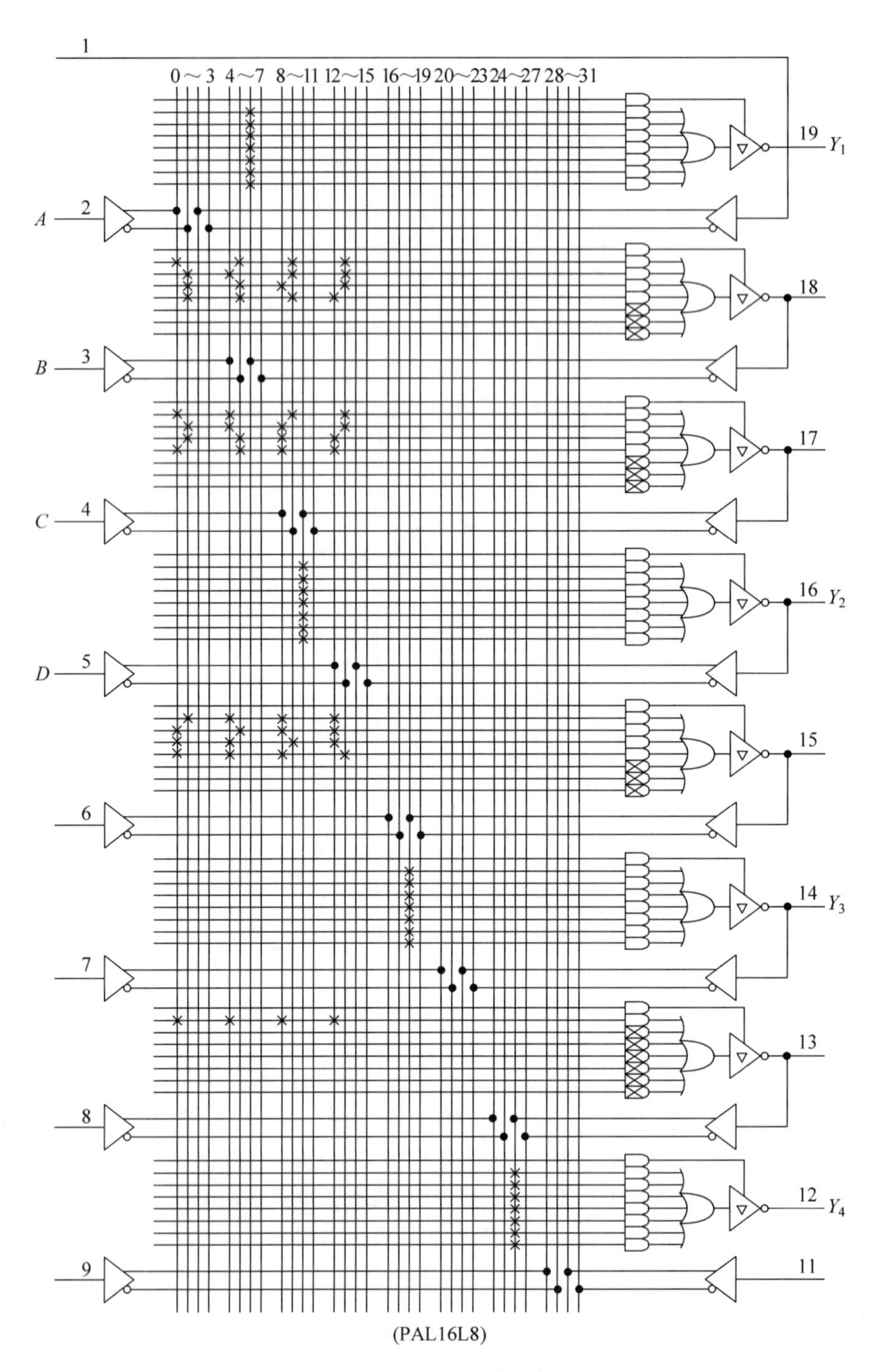

图 P8.4 PAL16L8 的逻辑图

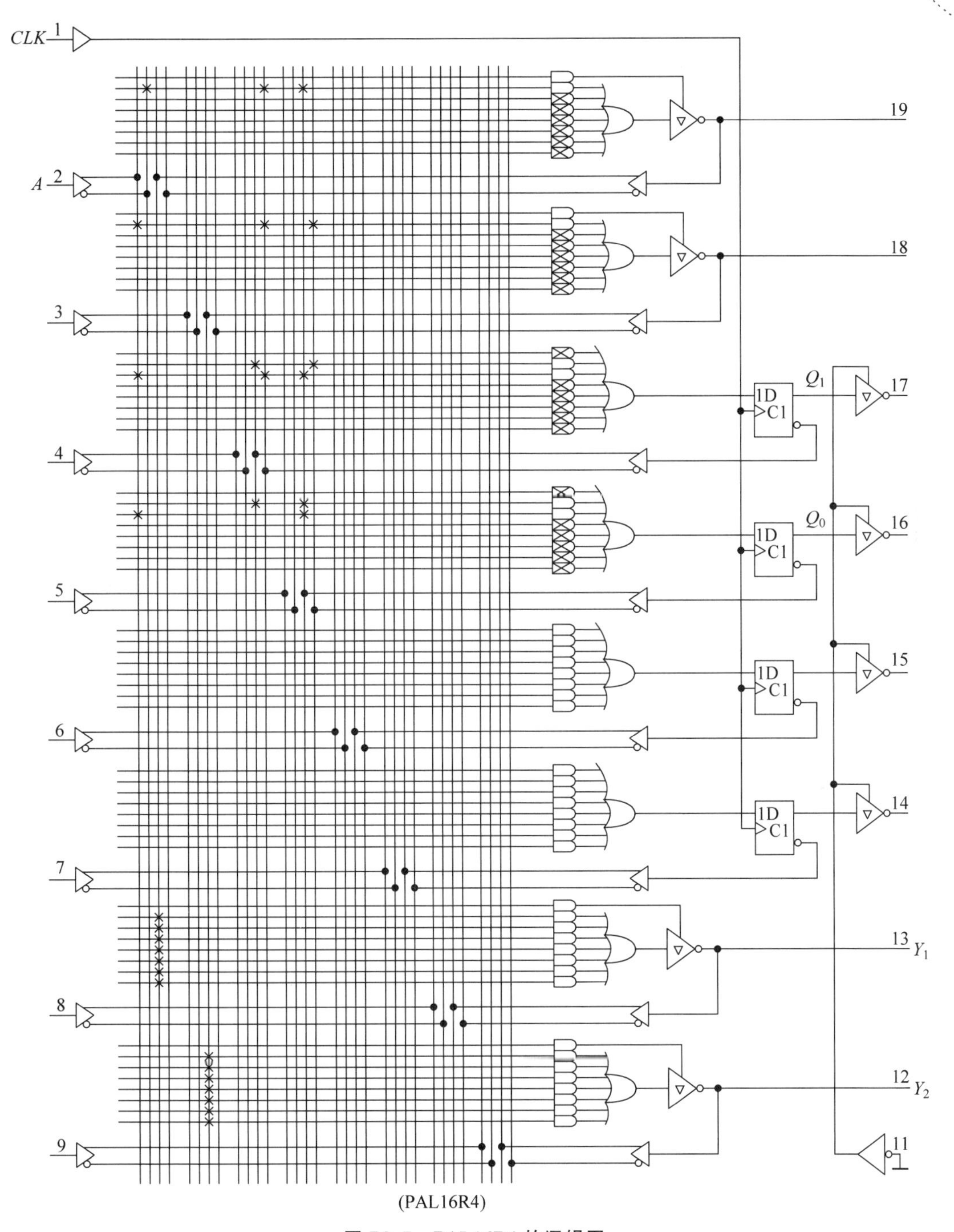

图 P8.7 PAL16R4 的逻辑图

CHAPTER

第9章 脉冲波形的产生和整形

本章基本内容

- 施密特触发电路的工作原理和应用
- 单稳态电路的工作原理和应用
- 多谐振荡电路的工作原理和应用
- 555定时器及其应用

9.1 矩形脉冲的特性参数

在这一章里我们只限于讨论数字电路工作过程中经常出现的矩形脉冲信号。例如时序逻辑电路中的时钟信号 CLK 就是一个矩形脉冲信号。为了能使时序逻辑电路正常工作，这个时钟脉冲必须有足够的幅度，而且对它的重复频率也有一定的要求。

为了全面描述矩形脉冲的特性，通常需要给出如图9.1.1中所示的一些主要参数。

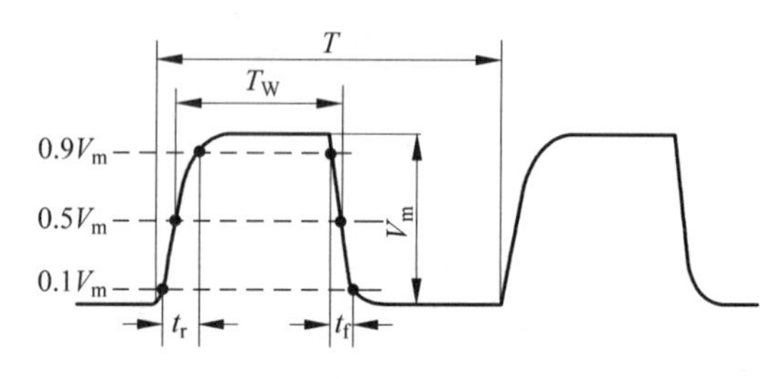

图9.1.1 矩形脉冲的特性参数

这些参数包括：

脉冲幅度 V_m——脉冲电压波形的高、低电平之差。

脉冲宽度 t_w——从脉冲前沿到达 $0.5V_m$ 起，到脉冲后沿到达 $0.5V_m$ 为止的时间。

上升时间 t_r——脉冲上升沿从 $0.1V_m$ 上升到 $0.9V_m$ 所需要的时间。

下降时间 t_f——脉冲下降沿从 $0.9V_m$ 下降到 $0.1V_m$ 所需要的时间。

脉冲周期 T ——周期性重复的脉冲序列中，相邻两个脉冲之间的时间间隔。有时也使用频率 $f(f=1/T)$ 表示单位时间内脉冲重复的次数。

占空比 q ——脉冲宽度与脉冲周期的比值，即 $q=t_w/T$。

获取符和要求的矩形脉冲的途经不外乎两种，一种是用能自行产生脉冲波形信号的自激振荡电路直接得到所需的脉冲信号，另一种是利用脉冲整形电路将已有的电压波形整理成符合要求的矩形脉冲。

由于矩形脉冲波形中含有丰富的高次谐波，所以通常又将能自行产生矩形脉冲波形信号的自激振荡电路叫做无稳态多谐振荡电路(astable multivibrator)，简称为多谐振荡电路或多谐振荡器。多谐振荡电路工作时不需要外加任何信号，接通电源以后，即可自行产生矩形脉冲输出信号。在后面的小节里我们将具体介绍多谐振荡电路中常见的几种典型电路。

整形电路本身不能自行产生矩形脉冲信号，但是它能将输入的非矩形信号或者特性不符合要求的矩形脉冲整理成符合要求的矩形脉冲信号。本章中将重点介绍整形电路中使用最多的两种电路——施密特触发电路(Schmitt trigger)和单稳态触发电路(one-shot 或 monostable multivibrator)，简称单稳态电路。此外，还可以用模拟电子技术基础中提到的电压比较器作为脉冲整形电路，在本章里就不作具体介绍了。

9.2 施密特触发电路

9.2.1 施密特触发电路的工作原理

图 9.2.1(a)是用两个 CMOS 反相器接成的施密特触发电路，图(b)是它的图形逻辑符号。首先分析一下输出电压随输入电压变化的电压传输特性。

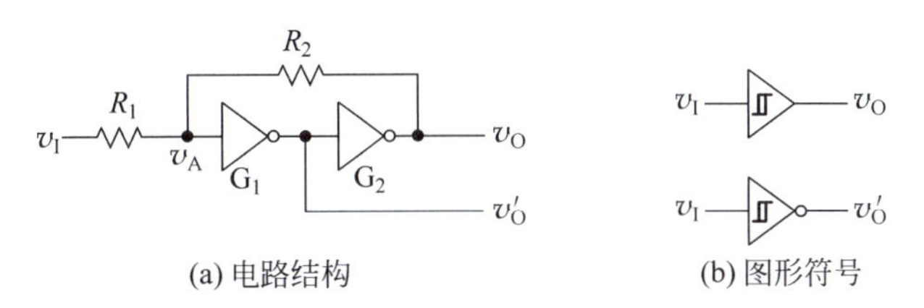

(a) 电路结构　(b) 图形符号

图 9.2.1　用两个 CMOS 反相器接成的施密特触发电路

若 CMOS 反相器的阈值电压为 $V_{TH}=V_{DD}/2$，并且 $R_1<R_2$，则当 $v_I=0$ 时 $v_A<V_{TH}$，所以 $v_O=V_{OL}\approx0$。

当 v_I 从 0 逐渐上升并使 $v_A=V_{TH}$时，随着 v_I 的增加将引发如下的正反馈过程

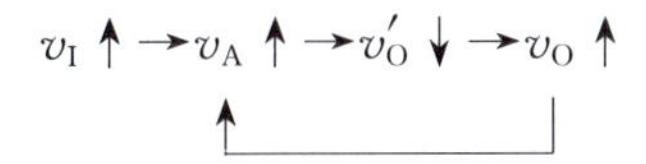

$$v_I\uparrow\rightarrow v_A\uparrow\rightarrow v_O'\downarrow\rightarrow v_O\uparrow$$

使电路迅速转换为 $v_O = V_{OH} \approx V_{DD}$ 的状态。由此可求出 v_I 上升过程中电路状态发生转换时的输入电平 V_{T+}。由图 9.2.1(a)可写出

$$v_A = V_{TH} \approx V_{T+} R_2/(R_1 + R_2)$$

故得到

$$V_{T+} = (1 + R_1/R_2) V_{TH} \tag{9.2.1}$$

通常将 V_{T+} 称作正向阈值电压。

当 v_I 从 V_{DD} 逐渐下降并使 $v_A = V_{TH}$ 时，随着 v_I 的下降又将引发如下的正反馈过程

$$v_I \downarrow \rightarrow v_A \downarrow \rightarrow v_O' \uparrow \rightarrow v_O \downarrow$$

并使电路迅速转换到 $v_O = V_{OL} \approx 0$ 的状态。由此又可求出 v_I 下降过程中电路状态发生转换时的输入电平 V_{T-}。由图 9.2.1(a)可知

$$v_A = V_{TH} \approx V_{DD} - (V_{DD} - V_{T-}) R_2/(R_1 + R_2)$$

在 $V_{TH} = V_{DD}/2$ 的条件下，得到

$$V_{T-} = (1 - R_1/R_2) V_{TH} \tag{9.2.2}$$

通常称 V_{T-} 为负向阈值电压。

此外，还将 V_{T+} 和 V_{T-} 之差定义为回差电压 ΔV_T，亦即

$$\begin{aligned}\Delta V_T &= V_{T+} - V_{T-} \\ &= 2(R_1/R_2) V_{TH}\end{aligned} \tag{9.2.3}$$

根据式(9.2.1)和式(9.2.2)即可画出图 9.2.1(a)电路的电压传输特性，如图 9.2.2(a)所示。因为 v_I 和 v_O 的高、低电平是同相的，所以称这个特性为同相输出的施密特触发特性。如果以图 9.2.1(a)电路中的 v_O' 为输出端，则 v_I 和 v_O' 的高、低电平是反相的，这时的电压传输特性将如图 9.2.2(b)所示。我们把这个特性叫做反相输出的施密特触发特性。

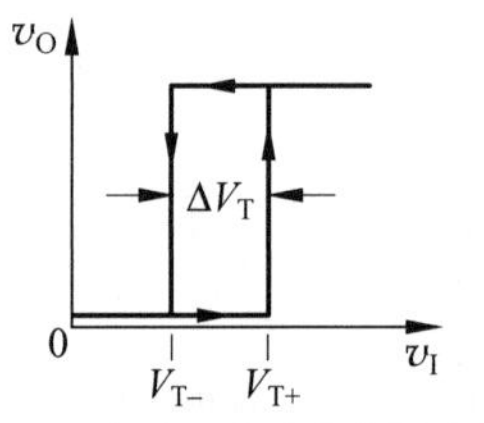

(a) 同相输出的施密特触发特性

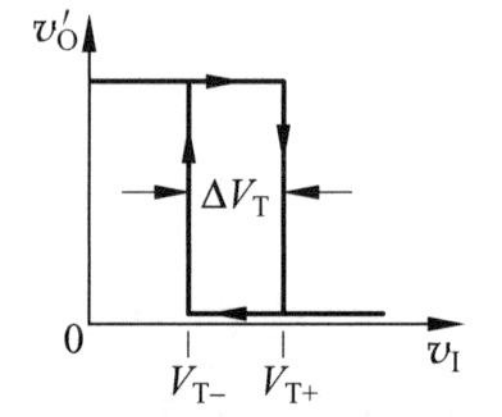

(b) 反相输出的施密特触发特性

图 9.2.2　图 9.2.1(a)电路的电压传输特性

从式(9.2.1)、式(9.2.2)和式(9.2.3)可知，改变 R_1 和 R_2 的比值可以调节 V_{T+}、V_{T-} 和 ΔV_T 的大小。但是必须保证 $R_1 < R_2$，否则电路将不能正常工作。

通过对图 9.2.1(a)电路的分析我们可以总结出施密特触发特性的两个重要特点：

第一、输入信号上升和下降过程中，引起输出状态转换的输入电平是不同的，即 V_{T+} 不等于 V_{T-}。

第二、由于输出状态转换时有正反馈过程发生，所以输出电压波形的边沿很陡，可以得到比较理想的矩形输出脉冲。

施密特触发电路的结构形式有多种。最初出现的施密特触发电路是用分立器件的真空电子管和电阻、电容组成的。随着电子器件的发展和更新换代，施密特触发电路也出现了各种新的结构形式。无论在CMOS集成电路还是在TTL集成电路中，都有施密特触发电路的定型产品可供直接选用。此外，在有些施密特触发电路的集成电路产品中，还在输入端增加了信号的**与**逻辑功能，如图9.2.3所示。习惯上也把这种电路叫做“具有施密特触发输入的**与非**门”。

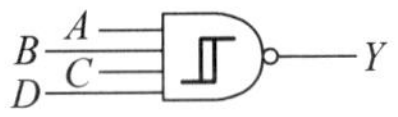

图9.2.3 具有施密特触发输入的与非门(74LS13)

例9.2.1 在图9.2.1(a)的施密特触发电路中，若 G_1 和 G_2 为CMOS反相器74HC04，电源电压 V_{DD} 等于5V，反相器的阈值电压 V_{TH} 等于2.5V，$R_1=11\text{k}\Omega$，$R_2=22\text{k}\Omega$，试求电路的正向阈值电压 V_{T+}、负向阈值电压 V_{T-} 和回差电压 ΔV_T。

解 将给定的电路参数代入式(9.2.1)、式(9.2.2)和式(9.2.3)即可得到

$$
\begin{aligned}
V_{T+} &= (1+R_1/R_2)V_{TH} \\
&= (1+11/22)\times 2.5\text{V} = 3.75\text{V} \\
V_{T-} &= (1-R_1/R_2)V_{TH} \\
&= (1-11/22)\times 2.5\text{V} = 1.25\text{V} \\
\Delta V_T &= V_{T+} - V_{T-} \\
&= 3.75 - 1.25 = 2.5\text{V}
\end{aligned}
$$

复习思考题

R9.2.1 反相输出的施密特触发电路的电压传输特性和反相器的电压传输特性有什么不同?

R9.2.2 正向阈值电压、负向阈值电压和回差电压是怎样定义的?

R9.2.3 能否用施密特触发电路作为存储单元使用?

9.2.2 施密特触发电路的应用

施密特触发电路在脉冲波形的整形和波形变换以及脉冲鉴幅中有着广泛的应用。下面通过几个例子介绍它的一些应用。

1. 用施密特触发电路进行脉冲整形

矩形脉冲信号经过传输线到达接收电路的输入端时，往往会发生畸变。例如有时脉冲的上升沿和下降沿变坏了，有时叠加上了噪声。如果将这两种信号加到施密特触发电路的输入端，则只要输入脉冲的高电平高于 V_{T+}、低电平低于 V_{T-}，在输出端都可以得到比较理想的矩形输出脉冲信号，如图 9.2.4 所示。

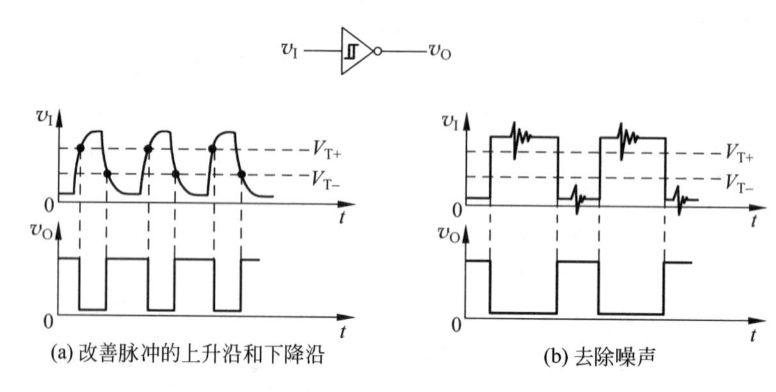

图 9.2.4　用施密特触发器进行脉冲整形

2. 用施密特触发电路实现波形变换

利用施密特触发电路很容易把非矩形波的输入信号变换为矩形脉冲信号。图 9.2.5 是用施密特触发电路将输入的三角波变换为矩形波的例子。由图可知，只要三角波的幅度高于施密特触发电路的 V_{T+}，就可以在输出端得到矩形脉冲了。

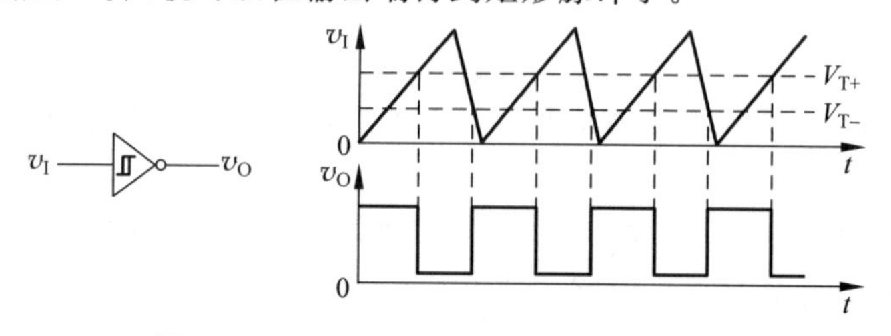

图 9.2.5　用施密特触发电路实现波形变换

3. 用施密特触发电路进行脉冲鉴幅

如果将幅度不同的脉冲信号加到施密特触发电路的输入端，则只有那些幅度超过施密特触发电路 V_{T+} 的脉冲才能在输出端产生输出脉冲，如图 9.2.6 所示。因此，可以用施密特触发电路来鉴别输入脉冲的幅度是否大于 V_{T+}。

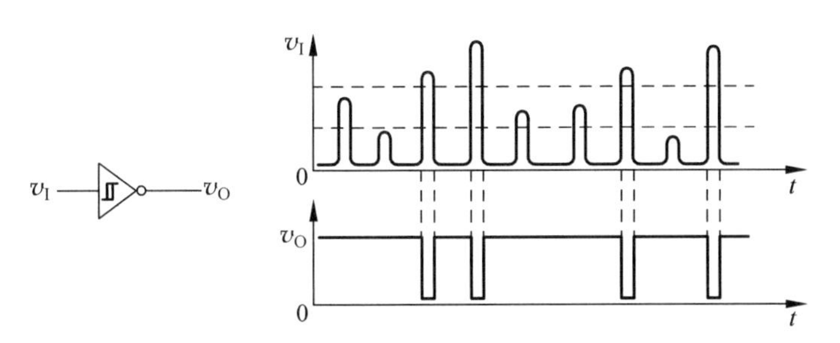

图 9.2.6 用施密特触发电路进行脉冲鉴幅

复习思考题

R9.2.4 在利用施密特触发电路进行脉冲波形的整形和变换时，对输入信号的幅度和 V_{T+}、V_{T-}之间的关系有何要求？

9.3 单稳态电路

单稳态电路（又称作单稳态触发器）也是数字系统中常用的一种脉冲整形电路。在外加触发脉冲的作用下，它能给出一个固定宽度的矩形脉冲。这个固定宽度的脉冲被广泛地用作定时信号。

图 9.3.1 是用 CMOS **或非**门、反相器和 RC 电路组成的单稳态电路。由于直流信号不能通过电容，只有输入信号的变化量才能通过 RC 电路到达输出端，所以习惯上也把这种形式的 RC 电路称为 RC 微分电路，并将图 9.3.1 电路叫做微分型单稳态电路。

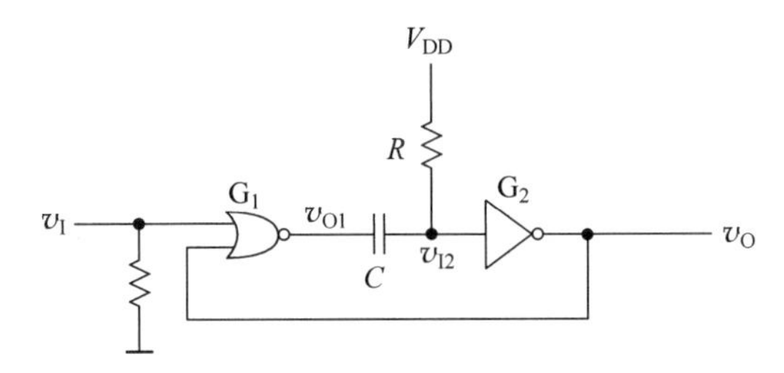

图 9.3.1 用 CMOS 门电路接成的微分型单稳态电路

通常情况下，可以认为 CMOS 门电路输出的高、低电平近似为 $V_{OH}=V_{DD}$，$V_{OL}=0$，$V_{TH}=V_{DD}/2$。当电路处于稳态时，$v_I=0$、$v_{I2}=V_{DD}$，因而 $v_O=0$、$v_{O1}=V_{DD}$，电容 C 上没有电压。

当正向的触发脉冲加到输入端时，v_I 上升到 V_{TH}以后将引发如下的正反馈过程

$$v_I \uparrow \rightarrow v_{O1} \downarrow \rightarrow v_{I2} \downarrow \rightarrow v_O \uparrow$$

从而使 v_{O1} 迅速跳变至低电平。由于电容上的电压不可能发生跳变，所以 v_{I2} 也同时跳变至低电平，并使 v_O 跳变成高电平。于是电路进入了暂稳态。这时即使 v_I 回到低电平，v_O 的高电平仍然会维持下去。

而在 v_{O1} 跳变为低电平的同时，电容 C 也开始充电。随着充电过程的进行 v_{I2} 逐渐上升，当上升至 $v_{I2}=V_{TH}$ 以后，又有如下的正反馈过程发生

$$v_{I2} \uparrow \rightarrow v_O \downarrow \rightarrow v_{O1} \uparrow$$

由于这时 v_I 已经回到低电平，所以 v_{O1} 和 v_{I2} 迅速跳变为高电平，并使输出返回 $v_O=0$。此后电容上尚余的电荷通过电阻 R 和反相器 G_2 的输入保护电路放电，直到电容上的电压等于0，电路恢复到稳定状态。这样我们就得到了图 9.3.2 中所示的电压波形图。

为了定量说明单稳态电路的性能，通常采用输出脉冲宽度 t_w、输出脉冲幅度 V_m、恢复时间 t_{re} 和分辨时间 t_d 等几个参数进行描述。

从上面的分析可见，输出脉冲的宽度等于暂稳态的持续时间，而暂稳态的持续时间等于从电容 C 开始充电到充至 v_{I2} 等于 V_{TH} 的时间。图 9.3.3 是电容 C 充电的等效电路。图中的 $R_{ON(N)}$ 是或非门 G_1 输出低电平时的输出电阻。在 $R_{ON(N)} \ll R$ 的情况下，可以将这个等效电路简化成简单的 RC 串联电路，如图中所示。

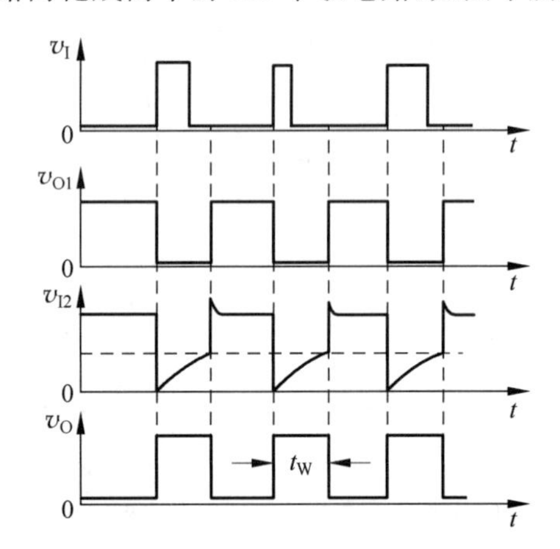

图 9.3.2 图 9.3.1 单稳态电路的电压波形图

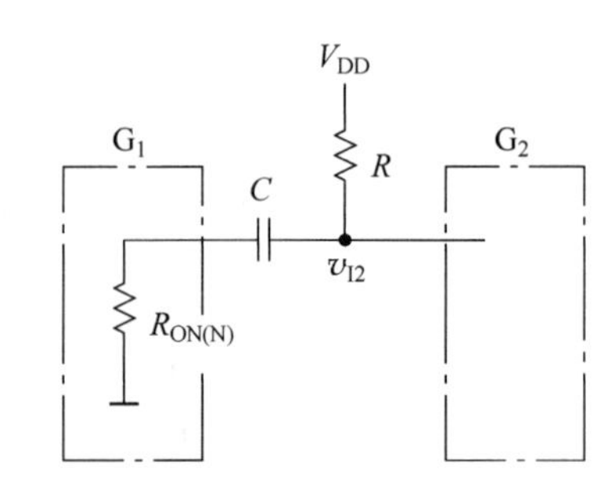

图 9.3.3 图 9.3.1 电路中电容的充电等效电路

根据对 RC 串联电路过渡过程的分析可知，在电容充、放电过程中，电容上的电压 v_C 从充、放电开始到变化至某个数值 V_{TH} 的时间 t 可按下式计算

$$t = RC\ln(v_C(\infty) - v_C(0))/(v_C(\infty) - V_{TH}) \tag{9.3.1}$$

式中的 $v_C(\infty)$ 和 $v_C(0)$ 分别表示电容电压充、放电的终了值和起始值。

将 $v_C(\infty)=V_{DD}$、$v_C(0)=0$、$V_{TH}=V_{DD}/2$ 代入式(9.3.1)，即可求得输出脉冲宽度为

$$\begin{aligned} t_w &= RC\ln V_{DD}/(V_{DD} - V_{TH}) \\ &= RC\ln 2 = 0.69RC \end{aligned} \tag{9.3.2}$$

上式说明，输出脉冲宽度只与电路内部的 RC 参数有关，而与触发脉冲无关。

输出脉冲幅度等于输出脉冲的高、低电平之差，即

$$V_m = V_{OH} - V_{OL} \approx V_{DD} \tag{9.3.3}$$

恢复时间 t_{re} 是指从输出电平回到 0 直到电路全部恢复到起始状态所需要的时间。在 v_O 跳变回低电平的瞬间电容上还有 $V_{DD}/2$ 的电压，要等到电容完全放电以后，才能恢复到 $v_{I2}=V_{DD}$ 的起始状态。通常认为经过 3～5 倍于放电回路时间常数的时间以后，放电过程已基本结束。计算恢复时间的电容放电等效电路如图 9.3.4 所示。图中的 D_1 是 CMOS 反相器 G_2 输入保护电路中的二极管，它的导通电阻一般比 R 和 G_1 的高电平输出电阻 $R_{ON(P)}$ 小得多，电路的时间常数可以近似为 $R_{ON(P)}C$。于是得到电路的恢复时间为

$$t_{re} = (3 \sim 5)R_{ON(P)}C \tag{9.3.4}$$

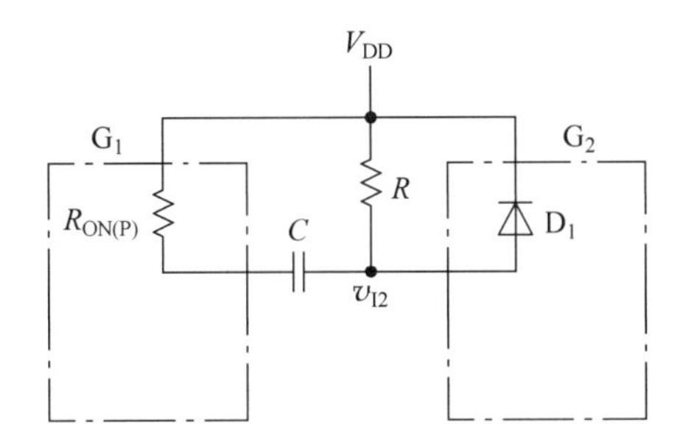

图 9.3.4　图 9.3.1 电路中电容 C 在恢复时间的放电等效电路

分辨时间 t_d 是指在保证电路能正常工作的情况下，允许的两个相邻触发脉冲之间的最小间隔时间。显然，分辨时间应当等于输出脉冲的宽度与电路恢复时间之和，即

$$t_d = t_w + t_{re} \tag{9.3.5}$$

通过以上的分析我们可以看出单稳态电路的基本工作特点：

(1) 它具有一个稳态和一个暂稳态。在外加触发信号的作用下，电路将从稳态转入暂稳态。暂稳态持续一段时间以后，电路又自动返回到稳态。

(2) 暂稳态的持续时间(也就是输出脉冲的宽度)由电路本身的参数所决定，与外加触发脉冲的特性无关。

利用单稳电路的这种工作特点，能够把不同宽度或者不同幅度、不同波形的触发脉冲变换为等宽的输出脉冲，作为一种定时信号使用(当然，触发脉冲的幅度必须能够触发单稳态电路才行)。

由于单稳态电路是数字系统中常用的一种电路，所以在CMOS和双极型集成电路中都有单稳态电路的定型产品可供直接选用。图9.3.5给出了双极型集单稳态电路74121的框图和使用时的连接方法。它是在图9.3.1电路的基础上附加了输入端的触发极性选择电路而形成的。决定暂稳态时间的电容 C_{ext} 需要外接，电阻既可以用外接的 R_{ext}，也可以用集成电路内置的电阻 R_{int}。R_{int} 的阻值约为2kΩ。74121电源电压的额定值为5V，输入、输出电平与TTL电路的高、低电平兼容。

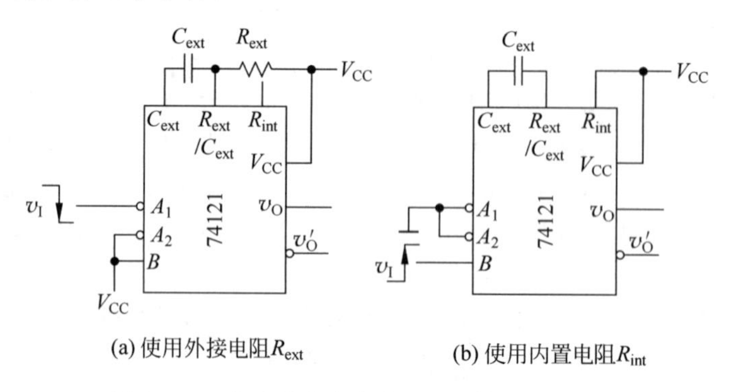

图9.3.5 集成单稳态电路74121的框图和用法

选择触发脉冲的上升沿触发时，以 B 端为输入端，同时 A_1 和 A_2 当中至少需要有一个接低电平。而选择触发脉冲的下降沿触发时，则以 A_1、A_2 或者 A_1 和 A_2 并联作为输入端，同时将 B 和 A_1、A_2 中不作为输入端的一个接高电平。据此即可得到74121的功能表，如表9.3.1所示。

表9.3.1 集成单稳态电路74121的功能表

输入			输出	
A_1	A_2	B	v_O	v_O'
0	×	1	0	1
×	0	1	0	1
×	×	0	0	1
1	1	×	0	1
1	↓	1	⊓	⊔
↓	1	1	⊓	⊔
↓	↓	1	⊓	⊔
0	×	↑	⊓	⊔
×	0	↑	⊓	⊔

74121输出脉冲的宽度 t_w 仍可用式(9.3.2)计算，即

$$t_w = 0.69 R_T C_{ext} \tag{9.3.6}$$

式中的 R_T 可以是 R_{ext} 或者 R_{int}。

在目前生产和使用的集成单稳态电路器件当中，又分为不可重复触发型和可重复触发型两种。不可重复触发型的单稳态电路一旦被触发进入暂稳态以后，再加入触发脉冲不会影响电路的工作过程，必须等到暂稳态结束之后，才可能再次被触发。而在可重复触发型的单稳态电路中，如果被触发进入暂稳态以后再加入触发脉冲，电路将重新被触发，再继续维持一个等于 t_w 的暂稳态时间。从图 9.3.6 可以看到，在同样输入信号的作用下，两种类型单稳态电路的输出电压波形是不同的。

74121 属于不可重复触发型。从图 9.3.1 电路中不难看出，由于暂稳态期间 v_O 的高电平始终加在**或非**门 G_1 的一个输入端上，所以电路的工作状态不受 v_I 状态的影响。

属于可重复触发型的集成单稳态电路有 74122、74LS122、74123 等。

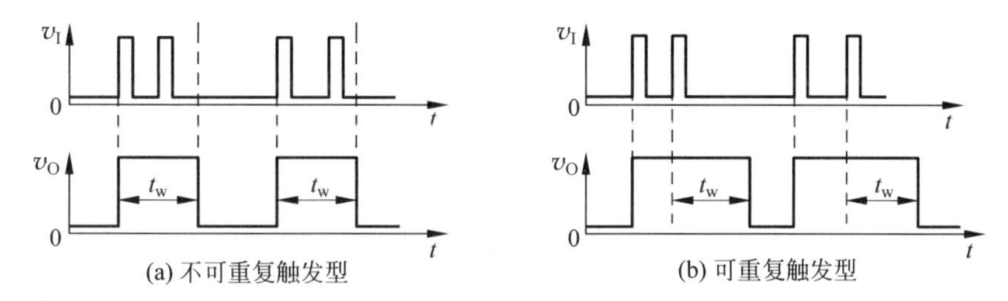

图 9.3.6 不可重复触发型和可重复触发型单稳态电路的输出电压波形

复习思考题

R9.3.1 单稳态电路有哪些工作特点？

R9.3.2 在图 9.3.1 的单稳态电路中，如果触发脉冲的高电平持续时间大于暂稳态持续时间 t_w，电路能否正常工作？如果不能正常工作，应如何对电路进行修改？

9.4 多谐振荡电路

多谐振荡电路（也称多谐振荡器、无稳态多谐振荡器）在接通电源后能自行产生矩形输出脉冲，不需要外加触发信号，所以是一种自激的振荡电路。

9.4.1 对称式和非对称式多谐振荡电路

多谐振荡电路有多种电路结构形式，对称式电路和非对称式电路就是其中常见的两种。图 9.4.1 是用两个 CMOS 反相器和电阻、电容接成的对称式多谐振荡电路。

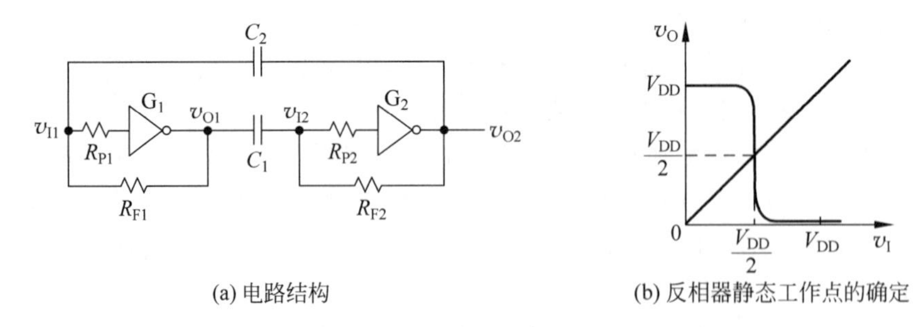

(a) 电路结构　　(b) 反相器静态工作点的确定

图 9.4.1　对称式多谐振荡电路

如果电路没有产生振荡，处于静止状态，那么这个静止状态是不稳定的。由图可见，因为反相器 G_1 和 G_2 的输出端与输入端之间跨接有 R_{F1} 和 R_{F2} 两个反馈电阻，所以它们一定工作在图 9.4.1(b)中表示 $v_O = v_I$ 的直线上。同时，v_O 与 v_I 的关系又必须符合反相器的电压传输特性，因此反相器一定工作在两者的交点 P，因而 v_I 等于反相器的阈值电压 V_{TH}。由于 P 点处在电压传输特性的转折区，P 点附近输入电压的微小变化都会引起输出电压更大的变化，所以输入电压的任何噪声和扰动都将被放大，并且引发正反馈过程，产生振荡。

我们知道电子器件内部的噪声和外界的干扰是始终存在的。假定由于干扰使 v_{I1} 产生了一个微小的正跳变，这时将有如下的正反馈过程发生

$$v_{I1}\uparrow \rightarrow v_{O1}\downarrow \rightarrow v_{I2}\downarrow \rightarrow v_{O2}\uparrow$$

其结果使 v_{O1} 迅速跳变至低电平、v_{O2} 迅速跳变高电平，同时 C_1 开始充电、C_2 开始放电，电路进入第一个暂稳态。这个暂稳态是不能持久的。随着 C_2 的放电 v_{I1} 逐渐下降，当 v_{I1} 下降到 V_{TH} 时，又有如下的正反馈过程发生

$$v_{I1}\downarrow \rightarrow v_{O1}\uparrow \rightarrow v_{I2}\uparrow \rightarrow v_{O2}\downarrow$$

使 v_{O1} 迅速跳变至高电平、v_{O2} 迅速跳变为低电平，同时 C_1 开始放电、C_2 开始充电，电路进入第二个暂稳态。这个暂稳态同样不能持久，随着 C_2 的充电 v_{I1} 逐渐上升，当 v_{I1} 上升至 V_{TH} 时，开始所说的正反馈过程又发生，于是电路又跳变为 v_{O1} 等于低电平、v_{O2} 等于高电平，同时 C_1 开始充电、C_2 开始放电，电路从新进入第一个暂稳态。这样电路便在两个暂稳态之间反复转换，输出周期性的矩形脉冲。

图 9.4.2 中画出了电路中各点的电压波形和电容充、放电的等效电路。通常反相器的输入保护电阻 R_{P1} 和 R_{P2} 的阻值比较大，分析电路的过渡过程时可以忽略反相器的输入电流。若 $R_{F1}=R_{F2}=R_F$，则根据等效电路可求得电路的振荡周期为

$$T = 2(R_F + R_{ON(N)} + R_{ON(P)})C\ln(V_{DD} - (V_{TH} - V_{DD}))/(V_{DD} - V_{TH})$$

在 $V_{TH} = V_{DD}/2$、R_F 远大于 $R_{ON(N)}$ 和 $R_{ON(P)}$ 的条件下，上式还可进一步简化为

$$T = 2R_F C\ln 3 = 2.2\ R_F C \tag{9.4.1}$$

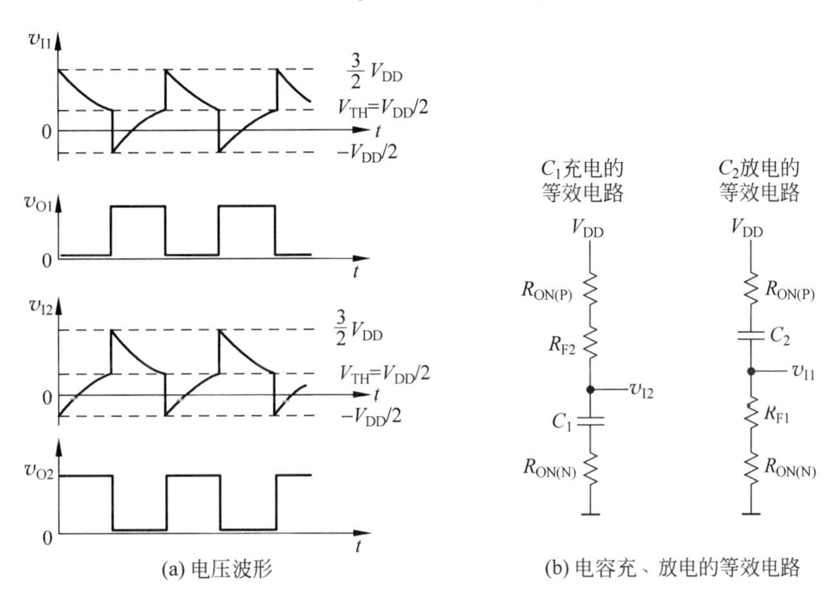

图 9.4.2　图 9.4.1 电路的电压波形和电容充、放电的等效电路

对图 9.4.1 电路的进一步分析不难发现，如果去掉电容 C_1，将 G_1 的输出端和 G_2 的输入端直接连接起来，则静态下 G_2 仍然工作在电压传输特性的转折区，所以静态同样是不稳定的。而且只要反馈回路中保留有 C_2，v_{O1} 和 v_{O2} 的高、低电平都不可能一直维持下去，电路一定会产生自激振荡。这样我们就可以将图 9.4.1 电路简化成图 9.4.3 中所示的非对称形式，通常把这个电路叫做非对称式多谐振荡电路。

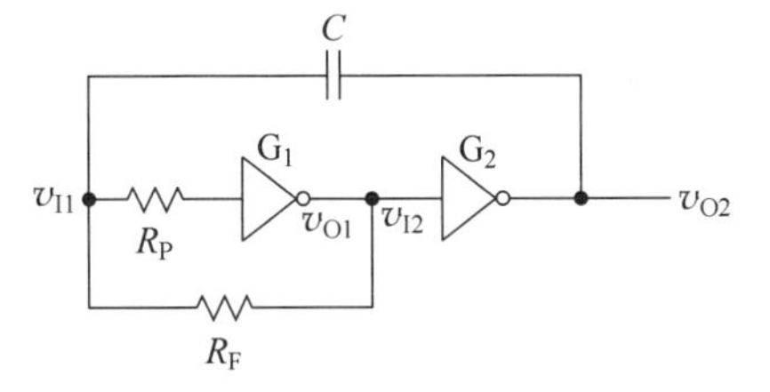

图 9.4.3　非对称式多谐振荡器电路

图 9.4.3 非对称式多谐振荡电路的振荡周期仍然可以用式(9.4.1)计算①。

在许多应用场合下，对多谐振荡电路振荡频率的稳定性有很高的要求。例如在各种电子钟表和电子计时器中，都是以多谐振荡电路作为脉冲源的。振荡电路的频率稳定性直接影响到计时精度。目前普遍采用接入石英晶体同步的方法提高多谐振荡电路的频率稳定度。

---

① 可参阅参考文献[1]第 10.4.2 节。

实用的石英晶体器件由一片石英晶体切片和两侧的金属接触电极组成，如图 9.4.4(a)所示。从图 9.4.4(b)中给出的石英晶体电抗-频率特性可知，它的电抗大小和频率有关，在 f_0 频率下电抗最小。f_0 也称为石英晶体的谐振频率。每个石英晶体器件的谐振频率是由晶体切片的几何尺寸和结晶方向所确定的，几乎不受环境温度和时间变化的影响，具有极高的稳定度。

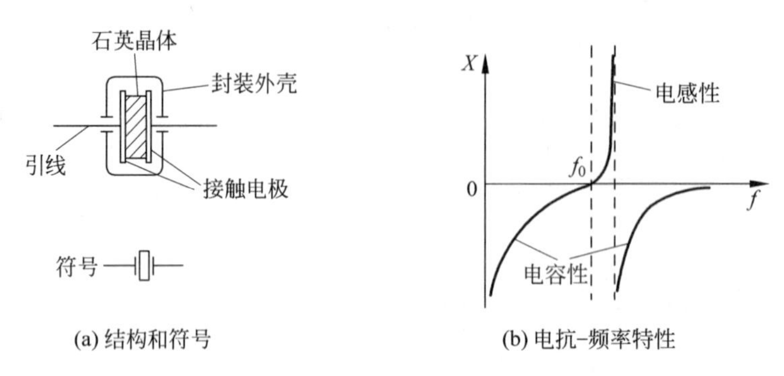

(a) 结构和符号　　(b) 电抗-频率特性

图 9.4.4　石英晶体的结构和电抗-频率特性

如果在非对称式多谐振荡电路的反馈回路中用石英晶体取代电容 C，如图 9.4.5 所示，则输出电压中频率为 f_0 的分量最容易通过石英晶体并使电路产生振荡，而其他频率分量迅速衰减。因此，电路的振荡频率就等于 f_0。

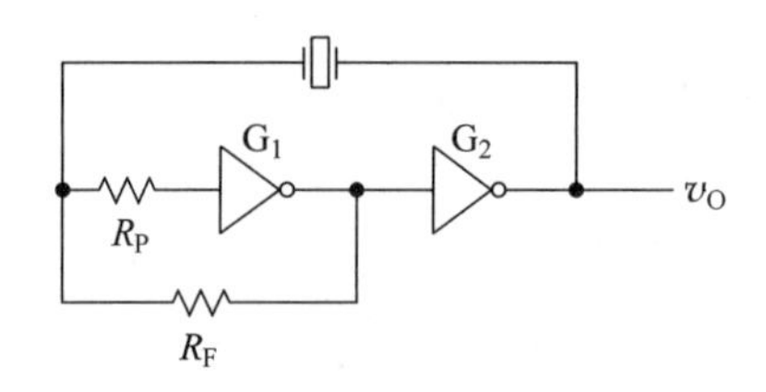

图 9.4.5　采用石英晶体同步的非对称式多谐振荡电路

根据同样的道理，如果在对称式多谐振荡电路的反馈回路中接入石英晶体，同样能起到稳定振荡频率的作用，而且振荡频率也等于石英晶体的谐振频率 f_0。

复习思考题

R9.4.1　在图 9.4.1 电路中，R_{F1} 和 R_{F2}、R_{P1} 和 R_{P2}、C_1 和 C_2 各起什么作用？

R9.4.2　图 9.4.1 多谐振荡电路的振荡频率取决于哪些因素？

R9.4.3　在用石英晶体同步的多谐振荡电路中，振荡频率如何计算？

9.4.2 环形振荡电路

在 9.4.1 节中我们已经看到，对称式和非对称式多谐振荡电路都是利用闭合回路的正反馈作用产生振荡的。而利用闭合环路中的延迟负反馈作用，也能产生自激振荡，构成多谐振荡电路。环形振荡电路（也称作环形振荡器）就是利用延迟负反馈作用构成的一种多谐振荡电路。

图 9.4.6 是用三个反相器 G_1、G_2 和 G_3 接成的最简单的环形振荡电路。由图可知，如果电路不产生振荡而处于稳态，那么这个稳态显然是不稳定的。因每一个反相器的输入既不可能是高电平也不可能是低电平，所以只能处在电压传输特性的转折区。在这种状态下，任何一个反相器输入端的微小扰动都将被逐级放大，使电路产生振荡。

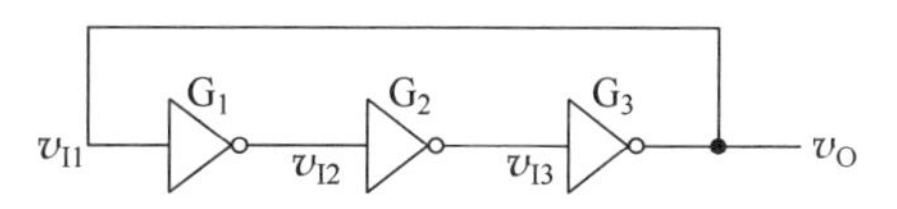

图 9.4.6 最简单的环形振荡电路

例如 v_{I1} 出现一个微小的正跳变（它可以是器件的内部噪声，也可能是外界的干扰），则经过 G_1 的传输延迟时间 t_{pd1} 以后在 v_{I2} 处将产生一个更大的负跳变。这个负跳变经过 G_2 的传输延迟时间 t_{pd2} 后又在 v_{I3} 处产生更大的一个正跳变。再经过 G_3 的传输延迟时间 t_{pd3}，又在 v_O 产生一个更大的负跳变，并反馈到 G_1 的输入端。依此类推，反馈到 G_1 的输入端的这个负跳变经过三个反相器的延迟时间以后又会产生正跳变，并反馈到 G_1 的输入端。于是 v_{I1} 便在高、低电平之间反复跳变，同时在输出端得到矩形输出脉冲。假定三个反相器的传输延迟时间 t_{pd} 是相等的，我们就得到了图 9.4.7 所示的电压波形图。从图上即可看出，电路的振荡周期为 $T=6t_{pd}$。

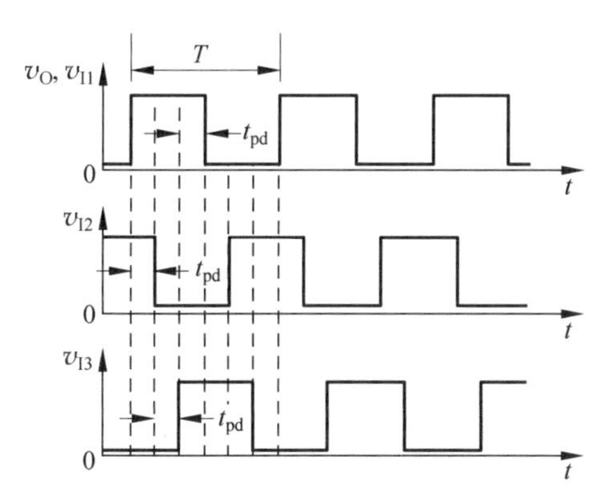

图 9.4.7 图 9.4.6 电路的电压波形

因为 v_{I1} 的正跳变和从 v_O 反馈回来的负跳变在极性上是相反的，而且 v_{I1} 的输入信号和 v_O 的反馈信号之间存在一个延迟时间，所以这是一个延迟负反馈电路。从这个电路可以得到一个启发，这就是不仅正反馈电路会产生自激振荡，延迟负反馈电路同样也能产生自激振荡。

根据对图 9.4.6 电路的分析不难推论出，把任何大于等于 3 的奇数个反相器接成环形，都能构成环形振荡电路，而且振荡周期为

$$T = 2nt_{pd} \tag{9.4.2}$$

式中的 n 为接成环形的反相器的数目。

由于 t_{pd} 的数值很小，所以用图 9.4.6 这种形式的环形振荡电路很难获得较长的振荡周期。而且，也不能很方便地调节振荡周期。因此在实际应用中都采用图 9.4.8 中的改进电路。由于在 G_2 的输出端接入了 RC 延迟环节，所以能极大地增加从 v_{I2} 到 v_{I3} 的传输延迟时间，得到较大的振荡周期。因为 RC 电路的时间常数通常远远大于反相器的传输延迟时间，所以电路的振荡周期基本上由 RC 参数决定。通过修改 RC 参数可以方便地调节振荡周期。电路的振荡周期可近似地用下式计算[①]

$$T \approx 2.2RC$$

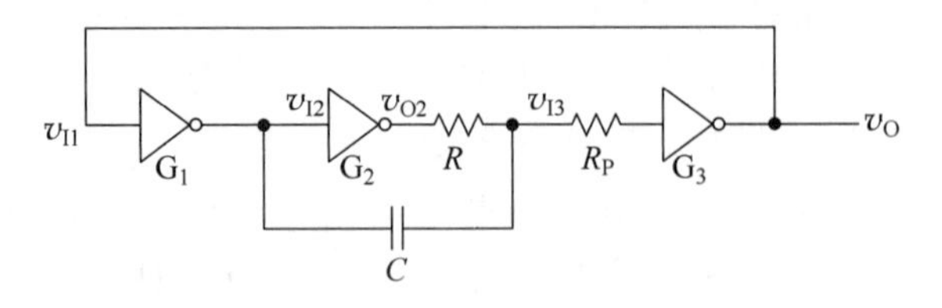

图 9.4.8　改进的环形振荡器电路

复习思考题

R9.4.4　为什么将偶数个反相器接成环形不能构成环形振荡电路？

R9.4.5　在什么条件下负反馈电路会产生自激振荡？

9.4.3　利用施密特触发电路构成的多谐振荡电路

根据延迟负反馈电路可以产生自激振荡的原理，用施密特触发电路能很方便地接成多谐振荡电路，如图 9.4.9 所示。

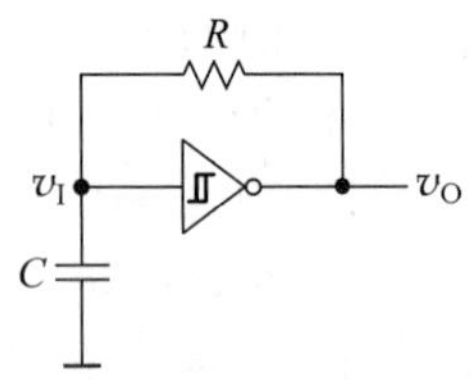

图 9.4.9　用施密特触发电路接成的多谐振荡电路

在这个电路中，输出电压是经过 RC 延迟环节接回到输入端的。在接通电源以后，随着电容的充电 v_I 逐渐上升，当升至 $v_I = V_{T+}$ 时 v_O 立刻跳变为低电平，并通过 RC 电路反馈到输入端，同时电容开始通过电阻 R 放电。等到电容放电至 $v_I = V_{T-}$ 时，输出又跳变成高电平，电容又开始充电。当充电到 $v_I = V_{T+}$ 时，输出又跳变为低电平，于是 v_I 就在 V_{T+} 和 V_{T-} 之间反复变化，v_O 在高、低电平之间反复跳变，如图 9.4.10 所示。

---

① 可参阅参考文献[1]第 10.4.3 节。

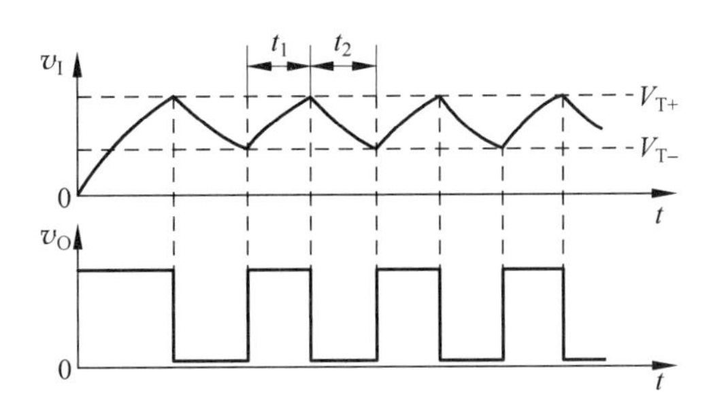

图 9.4.10 图 9.4.9 电路的电压波形图

在采用 CMOS 集成施密特触发电路的情况下，计算振荡周期时可以忽略施密特触发电路的输入电流，并且近似地取 $V_{OH}=V_{DD}$、$V_{OL}=0$。由图 9.4.10 的波形图可见，振荡周期 T 等于电容的充电时间 t_1 和放电时间 t_2 之和。在施密特触发电路的输出电阻与反馈电阻 R 相比可以忽略的情况下，利用计算 RC 电路过渡过程的公式即可得到

$$t_1 = RC\ln((V_{DD}-V_{T-})/(V_{DD}-V_{T+}))$$

$$t_2 = RC\ln(V_{T+}/V_{T-})$$

$$T = t_1 + t_2 = RC\ln((V_{DD}-V_{T-})V_{T+}/(V_{DD}-V_{T+})V_{T-}) \tag{9.4.3}$$

如果在图 9.4.9 电路中采用 TTL 集成电路的施密特触发电路(例如 4714、74LS14 等)，则计算振荡周期时须考虑施密特触发电路的输入电流，不能简单地套用式(9.4.3)。

复习思考题

R9.4.6 用施密特触发电路接成的多谐振荡电路工作在正反馈状态还是延迟负反馈状态？

9.5 555 定时器

9.5.1 555 定时器的电路结构和工作原理

555 定时器是一种多用途的集成电路，只需外接少数电阻和电容，即可构成施密特触发电路、单稳态电路和多谐振荡电路。图 9.5.1 是 555 定时器的电路结构图，其中 Comp1 和 Comp2 是两个电压比较器。当正端的输入电压高于负端的输入电压时，比较器的输出为逻辑高电平；而当正端的输入电压低于负端的输入电压时，比较器的输出为逻辑低电平。锁存器由两个**与非**门接成，以两个比较器的输出 v_{O1} 和 v_{O2} 的低电平作为它的置位和复位信号。T_D 是一个集电极开路输出的放电三极管，锁存器的输出 $Q=1$ 时 T_D 截止，锁存器的输出 $Q=0$ 时 T_D 导通。

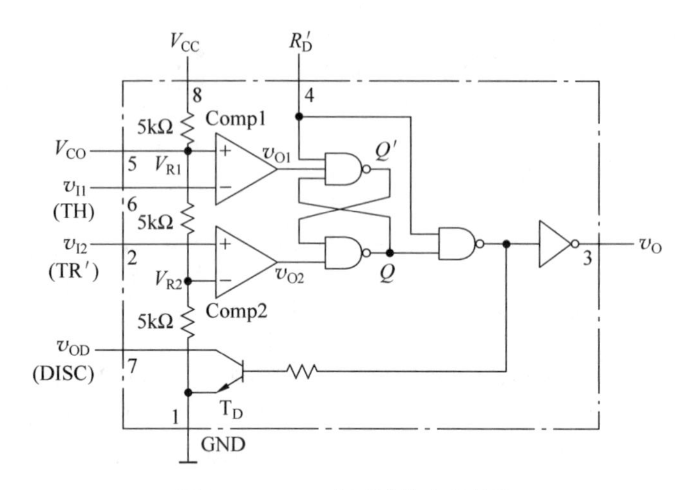

图 9.5.1　555 定时器的电路结构

输入端 v_{I1} 也称为阈值端(TH 端),输入端 v_{I2} 也称为触发端(TR′端),T_D 的集电极输出端 v_{OD} 称为放电端(DISC)。R'_D 是锁存器的置零输入端,它同时也直接控制着 T_D 的状态。正常工作时应将 R'_D 接到电源 V_{CC} 上,电路输出端 v_O 的状态与锁存器 Q 端的状态相同。虚线框内的数字 1～8 是集成电路外部引脚的编号。

输出端 v_O 的状态取决于输入电压 v_{I1} 和 v_{I2} 的状态。当控制电压端 V_{CO} 没有外接电压时,Comp1 正端的电压为 $V_{R1}=2V_{CC}/3$、Comp2 负端的电压为 $V_{R2}=V_{CC}/3$。

当 $v_{I1}>V_{R1}$、$v_{I2}>V_{R2}$ 时,$v_{O1}=0$、$v_{O2}=1$,将锁存器置成 $Q=0$,所以 v_O 为低电平,T_D 为导通状态。

当 $v_{I1}<V_{R1}$、$v_{I2}>V_{R2}$ 时,$v_{O1}=1$、$v_{O2}=1$,所以锁存器保持原来的状态不变,v_O 和 T_D 的状态也保持不变。

当 $v_{I1}<V_{R1}$、$v_{I2}<V_{R2}$ 时,$v_{O1}=1$、$v_{O2}=0$,将锁存器置成 $Q=1$,所以 v_O 为高电平,同时 T_D 截止。

当 $v_{I1}>V_{R1}$、$v_{I2}<V_{R2}$ 时,$v_{O1}=0$、$v_{O2}=0$,锁存器处在 $Q=Q'=1$ 的状态,所以仍为 v_O 等于高电平,同时 T_D 处于截止的状态。

将以上的分析结果列表,就得到了 555 定时器的功能表,如表 9.5.1 所示。

由图 9.5.1 的电路图上还可以看出,当 v_O 等于低电平时 T_D 处于导通状态,如果将 v_{OD} 端经过一个电阻接到电源正端,而且电阻的阻值足够大,那么 v_{OD} 也一定是低电平。反之,当 v_O 等于高电平时 T_D 截止,v_{OD} 也是高电平。因此,v_O 和 v_{OD} 的高、低电平是同相的。

表 9.5.1 555定时器的功能表

输入			输出	
R'_D	v_{I1}	v_{I2}	v_O	T_D 状态
0	×	×	低	导通
1	$>\frac{2}{3}V_{CC}$	$>\frac{1}{3}V_{CC}$	低	导通
1	$<\frac{2}{3}V_{CC}$	$>\frac{1}{3}V_{CC}$	不变	不变
1	$<\frac{2}{3}V_{CC}$	$<\frac{1}{3}V_{CC}$	高	截止
1	$>\frac{2}{3}V_{CC}$	$<\frac{1}{3}V_{CC}$	高	截止

555定时器采用双极型半导体集成电路工艺制作，可以在5～16V的电源电压下工作，而且可以提供高达200mA的负载电流。用CMOS工艺制作的7555定时器在功能和用法上和555定时器相同，但负载能力较差，最大负载电流仅约4mA。

9.5.2 用555定时器接成施密特触发电路

如果将555定时器的两个输入端 v_{I1} 和 v_{I2} 连在一起作为输入端，如图9.5.2所示，则由于比较器Comp1和Comp2的比较基准电压不同，所以比较器输出的 $v_{O1}=0$ 和 $v_{O2}=0$ 信号，也就是锁存器的置0和置1信号必然发生在输入电压 v_I 的不同电平。因此，输出由高电平变为低电平和由低电平变为高电平所对应的输入电平也不同，这样就得到了施密特触发特性。

首先让我们分析一下 v_I 从0逐渐升高过程中电路的工作情况：

当 $v_I<V_{CC}/3$ 时，$v_{O1}=1$、$v_{O2}=0$，$Q=1$，所以 v_O 为高电平；

当 $V_{CC}/3< v_I<2V_{CC}/3$ 时，$v_{O1}=v_{O2}=1$，v_O 保持高电平不变；

当 $v_I>2V_{CC}/3$ 以后，$v_{O1}=0$、$v_{O2}=1$，$Q=0$，所以 v_O 变为低电平。故得到 $V_{T+}=2V_{CC}/3$。

再看 v_I 从 V_{CC} 逐渐下降过程中电路的工作情况：

当 $v_I>2V_{CC}/3$ 时，$v_{O1}=0$、$v_{O2}=1$，$Q=0$，所以 v_O 为低电平；

当 $V_{CC}/3< v_I<2V_{CC}/3$ 时，$v_{O1}=v_{O2}=1$，v_O 保持低电平不变；

当 $v_I<1V_{CC}/3$ 以后，$v_{O1}=1$、$v_{O2}=0$，$Q=1$，所以 v_O 变为高电平。故得到 $V_{T-}=V_{CC}/3$。

可见，图9.5.2电路的电压传输特性是一个反相施密特触发特性，如图9.5.3所示。回差电压为

$$\Delta V_T = V_{T+} - V_{T-} = V_{CC}/3 \tag{9.5.1}$$

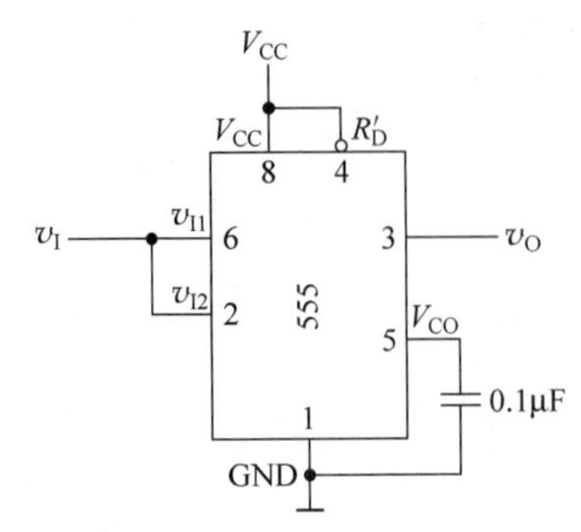

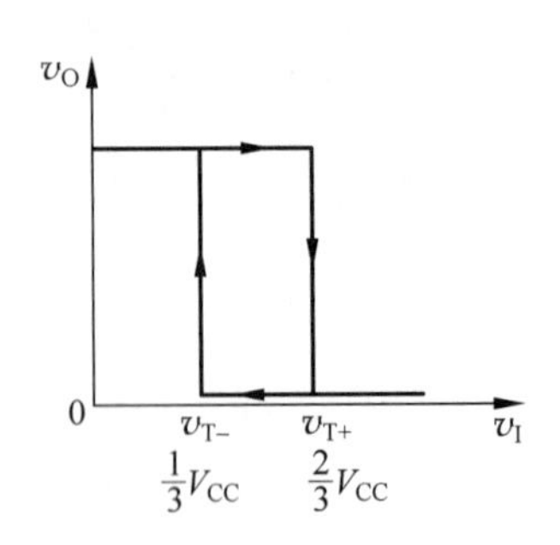

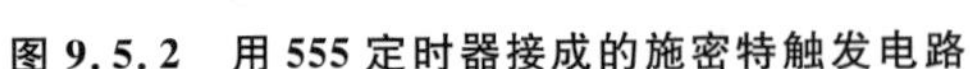
图 9.5.2 用 555 定时器接成的施密特触发电路

图 9.5.3 图 9.5.2 电路的电压传输特性

从图 9.5.2 电路中还可以看到，若控制电压端的电压 V_{CO} 由外电路给定，这时 $V_{R1}=V_{CO}$、$V_{R2}=V_{CO}/2$，故 $V_{T+}=V_{CO}$、$V_{T-}=V_{CO}/2$，$\Delta V_T=V_{CO}/2$。因此，通过给定不同的 V_{CO} 值，即可得到不同的 V_{T+}、V_{T-} 和 ΔV_T。

由于 V_{CO} 端的电位直接影响 V_{T+} 和 V_{T-} 的数值，所以在不从外部接入控制电压时，通常都在 V_{CO} 端与电源公共端之间接入一个较大的电容，用以稳定 V_{CO} 端的电位。

复习思考题

R9.5.1　在用 555 定时器接成的施密特触发电路中，用什么方法可以改变 V_{T+}、V_{T-} 和 ΔV_T？

9.5.3　用 555 定时器接成多谐振荡电路

在前面的 9.4.3 节中曾经讲过用施密特触发电路接成多谐振荡电路的方法：只要将反相输出施密特触发电路的输出电压经过 RC 延迟环节反馈到输入端，就构成了多谐振荡电路。

在 9.5.1 节中我们还讲过，如果将 555 定时器的 v_{OD} 端经电阻接到电源 V_{CC} 上，则 v_{OD} 与 v_O 的高、低电平是同相的。为了不增加 v_O 端的负载，一般都以 v_{OD} 端取代 v_O 端，从 v_{OD} 端取反馈信号，如图 9.5.4 所示。接通电源以后，电路就会产生自激振荡，v_I 便在 V_{T+} 和 V_{T-} 之间反复充、放电，v_O 在高、低电平之间反复跳变，如图 9.5.5 所示。

如果图 9.5.4 中使用的是 CMOS 定时器，则可以认为输出的高、低电平为 $V_{OH}\approx V_{CC}$、$V_{OL}\approx 0$。在忽略定时器电路的输入电流和输出电阻的条件下，得到电容的充电时间 t_1 和放电时间 t_2 各为

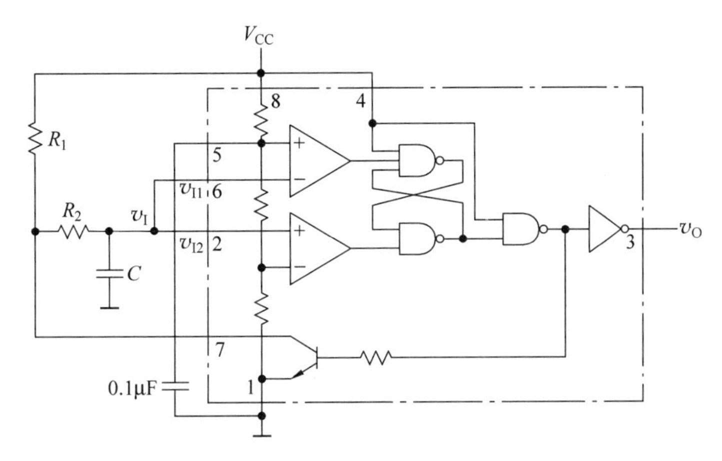

图 9.5.4 用 555 定时器接成的多谐振荡电路

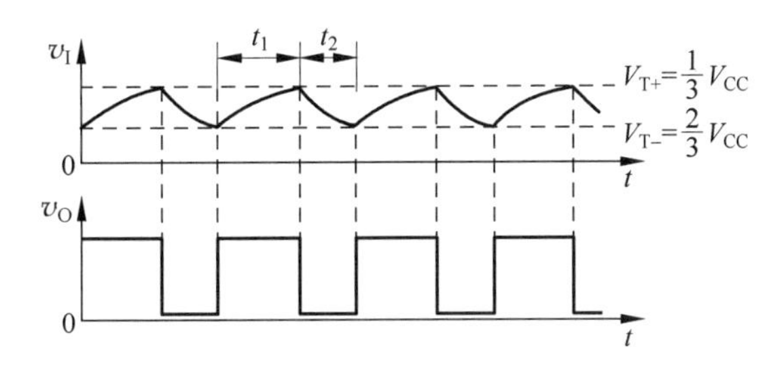

图 9.5.5　图 9.5.4 电路的电压波形

$$
\begin{aligned}
t_1 &= (R_1 + R_2)C\ln(V_{CC} - V_{T-})/(V_{CC} - V_{T+}) \\
&= (R_1 + R_2)C\ln 2 \\
t_2 &= R_2 C\ln(0 - V_{T+})/(0 - V_{T-}) \\
&= R_2 C\ln 2
\end{aligned}
$$

电路的振荡周期为

$$
T = t_1 + t_2 = (R_1 + 2R_2)C\ln 2 \tag{9.5.2}
$$

复习思考题

R9.5.2　在图 9.5.4 电路中，如果从 v_O 端引回反馈信号电路能否振荡？应如何具体连接？

R9.5.3　图 9.5.4 电路和图 9.4.9 电路都是用施密特触发电路接成的多谐振荡电路，为什么它们的周期计算公式不同？

9.5.4 用555定时器接成单稳态电路

如果在555定时器的 v_{I2} 输入端加一个负脉冲作为触发信号，使锁存器置1，然后经过一段固定的延迟时间能自动产生一个置0信号将锁存器置0，就可以得到单稳态电路了。为此，将输出电压 v_{OD} 经过 RC 延迟电路接至 v_{I1} 输入端，就得到了图9.5.6的单稳态电路。

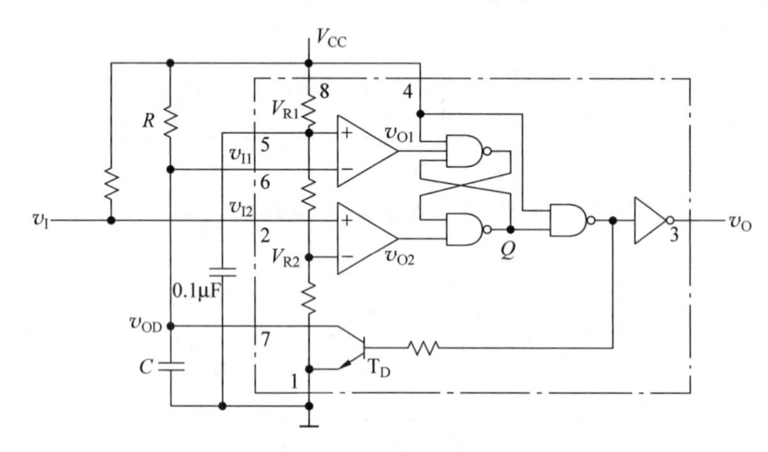

图9.5.6 用555定时器接成的单稳态电路

触发信号到来之前 $v_{I2}=V_{CC}$，电路处于稳定状态。稳态下电路一定处于 $v_{O1}=v_{O2}=1$、$Q=0$、$v_O=0$ 的状态。从电路图中可以看出，若接通电源后锁存器为0状态，则 v_O 为低电平，同时 T_D 饱和导通，$v_{OD}\approx 0$，两个比较器的输出皆为高电平，所以锁存器保持0状态不变，v_O 的低电平也不变。

而锁存器的1状态则是暂稳态，不能一直维持下去。当加入触发脉冲使 v_{I2} 下降到 $V_{CC}/3$ 以下时，比较器Comp2的输出 v_{O2} 变成低电平，将锁存器置1，v_O 随之跳变为高电平，电路进入暂稳态。

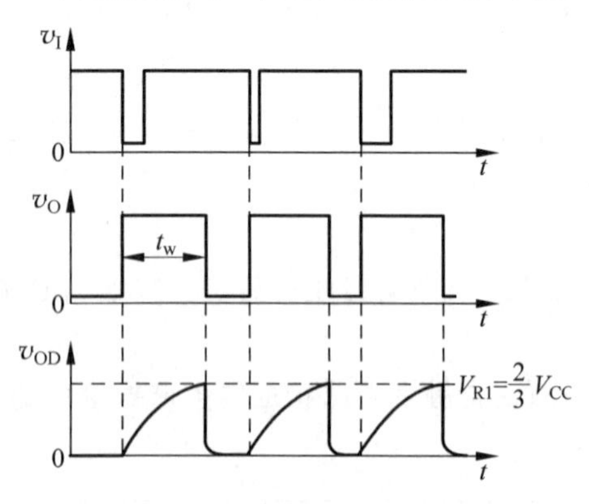

图9.5.7 图9.5.6电路的电压波形

这个暂稳态是不能一直维持下去的。因为锁存器被置成 $Q=1$ 后 T_D 随之截止，于是电容 C 开始充电。当充至 $v_{OD}=V_{R1}=2V_{CC}/3$ 时，比较器Comp1的输出 v_{O1} 变成低电平（而且这时 v_{I2} 也回到了 $V_{CC}/3$ 以上的高电平），将锁存器置0，v_O 随之跳变为低电平，电路返回稳态。

图9.5.7中画出了图9.5.6电路中 v_{I2}、v_{OD} 和 v_O 的电压波形。由波形图上可见，输出脉冲

的宽度 t_w 与暂稳态的持续时间相同，它等于电容电压从 0 上升到 $2V_{CC}/3$ 所需要的充电时间。根据计算 RC 电路过渡过程的公式得到

$$\begin{aligned} t_w &= RC\ln(V_{CC}-0)/(V_{CC}-2V_{CC}/3) \\ &= RC\ln 3 = 1.1RC \end{aligned} \tag{9.5.3}$$

上式也说明，输出脉冲的宽度仅取决于电路的参数，与触发脉冲的特性无关（当然，为了能正常地实现触发，触发信号必须能使 v_{I2} 下降到 V_{R2} 以下，同时触发脉冲低电平的持续时间不应大于暂稳态持续时间）。

复习思考题

R9.5.4　在图 9.5.6 的单稳态电路中，为什么要求触发脉冲的低电平持续时间必须小于电路的暂稳态持续时间？

R9.5.5　在图 9.5.6 的单稳态电路中，如果触发脉冲的幅度小于 $V_{CC}/3$，电路能否被触发？如果不能，电路作何修改才能正常工作？

本章小结

我们在这一章里讨论了产生矩形脉冲电压波形的方法和常见的典型电路。主要讲述的内容有：

(1) 为了得到符合要求的波形，有两种可行的方法。一种是使用自激的多谐振荡电路自动产生矩形脉冲波形，而无须外加输入信号。另一种是通过整形电路将已有的非矩形脉冲波形或特性不符合要求的矩形脉冲波形变成符合要求的矩形脉冲波形。在脉冲整形电路中介绍了最常见的两种电路——施密特触发电路和单稳态电路。在多谐振荡电路中介绍了对称式多谐振荡电路、非对称式多谐振荡电路、环形振荡电路和用施密特触发电路接成的多谐振荡电路。

(2) 施密特触发电路的工作特点在于它的滞回特性，即施密特触发特性。而且由于输出电压跳变过程中存在着正反馈，所以它能把非矩形脉冲或形状不够理想的矩形脉冲变化为边沿陡峭的矩形脉冲，具有整形作用。正向阈值电压 V_{T+} 和负向阈值电压 V_{T-} 是描述施密特触发特性的两个最重要的参数。

(3) 单稳态电路的工作特点是能够把输入的触发脉冲变换为固定宽度的输出脉冲。输出脉冲的宽度只取决于电路自身的参数，与触发脉冲的宽度和幅度无关。因此，输出脉冲宽度是描述单稳态电路特性的最重要参数。

(4) 对称式和非对称式多谐振荡电路都是依靠电路的正反馈作用产生自激振荡的。而环形振荡电路和用施密特触发电路接成的多谐振荡电路则是依靠电路的延迟负反馈作用产

生自激振荡的。振荡周期(或者表示为频率)是多谐振荡器最重要的性能参数,它由电路本身的参数所决定。

(5) 为了得到高稳定度的振荡频率,可以在对称式或非对称式多谐振荡电路的反馈回路中接入石英晶体进行同步。这时电路的振荡频率就等于石英晶体的谐振频率。

(6) 555 定时器是一种多用途的集成电路。只要附加少数电阻、电容就能接成施密特触发电路、单稳态电路或者多谐振荡电路。由于它在接成多谐振荡电路时能到达的最高振荡频率有限,而且频率稳定度也不高,所以只能用在要求不高的场合。

习　题

(9.2　施密特触发电路)

题 9.1　在图 P9.1 电路中,已知 CMOS 反相器 G_1 和 G_2 的电源电压 V_{DD} 等于 5V,$V_{OH}\approx 5V$,$V_{OL}\approx 0V$,$V_{TH}\approx 2.5V$。若 $R_A=22k\Omega$,$R_B=51k\Omega$,试求电路的正向阈值电压 V_{T+}、负向阈值电压 V_{T-} 和回差电压 ΔV_T,并画出电路的电压传输特性。

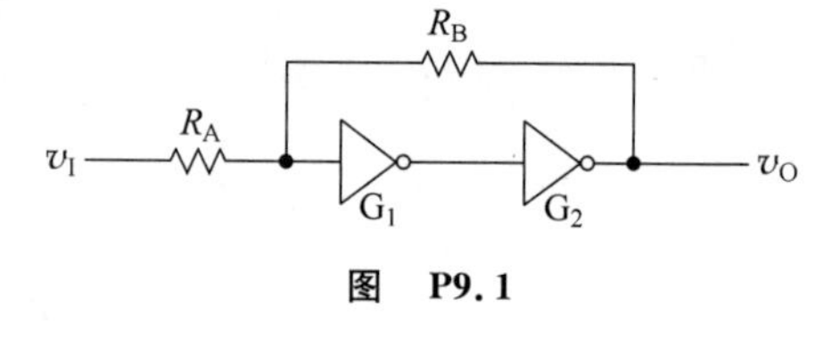

图　P9.1

题 9.2　在上题电路中若将 R_B 改成 22kΩ,并且要求得到 $\Delta V_T=2.5V$,试计算 R_A 的取值应当是多少。

题 9.3　若反相输出施密特触发电路的输入电压波形如图 P9.3 所示,试画出输出电压的波形。施密特触发电路的 V_{T+}、V_{T-} 已在输入电压波形图上标出。

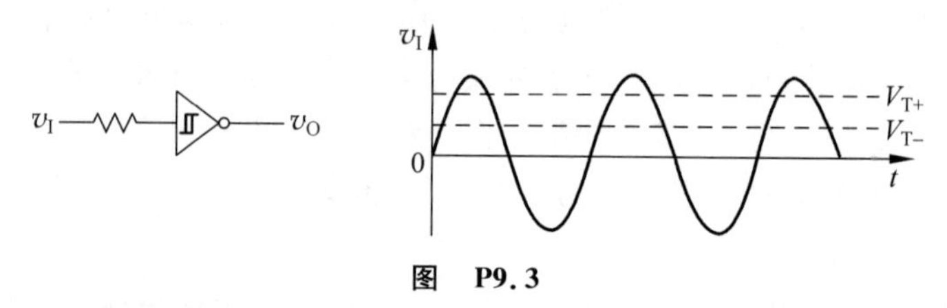

图　P9.3

题 9.4　在图 P9.4 中用反相输出施密特触发电路作为脉冲整形电路,用于去除叠加在输入脉冲上的噪声。若 V_{T+} 和 V_{T-} 如图中所示,试画出输出电压的波形,并说明 V_{T+} 和 V_{T-} 的取值是否合理。如果不够合理,则应当如何修改?

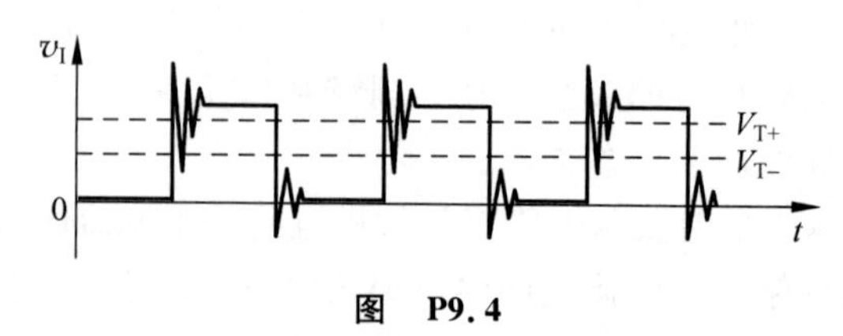

图　P9.4

题 9.5 已知反相输出施密特触发电路的输入电压波形如图 P9.5 所示，试画出输出电压的波形，并说明输出脉冲的宽度和输入脉冲的幅度有何关系。

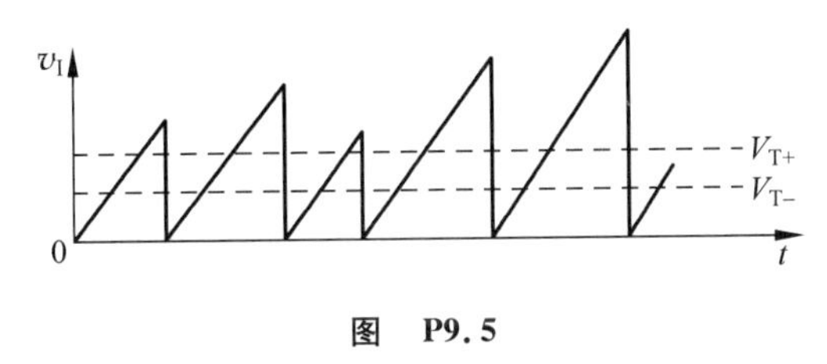

图 P9.5

（9.3 单稳态电路）

题 9.6 在图 P9.6 的单稳态电路中，已知 CMOS 门电路 G_1 和 G_2 的电源电压 V_{DD} 等于 5V，高电平输出电阻 $R_{ON(P)}=150\Omega$，$V_{TH}=V_{DD}/2$。若 $R=11\text{k}\Omega$，$C=0.001\mu\text{F}$，试求输出脉冲的宽度和电路的分辨时间。假定触发脉冲的高电平持续时间远小于输出脉冲的宽度。

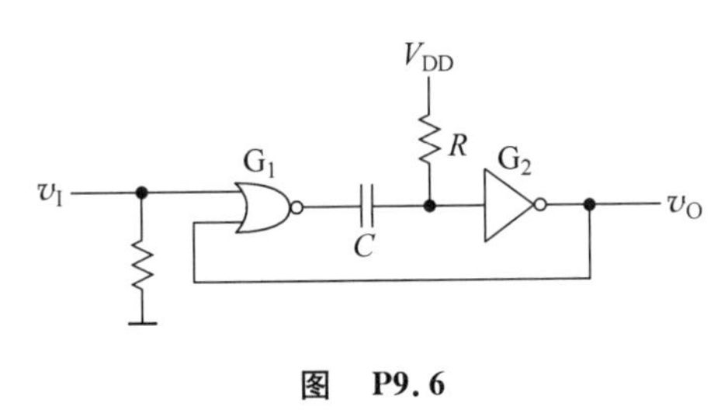

图 P9.6

题 9.7 图 P9.7(a)是用 CMOS **与非**门和反相器组成的微分型单稳态电路。

(1) 指出稳态下 v_I 为高电平时 v_{O1}、v_{I2} 和 v_O 的逻辑电平。

(2) 画出在图 P9.7(b)所示的负触发脉冲作用下 v_{O1}、v_{I2} 和 v_O 的波形。假定触发脉冲的宽度小于输出脉冲的宽度。

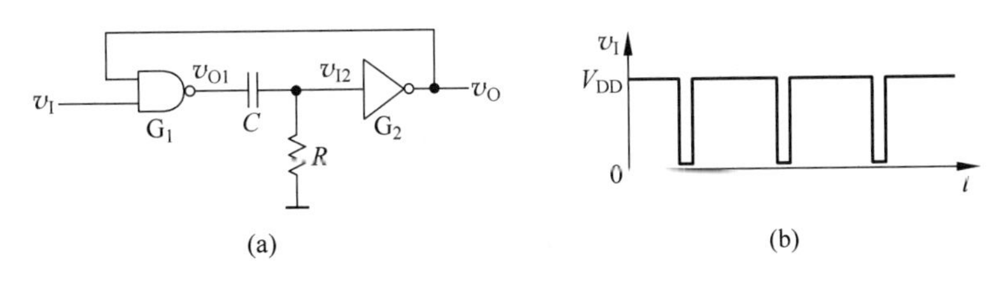

图 P9.7

题 9.8 图 P9.8(a)是用 CMOS 门电路和 RC 积分环节组成的积分型单稳态电路。试画出在图 P9.8(b)所示输入脉冲作用下 v_{O1}、v_C 和 v_O 的电压波形。假定触发脉冲的宽度大于输出脉冲的宽度。

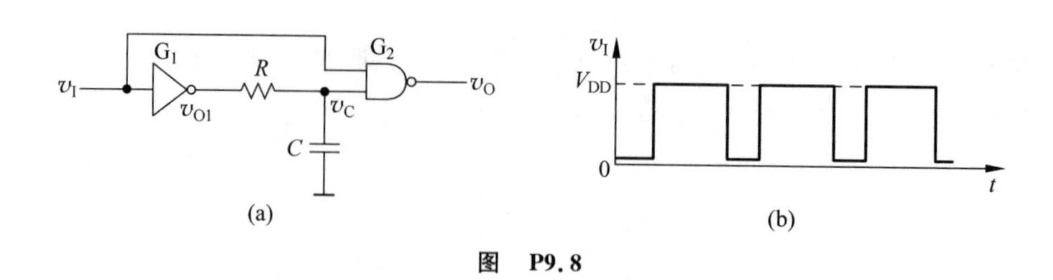

图 P9.8

题 9.9 用集成单稳态电路 74121 设计一个脉冲展宽电路，将图 P9.9 所示的输入脉冲展宽为宽度等于 1ms 的等宽的脉冲。

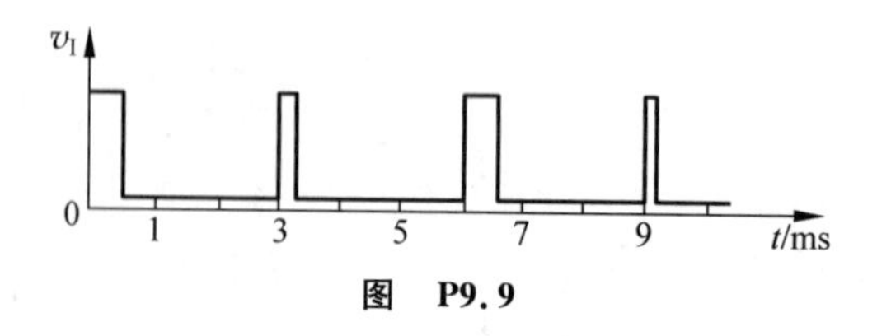

图 P9.9

题 9.10 用集成单稳态电路 74121 设计一个脉冲延迟电路，使输出脉冲较输入脉冲延迟 0.5ms，如图 P9.10 所示。v_I 和 v_O 的脉冲宽度皆为 0.3ms。

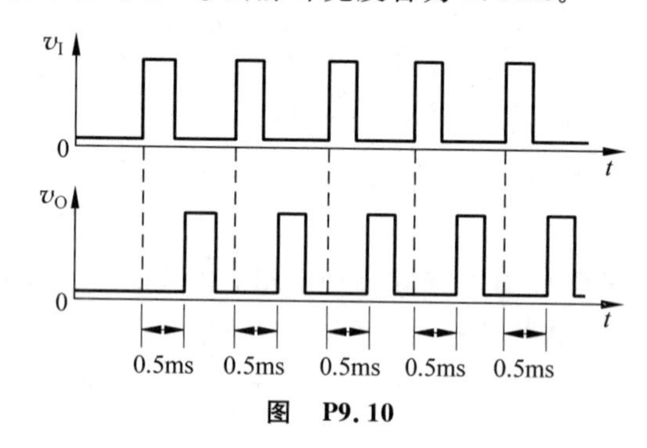

图 P9.10

（9.4 多谐振荡电路）

题 9.11 在图 9.4.1 的对称式多谐振荡电路中，已知 $R_{F1}=R_{F2}=22\text{k}\Omega$，$C_1=C_2=0.005\mu\text{F}$，$R_{P1}=R_{P2}=51\text{k}\Omega$。CMOS 反相器的阈值电压 V_{TH} 等于 $V_{DD}/2$，高电平输出电阻和低电平输出电阻均为 150Ω。试计算电路的振荡频率。

题 9.12 在图 9.4.3 的非对称式多谐振荡电路中，$R_F=12\text{k}\Omega$，$R_P=33\text{k}\Omega$，$C=0.001\mu\text{F}$，反相器的高电平输出电阻和低电平输出电阻均为 100Ω，阈值电压 V_{TH} 等于 $V_{DD}/2$，试求电路的振荡频率。

题 9.13 图 P9.13 是用 5 个反相器接成的环形振荡电路。今测得输出脉冲的重复频率等于 5MHz，试求每个反相器的平均传输延迟时间。

题 9.14 在图 P9.14 的环形振荡电路中，若 $C=0.01\mu\text{F}$，$R_P=22\text{k}\Omega$，$R_1=1\text{k}\Omega$，电位器

(可调电阻)R_2 的阻值变化范围为 0～20kΩ,试求输出脉冲频率的可调范围。

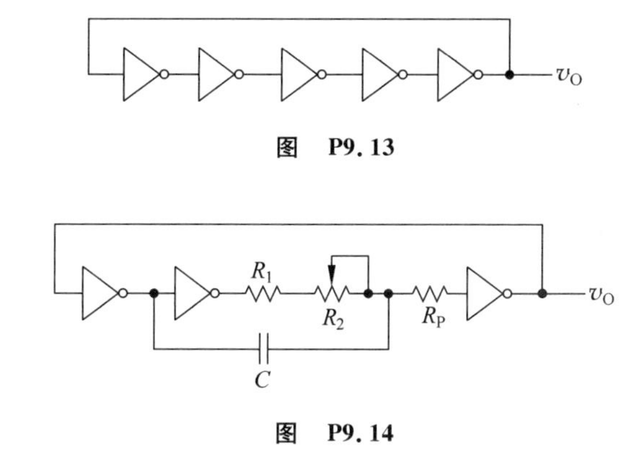

图　P9.13

图　P9.14

题 9.15　在图 P9.15 的多谐振荡电路中,已知集成施密特触发电路 74HC14 在 V_{DD} 为 4.5V 时的正向阈值电压和负向阈值电压分别为 $V_{T+}=2.5V$、$V_{T-}=1.6V$。若 $C=2200pF$,$R=51k\Omega$,试求输出脉冲的重复频率。

题 9.16　图 P9.16 是用集成施密特触发电路 74HC14 组成的多谐振荡电路。在 V_{DD} 等于 4.5V 时,74HC14 的正向和负向阈值电压分别为 $V_{T+}=2.5V$、$V_{T-}=1.6V$。已知 $R_1=11k\Omega$,$R_2=22k\Omega$,$C=0.001\mu F$,试求输出脉冲的振荡频率和占空比。二极管的导通电阻与 R_1 和 R_2 的阻值相比可以忽略不计。

图　P9.15　　　　图　P9.16

(9.5　555 定时器)

题 9.17　在图 9.5.2 电路中,若取 555 定时器的电源电压为 $V_{CC}=12V$,则电路的 V_{T+}、V_{T-} 和 ΔV_T 各等于多少?

题 9.18　图 P9.18 是用 555 定时器接成的施密特触发电路。若 $V_{CC}=5V$,加到 V_{CO} 端的外部控制电压 $V_E=4V$,试求电路的 V_{T+}、V_{T-} 和 ΔV_T。

题 9.19　在图 P9.19 的施密特触发电路中,若将输入端 V_{CO} 经 10kΩ 电阻接地,如图中所示,试求电路的 V_{T+}、V_{T-} 和 ΔV_T。图 9.5.1 中的比较器 Comp1 和 Comp2 的输入电流可忽略不计。

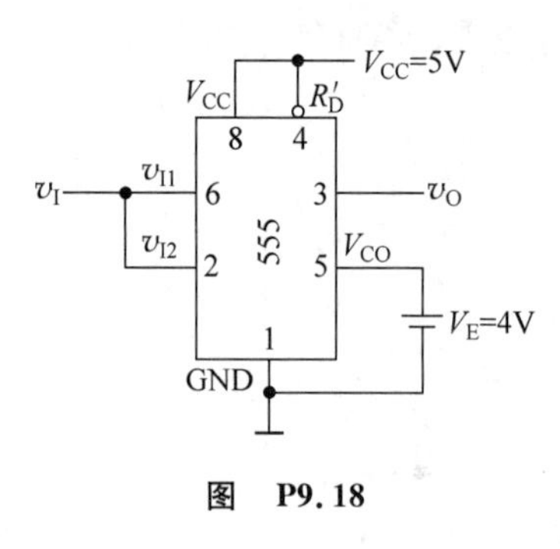

图 P9.18

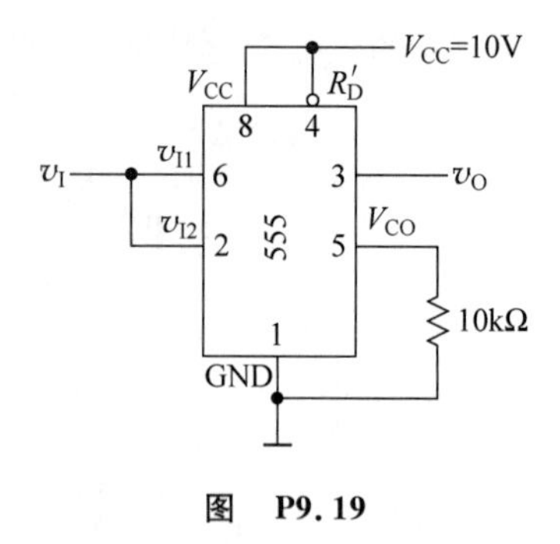

图 P9.19

题 9.20 图 P9.20 是用 555 定时器接成的多谐振荡电路。已知 $R_1=10\text{k}\Omega$,$R_2=20\text{k}\Omega$,$C=0.015\mu\text{F}$,试求输出脉冲的频率和占空比。

题 9.21 在图 P9.21 的多谐振荡电路中,若 555 定时器的电源电压为 $V_{CC}=10\text{V}$,$R_1=22\text{k}\Omega$,$R_2=47\text{k}\Omega$,$C=0.001\mu\text{F}$,试计算当 V_{CO} 端外加电压 V_E 为 4V 和 8V 时输出脉冲的频率各等于多少。

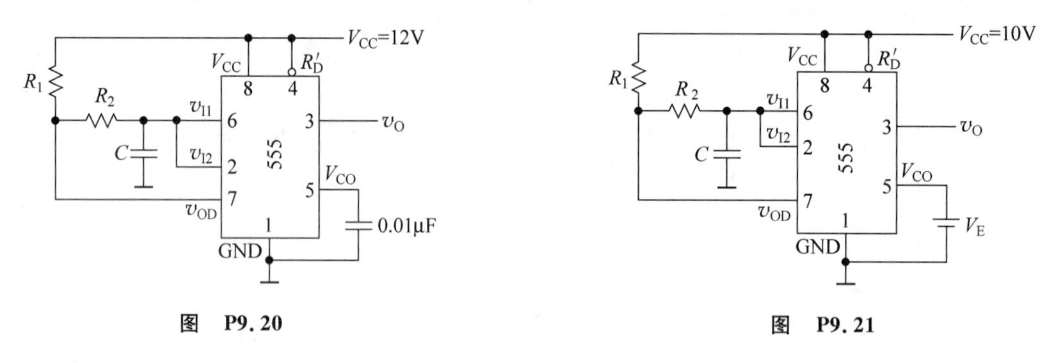

图 P9.20　　　　图 P9.21

题 9.22 在图 9.5.6 的单稳态电路中,已知 $R=9.1\text{k}\Omega$,$C=0.001\mu\text{F}$,试求输出脉冲的宽度。

题 9.23 在图 P9.23 的单稳态电路中,已知 $R_1=15\text{k}\Omega$,$R_2=10\text{k}\Omega$,$C=0.005\mu\text{F}$,试计算输出脉冲的宽度。

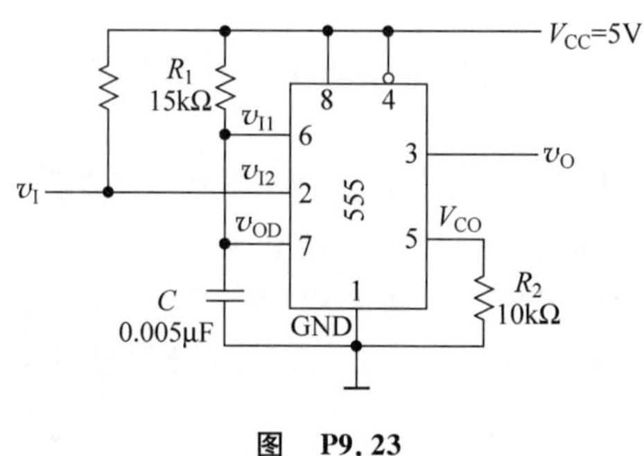

图 P9.23

数模和模数转换

本章基本内容

- 数模(D/A)转换的基本原理及典型电路
- 模数(A/D)转换的基本原理及典型电路
- 数模(D/A)和模数(A/D)转换的转换精度和转换速度概念

10.1 概述

随着数字系统的广泛应用,用数字系统处理模拟量的情况十分普遍,由此引入了模拟信号和数字信号的接口问题。为了解决这一问题,首先利用模数转换电路把模拟信号转换成数字信号,经数字系统处理后,还需通过数模转换电路将数字信号转还原成模拟信号。数模转换电路简称 D/A(digital to analog)转换器,模数转换电路简称 A/D(analog to digital)转换器。图 10.1.1 是一个典型测控系统的示意图,从图中可看到 A/D 转换器和 D/A 转换器在系统中的作用。

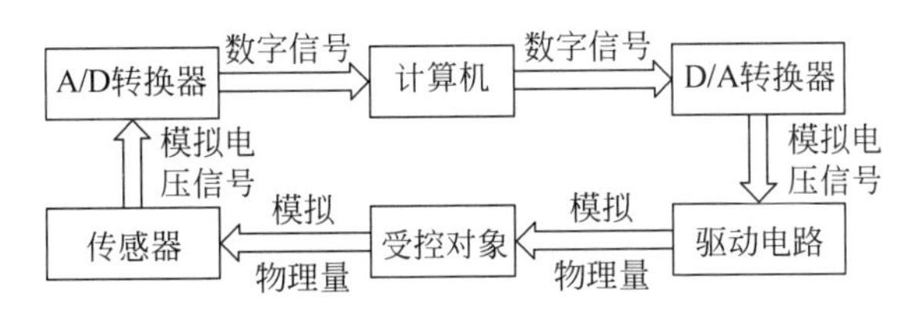

图 10.1.1　D/A 和 A/D 转换器的用途

为了确保系统的准确性和快速型,A/D 转换器和 D/A 转换器必须有足够的转换精度和转换速度。因此,转换精度和转换速度是衡量 A/D、D/A 转换器性能的两个最重要的指标。

10.2 D/A 转换器

D/A 转换器的功能是将数字量转换成与之成正比的模拟量。D/A 转换器的输入是一个 n 位二进制数 $D(d_{n-1}d_{n-2}\cdots d_1d_0)$，按每一位的权展开后得到

$$D = d_{n-1}2^{n-1} + d_{n-2}2^{n-2} + \cdots + d_1 2^1 + d_0 2^0 \tag{10.2.1}$$

输出应当是一个与输入 D 成正比的模拟量(电压或电流)A，即 $A=KD$，将式(10.2.1)代入得

$$A = K(d_{n-1}2^{n-1} + d_{n-2}2^{n-2} + \cdots + d_1 2^1 + d_0 2^0) \tag{10.2.2}$$

式(10.2.2)中 K 为转换比例系数，也即输入数字量 $D(d_{n-1}d_{n-2}\cdots d_1d_0)$ 最低位的模拟量当量。随着 $d_{n-1}d_{n-2}\cdots d_1d_0$ 值每增加 1，输出模拟量 A 增加 K，输出模拟量 A 与输入数字量 D 的值成正比。

D/A 转换器通常由译码网络、模拟开关、求和运算放大器和基准电压源等部分组成。根据译码网络的不同，可以对 D/A 转换电路进行分类，如权电阻网络型 D/A 转换器、倒 T 形电阻网络型 D/A 转换器、权电容型 D/A 转换器等。

10.2.1 权电阻网络型 D/A 转换器

图 10.2.1 是 4 位权电阻网络 D/A 转换器的原理图，整个电路由基准电压 V_{REF}、模拟电子开关、权电阻网络及求和放大器组成。电路的输入是四位二进制数 $D(d_3d_2d_1d_0)$，输出为模拟电压量 v_O。

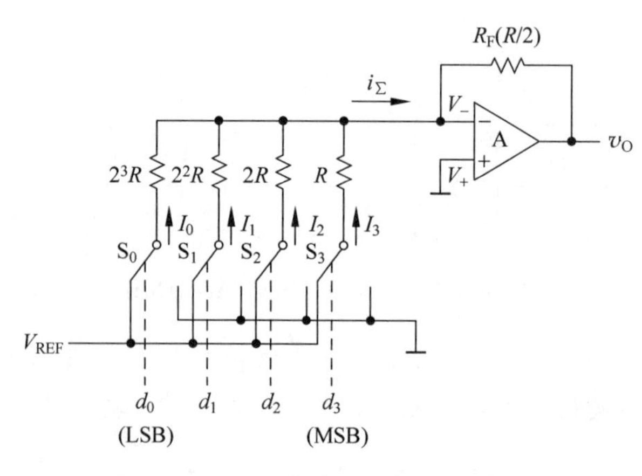

图 10.2.1 四位权电阻网络 D/A 转换器

数字信号由输入端 d_3、d_2、d_1、d_0 并行输入，分别控制电子开关 S_3、S_2、S_1、S_0。当某位数字信号 d_i 为“1”时，开关接到基准电源 V_{REF} 上；当某位数字信号为“0”时，开关接地。因此当 $d_i=1$ 时，有支路电流 I_i 流向求和放大器；当 $d_i=0$ 时，支路电流为 0。因为各支路中的电阻取值与各 d_i 的权值成反比，所以在形成支路电流 I_i 时就与 d_i 的权值成正比。

因此，流向求和放大器的总电流 i_Σ 受控于数字输入信号 d_3、d_2、d_1、d_0，其表达式为

$$\begin{aligned} i_\Sigma &= I_3 + I_2 + I_1 + I_0 \\ &= d_3\left(\frac{V_{REF}}{2^0 R}\right) + d_2\left(\frac{V_{REF}}{2^1 R}\right) + d_1\left(\frac{V_{REF}}{2^2 R}\right) + d_0\left(\frac{V_{REF}}{2^3 R}\right) \\ &= \left(\frac{V_{REF}}{2^3 R}\right)(d_3 2^3 + d_2 2^2 + d_1 2^1 + d_0 2^0) \end{aligned} \tag{10.2.3}$$

为了简化分析计算，可以把运算放大器近似地看成是理想放大器。由此求和放大器的输出模拟电压量 v_O 为

$$v_O = -i_\Sigma R_F \tag{10.2.4}$$

将式(10.2.3)和 $R_F = R/2$ 代入得

$$v_O = -(V_{REF}/2^4)(d_3 2^3 + d_2 2^2 + d_1 2^1 + d_0 2^0) \tag{10.2.5}$$

将式(10.2.5)与式(10.2.2)相比较，式(10.2.5)中的转换比例系数 K 为

$$K = -(V_{REF}/2^4) \tag{10.2.6}$$

在这个转换器中，当输入数字信号 $D(d_3 d_2 d_1 d_0)$ 取值为 0000～1111 时，输出模拟电压量 v_O 为 $0 \sim -\left(\frac{V_{REF}(2^4-1)}{2^4}\right)$。$v_O$ 与 D 的值成正比，实现了数模转换。

同理，用上述电路结构也可构成 n 位权电阻网络型 D/A 转换器，它的转换计算式为

$$V_O = -(V_{REF}/2^n)(d_{n-1}2^{n-1} + d_{n-2}2^{n-2} + \cdots + d_1 2^1 + d_0 2^0) \tag{10.2.7}$$

从原理上讲，只要数字量的位数足够多，输出电压可以达到很高的精度。为了保证输出电压的准确，要求电阻取值必须精确。权电阻网络中电阻阻值很分散，给集成制造带来了困难。为了克服这个缺点，人们又设计出了倒 T 形电阻网络型 D/A 转换器。

10.2.2　倒 T 形电阻网络型 D/A 转换器

图 10.2.2 是四位倒 T 形电阻网络型 D/A 转换器的原理图，它由基准电压、电子开关、R 和 $2R$ 构成的倒 T 形电阻网络及运算放大器组成。转换器的输入为四位二进制数 d_3、d_2、d_1、d_0，输出为模拟电压量 v_O。

每个电子开关的两种状态分别接至运算放大器的虚地和地。电子开关 S_3、S_2、S_1 和 S_0 分别受输入数字代码 d_3、d_2、d_1 和 d_0 的控制。例如，$d_3=1$ 时，S_3 接至运算放大器的 V_- 端；$d_3=0$ 时，S_3 接地电位。由于 V_- 端和 V_+ 端的电位相差极小，所以也把 V_- 端称为虚地点。

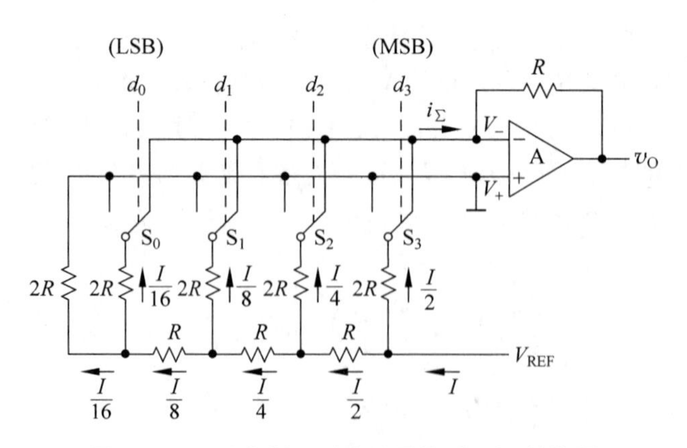

图 10.2.2 四位倒 T 形电阻网络型 D/A 转换器

无论 d_3 为 1 或 0，S_3 都相当于接地电位，因此流过它的电流都不变。输入数字信号 d_3 所控制的只是流过 S_3 的电流 I_3 是否流入运算放大器形成总电流 i_Σ 的一部分，由图 10.2.2 可知

$$i_\Sigma = I_3 d_3 + I_2 d_2 + I_1 d_1 + I_0 d_0 \tag{10.2.8}$$

因为从基准电源 V_{REF} 看进去的等效电阻为 R，所以 V_{REF} 产生的电流为

$$I = V_{REF}/R \tag{10.2.9}$$

由于电阻网络的电阻只有 R 和 $2R$ 两种，其中任意一个节点的两个分支的等效电阻都相等，均为 $2R$。所以每经过一个节点支路电流都衰减 1/2。因此，流过开关 S_3、S_2、S_1 和 S_0 的电流分别为

$$\begin{cases} I_3 = I/2^1 \\ I_2 = I/2^2 \\ I_1 = I/2^3 \\ I_0 = I/2^4 \end{cases} \tag{10.2.10}$$

将式(10.2.9)和式(10.2.10)代入式(10.2.8)得到

$$i_\Sigma = (V_{REF}/2^4 R)(d_3 2^3 + d_2 2^2 + d_1 2^1 + d_0 2^0) \tag{10.2.11}$$

此时求和放大器的输出模拟电压量 v_O 为

$$\begin{aligned} v_O &= -i_\Sigma R \\ &= -(V_{REF}/2^4)(d_3 2^3 + d_2 2^2 + d_1 2^1 + d_0 2^0) \end{aligned} \tag{10.2.12}$$

v_O 与 D 的值成正比，实现了数模转换。

同理，也可构成 n 位的倒 T 形电阻网络型 D/A 转换器，转换计算式同式(10.2.7)。

这种结构中的电子开关在地与虚地之间转换，各支路电流始终不变，因此不需要电流建立时间，提高了转换速度。电阻网络中的电阻取值只有 R 和 $2R$ 两种，便于集成。倒 T 形电阻网络型 D/A 转换器是目前 D/A 转换器中用得最多的一种。

10.2.3 D/A 转换器的主要技术指标

D/A 转换器的主要技术指标有分辨率、转换精度和转换速度。

1. 分辨率

分辨率是用 D/A 转换器输入二进制代码的位数给出的。输入数字量位数越多，输出模拟量的等级也越多，划分得越精细。有时也用输入二进制数只有最低位 d_0 为 1（即为 00…01）时输出电压，与输入数字量所有位全为 1（即为 11…11）时输出电压之比，表示 D/A 转换器的分辨率。n 位的 D/A 转换器的分辨率为

$$\text{分辨率} = 1/(2^n - 1) \tag{10.2.13}$$

例如 10 位 D/A 的分辨率为 $1/(2^{10}-1)$。分辨率表示 D/A 转换器在理论上可以达到的精度。

2. 转换精度

转换精度和分辨率是两个不同的概念。转换精度是指 D/A 转换器实际能达到的精确程度。由于电路的制造精度和稳定性不好等原因，会使电路的转换精度达不到理想的分辨率。转换精度用转换误差来描述。

转换误差是指全量程内，D/A 转换电路实际输出与理论值之间的最大误差。该误差是由于 D/A 的增益误差、零点误差、线性误差和噪声等共同引起的。通常用输入数字量的 LSB 的倍数表示转换误差。若给出的误差小于 $\frac{1}{2}$LSB，则说明输出模拟电压与理论值之间的误差不超过输入为 00…01 时产生的模拟输出电压的 1/2。

3. 转换速度

转换速度通常是用转换时间来表示的，转换时间是指输入数字量由全 0 变为全 1 或全 1 变为全 0 时，输出电压达到终值 $\pm\frac{1}{2}$LSB 时所需的时间。

复习思考题

R10.2.1　D/A 转换器中电阻网络的功能是什么？

R10.2.2　D/A 转换器的位数与转换精度之间有什么关系？

R10.2.3　本节介绍的两种电阻网络结构的 D/A 转换器，哪一种转换速度更快？为什么？

10.3 A/D 转换器

A/D 转换器的功能是将输入的模拟电压量转换成相应的数字量输出。

A/D 转换器的电路结构形式有多种，按工作原理可将 A/D 转换器分为直接型和间接型两大类。前者直接将模拟电压量转换成输出的数字代码，而后者先将模拟电压量转换成一个中间量(如时间或频率)，然后再将中间量转换成数字代码。下面首先说明 A/D 转换的一般原理和步骤，然后分别介绍直接型的逐次渐近比较型 A/D 转换器和间接型的双积分型 A/D 转换器。

10.3.1 A/D 转换的一般步骤

A/D 转换器输入的模拟电压信号 v_I 在时间上是连续的，而输出的数字信号 D 是离散的，所以进行的转换只能是针对一系列瞬间的输入信号，即按一定的频率对输入的信号 v_I 采样得到的在时间上离散的信号 v_S。在两次采样之间 v_S 应当保持不变，以保证有足够的时间将采样值转化成稳定的数字量。因此，A/D 转换过程是通过采样、保持、量化和编码这四个步骤完成的。

1. 采样与保持

采样是对连续变化的模拟量在一系列离散时间进行取值，得到这些离散时间上的模拟量，如图 10.3.1 所示。可以看到，为了用采样信号 v_S 有效地表示输入信号 v_I，必须有足够高的采样频率 f_S。任何模拟信号进行谐波分析时都可以表示为若干正弦信号之和，假定谐波中最高的频率分量为 f_{max}，则根据采样定理，若 $f_S > 2f_{max}$ 时，采样信号 v_S 就能较为准确地反映输入信号 v_I。

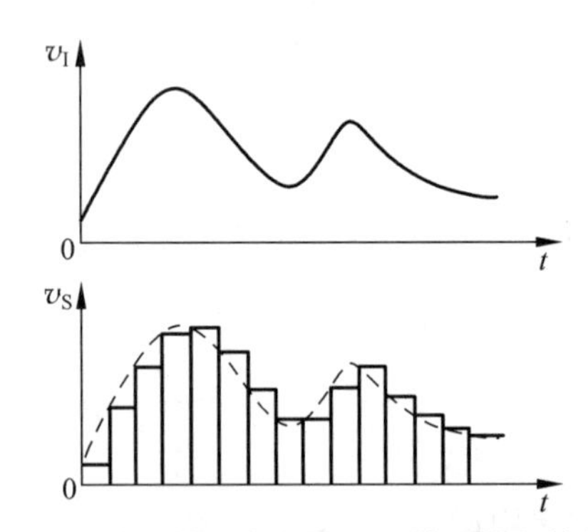

图 10.3.1　输入模拟电压信号 v_I 的采样保持信号 v_S

由于采样时间极短，采样输出为一串断续的窄脉冲。而要把一个采样信号数字化需要一定时间，因此在两次采样之间应将采样的模拟信号存储起来以便进行数字化，这一过程称之为保持。

2. 量化与编码

数字信号不仅在时间上是离散的，而且在数值上的变化也是不连续的。也就是说，任何一个数字量的大小都是以某个最小数量单位的整数倍来表示的。因此，在用数字量表示采样所得的模拟信号时，也必须把它化成这个最小数量单位的整数倍，所规定的最小数量单位称为量化单位，用Δ表示。将量化的结果用二进制代码（或其他进制）表示称为编码。这个二进制代码就是A/D转换的输出信号。

输入模拟信号通过采样保持后转换成阶梯的模拟信号，其阶梯幅值仍然是连续可变的，所以它不一定能被量化单位Δ整除，因而不可避免地会引入量化误差。首先对于一定的输入电压范围，输出的数字量的位数越高，数字信号最低位中的“1”所表示的数量Δ就越小，因此量化误差也越小。而对于一定的输入电压范围、一定位数的数字量输出，不同的量化方法，量化误差的大小也不同。

设输入电压 v_I 的变化范围为 $0\sim V_M$，输出为 n 位的二进制代码。以 $V_M=1V, n=3$ 为例。第一种方法取 $\Delta=V_M/2^n=1/2^3=(1/8)V$，规定 0Δ 表示 $0V<v_I<(1/8)V$，对应的输出二进制代码为000；1Δ 表示 $(1/8)V<v_I<(2/8)V$，对应的输出二进制代码为001；…7Δ 表示 $(7/8)V<v_I<1V$，对应的输出二进制代码为111，如图10.3.2所示。这种量化方法的最大量化误差为Δ。

第二种方法取 $\Delta=2V_M/(2^{n+1}-1)=(2/15)V$，并规定 0Δ 表示 $0V<v_I<(1/15)V$，对应的输出二进制代码为000；1Δ 表示 $(1/15)V<v_I<(3/15)V$，对应的输出二进制代码为001……7Δ 表示 $(13/15)V<v_I<1V$，对应的输出二进制代码为111，如图10.3.3所示。这种量化方法的最大量化误差为Δ/2。

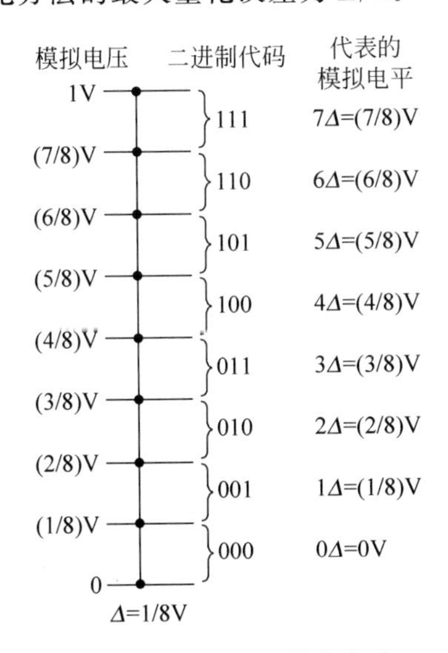

图10.3.2 第一种量化方法

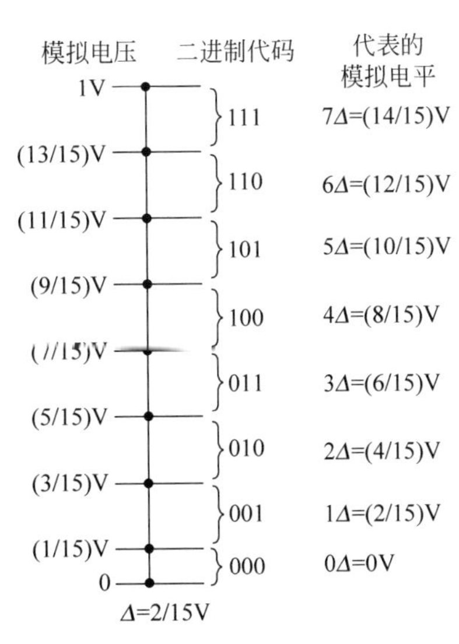

图10.3.3 第二种量化方法

10.3.2 采样保持电路

采样保持电路基本形式如图 10.3.4 所示。它由 N 沟道 MOS 管充当的采样开关 T、存储电容 C_H 和运算放大器等组成。

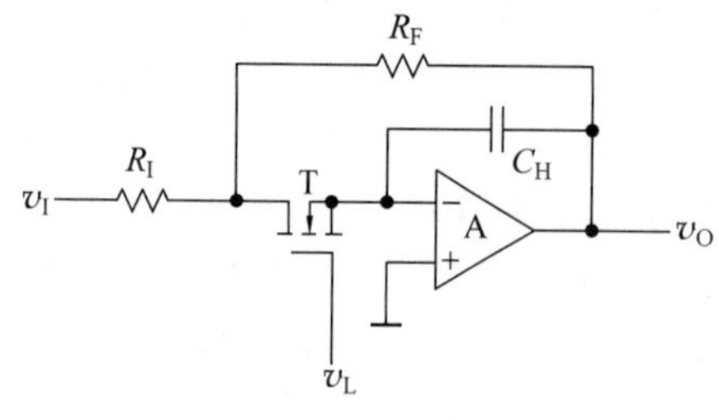

图 10.3.4 采样保持电路基本形式

当采样控制信号 $v_L=1$ 时，T 导通，输入信号 v_I 经电阻 R_I 向电容 C_H 充电。取 $R_I=R_F$，若忽略运算放大器的输入电流，则充电结束后 $v_O=v_C=-v_I$。当采样控制信号 v_L 从高电平返回低电平时，MOS 管 T 截止，由于电容 C_H 上的电压 v_C 在一段时间内基本保持不变，则采样的结果被保持下来，直到下一个采样控制信号 $v_L=1$ 到来。运算放大器的输入阻抗越高，电容 C_H 的漏电越小，v_O 保持的时间越长。

10.3.3 逐次渐近型 A/D 转换器

逐次渐近型 A/D 转换器又称逐次逼近型 A/D 转换器，它是一种直接型 A/D 转换器，其转换过程类似于用天平称物的过程。天平的一端放物体 M，另一端放砝码。用天平将各种标称质量的砝码按一定规律与 M 进行比较、取舍，直到天平平衡，这时天平托盘中砝码的质量之和就表示 M 的质量。

图 10.3.5 是逐次渐近型 A/D 转换器的原理框图。它由比较器、n 位 D/A 转换器、n 位寄存器、控制电路、输出电路、时钟源信号 CLK 等组成。输入为 v_I，输出为 n 位二进制代码。

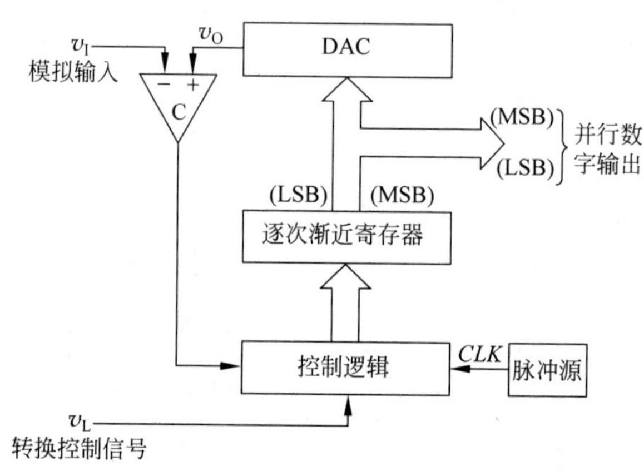

图 10.3.5 逐次渐近型 A/D 转换器的原理框图

转换开始之前将寄存器清零($d_{n-1}d_{n-2}\cdots d_1d_0=00\cdots00$)。开始转换后,控制电路先将寄存器的最高位 d_{n-1} 置"1",其余位全为"0",使寄存器输出为($d_{n-1}d_{n-2}\cdots d_1d_0=10\cdots00$)。这组数码被 D/A 转换器转换成相应的模拟电压 v_O,通过电压比较器与 v_I 进行比较。若 $v_I>v_O$,说明寄存器中的数字不够大,则将这一位的"1"保留;若 $v_I<v_O$,则说明寄存器中的数字太大,则将这一位的"1"清除,从而决定 d_{n-1} 的取值。然后将次高位 d_{n-2} 置成"1",再通过 D/A 转换器将此时寄存器的输出($d_{n-1}d_{n-2}\cdots d_1d_0=d_{n-1}1\cdots00$)转换成相应的模拟电压 v_O,通过与 v_I 比较决定 d_{n-2} 的取值。依此类推,逐位比较下去,一直到最低位为止。

下面将以图 10.3.6 三位逐次渐近型 A/D 转换器的电路为例,具体说明转换过程和转换时间。

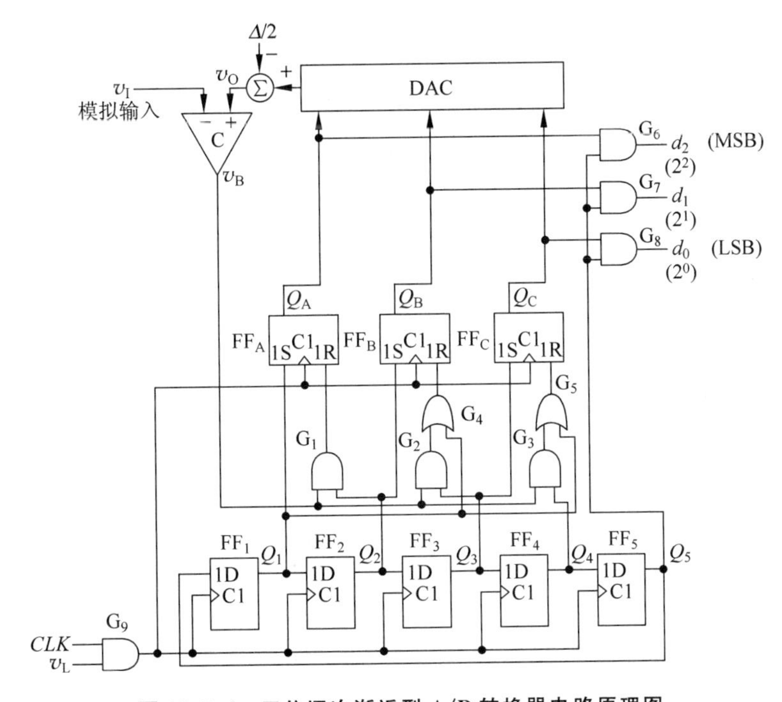

图 10.3.6 三位逐次渐近型 A/D 转换器电路原理图

图中 FF_A、FF_B 和 FF_C 组成三位寄存器,触发器 $FF_1\sim FF_5$ 和门 $G_1\sim G_5$ 构成控制电路,其中 $FF_1\sim FF_5$ 接成环形移位寄存器,门 $G_6\sim G_8$ 为输出电路。

在转换开始前使 $Q_2=Q_3=Q_4=Q_5=0$,$Q_1=1$,且 $Q_A=Q_B=Q_C=0$。

第一个 CLK 信号达到后,$Q_2=1$,$Q_1=Q_3=Q_4=Q_5=0$,并且最高位 FF_A 被置"1",FF_B 和 FF_C 被置"0"。这时 D/A 转换器的输入代码为 $d_2d_1d_0=100$,由此可在 D/A 转换器的输出端得到相应的模拟电压 v_O。通过比较器 C 对 v_I 与 v_O 进行比较:若 $v_I<v_O$,比较器输出 $v_B=1$;若 $v_I>v_O$,则 $v_B=0$。

第二个 CLK 信号到达时，环形计数器右移一位，得 $Q_3=1$，$Q_1=Q_2=Q_4=Q_5=0$。若 $v_B=1(v_I<v_O)$，则说明寄存器中的数字太大，将这一位的“1”清除，即将 FF_A 置“0”；若 $v_B=0(v_I>v_O)$，说明寄存器中的数字不够大，则将这一位的“1”保持，即 FF_A 保持“1”，从而确定了最后输出数字代码中的一位 Q_A。与此同时，$Q_2=1$ 的高电平将次高位 FF_B 置“1”。这时 D/A 转换器的输入代码为 $d_2d_1d_0=Q_A10$，输出为这个代码相应的模拟电压 v_O。通过对 v_I 与 v_O 进行比较决定比较器 C 的输出 v_B。

第三个 CLK 信号到达时，环形计数器再右移一位，得 $Q_4=1$，其余为“0”。根据比较器的输出 v_B 确定 FF_B 的值，也就是确定最后输出数字代码中的一位 Q_B。同时将寄存器的 FF_C 置“1”。这时 D/A 转换器的输入代码为 $d_2d_1d_0=Q_AQ_B1$，输出为这个代码相应的模拟电压 v_O。通过对 v_I 与 v_O 进行比较决定比较器 C 的输出 v_B。

第四个 CLK 信号到达时，环形计数器再右移一位，得 $Q_5=1$，其余为“0”。根据比较器的输出 v_B 确定 FF_C 的值，也就是确定最后输出数字代码中的一位 Q_C。$Q_5=1$ 将门 $G_6\sim G_8$ 打开，寄存器 FF_A、FF_B 和 FF_C 的状态“$Q_AQ_BQ_C$”作为转换结果输出。

第五个 CLK 信号到达时，$Q_2=Q_3=Q_4=Q_5=0$，$Q_1=1$ 且 $Q_A=Q_B=Q_C=0$，电路回到初态准备下一次转换。

根据上面的分析，三位逐次渐近型 A/D 转换器完成一次转换需要 5 个时钟 CLK 周期。依此类推，n 位此类转换器需要$(n+2)$个 CLK 周期。

10.3.4 双积分型 A/D 转换器

双积分型 A/D 是间接型 A/D 转换器中最常用的一种。它与直接型 A/D 转换器相比具有精度高，抗干扰能力强等特点。双积分型 A/D 转换器首先将输入的模拟电压 v_I 转换成与之成正比的时间量 T。在 T 内对固定频率的时钟脉冲计数，计数的结果就是一个正比于 v_I 的数字量。

图 10.3.7 是双积分型 A/D 转换器的原理图。它由积分器、比较器、n 位计数器、控制电路、固定频率时钟源 CLK、开关 S_1 和 S_0 以及基准电压等组成。输入为模拟电压 v_I，输出为 n 位二进制(或二—十进制)代码。下面再结合图 10.3.8 的波形图说明它的转换过程。

转换开始前开关 S_0 闭合使电容 C 完全放电，计数器清零。电路的工作分为两个积分阶段。

第一阶段为定时积分，这个阶段的积分时间为固定时间 $t=T_1$。若 T_1 期间输入电压保持为 v_I，控制电路将开关 S_1 合向 v_I 一侧以后，积分器对输入模拟电压 v_I 进行积分，经 T_1 时间后得到的输出电压为

$$v_O=-\frac{1}{RC}\int_0^{T_1}v_I\,dt=-\frac{v_IT_1}{RC} \qquad (10.3.1)$$

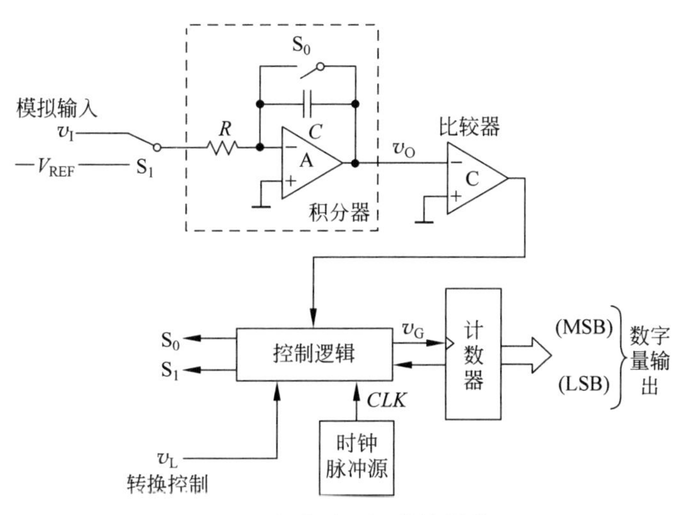

图 10.3.7 双积分型 A/D 转换器的原理图

式(10.3.1)中 T_1、R 和 C 的参数都为固定数值,因此 $v_O \propto v_I$。显然,若 $v_{I1} > v_{I2}$ 则 $|v_{O1}| > |v_{O2}|$,如图 10.3.8 所示。

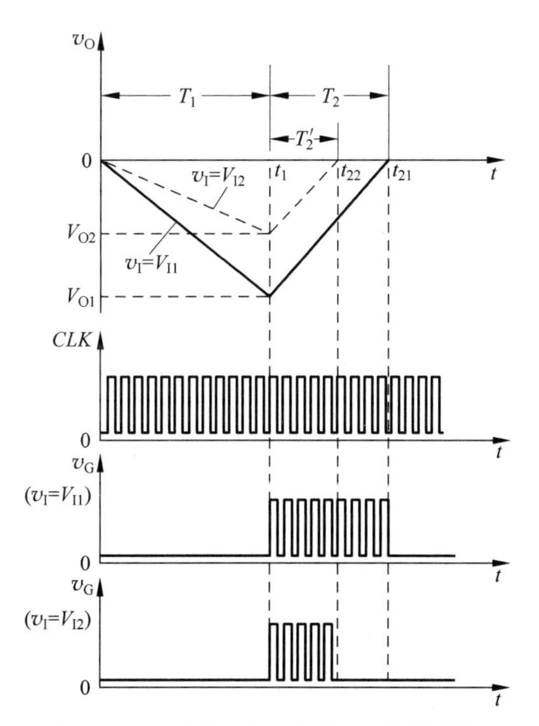

图 10.3.8 双积分型 A/D 转换器的波形图

第二阶段为对固定参考电压$-V_{REF}$的积分。控制电路将开关S_2闭合向$-V_{REF}$，开关S_0保持断开状态。积分器对基准电压$-V_{REF}$进行积分，与此同时计数器开始对固定频率的时钟脉冲计数。由于基准电压$-V_{REF}$与v_I极性相反，因此积分器进行的是反向积分，其输出电压$|v_O|$越来越小。当$v_O=0$时，使比较器的输出$V_C=1$，通过控制电路停止积分和计数。设这个过程需要的时间为T_2，则应满足

$$v_O = -\frac{v_I T_1}{RC} - \left(-\frac{1}{RC}\int_0^{T_2} V_{REF}\,\mathrm{d}t\right) = 0$$

$$-\frac{v_I T_1}{RC} + \frac{V_{REF} T_2}{RC} = 0$$

$$\frac{v_I T_1}{RC} = \frac{V_{REF} T_2}{RC}$$

$$T_2 = \left(\frac{T_1}{V_{REF}}\right) v_I \tag{10.3.2}$$

由式(10.3.2)可见，第二阶段的积分时间T_2是一个与输入电压v_I成正比的量。设时钟脉冲的固定频率为f_{CLK}，那么第二阶段结束时计数器的输出为

$$D = f_{CLK} T_2 = T_2 / T_{CLK} \tag{10.3.3}$$

将式(10.3.2)代入上式得

$$D = f_{CLK} T_2 = \frac{T_1}{V_{REF} T_{CLK}} v_I \tag{10.3.4}$$

可见数字量D与输入模拟电压v_I成正比，波形图见图10.3.8。

10.3.5 A/D转换器的主要技术指标

1. 转换精度

通常用分辨率和转换误差表示A/D转换器的转换精度。分辨率所描述的是输出数字量对输入模拟量变化的敏感程度，用输出数字量的位数表示。在输入模拟量的范围一定时，A/D转换器输出数字量的位数越多，对输入模拟量的分辨能力也越强。但分辨率仅仅表示A/D转换器在理论上可以达到的精度。

用转换误差来描述实际能达到的转换精度。它表示A/D转换器实际输出的数字量与理想输出数字量的差别，通常用输出数字量最低位的倍数表示。转换误差是综合性误差，它是量化误差、电源波动以及转换电路中各种元件所造成的误差的总和。

可见，实际的转换精度和分辨率是两个不同的概念。由于电路本身的误差、工作环境和稳定性不好等原因，实际的转换精度往往低于分辨率。

2. 转换速度

转换速度用完成一次转换的时间来表示。它是从接到转换控制信号起，到输出端得到稳定的数字输出所需要的时间。

总体来说，直接型 A/D 转换器的转换速度较间接型 A/D 转换器快。本章介绍的逐次渐近型 A/D 转换器的转换时间多数都在 10～100μs，双积分型 A/D 转换器的转换时间多数都在数十毫秒到数百毫秒之间。

复习思考题

R10.3.1　一次完整的 A/D 转换过程由哪几个环节构成？

R10.3.2　A/D 转换器的位数与转换精度之间有什么关系？

R10.3.3　直接型和间接型的 A/D 转换器有什么区别？各有什么优缺点？

本章小结

本章介绍了数字信号与模拟信号相互转换的电路，解决数字电路和模拟电路的接口问题。主要内容有：

(1) D/A 转换器的功能是将数字信号转换成与之成正比的模拟电压或电流信号。

(2) D/A 转换器的电路种类很多，本章仅以权电阻网络型、倒 T 形电阻网络型两种 D/A 转换器为例，介绍了 D/A 转换器的基本工作原理。

(3) A/D 转换器的功能是将模拟电压或电流信号转换成与之成正比的数字信号。通常需要经过采样、保持、量化和编码等步骤完成。根据工作原理，A/D 转换器可分为直接型和间接型两大类。本章以直接型中的逐次渐近型 A/D 转换器和间接型中的双积分型 A/D 转换器为例，介绍了 A/D 转换器的基本工作原理。

(4) 转换精度和转换速度是衡量 D/A、A/D 转换器性能的两个最重要的指标，也是选择 D/A、A/D 转换器器件的主要依据。

习　题

(10.2　D/A 转换器)

题 10.1　已知图 10.2.1 所示电路中，$V_{REF}=10V$，$R=10k\Omega$。试问当输入 $d_3d_2d_1d_0=1111$ 时，各电子开关 S_3、S_2、S_1、S_0 流过的电流分别为多少？输出电压 v_O 是多少？

题 10.2 已知图 10.2.2 所示电路中，$V_{REF}=10V$，$R=10k\Omega$。试问当输入 $d_3d_2d_1d_0=1111$ 时，各电子开关 S_3、S_2、S_1、S_0 流过的电流分别为多少？输出电压 v_O 是多少？

题 10.3 电路如图 10.2.2 所示，若测得 $d_3d_2d_1d_0=0101$ 时输出电压 $v_O=0.625V$，则 V_{REF} 是多少？当 $d_3d_2d_1d_0=1101$ 时，v_O 是多少？

题 10.4 在 10 位倒 T 形电阻网络型 D/A 转换器中，若 $V_{REF}=10V$，求解输入数字信号为 0000000001、1100110101 和 1111111111 时的 v_O 是多少？

题 10.5 现有多谐振荡器、4 位二进制计数器和 D/A 转换器。已知多谐振荡器的振荡周期为 1μs。试用它们组成一个阶梯波发生电路，要求输出阶梯波的周期为 16μs，画出电路的方框图表示它们之间的连接关系。若要求输出阶梯波的周期为 11μs，应如何实现？

（10.3 A/D 转换器）

题 10.6 如果将图 10.3.6 所示的逐次渐近型 A/D 转换器扩展到 10 位，取时钟信号频率为 1MHz，试计算完成一次转换操作所需要的时间。

题 10.7 若双积分型 A/D 转换器中，计数器为 10 位二进制计数器，时钟信号频率为 1MHz，试计算转换器的最大转换时间。

附录一

《GB/T 4728.12—1996 电气简图用图形符号 二进制逻辑元件》简介

GB/T 4728.12 是由全国电气图形符号标准化委员会参照 IEC 相关标准制定的二进制逻辑元件的图形符号标准。这个符号标准很复杂,这里只能作一个简单的介绍。

1. 符号的构成

由于所有图形符号的外形均为方框或方框的组合,所以图形符号的外形已经失去了表示逻辑功能的能力。具体的逻辑功能由标注在上面的各种"限定符号"来说明。限定符号必须按图 F1 中所规定的位置标注。图中的××表示"总限定符号",用以说明器件总体的逻辑功能(如译码器、计数器等),* 表示与输入或输出有关的限定符号。下面我们还会对各种限定符号作具体的说明。方框外面标注的字符和符号不是图形符号的组成部分,仅用于对输入端或输出端、输入信号或输出信号的补充说明。

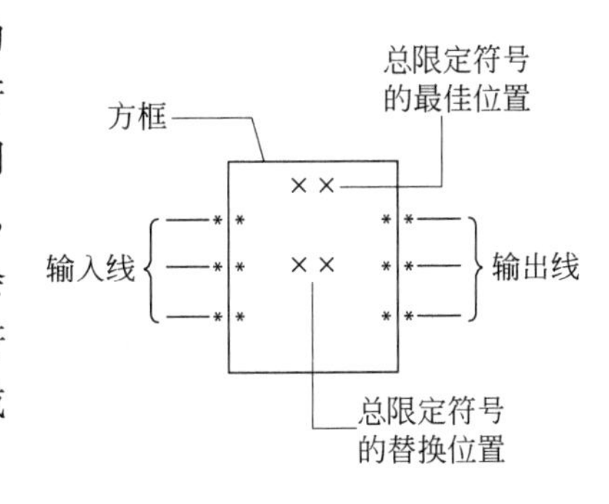

图 F1 限定符号的正确标注位置

为了节省图形符号所占用的版面,除了图 F1 所示的简单方框图以外,还可以使用公共控制框和公共输出单元框。图 F2(a)给出了公共控制框的一般画法。在图 F2(b)的例子中,如果 a 端框内不加注任何限定符号,则表示输入信号 a 同时加到每一个受控的阵列单元上。每个阵列单元的逻辑功能须另外加注限定符号加以说明。

图 F3(a)给出了公共输出单元框的一般画法。在图 F3(b)的例子中,该符号表示 b、c 和 a 同时加到了公共输出单元框上。公共输出单元的逻辑功能需另外加注限定符号加以说明。

2. 逻辑约定

绪论中已经讲过,在二进制逻辑电路中是用高、低电平表示两个不同的逻辑状态的。在这种符号体系中,还有内部逻辑状态和外部逻辑状态之分。符号框内部输入端和输出端的

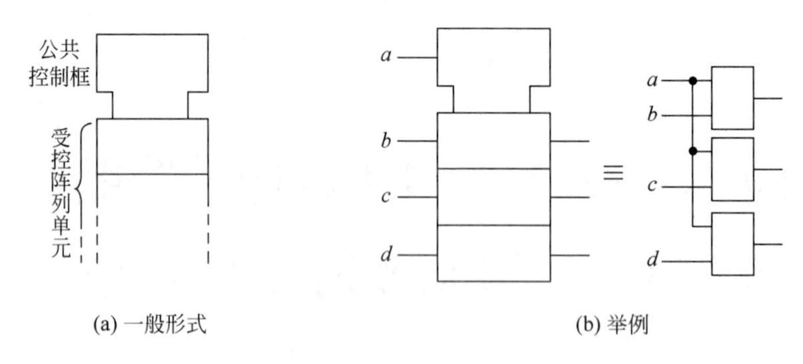

(a) 一般形式　　(b) 举例

图 F2　公共控制框的画法

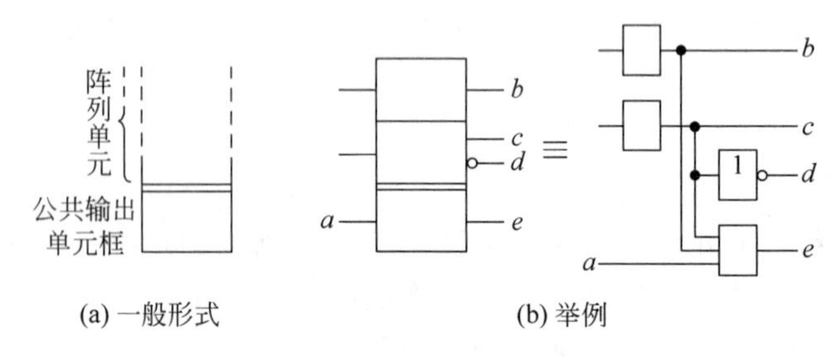

(a) 一般形式　　(b) 举例

图 F3　公共输出单元框的画法

逻辑状态称为内部逻辑状态,而符号框外面的逻辑状态称为外部逻辑状态,如图 F4 所示。

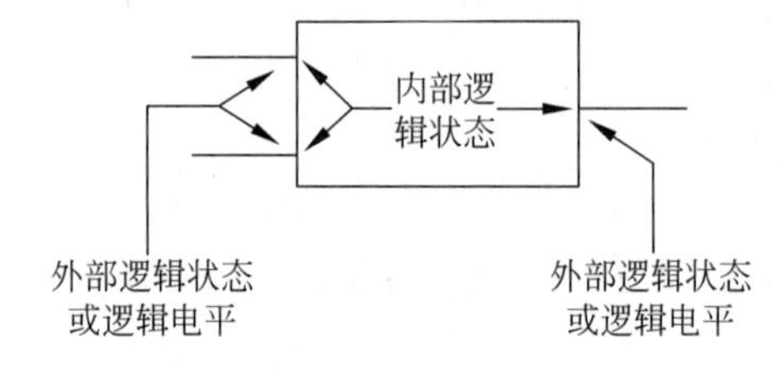

图 F4　内部逻辑状态与外部逻辑状态

在图形符号中有两种允许采用的逻辑约定方式。一种是正逻辑或负逻辑约定方式。若将输入、输出的高电平定义为逻辑 1 状态,将输入、输出的低电平定义为逻辑 0 状态,称为正逻辑约定。反之,若将输入、输出的高电平定义为逻辑 0 状态,而将输入、输出的低电平定义为逻辑 1 状态,则称为负逻辑约定。在这种逻辑约定方式下,允许在符号框的输入端、输出端上使用逻辑**非**符号(°)。

另一种是极性指示符约定方式。在这种约定方式下,若输入端或输出端上画有三角形箭头的极性指示符时,外部的逻辑高电平(H)与内部的逻辑 0 状态对应,外部的逻辑低电平(L)与内部的逻辑 1 状态对应。反之,若输入端或输出端上没有极性指示符,则外部的逻辑高电平与内部的逻辑 1 状态对应,外部的低电平与内部的逻辑 0 状态对应。图 F5 中示出了极性指示符的画法。

必须强调指出,无论采用哪一种约定方式,符号框内只存在内部逻辑状态,不存在逻辑电平的概念。而在极性指示符约定方式中,框外只存在外部逻辑电平(H 或 L),而不存在外部逻辑状态的概念。在同一个逻辑图中不允许同时使用两种逻辑约定方式。

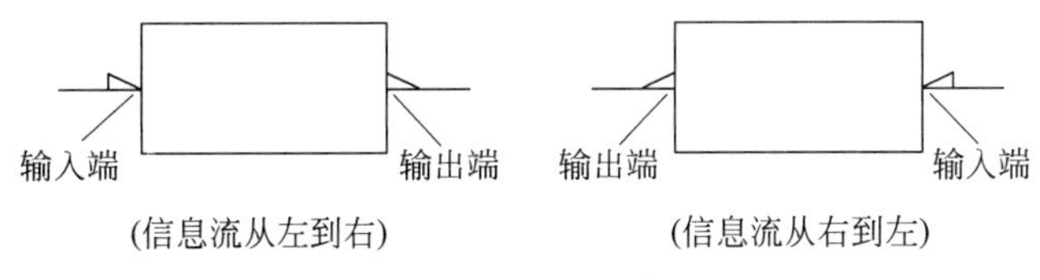

图 F5 极性指示符的画法

3. 限定符号

限定符号中有字母、单词缩写、数字、数学符号、特殊符号以及它们之间的组合，总数不下百种。下面只选其中比较常见的一些分类作简单的介绍。

(1) 总限定符号

总限定符号表示逻辑元件总体的逻辑功能。这里所说的逻辑功能是指符号框内部输入与输出之间的逻辑关系。表 F1 中给出了部分常见的总限定符号和所表示的逻辑功能。

表 F1 常见的总限定符号

符 号	说 明	符 号	说 明
&	与	MUX	多路选择
≥1	或	DX	多路分配、译码
=1	异或	X/Y	编码、代码转换
=	逻辑恒等(所有输入状态相同时，输出才为 1 状态)	$\sum$	加法运算
		P−Q	减法运算
≥m	逻辑门槛(只有输入 1 的数目≥ m 时，输出才出 1 状态)	$\prod$	乘法运算
=m	等于 m(只有输入 1 的数目等于 m 时，输出才为 1 状态)	COMP	数值比较
>n/2	多数(只有多数输入为 1 时，输出才为 1 状态)	ALU	算术逻辑单元
2k	偶数(输入 1 的数目为偶数时，输出为 1 状态)	CPG	先行(超前)进位
		SRGm	m 位的移位寄存
2k+1	奇数(输入 1 的数目为奇数时，输出为 1 状态)	CTRm	循环长度为 2^m 的计数
		CTRDIVm	循环长度为 m 的计数
1	缓冲(输出无专门放大)	ROM**	只读存储
		RAM**	随机存储
▷	缓冲放大/驱动	1⎍	不可重复触发的单稳态电路
*⎍	滞回特性	⎍	可重复触发的单稳态电路
*◇	分布连接、点功能、线功能	G ⎍⎍	非稳态电路

* 用说明单元逻辑功能的总限定符号代替。

** 用存储器的“字数×位数”代替。

(2) 与输入、输出有关的限定符号

这一类限定符号标注在框图的输入端或输出端，用来说明这些输入端或输出端的功能和特点。有标注在框内的，也有标注在框外的。部分常用的这类限定符号及其含义见表 F2。

表 F2　与输入、输出有关的限定符号

符　号	说　明	符　号	说　明
	逻辑非，示在输入端	<	数值比较器的“小于”输入
	动态输入（内部 1 状态与外部从 0 到 1 的转换过程对应，其他时间内部逻辑状态为 0）	=	数值比较器的“等于”输入
	带逻辑非的动态输入（内部 1 状态与外部从 1 到 0 的转换过程对应，其余时间内部逻辑状态为 0）	CI	运算单元的进位输入
	带极性指示符的动态输入（内部 1 状态与外部电平从 H 到 L 的转换过程对应，其余时间内部逻辑状态为 0）	BI	运算单元的借位输入
	具有滞回特性的输入/双向门槛输入		逻辑非，示在输出端
EN	使能输入		延迟输出
R	存储单元的 R 输入	◇	开路输出（例如开集电极，开发射极，开漏极，开源极）
S	存储单元的 S 输入		H 型开路输出（输出高电平时为低输出内阻）
J	存储单元的 J 输入		L 型开路输出（输出低电平时为低输出内阻）
K	存储单元的 K 输入		无源下拉输出（与 H 型开路输出相似，但不需要附加外部元件或电路）
D	存储单元的 D 输入		无源上拉输出（与 L 型开路输出相似，但不需附加外部元件或电路）
T	存储单元的 T 输入	▽	三态输出
E	扩展输入	E	扩展输出
→m	移位输入，从左到右或从顶到底	* > *	数值比较器的“大于”输出（* 号由相比较的两个操作数代替）
←m	移位输入，从右到左或从底到顶	* < *	数值比较器的“小于”输出（* 号的含义同上）

续表

符　号	说　明	符　号	说　明
+m	正计数输入（每次本输入内部为 1 状态，单元的计数按 m 为单位增加一次）	* = *	数值比较器的“等于”输出（* 号的含义同上）
−m	逆计数输入（每次本输入内部为 1 状态，单元的计数按 m 为单位减少一次）	CO	运算单元的进位输出
>	数值比较器的“大于”输入	BO	运算单元的借位输出

（3）内部连接符号

为了减少图形符号所占的篇幅，在绘制逻辑图时可以将相邻逻辑元件的框图邻接地画出，如图 F6 所示。

根据规定，除另加说明以外，信息流的方向必须遵守从左到右、从上到下的原则。因此，当邻接方框之间的公共线是沿着信息流的方向（即水平方向）时，邻接元件之间不存在逻辑连接，如图 F6(a)所示。而当两个邻接方框之间的公共线垂直于信息流方向时，则它们之间至少有一种逻辑连接，如图 F6(b)所示。表 F3 中给出了内部逻辑连接的几种常见情况。

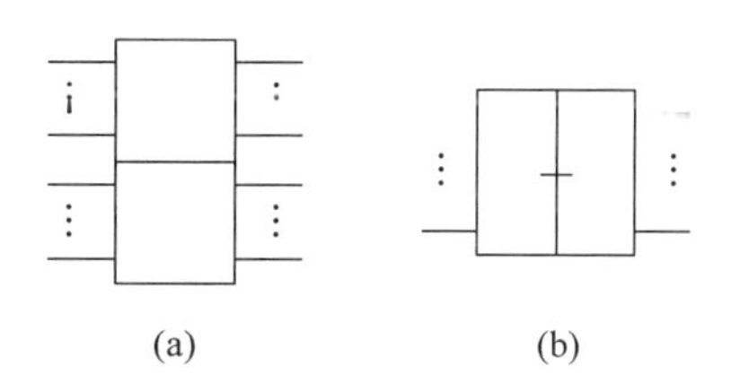

图 F6　图形符号的邻接画法

表 F3　几种常见的内部逻辑连接符号

符　号	说　明	符　号	说　明
	内部连接（右边单元输入端的内部逻辑状态与左边单元输出的内部逻辑状态相对应）		具有动态特性的内部连接
	具有逻辑**非**的内部连接（右边单元输入端的内部逻辑状态与左边单元输出的内部逻辑状态的补状态相对应）		具有逻辑**非**和动态特性的内部连接

表 F4　非逻辑信号和信息流方向指示符号

符　号	说　明
—×[	非逻辑连接，示出在左边
← ↑	单向信息流
←→	双向信息流

（4）非逻辑连接和信息流方向指示符号

当图形逻辑符号上存在非逻辑信号（例如 A/D 转换电路输入的模拟信号）时，应在该信号线上加注“×”，以表示其性质不是逻辑信号。

当信息流的方向不符合“从左到右、从上到下”的原则时，应在信号线上用箭头标示出信息流的方向，如表 F4 中所示。

4. 关联标注法

由于中、大规模数字集成电路的逻辑功能越来越复杂，尽管规定了上百种限定符号，单纯使用这些限定符号仍然难于充分说明许多逻辑器件的逻辑功能。为了克服这个困难，又规定了关联标注法，以增加图形符号描述逻辑功能的能力。

(1) 关联标注法的主要规则

关联标注法中用了“影响”和“受影响”两个术语，用以说明信号之间的影响和受影响关系。“影响”和“受影响”信号都可以是输入信号或者输出信号。其实我们在画触发器的图形符号时，已经使用了关联标注法。例如在图 F7 所示的边沿触发 D 触发器中，C_1 就是一个“影响”输入信号，而 1D 则是受 C_1 影响的“受影响”输入信号。只有当 C_1 为有效状态(即上升沿到达)时，加到 1D 端的输入信号才是有效的。

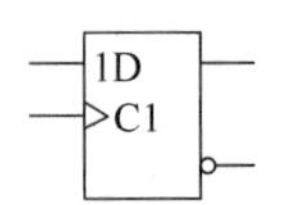

图 F7　说明“影响”和“受影响”关系的例子

使用关联标注法时须遵循以下规则：

① 用表示关联性质的字母和后面的标识序号来标记“影响输入(或输出)”。

② 用与“影响输入(或输出)”相同的标识序号来标记“受影响输入(或输出)”。如果“受影响输入(或输出)”本身已有其他标记，则应在这个标记前面加上“影响输入(或输出)”的标识序号。

③ 若某个输入或输出受两个以上“影响输入(或“输出)”的影响时，则这些“影响输入(或输出)”的标识序号均应出现在“受影响输入(或输出)” 的标记前面，并以逗号隔开。

④ 如果是用“影响输入(或输出)”内部逻辑状态的补状态去影响“受影响输入(或输出)”时，应在“受影响输入(或输出)”标识序号上加一个横线。

(2) 关联类型及其性质

常用关联类型的符号和性质列于表 F5 中。

表 F5　常见的关联类型及其性质

关联类型	字母	“影响输入”对“受影响输入输出”的影响	
		“影响输入”为 1 状态时	“影响输入”为 0 状态时
地址	A	允许动作(已选地址)	禁止动作(未选地址)
控制	C	允许动作	禁止动作
使能	EN	允许动作	禁止“受影响输入”动作 置开路和三态输出在外部为高阻抗状态 置其他输出在 0 状态
与	G	允许动作	置 0 状态
方式	M	允许动作(已选方式)	禁止动作(未选方式)

续表

关联类型	字母	“影响输入”对“受影响输入输出”的影响	
		“影响输入”为 1 状态时	“影响输入”为 0 状态时
非	N	求补状态	不起作用
复位	R	“受影响输出”恢复到 $S=0$、$R=1$ 时的状态	不起作用
置位	S	“受影响输出”恢复到 $S=1$、$R=0$ 时的状态	不起作用
或	V	置 1 状态	允许动作
互连	Z	置 1 状态	置 0 状态

5. 常用中规模逻辑器件符号举例(见图 F8～图 F15)

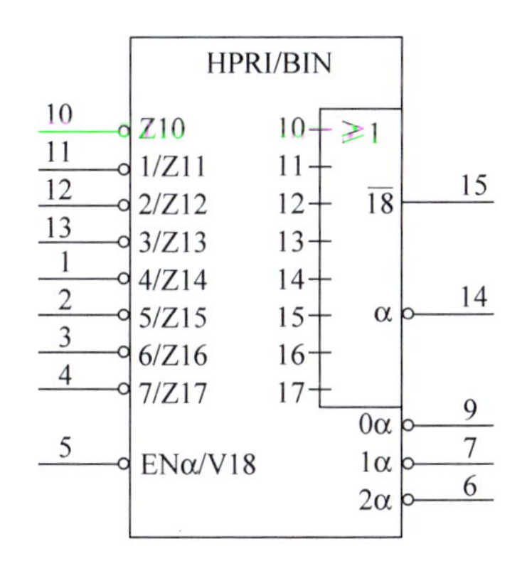

图 F8 8 线—3 线优先编码路(74LS148)

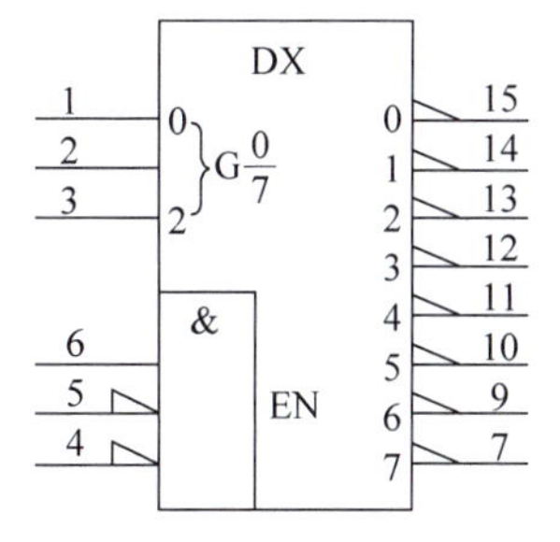

图 F9 3 线—8 线译码器(74LS138)

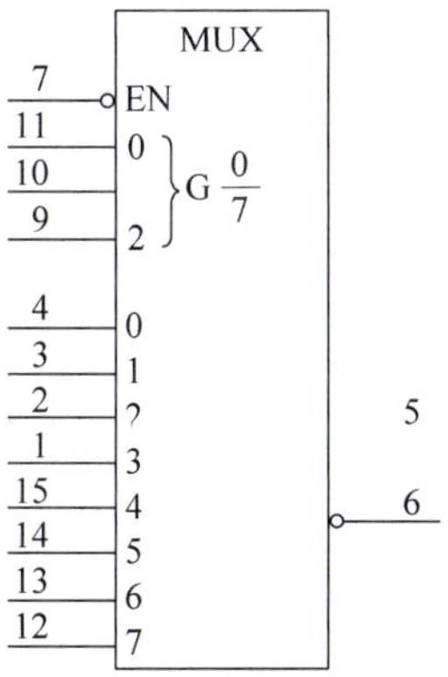

图 F10 8 选 1 数据选择器(74LS151)

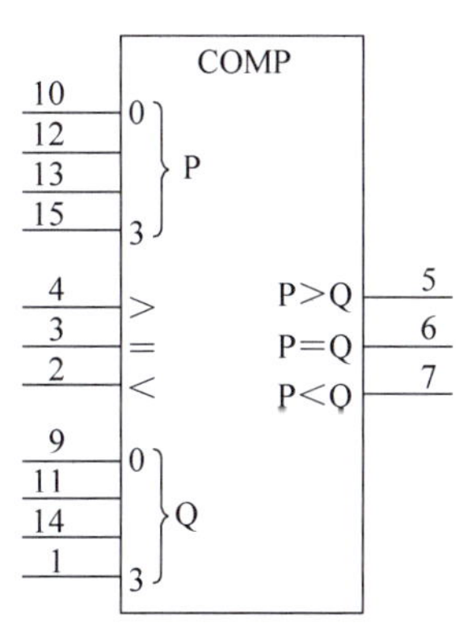

图 F11 4 位数值比较器(74LS85)

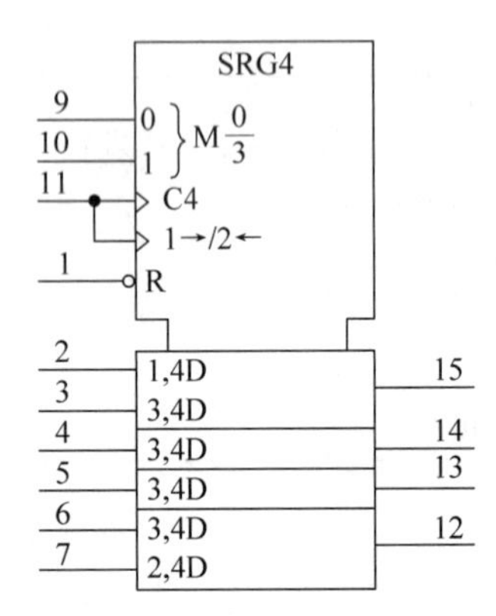

图 F12 4 位双向移位寄存器(74LS194)

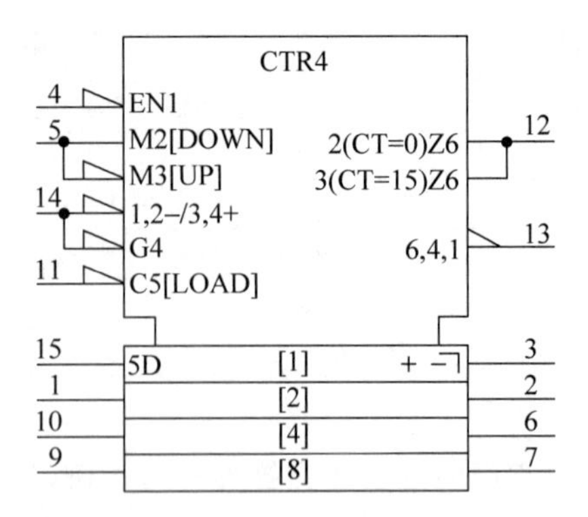

图 F13 4 位同步二进制加/减计数器(74LS191)

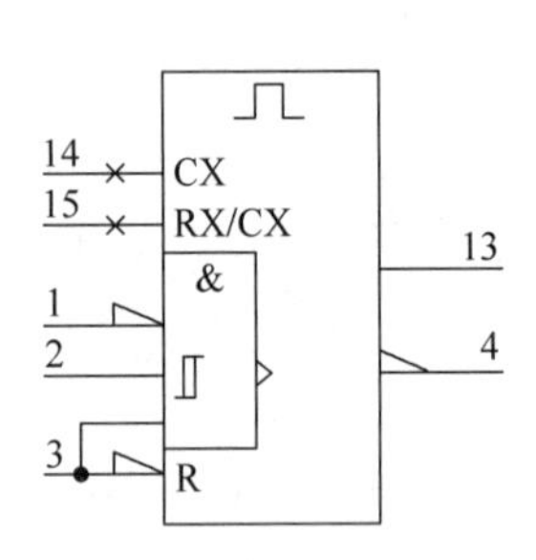

图 F14 可重复触发的单稳态触发器(74LS123)

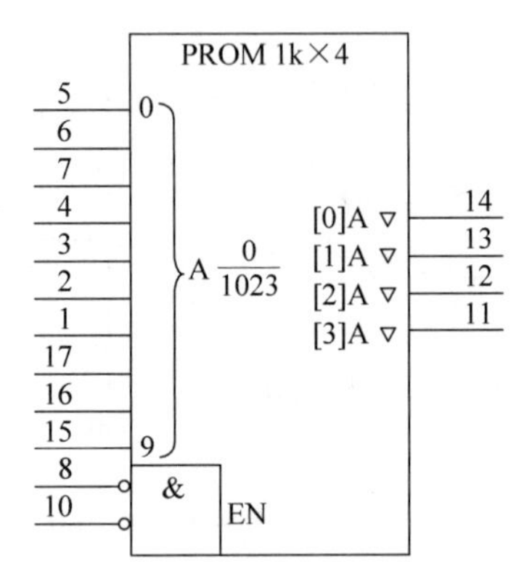

图 F15 1k×4 PROM(INTEL3625)

附录二

基本逻辑单元图形符号对照表

单 元 名 称	国 标 符 号	IEEE/ANSI 符号	其他常见符号
与门	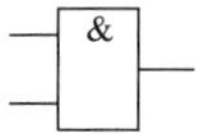 &	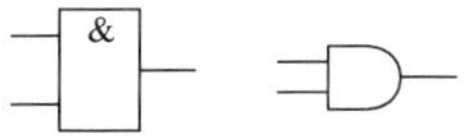 &	
或门	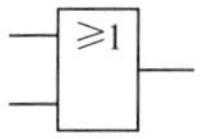 ≥1	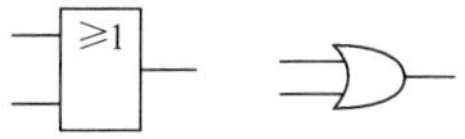 ≥1	
非门	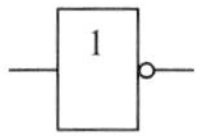 1	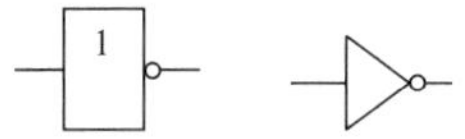 1	
与非门	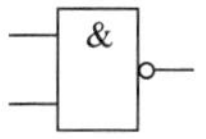 &	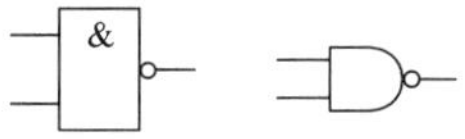 &	
或非门	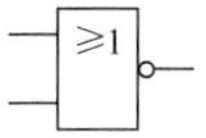 ≥1	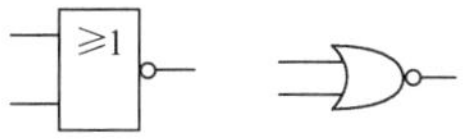 ≥1	
异或门	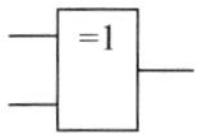 =1	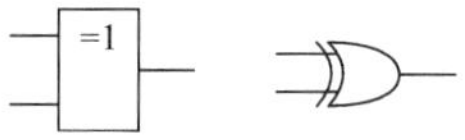 =1	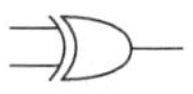
同或门(异或非门)	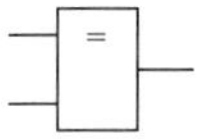 =	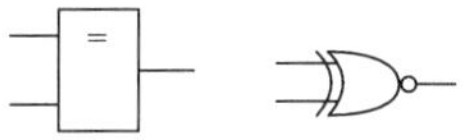 =	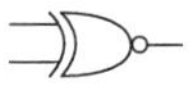
OD/OC 与非门	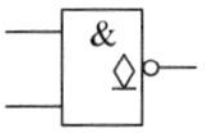 &	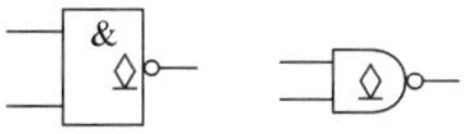 &	
三态输出非门	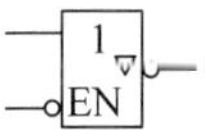 1 EN	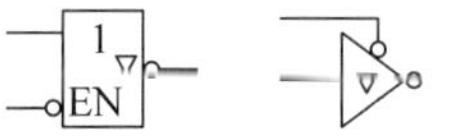 1 EN	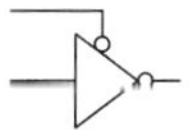
CMOS 传输门	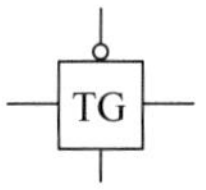 TG	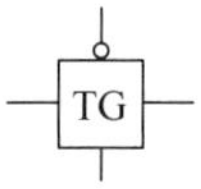 TG	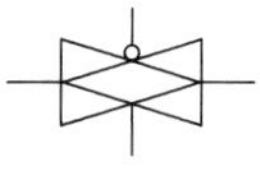
与或非门	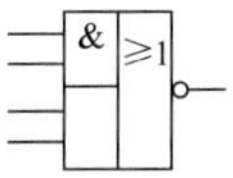 & ≥1	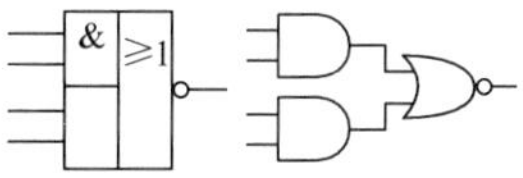 & ≥1	

续表

单 元 名 称	国 标 符 号	IEEE/ANSI 符号	其他常见符号
带施密特触发特性的与非门	&	&	
全加器	Σ CI CO	Σ CI CO	
SR 锁存器	S R	S R	S Q R $\overline{Q}$
电平触发的 *SR* 触发器	1S C1 1R	1S C1 1R	S Q CLK R $\overline{Q}$
带异步置位、复位端的上升沿触发 *D* 触发器	S 1D C1 R	S 1D C1 R	D S Q CLK $\overline{Q}$ R
带异步置位、复位端的脉冲触发 *JK* 触发器	S 1J C1 1K R	S 1J C1 1K R	J S $\overline{Q}$ CLK K R $\overline{\overline{Q}}$

PAL16L8 的逻辑图

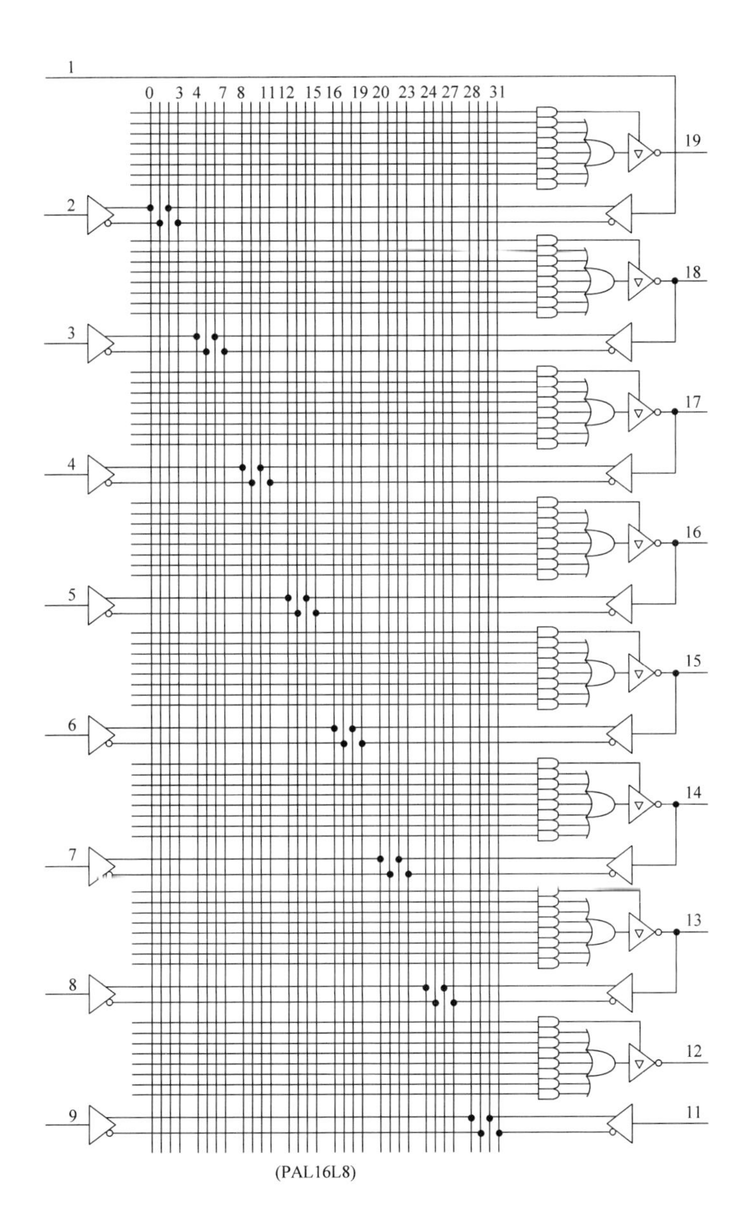

(PAL16L8)

PAL16R4 的逻辑图

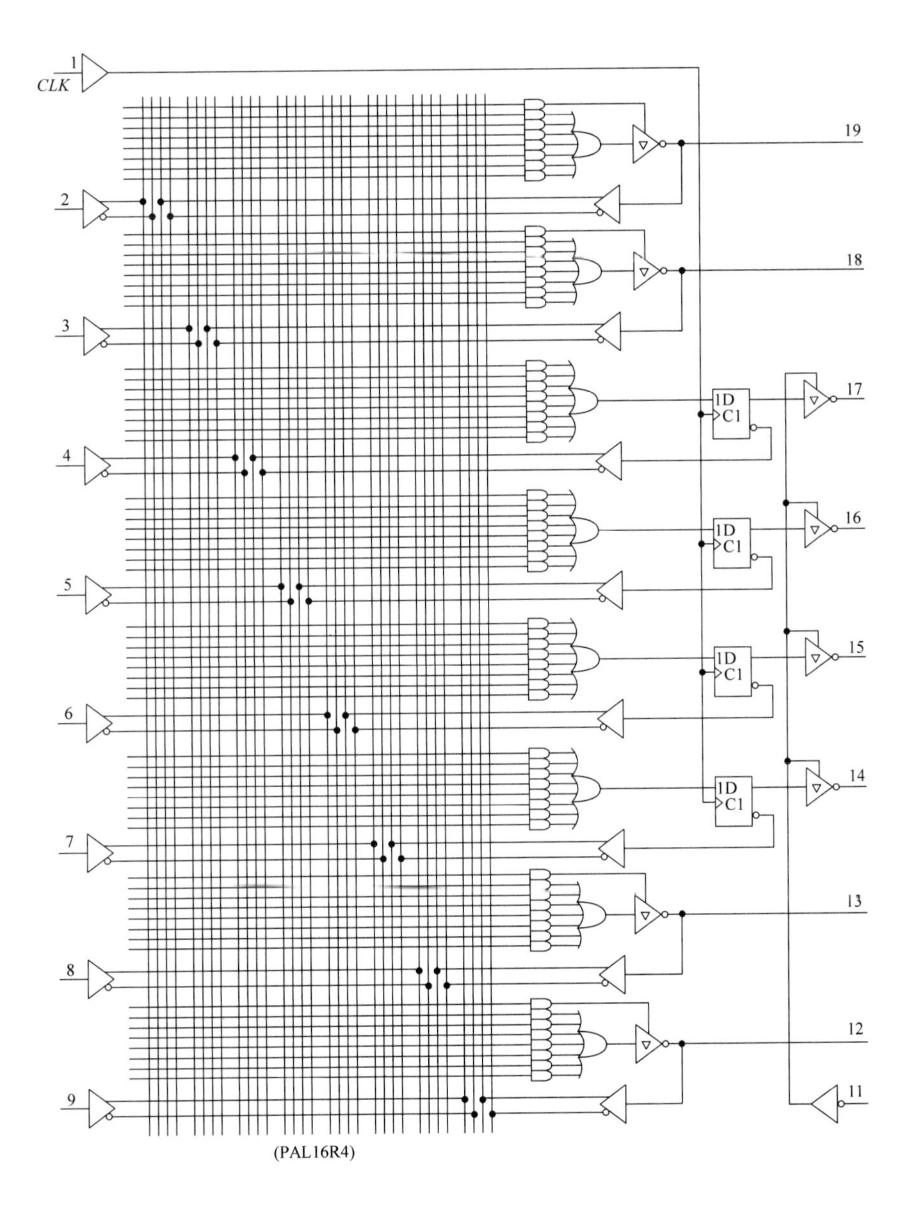

(PAL16R4)

参 考 文 献

[1] 阎石. 数字电子技术基础. 5版. 北京：高等教育出版社，2006

[2] 康华光. 电子技术基础(数字部分). 5版. 北京：高等教育出版社，2006

[3] John F Wakerly. Digital Design—Principles & Practices. 3rd ed. Beijing：Higher Education Press and Pearson Education North Asia Limited，2001(数字设计. 高等教育出版社影印出版)

[4] Thomas L Floyd . Digital Fundamentals. 9th ed . Beijing：Publishing House of Electronics Industry，2006(数字基础. 科学出版社影印出版)

[5] Texas Instruments . TTL Logic Data Book. U. S. A. 1988

[6] Texas Instruments . HC/HCT Logic High-Speed CMOS Data Book. U. S. A. 1997

教师反馈表

感谢您购买本书！清华大学出版社计算机与信息分社专心致力于为广大院校电子信息类及相关专业师生提供优质的教学用书及辅助教学资源。

我们十分重视对广大教师的服务，如果您确认将本书作为指定教材，请您务必填好以下表格并经系主任签字盖章后寄回我们的联系地址，我们将免费向您提供本书的相关教学资源。

您需要教辅的教材：			
您的姓名：			
院系：			
院/校：			
您所教的课程名称：			
学生人数/所在年级：	______人/　1　2　3　4　硕士　博士		
学时/学期	______学时/______学期		
您目前采用的教材：	作者：______ 书名：______ 出版社：______		
您准备何时用此书授课：			
联系地址：			
邮政编码：		联系电话	
E-mail：			
您对本书的意见/建议：			系主任签字 盖章

我们的联系地址：

清华大学出版社　学研大厦 A602，A604 室

邮编：100084

Tel：010-62770175-4409，3208

Fax：010-62770278

E-mail：liuli@tup. tsinghua. edu. cn；hanbh@tup. tsinghua. edu. cn